21世纪交通版高等学校教材

机场工程系列教材

机场道面设计
（第三版）

翁兴中　编　著

人民交通出版社股份有限公司

China Communications Press Co.,Ltd.

内 容 提 要

本书为机场工程系列教材之一,系统介绍了机场刚性道面、柔性道面的设计原理和方法。全书共十一章,主要内容包括:概论,飞机对道面的作用,自然因素对道面结构体系的影响,土基,基层和垫层,弹性地基板应力分析,机场水泥混凝土道面设计,机场沥青混凝土道面设计,机场道面的表面性能,机场土道面,机场道路设计等。

本书可作为高等学校机场工程等专业本科生的教材,也可作为公路工程、城市道路工程等相关专业的选修教材,还可供从事机场工程研究、设计、管理和施工的工程技术人员参考使用。

图书在版编目(CIP)数据

机场道面设计 / 翁兴中编著. —3 版. — 北京 : 人民交通
出版社股份有限公司, 2017.8
21 世纪交通版高等学校教材. 机场工程系列教材
ISBN 978-7-114-13964-2

Ⅰ. ①机… Ⅱ. ①翁… Ⅲ. ①飞机跑道—路面设计—高等学校—教材 Ⅳ. ①V351.11

中国版本图书馆 CIP 数据核字(2017)第 151108 号

21世纪交通版高等学校教材
机 场 工 程 系 列 教 材

书　　名:机场道面设计(第三版)
著 作 者:翁兴中
责任编辑:李　喆
出版发行:人民交通出版社股份有限公司
地　　址:(100011)北京市朝阳区安定门外外馆斜街 3 号
网　　址:http://www.ccpress.com.cn
销售电话:(010)59757973
总 经 销:人民交通出版社股份有限公司发行部
经　　销:各地新华书店
印　　刷:北京盈盛恒通印刷有限公司
开　　本:787×1092　1/16
印　　张:22.5
字　　数:535 千
版　　次:2017 年 8 月　第 3 版
印　　次:2017 年 8 月　第 1 次印刷
书　　号:ISBN 978-7-114-13964-2
定　　价:58.00 元
(有印刷、装订质量问题的图书由本公司负责调换)

出 版 说 明

随着近些年来我国经济的快速发展和全球经济一体化趋势的进一步加强,科技对经济增长的作用日益显著,教育在科技兴国战略和国家经济与社会发展中占有重要地位。特别是民航强国战略的提出和"十二五"综合交通运输体系发展规划的编制,使航空运输在未来交通运输领域的地位和作用愈加显著。机场工程作为航空运输体系中重要的基础设施之一,发挥着至关重要的作用。据不完全统计,我国"十二五"期间规划的民用改扩建机场达 110 余座,迁建和新建机场达 80 余座,开展规划和前期研究建设机场数十座,通用航空也迎来大发展的机遇,我国机场工程建设到了一个新的发展阶段。

国内最早的机场工程本科专业于 1953 年始建于解放军军事工程学院,设置的主要专业课程有:机场总体设计、机场道面设计、机场地势设计、机场排水设计和机场施工。随着近年机场工程的发展,开设机场工程专业方向的高校数量不断增多,但是在机场工程专业人才培养过程中也出现了一些问题和不足。首先,专业人才数量不能满足社会需求。机场工程专业人才培养主要集中在少数院校,实际人才数量不能满足机场工程建设的需求。其次,专业设置不完备,人才培养质量有待提高。目前很多院校在土木工程专业和交通工程专业下设置了机场工程专业方向,限于专业设置时间短、师资力量不足、培养计划不完善、缺乏航空专业背景支撑等各种原因,培养人才的专业素质难以达到要求。此外,我国目前机场工程专业教材总体数量少、体系不完善、教材更新速度慢等因素,也在一定程度上阻碍了机场工程专业的发展。为了更好地服务国家机场建设、推动机场工程专业在国内的发展,总结机场工程教学的经验,编写一套体系完善,质量水平高的机场工程教材就显得很有必要。

教材建设是教学的重要环节之一,全面做好教材建设工作是提高教学质量的重要保证。我国机场工程教材最初使用俄文原版教材,经过几年的教学实践,结合我国实际情况,以俄文原版教材为基础,编写了我国第一版机场工程教材,这批教材是国内机场工程专业教材的基础,期间经历了内部印刷使用、零星编写出版、核心课程集中编写出版等阶段。在历次机场工程教材编写工作的基础上,空军工程大学精心组织,选择了理论基础扎实、工程实践经验丰富、研究成果丰硕的专家组成编写组,保证了教材编写的质量。编写者经过认真规划,拟定编写提纲、遴选编写内容、确定了编写纲目,形成了较为完整的机场工程教材体系。本套教材共计 14 本,涵盖了机场工程的勘察、规划、设计、施工、管理等内容,覆盖了机场工程专业的全部专业课程。在编写过程中突出了内容的规范性和教材的特点,注意吸收了新技术和新规范的内容,不仅对在校学生,同时对于工程技术人员也具有很好的参考价值。

本套教材编写周期近三年,出版时适逢我国机场工程建设大发展的黄金期,希望该套教材的出版能为我国机场工程专业的人才培养、技术发展有一些推动,为我国航空运输事业的发展做出贡献。

编写组

2014 年于西安

第三版前言

"机场道面设计"是高等学校机场工程、公路工程、城市道路工程、桥梁隧道工程等专业的重要课程。内容涉及广泛并与工程实践紧密相连,具有很强的理论性和实践性。

1995年,为了讲授"机场道面设计"课程,作者曾编著了《机场道面设计》一书,并由人民交通出版社出版。2007年,又对《机场道面设计》(1995版)进行了修订并出版。近十年来,我国航空事业飞速发展,机场道面设计理论和方法的研究工作取得了重大进展,一些新材料和新技术得到了广泛应用,我国机场工程的有关规范的标准相继进行了修订并颁布实施,原有的教材内容已不能较好地反映当前机场工程方面的现状。因此,有必要在总结近十几年的教学经验的基础上,吸收国内外的研究成果和工程实践经验,对2007年版的《机场道面设计》教材予以补充和修订完善。

此次教材的编著,突出了道面结构设计理论和方法的主线,将原教材中的特殊土和原道面评定的相关内容放入到《机场地基处理技术》和《机场维护与管理》中;由于装配式道面在我国应用较少,相关的理论也不成熟,没有体现该部分内容;教材由原来的十四章精减为十一章。充分吸纳了国外在机场道面方面的最新成果和我国在该领域取得的成就。引入我国军民用机场相关规范的最新内容,体现了教材的实用性。

本课程是一门理论与实践并重、工程实践性很强的课程。课程教学除课堂教学外,还应进行道面结构的有关试验、课程设计、实地参观和调查等辅助教学手段,以提高学生的感性认识和系统接受能力,帮助学生对原理和理论的理解,充分掌握道面结构的设计方法。

全书共分十一章和三个附录,全部由翁兴中编著并负责全书统稿。本书可作为高等学校机场工程等专业本科生的教材,也可作为公路工程、城市道路工程等相关专业的选修教材,还可供从事机场工程研究、设计、管理和施工的工程技术人员参考使用。

鉴于编著者的水平有限,错漏之处在所难免,恳请读者批评指正。

编 者

2017年5月

第二版前言

"机场道面设计"是高等学校土木工程领域中机场工程、公路工程、城市道路工程、桥梁隧道工程等相关专业的重要必修课。课程内容涉及广泛并与工程实践紧密相连,具有区域性。

1995年,为了讲授"机场道面设计"课程,编者与冷培义教授曾一起编著了《机场道面设计》一书,由人民交通出版社出版。近年来,随着我国航空事业飞速发展,机场道面设计理论和方法的研究工作也取得了重大进展,一些新材料和新技术也得到广泛应用,国内机场工程的有关规范和标准相继颁布实施,有的已进行修改,原有教材的内容已不能较好地反映当前机场工程方面的成果。因此,有必要在总结近十几年的教学经验的基础上,吸收国内外的研究成果和工程实践经验,对1995年版的《机场道面设计》予以补充和修订。

本版内容较以往的版本作了较大的改动,突出基本原理和基本理论的论述,加强了民航机场道面结构设计理论和方法;增加了国内军用和民用机场沥青混凝土道面设计理论和方法;将特殊土地基处理(第六章)作为单独一章,以突出特殊土在机场道面结构设计中所具有的特殊性;加强了基层材料、沥青和沥青混合料、水泥和水泥混凝土的内容,以突出道面结构材料的特殊要求和在结构设计中的重要地位。

与"机场道面设计"课程相关的学科很多,其中包括土质学与土力学、道路建筑材料、工程测量与工程地质、弹性力学和计算机编程等。本书对所涉及相关学科的概念、基本理论,力求叙述清楚。若需要引用更深的内容,则授课时,可以在保证主干教学内容的前提下,适当补充加强。

本课程是一门理论与实践并重、工程实践性很强的课程。课程教学除课堂教学外,还应进行道面结构的有关试验,课程设计和计算机编程,实地参观和实物鉴别等辅助教学,以提高学生的感性认识和系统接受能力,帮助学生对基本原理和基本理论的理解,充分掌握道面结构的设计方法。

全书共14章和3个附录,第一、二、三、五、六、七、八、九、十、十一、十二、十三、十四章由翁兴中编写,第四章由蔡良才编写;翁兴中负责全书统稿,由冷培义教授主审。

本书可作为机场工程等专业(本科)的教材,可作为相关专业研究生的教材或参考书,也可供有关工程技术人员参考使用。

鉴于编者水平,错漏之处在所难免,恳请读者批评指正。

编　者

2006年12月于空军工程大学

第一版前言

1984 年,编者为了讲授机场道面设计课程,曾编写出版了《机场道面设计》一书(空军工程学院,1984 年 6 月),供机场工程专业(本科)学生和从事实际工作的工程技术人员使用。近年来,我国航空事业飞速发展,机场道面设计理论和方法的研究工作取得巨大进展,一系列关于机场工程的国家标准和规范相继颁布实施。因此,有必要在总结几十年教学经验的基础上,吸收近年来国内外的研究成果和机场道面工程的实践经验,对 1984 年版的《机场道面设计》予以补充和修订。

在这个版本中,内容有较大的变化。增加了"经济分析"(第二章)的内容,为设计者通过经济比较合理确定道面结构方案提供依据。将"土基"(第六章)单独列为一章,以突出土基在机场道面结构层设计中的重要地位。在"基层和垫层设计"(第七章)一章中补充了软土、湿陷性黄土、膨胀土和盐渍土地基上基(垫)层设计方法。在"机场水泥混凝土道面设计"(第十二章)一章中,按照新的国家军用标准《军用机场水泥混凝土道面设计规范》(GJB 278—91)修订了设计方法,并补充介绍美国、日本等国家的设计方法。增加"机场沥青混凝土道面设计"(第十一章),并根据近年来的研究成果,对材料要求、沥青混合料的组成设计以及广泛应用的各种设计方法作了全面介绍。在"机场道面的质量评定与补强"(第十五章)一章中,对机场道面质量的评定方法、强度通报方法和加厚设计方法等都进行了修订和补充。为适应战时机场道面抢修的要求,增加了"机场土道面"和"机场装配式道面"两章,为快速抢修机场道面提供了手段。为满足机场道路建设的需求,本书还增加了"机场道路路面设计"(第十六章),全面介绍我国公路柔性路面和水泥混凝土路面的设计方法。

经过补充和修订,使本书能反映机场道面工程领域中的最新成果和发展动态。书中列出的参考文献亦加以补充和修订,以反映这个领域的近期文献。

本书由冷培义主编并负责全书统稿,由余定选主审。各章编写人员如下:第一、二、五、七、八、十二、十三、十四、十五和十六章由冷培义编写;第三、四、九、十章由翁兴中编写;第六章由蔡良才编写;第十一章由翁兴中、冷培义编写。本书插图由乔寅、杨文山、李澎、王晓龙和张桂莲等绘制。

本书可作为机场工程专业(本科)的教材,也可供从事机场工程研究、设计和施工管理的工程技术人员使用。

鉴于编者水平,错漏之处在所难免,恳请读者批评指正。

编　者

1993 年 10 月

目　　录

第一章 概　　论

第一节　机场道面发展历史回顾

机场道面是供飞机起飞、着陆滑跑以及进行飞行前准备和维护保养的场地。自 1903 年美国的莱特兄弟实现人类第一次用重于空气的飞行器进行动力飞行以来，人类的航空事业得到了迅猛的发展。机场道面是随着航空事业和飞机的发展而发展的。世界上第一个机场是在美国卡罗莱纳州的基帝·霍克附近的一片海滩上，莱特兄弟发明的飞机就是从这里飞上天的。

在飞机出现的初期，并没有专门修筑的机场道面，而是利用平坦的地面、广场或练兵场进行起飞和着陆。随着飞机的不断发展和完善，很快被用于军事目的。1909 年的美国、日本和法国，1910 年的中国、比利时以及后来的英国、意大利和俄罗斯，都相继建立了空军。至第一次世界大战前，许多国家都修建了机场。这些机场的跑道一般没有人工道面，只是把地面经过整平、压实即可。中国第一个机场是 1910 年在北京南苑的练兵场内修建的。当时的飞机在侧风下起降能力差，机场道面多是建成方形或圆形，以保证飞机在任何风向时都能起降。为了提高土质道面的承载能力，并减少扬尘的影响，机场上还种植了草皮，这种机场道面直到目前还在一些初级航校和农用机场中使用。

随着飞机质量和胎压的不断增大以及对全天候飞行的要求，原有的机场道面已不能满足使用要求。即使铺种了草皮并有完好排水设施的土道面，由于在雨季常常不能使用，而被逐渐淘汰。20 世纪 30 年代初期出现了用石料铺筑的机场道面，也有用结合料处治的道面。后来，使用沥青混凝土和水泥混凝土铺筑的机场道面相继出现。到了 20 世纪 40 年代，喷气式飞机投入使用。这种飞机发动机喷出的高温、高速气流，扩散到道面上的温度约为 150℃，速度达 60m/s 左右。土质、草皮和一般的砂石道面已不适用，于是用沥青混凝土和水泥混凝土修建的高级道面迅速增加。

第二次世界大战以后，飞机的总质量和轮胎压力提高更快。军用歼击机的总质量由 20 世纪 50 年代的 5~6t，提高到现代的 20t，甚至 30t 以上。轮胎压力由 0.7~0.8MPa 增大到 1.5MPa。大型运输机的总质量更大。美国的 C-5 和 B747 型飞机的总质量都在 350t 以上，轮胎压力达到 1.3MPa 以上。这些飞机对道面提出了更高的要求。不仅要求机场道面有足够的承载能力，而且要求道面表面平整度要好，滑行平稳舒适，表面粗糙，易于制动，防止雨天飘滑发生危险。大型机场都修筑了坚固耐用的机场道面。有的机场还修筑了多条跑道，以适应不断增加的起落架次。如我国首都机场有 3 条跑道，纽约肯尼迪机场有 4 条跑道，芝加哥奥黑尔机场有 7 条跑道。这些机场道面都是以水泥混凝土和沥青混凝土为主。有些跑道两端采用水泥混凝土道面，中间用沥青混凝土，称为混合式道面。大型机场在水泥混凝土道面和沥青道面一侧要设置土质道面，以备飞机起落架故障时迫降使用。除了水泥混凝土道面和沥青道面外，针对特殊的使用情况，机场道面类型还有草皮道面、固化土道面、铝板道面和玻璃钢道面等。此外，还有保证水上飞机使用而修建的水上机场。在所有机场道面类型中，水泥混凝土道面和沥青道面由于其使用性能好，寿命长等特点，是目前全世界范围内军用和民用机场首选的道面类型。大中型机场通常采用水泥混凝土道面或者沥青道面。

机场道面承受着各种复杂应力的作用，包括机轮荷载引起的荷载应力、温度变化引起的应力以及湿度变化引起的应力等。当这些应力的综合作用超过了道面材料的强度时，道面将产生开裂破坏，直到完全丧失承载能力。为了计算道面中的应力，人们一直在不懈地进行研究。1925 年威斯特卡德（H. M. Westergaard），1938 年霍格（A. H. A. Hong），1939 年舍赫捷尔（О. Я. Шехтер），1943 年波斯米特（D. M. Burmister），1953 年科岗（Б. И. Коган）等人，在道面应力研究方面都做出了宝贵的贡献，为机场道面设计方法奠定了坚定的理论基础。20 世纪 60 年发展起来的有限元方法应用于道面应力的分析，作为水泥混凝土道面设计方法中的应力计算理论。

有代表性的机场柔性道面设计方法，是美国陆军工程兵在 20 世纪 40 年代提出的加州承载比（CBR）方法。该方法最初是由加利福尼亚州公路局创造的，用于公路柔性路面设计。美国陆军工程兵在第二次世界大战期间对此方法进行了改进并用于机场道面设计。20 世纪 70 年代美国联邦航空管理局（Federal Aviation Administration，简称 FAA）也提出了机场柔性道面设计方法。该方法根据 FAA 的土壤分类、基层厚度和飞机的总质量及通行次数，建立一套设计图表。此外，还有加拿大运输部法（CDOT）以及用于全厚式机场沥青道面设计的地沥青学会法等。我国军用机场也相应地建立起自己的机场柔性道面设计方法。

机场水泥混凝土道面的设计方法，有波兰特水泥协会、美陆军工程兵设计法以及美国联邦航空局的设计法等。这些方法的依据是威斯特卡德（H. M. Westergaard）的弹性地基板的解法。我国军用机场的机场刚性道面设计方法的应力计算是依据有弹性地基板的有限元理论建立起来的。

从 20 世纪 90 年代开始，FAA 致力于能够确定道面厚度设计的一种标准新方法的开发，这种方法适用于在可以预见的将来要投入使用的各类载重和起落架构型的飞机。FAA 的这一计划包括一个短期研究和一个长期目标，短期研究是为了符合由于新一代飞机（如 A380）的引进所带来的一般需要；长期目标则是提高机场道面的使用效率。正在进行中的短期研究包括基于现在分层弹性分析技术的各种设计方法；长期目标则是发展一种基于有限元分析技术新的设计方法，这种方法要求进行相当多的研究工作，但是它更能代表道面对各种复杂起落架载荷进行反应的最重要的方面。

第二节　机场道面使用要求

修建机场道面的目的是为规定型号的飞机提供安全、快速、适用、舒适的道面结构。机场道面是机场内主体工程项目,其质量好坏直接影响飞行安全和使用品质。道面工程投资大,质量要求高,必须做到精心设计,精心施工,使道面在规定的使用年限内满足飞机使用要求。机场道面承受着飞机机轮荷载、高温高速喷气流以及冷热、干湿、冻融等自然因素的作用。为了保证飞机在任何气候条件下都能满足执行任务的使用要求,机场道面必须具有良好的使用性能,主要表现在以下几个方面。

一、具有足够的强度和刚度

飞机在道面上滑行或停放,不仅把竖向压力传给道面,还会把水平荷载传给道面。此外,道面内的温度变化也会引起温度应力。在这些外力的作用下,道面结构内会产生拉应力、压应力和剪应力。如果道面结构整体或某一组成部分的强度或抗变形能力不足以抵抗这些应力时,道面就会出现断裂、沉陷、波浪或车辙,使道面使用性能下降。因此,道面结构整体及其各组成部分应具备同机轮荷载和温度荷载相适应的强度。为此,要正确分析机轮荷载和温度作用下道面结构的应力状况,研究道面结构强度形成的机理,从而设计和修建出经久耐用的机场道面结构。

刚度是指道面结构抵抗变形的能力。道面的整体或某组成部分的刚度不足,即便是强度足够,也会在机轮荷载作用下产生过大的变形,使道面出现波浪、轮辙、沉陷等不平整现象,影响飞行滑行的平稳性,或者促使道面结构出现断裂现象,缩短道面的使用寿命。因此,不仅要研究道面结构的应力和强度之间的关系,还要分析其荷载和变形的关系,使整个道面结构及各个部分的变形量控制在允许范围内。

二、良好的气候稳定性

机场道面祖露在自然环境中,受各种自然因素(如温度、湿度等)的影响,道面结构的性能会发生变化。例如,沥青道面在夏季高温季节可能会发软、泛油,出现轮辙和拥包;在冬季低温时又可能因收缩受到约束,出现开裂,这必将影响道面的使用品质和使用寿命。同样,水泥混凝土道面在水的作用下会出现唧泥或板底脱空,进而造成板的断裂,这些都给结构设计和材料组成设计带来了复杂性。为此,在进行机场道面设计时,要充分调查和分析机场周围的环境条件(温度和湿度)、水文地质条件,研究建筑材料的性能同温度和湿度的关系,在此基础上选取合适的设计参数和结构组合,设计出在当地气候条件下具有足够稳定性的道面结构。沥青道面结构的稳定性包括高温稳定性、低温稳定性和水稳定性。

三、道面平整性好

飞机在不平整的道面上滑行时,会产生附加的振动作用。这不仅会造成飞机的颠簸,影响驾驶的平稳(严重时会影响仪表的判读)和乘客的舒适,而且飞机的附加的振动作用又反过来对道面施加冲击力,从而加速道面的损坏。同时,附加振动作用会加剧飞机部件的磨损,危及飞行安全。因此,机场道面表面的平整度应符合要求,以保证飞机以一定的速度滑行时,不致产生严重的冲击和振动,保证飞行安全和减少不适感。

机场道面的平整度与整个道面结构和面层材料的强度和抗变形能力有关,这是在道面设计时必须认真考虑的。强度和抗变形能力差的道面结构和面层材料,经受不住轮载和自然因素的反复作用,易于出现开裂、沉陷和轮辙等损坏现象,使道面不平整。同时,平整的道面要靠先进的施工设备、精细的施工工艺、严格的施工质量控制以及经常和及时的养护来实现。

四、道面表面具有良好的抗滑性能

机场道面的表面要求平整且具有一定的表面粗糙度。光滑的表面使机轮与道面间缺乏足够的附着力,导致飞机着陆时制动距离过长,可能会冲出跑道。尤其是在湿跑道上滑行时,飞机容易产生水上漂滑而失去控制。1986年,美国宇航局的统计表明,35%的飞机操纵事故可能与道面的摩擦系数有关。在这些事故中,有28%发生在冰雪情况下,42%发生滑水现象。这两种情况中,道面表面的摩擦系数可能都小于0.1。其余30%的事故发生在湿跑道上,其摩擦系数可能在0.1~0.2之间。该报告指出,飞机在湿跑道上滑跑,道面摩擦系数小于0.2是非常危险的。

为了保证道面的抗滑性,各国都对机场道面的摩擦系数及表面纹理深度作了具体的规定,这些必须在道面设计和施工中加以保证。

五、耐久性

机场道面在其使用年限内,受到轮载和气候长期、反复作用,道面结构的整体或某一组成部分逐渐会出现疲劳损坏和塑性变形累积。耐久性不足,道面使用很短的时间就需要修复或改建,既干扰正常飞行,又造成经费的浪费。为此,设计和修建的机场道面结构,应使其在使用寿命年限内,具有较高的抗疲劳和抗塑性变形能力。

六、经济性

道面设计在满足各种技术要求的前提下,使总经费最低。减少初期修建费用,势必要增加维修和因维修而造成飞行中断带来的经费损失,总经费不一定是最低的。要把初期修建经费和维修经费及使用费用等综合考虑,选择一个最优方案,这就要求机场道面的设计和施工人员进行充分调查论证,多方案比较,以达到降低工程造价,节省经费的目的。

七、表面洁净

机场道面的表面应洁净,无砂石和混凝土碎块等杂物,以免打坏飞机蒙皮和被吸入发动机而危及飞行安全,这就要求加强对道面的养护,及时清扫道面。

第三节　机场分级和道面分类

针对机场所使用的飞机,对机场进行分级,以便于机场的设计、管理。根据道面修建所用的材料、道面结构所表现出的力学特性、道面的使用品质以及道面的施工方式的不同,将道面进行分类,可以对不同类型的道面结构进行分类设计,不同类型的道面结构特性能充分表现出来。

一、机场分级

机场分级随机场用途的不同而不同,随各国的国情不同而不同。国际民航组织于 1982 年 7 月改用两个指标划分机场等级。按飞机所需跑道基本长度,将机场划分为 1～4 四个等级;同时,又按飞机的翼展和主起落架最外面两个机轮距离的宽度,将机场划分为 A～E 五个等级。在这个分级方法中,有两个指标组合,使机场分级很灵活,其优点是可以适应今后更大尺寸飞机的需要。按跑道基本长度还可以向上增加 5 级和 6 级。按翼展及主起落架最外两个机轮的距离,将来可以增加 F 级和 G 级。我国民用机场采用国际民航组织的方法,飞行区指标 Ⅰ 按拟使用该飞行区跑道的各类飞机中最长的基准飞行场地长度,分为 1、2、3、4 四个等级,飞行区指标 Ⅱ 按拟使用该飞行区跑道的各类飞机中的最大翼展或最大主起落架外轮外侧边的间距,分为 A、B、C、D、E、F 六个等级,两者中取其较高要求的等级。具体方法见表 1-1。

我国民用机场等级划分　　　　　　　　　　　　　　　　表 1-1

代　码　1		代　码　2		
等级	跑道基本长度(m)	等级	翼展(m)	主起落架最外面两个机轮距离(m)
1	<800	A	<15	<4.5
2	800～1199(不含)	B	15～24(不含)	4.5～6(不含)
3	1200～1799(不含)	C	24～36(不含)	6～9(不含)
4	≥1800	D	36～52(不含)	9～14(不含)
		E	52～65(不含)	9～14(不含)
		F	65～80(不含)	14～16(不含)

过去,我国的军用机场按两个指标划分等级。指标 1 按跑道基本长度(海拔为零、气温 15℃、无风、跑道纵坡为零)将机场分为特、Ⅰ、Ⅱ、Ⅲ四个等级。指标 2 按机场道面的承载能力划分为 A～E 五个等级,如表 1-2 所示。这样,按跑道基本长度和道面承载能力可以将机场划分为特 A 级、Ⅰ B 级等。目前军用机场按使用飞机的类型进行机场分类,将机场分为一、二、三、四级,见表 1-3。

按道面承载力划分机场等级　　　　　　　　　　　　　　表 1-2

机场等级指标 2	道面承受飞机标准胎压(1.0MPa)时的当量单轮荷载	机场等级指标 2	道面承受飞机标准胎压(1.0MPa)时的当量单轮荷载
A	>305	D	135～95
B	305～216	E	<95
C	215～136		

军用机场分级　　　　　　　　　　　　　　　　　　　表 1-3

级别	一级	二级	三级	四级
飞行场地适用机型	初级教练机 小型运输机	歼(强)击机 轻型轰炸机 歼击轰炸机 中型运输机	中型轰炸机 大型运输机	重型轰炸机 特大型运输机

二、机场道面分类

通常根据道面修建所用的材料、道面结构所表现出的力学特性、道面的使用品质以及道面的施工方式的不同,机场道面有以下几种分类。

1. 按道面构成材料分类

(1)水泥混凝土道面。以水泥作为胶结材料,辅以砂、石集料加水拌和均匀铺筑而成的道面。这种道面强度高,使用品质好,应用广泛。但初期投资大,完工后需较长的养护期,不能立即开放交通。

(2)沥青类道面。以沥青类为胶结材料,辅以砂、石集料,在一定温度下拌和均匀,碾压成形后构成的道面。这类道面平整性好,飞机滑行平稳舒适,强度高,能够满足各类飞机的使用要求。由于沥青道面铺筑后不需要养护期,可以立即投入使用。

(3)加固土道面。在碾压平整的土基上,铺筑各类加固土材料,经过充分压实后构成的道面。这种道面因施工速度快,但其承载能力低,晴天易扬尘。目前主要应用于道面的快速抢建方面,适用于机场的快速开辟,满足应急或战时飞机场的应急使用(图1-1)。

a)   b)

图1-1　加固土道面

(4)草皮道面。以平整碾压密实的土质表面作为道面的面层,供飞机起落滑跑之用。这种道面造价低,施工简便,主要用于轻型飞机起降的机场。土道面通常种植草皮,以提高其承载能力(图1-2)。军用机场的应急跑道,通常为土质道面。大型机场的土跑道,是供紧急情况下飞机迫降用的。

(5)水上机场。供水上飞机使用的机场(见图1-3)。飞机利用水面进行起飞、着陆、滑行以及进行飞行前的准备工作和维护保养。水上机场应具有符合要求的飞行水域、码头和入水坡道。其中入水坡道是用水泥混凝土修筑的,而其余部分的"道面"则是由水面构成的。

(6)冰上机场。利用表面平整而坚硬的冰层作为机场道面,供飞机起飞、着陆、滑行和维护保养之用。河湖冰上机场通常建在能结成坚固而表面平整的浅水区(水深2~4m)。海洋冰上机场应尽量设在利于结成平整冰面的海湾或狭长浅湾内。气温在-10℃以下时,淡水冰层厚50cm左右,可供2.5t以下的轻型飞机使用;冰层厚150cm时,可供100t以下的飞机使用。如果是含盐的冰层,对轻型飞机还应增厚25%;对重型飞机应增厚15%。

a)　　　　　　　　　　　　　　　　　　　b)

图 1-2　机场草皮道面

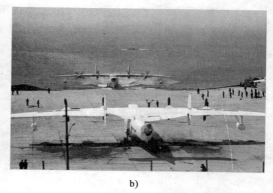

a)　　　　　　　　　　　　　　　　　　　b)

图 1-3　水上机场道面

2.按道面使用品质分类

（1）高级道面。这类道面的面层用高级材料构成。道面结构强度高,抗变形能力强,稳定性和耐久性好,属于这类道面的有水泥混凝土道面、配筋混凝土道面、预应力钢筋混凝土道面和沥青混凝土道面等。其中,以水泥混凝土和沥青混凝土道面应用最为广泛。配筋混凝土道面以加筋混凝土和连续配筋混凝土道面居多。

高级道面具有良好的使用品质,受气候条件影响小,适用于重型飞机的机场道面。在主要航线机场和军用永备机场上都采用高级道面。由于高级道面需要大量的高强材料,最初修建费用很高。但日常维护工作量小,费用也较低。

（2）中级道面。主要包括沥青贯入式、黑色碎石和沥青表面处治等类型的道面。这类道面无接缝,表面平整,使用品质也好。中级道面的最初修建费用低于高级道面,并且可以根据使用机种发展需要分期修建,这在投资上是有利的。这类道面主要用于低等级的军用机场和地区性航线机场。中级道面的维修周期短,维修工作量和费用都高于高级道面。

（3）低级道面。主要包括砂石道面、土道面和草皮道面。这类道面承载力低,通常作为轻型飞机的起降场,如初级航校机场、滑翔机场和农用机场等。军用机场的紧急起飞跑道、应急迫降场都采用低级道面。低级道面主要利用当地材料建成,投资少,修建速度快,但道面使用品质受自然因素影响大,不能保证飞机在任何气象条件下都能正常使用。维修虽然简单,但工作量大。

3.按道面力学特性分类

(1)刚性道面。由于道面结构的面层采用了一种强度高、整体好、刚度大的板体,能把飞机的机轮荷载分布到较大的土基面积上(图1-4a)。因此,刚性道面结构承载力大部分由道面板本身提供。设计道面时主要考虑水泥混凝土道面板的强度。道面板的强度用水泥混凝土的弯拉强度来表示。对于道面板的弯拉应力,广泛采用的是弹性地基上薄板理论进行计算。道面板设计时,刚性道面在飞机机轮荷载作用下引起的弯拉应力小于或等于水泥混凝土的弯拉强度。由于水泥混凝土具有较高的抗压强度,荷载引起的弯压应力比抗压强度低得多。当荷载引起的弯拉应力超过水泥混凝土的抗弯拉强度,板将产生断裂,导致道面结构的破坏。这类道面主要有水泥混凝土道面、配筋水泥混凝土道面、钢筋水泥混凝土道面和预应力钢筋水泥混凝土道面。

(2)柔性道面。柔性道面抵抗弯拉变形的能力弱,各层材料弯曲抗拉强度均较小,在机轮荷载的作用下表现出相当大的形变性。因此,只能把机轮压力传布到较小的面积上(图1-4b),各层材料主要在受压状态下工作。轮载作用下柔性道面弯沉值(变形)的大小,反映了柔性道面的整体强度。当荷载作用下产生的弯沉值超过容许弯沉值时,柔性道面就会发生损坏。同时,当荷载引起面层的弯拉应力和基层(当基层为整体性基层时)的弯拉应力超过其抗弯拉强度时,同样,也会引起道面的破坏。对于机场沥青道面,飞机荷载引起的弯拉应力往往是引起道面破坏的主要原因。因此,在机场沥青道面设计时,基层和面层要有足够的强度来抵抗飞机荷载引起的弯拉应力。

a)刚性道面　　　　　　　　　　　　　　b)柔性道面

图1-4　刚性道面和柔性道面面层底部压应力图

对于柔性道面的弯沉、应力计算采用的是弹性层状体系理论。柔性道面结构是由不同材料组成的弹性体系,上面各层具有一定的厚度,且各层的材料的力学性质可以用不同的弹性模量来表示,最下一层的土基可视为弹性半空间体。弹性层状体系可以分为弹性双层体系、弹性三层和弹性多层体系,用于计算不同组成的道面结构。

属于柔性道面的有:沥青类道面,砂石类道面,土道面等。

4.按道面施工方式分类

(1)现场铺筑道面。将拌和均匀的道面材料现场铺筑而构成的道面。水泥混凝土道面、沥青类道面以及各种砂石道面、结合料处治的土道面,都属于现场铺筑道面。

(2)装配式道面。装配式道面的面层不是在现场施工,而是在工厂预制,运抵现场后装配而成。这类道面包括水泥混凝土砌块、预应力钢筋混凝土预制板、钢板、铝板道面和玻璃钢道面等。

第四节　机场道面构造

一、道面的结构层次

机轮和自然因素对道面结构的影响,随着深度的增加而逐渐减弱,因此,对道面材料的强度、刚度和稳定性的要求也随深度的增加而逐渐降低。为适应这个特点,降低工程造价,道面结构应是多层次的。上层用高级材料,随后层用次高级材料,最下层用低级材料。道面的结构层次如图1-5所示。按使用要求、承受的荷载大小、土基支承条件和自然因素影响程度的不同,在土基顶面采用不同规格和要求的材料分别铺设基层和面层等结构层次。

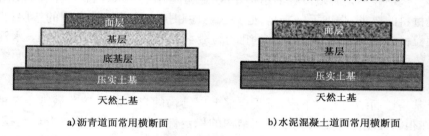

a)沥青道面常用横断面　　　　b)水泥混凝土道面常用横断面

图1-5　道面结构层次

1. 面层

机场道面面层是直接同机轮和大气环境相接触的层次,承受着机轮荷载的竖向压力、水平力和冲击力的作用;同时,又受到降水的侵蚀作用和温度变化的影响。因此,同基层和垫层相比,面层应具有较高的结构强度、刚度、耐磨、不透水和温度稳定性,并且表面还应具有良好的平整度和粗糙度,以保证飞机起飞、着陆和滑行的舒适性和安全性。

组成面层的材料可分为以下5种类型:

(1)水泥混凝土。这类道面具有较高的强度和刚度,能够承受任何飞机的作用。可用于跑道、滑行道、联络道和各种停机坪的面层。

(2)沥青混凝土。表面平整,滑行平稳舒适,能够满足各种飞机的使用要求。可用于跑道、滑行道、联络道。由于沥青混凝土不耐航油的侵蚀,一般不用于停机坪的面层。

(3)沥青类材料。这类材料包括沥青碎石、沥青贯入式和沥青表面处治等。沥青碎石和沥青贯入式用作面层时,因空隙多,易透水,通常应加封层。沥青表面处治一般不能单独作为面层,主要作为封层的摩擦层,以改善道面表面的性能。

(4)用土作为主要材料。如泥结碎(砾)石道面、各种结合料处治的土道面、草皮道面等,这类道面只能供轻型飞机使用,兼作大型飞机和军用飞机的紧急着陆场或野战机场道面,使用品质较差。

（5）用混凝土预制块、钢板、铝板和玻璃钢板作为道面的面层。

2. 基层

基层是面层和土基或垫层之间的结构层,是道面结构中的重要层次。对于水泥混凝土道面结构,能保证水泥混凝土道面整体强度和平整度,防止唧泥、错台和脱空,延长道面使用寿命。沥青混凝土道面,基层是道面结构中的承重部分,一般采用提高基层的强度和厚度来提高整个沥青道面结构的强度。基层受自然因素的影响不如面层强烈,但必须有足够的水稳性和抗冻性。用作基层的材料主要有:用各种结合料(如石灰、水泥或沥青等)处治的稳定土或碎(砾)混合料;各种工业废渣混合料,如高炉熔渣(水淬渣)、煤渣或粉煤灰等与石灰组成的混合料或外掺碎石或土的混合料(二灰土、二灰石)等;各种碎(砾)石混合料或天然砂砾;片石、块石或卵石等;贫水泥混凝土。

3. 垫层

垫层是介于基层和土基之间的层次,其主要作用是改善土基的温度和湿度状况,以保证面层和基层的强度稳定性、水稳定性和温度稳定性;继续扩散由基层传下来的荷载,以减少土基产生的变形。垫层并不是必须设置的结构层次,通常是在土基水、温状况不良时设置。

对垫层材料的要求,强度不一定高,但其水稳性和抗冻性要好。常用的垫层材料:一类是由松散的颗粒材料(如砂、砾石、炉渣等)组成的透水性垫层;另一类是石灰土、水泥土或炉渣土等稳定土垫层。

4. 压实土基

压实土基是道面结构的最下层,承受全部上层结构的自重和机轮荷载。土基的平整性和压实质量,在很大程度上决定着整个道面结构的稳定性。因此,无论是填方还是挖方,均应按要求予以严格压实。对于特殊土质要采取相应的对策措施。否则,在机轮荷载和自然因素的长期作用下,土基会产生过量的变形和各种病害,从而加速面层的损坏。

二、道面结构的横断面

为了迅速排水,以减少降水渗入道面下的土基,机场道面应考虑横向排水要求。我国军用机场要求:跑道横向应采用双面坡,坡度应不小于8‰,不大于12‰;滑行道、联络道的横坡应不小于8‰,不大于15‰;土跑道的横坡应不小于5‰,不大于20‰;平地区的横坡应不小于5‰,不大于25‰;拖机道的横坡应不小于8‰,不大于15‰。

我国民用机场对跑道和滑行道横坡的要求见表1-4。机坪的坡度应能防止其表面积水,并尽可能平坦。机坪中机位区的坡度应不大于1%,宜为0.4% ~0.8%。

民用机场跑道和滑行道横坡的要求 表1-4

飞行区指标Ⅱ		F	E	D	C	B	A
跑道	最大横坡(%)	1.5	1.5	1.5	1.5	2	2
	最小横坡(%)	1	1	1	1	1	1
滑行道	不大于(%)	1.5	1.5	1.5	1.5	2	2
	不小于(%)	1	1	1	1	1	1

跑道和滑行道的横断面如图 1-6 所示。滑行道通常是单面坡。

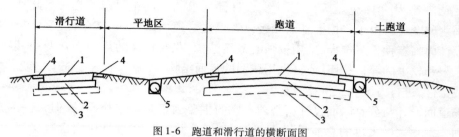

图 1-6 跑道和滑行道的横断面图

1-面层;2-基层;3-压实土基;4-道肩;5-排水设施

第五节 机场道面设计方法与内容

一、机场道面设计特点

道面设计的主要任务是提供适合当地自然条件,满足飞机使用要求的道面结构物。同其他类型结构物(如桥梁、厂房或住宅等)的设计相比,有着显著的区别,但与公路路面设计却有许多相近的特点。

道面各结构层是由不同来源和性质的材料组成,按不同的方式和配比组合而成的各种混合料。这些混合料的力学特性,受料源和施工状况的影响而变异性很大。同时,道面结构所处的环境(包括气候、水文和土基支承条件)又复杂多变,而道面材料的物理力学性质和道面结构体系的承载能力,对于环境条件的变化十分敏感,这就更加剧了材料和结构的变异性。机场道面设计对象便是一种其力学性质多变而又难以准确把握的复合结构。此外,作用在道面上的飞机荷载,无论是大小、数量、分布频率和计算图式,都是因时因地而变的随机因素,这又使道面设计的可靠性受到了影响。

对道面结构进行分析,首先是选择符合实际情况的荷载作用图式和结构物力学模型。为此,需要做出种种假设和简化。其次,要为结构物的组成材料,确定能够代表其性状的物理和力学参数。由于道面体系是性状变异性很大的复合结构,所做出的简化假设就难以同实际情况精确相符,结构分析的结果难免有出入。同时,计算参数选取正确与否,对分析结果有很大的影响。因此,在进行机场道面设计时,应对道面结构所处的环境进行周密的调查分析,并据此拟定材料性能的试验条件,对所选取材料进行力学性能试验。在充分估计其变异性的前提下,确定这些材料的计算参数。

道面结构的损坏状态,包括结构性破坏和功能性损坏。结构性破坏是指整个道面结构或其中某些组成部分不能再承受荷载作用的破坏,如断裂等。这是一般结构物设计中通常采用的临界状态。功能性损坏是指道面结构在使用过程中,在荷载和自然因素多次循环重复作用下,使用品质逐渐变坏,达到不允许的程度,如表面不平整、过于光滑等。道面设计的任务在于约束这两种损坏的出现,而要兼顾这两方面,就势必采用多种临界状态和设计标准,不能单纯按某一强度理论,以某一项应力分量不超过强度要求作为唯一的设计标准。

机场道面使用性能恶化的速率与交通量(飞机的起飞着陆次数)和道面结构强度密切相

关。对于同样水平的交通状况而言,结构强度越高,恶化速度越慢,也即使用年限越长;反之,恶化速度越快,使用年限越短。因此,道面设计同要求的使用年限密切相关。此外,道面使用性能的恶化速度还会由于养护措施而减缓或者停止。道面改建后,使用性能又得到恢复。这样道面设计面临多种方案选择;采用较强的道面结构,花费较高的最初修建费用,以获取较长的使用年限和较少的养护费用;或是先用较弱的道面结构,以节省初期投资。这就需要根据技术和经费条件,进行方案和经济比较。

机场道面设计与公路路面设计所必须考虑的主要因素是基本相同的,但每一因素所选定的数值则差别很大。飞机的总质量远大于汽车,但公路的荷载重复作用次数又远高于机场。我国主要公路和城市道路上行驶的货车的后轴轴载,一般在 60 ~ 130kN 范围内变动,而绝大部分在 100kN 以下;其重复次数可达 2000 次/日以上。大型飞机的主起落架荷载可达 800kN 以上(如 B747-200B 为 831.4kN),轮载也在 200kN 以上。但飞机荷载的重复作用次数要少得多。通常,大型机场的道面在设计期内考虑飞机荷载的通过率为 20000 ~ 40000 次。一次通过率是指在道面运行面积上的每个点有轮胎通过一次。

轮胎压力的差别也很大。货车的标准静轮胎压力一般为 0.4 ~ 0.7MPa,而有的飞机的轮胎压力可达 1.5MPa 以上,这就对机场道面面层、结构和使用性能提出了更高的要求。

二、道面设计内容

机场道面设计主要包括以下 4 个方面的内容:

(1)根据使用要求、当地自然条件、土基支承条件和材料供应情况,提出道面结构层的选择和组合方案。

(2)根据选定的材料的性状要求和当地自然条件,进行结构层(主要是面层)材料的组合设计。

(3)根据道面结构层的计算方法,或者按照经验法,确定满足设计飞机使用要求的各结构层的厚度。

(4)综合考虑投资、施工、养护和使用性能等几个方面的因素,对可能提供的若干个设计方案进行技术、经济分析和比较,选出最优方案作为道面结构的设计方案。

根据以上所述的特点和内容,机场道面设计可按如图 1-7 所示的流程进行。

三、设计方法

按照道面结构的力学特性,可以把道面分为柔性和刚性道面两大类。柔性道面和刚性道面的计算理论和设计方法是完全不同的,并且种类繁多。各个国家都相应地建立起各自的设计方法。通常,设计方法可归纳为经验和半经验法,解析法或理论法两种类型。

1. 经验和半经验法

经验和半经验法以已往修建和使用经验为设计基础。道路长期使用的实践经验使人们认识到,在路基顶面铺些硬质材料,如石板、石块、碎石等,可以起扩散荷载的作用。荷载越重,作用次数越多,路基越软弱,这一硬质材料层(即路面)的厚度就需要越大。由此而意识到,要确定路面所需厚度,必须先评定荷载、路基承载力和材料强度三个方面的参数值。为了评定后面两项参数,曾提出过许多可以进行简单评定的试验方法,加州承载比(CBR)法就是其中之一。

通过修筑大量的试验路,对它们的使用效果进行实地观察,并按上述试验方法对路基和材料参数做出评定。综合这些结果,便可以建立起不同荷载和作用次数下所需路面总厚度同路基CBR 值的经验关系曲线,供路面设计用。美国陆军工程兵在 20 世纪 40 年代对 CBR 法加以改进并用于机场道面设计。随着荷载的作用次数的不断增长,各种道面新材料的应用,这些经验曲线不断得到修正,以适应新的条件。

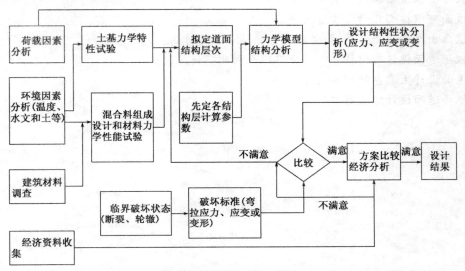

图 1-7　机场道面设计流程图

当道面结构的材料、环境和受荷载条件,同经验和半经验法制订时所依据的相似,则按此法设计可以得到满意的结果。然而,由于环境条件的差异,荷载和交通量的迅速增长以及新材料的不断出现,原有的经验公式和曲线已不能满足设计要求。若靠修筑新的试验段来加以补充和修正,将费钱又费时。因此,经验和半经验法具有局限性。

2. 解析法或理论法

解析法是以结构分析为基础,按设计荷载作用在道面结构上所产生的应力、应变和位移不超过任一结构层中材料所容许的范围要求,来选择的确定道面结构层的组合及厚度。这类方法的特征是:

(1)选择合适的力学模型来代替现实的道面结构,寻求此模型中应力、应变和位移方程的解。

(2)表征各结构层中的材料在相应气候和加载条件下的力学性质。

(3)定义以基本的应力、应变和位移表示的设计标准(或指标)。

(4)设计体系用简便方式表示。

近年来,各国在解析法方面做了大量的研究工作。随着计算方法和技术的不断发展,机场道面结构分析的理论和方法取得了很大的进展。同时,有关荷载、环境(温度和湿度)、基础支承条件、材料性状和经济等因素对道面结构的影响,也已积累了丰富的认识。在此基础上,已经提出一些完整的道面设计体系。

然而,由于机场道面结构所具有的特点,采用解析法进行设计时,在许多方面目前存在不足。例如,对于荷载、环境和材料等参数的评价有较大的误差,在结构分析和使用性能之间尚未建立起内在的联系。因而,用经验法设计仍在许多国家得到应用。

思考题与习题

1. 简述机场道面的使用要求。
2. 叙述刚性道面和柔性道面的特点。
3. 道面可以按哪几种方法进行分类?
4. 试画出机场道面结构图,并叙述各结构层次的作用。
5. 机场道面设计有何特点? 与公路路面相比有何区别?
6. 道面设计主要包括哪些内容?
7. 机场道面设计方法有何特点?

第二章 飞机对道面的作用

机场道面的作用是保证飞机在地面的正常活动。这些活动包括飞机在机场道面上停放、滑行、起飞、着陆、转弯和制动等。随着飞机在道面上运动状态的变化,作用在道面上的荷载也在不断变化。停放时会对道面产生垂直压力;滑行时会对道面产生垂直压力、水平力和冲击力,同时还产生升力;制动和转弯时会产生垂直力和水平力。

第一节 飞机起落架形式

飞机在道面上作用的全部荷载是通过飞机上起落架的机轮传给道面的。飞机起落架上形式对飞机对道面上作用的荷载起到重要作用。

1980 年以前,主要的军用和民用飞机使用三种基本起落架形式,单轮(每个支柱上一个轮子),双轮(每个支柱上一边一个轮子),双轴(并列双轮子后面增加并列双轮,即双轴双轮)。由于飞机质量的增大,飞机制造厂增加机轮数减小对道面的损坏。需要增加起落架支柱数,例如,McDonnell Douglas(道格拉斯)最初制造 DC-10 使用双支柱双轴的起落架。当生产更重的 DC-10-30 时,在飞机中间增加了一个双轮起落架。另外一个例子是 B747 飞机,为了减小对道面的影响,采用四个双轴双轮的起落架。

随着起落架的日益复杂,单轮、双轮和双轴双软轮起落架已不能满足需要。FAA 采用新的起落架命名方法。

一、起落架定义

1. 主起落架

它是飞机的主要起落架,对称布置在飞机的两侧。当有多个起落架且互相不一致时,最外面一对起落架认为是主起落架。当一个起落架沿着飞机纵轴与其他起落架一致时,则有多个主起落架。

2. 机体/腹部起落架

机体/腹部起落架是在飞机的中心位置,两个主起落架之间增加的起落架。机体/腹部起落架不同于主起落架且可以不对称。

3. 辅助(前)起落架

承担较少(约占飞机总质量的 10%)飞机质量,现在辅助起落架大部分位于飞机的前部,故被称为前起落架;也有一些辅助起落架位于飞机后部。在道面结构设计中一般不考虑辅助(前)起落架的作用。

二、飞机起落架形状命名规则

1.飞机起落架形状基本名称

下面命名的规则中,飞机起落架名称简化为三种变化:主起落架,机体/腹部起落架(如果存在)和描述的胎压参数。图2-1给出了两种主要的变化。

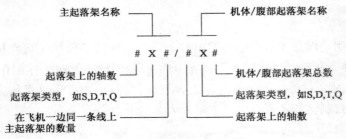

图2-1 飞机起落架命名规则

2.基本起落架类型

单个起落架的类型由通过一个给定的轴上的机轮数(或轴线)和是否有重复的轴决定的。多个起落架支柱紧密接近,最好把它看作一个单独的起落架,如 AN-124(图2-3m)。如果机体/腹部起落架不存在,第二个命名可以省略。对于多个起落架的飞机,如 B-74 和 A380,外面一对起落架被认为是主起落架。

3.基本起落架代码

命名规则采用下面起落架代码:S,单轮;D,双轮;T,三轮;Q,四轮。

4.历史上轴名称的使用

虽然使用"轴"的术语描述轴起落架的特性,轴的名称"T"不再出现在该命名中,现在的"T"是指三轮。

5.主起落架命名说明

起落架这部分名称由主起落架的说明组成。具有以下三个特点:

(1)第一个特点是指出轴数或轴上的轮数,如 3D 表示三轴双轮(如果只有一个轴,第一位的"1"可以省略)。典型的命名方是 S 表示单轮,2D 表示双轴双轮,5D 表示五轴双轮,2T 表示双轴三轮。

(2)第二个特点是指出起落架的代码。如 S、D、T 或 Q。

(3)第三个特点是数值指出了起落架的数量。对于主起落架,起落架的名称假定在飞机的两边(对称),报告值指出在飞机一边的起落架的数量。数值 1 表示在飞机一边有一个起落架。为了简化,对于主起落架数值 1 可以忽略。在飞机一边有多于一个主起落架,并且处在一条线上,用数值表示在该线上的起落架数量。例如,IL-76 在飞机一边有两个含有 4 个轮子的起落架,用 Q2 表示。

6.机体/腹部起落架

当有机体/腹部起落架用起落架命名的第二个部分,如果机体/腹部起落架存在,主起落架说明后面用"/后面的部分"进行说明。例如,B747 飞机主起落架上有双轴双轮和机体/腹部起落架上有双轴双轮,该飞机完整的命名是 2D/2D2。机体/腹部起落架的命名类似于主起落架,除后面的数值能表示现有的所有机体/腹部起落架的总数量外,如 2D1 表示一个双轴双轮机体/腹部起落架;2D2 表示两个双轴双轮机体/腹部起落架。因为机体/腹部起落架的排列不可能是对称的,起落架的代码必须说明所有起落架的数量,如果只有一个也不能忽略。

7.补充说明

未来的飞机可能要求增加的机体/腹部起落架是不对称的和不均匀的。在这个说明中,机体/腹部起落架的命名将包括连字号,指出起落架分布的不均匀性。作为范例,在现有的 2D/2D2 增加一个双轮机体/腹部起落架,则起落架命名方式为2D/2D2-D。

8.特有的起落架

银河 C-5 有特有的起落架,使用该命名方法很难命名。使用新的命名方法不能将其分类,将继续采用 C-5。诸如 C-17,AN-124 和 IL-76 也可能引起同样的混乱,分别见图 2-3f)、图 2-3m)、图 2-3r)。在这种情况下,主要观察起落架支柱的数量和接近的程度。如 AN－124,把多个起落支柱看作一个起落架,如 5D,即 5 个双轮的轴,而不是采用 D5,即飞机每边有 5 个双轮起落架支柱。由于非常接近,C-17 合适命名为 2T,表示有双轴三轮。与此对照,IL-76 考虑起落支柱间距,应该命名为 Q2。

9.起落架命名示例

图 2-2 提供了普通单个轴和多轴起落架类型的示例。图 2-3 提供了 18 种已有飞机的起落架类型的示例。

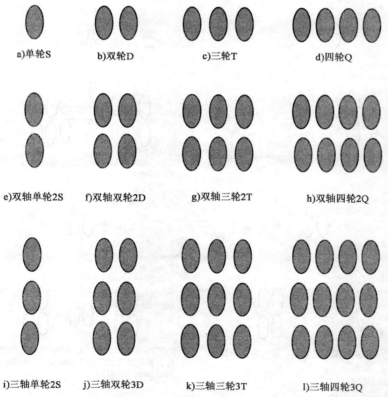

a)单轮S　　b)双轮D　　c)三轮T　　d)四轮Q

e)双轴单轮2S　f)双轴双轮2D　g)双轴三轮2T　h)双轴四轮2Q

i)三轴单轮2S　j)三轴双轮3D　k)三轴三轮3T　l)三轴四轮3Q

图 2-2　起落架形式(增加前后轴数)

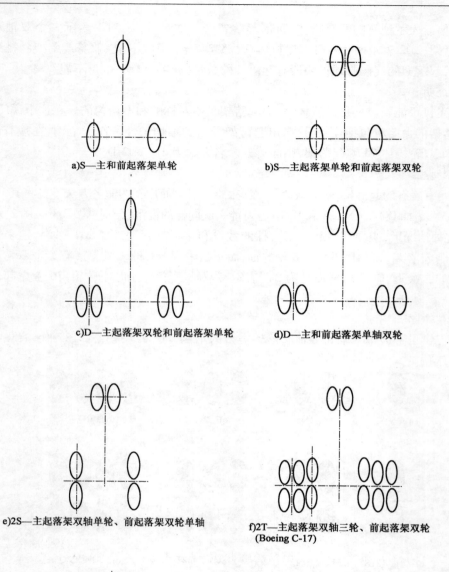

a)S—主和前起落架单轮

b)S—主起落架单轮和前起落架双轮

c)D—主起落架双轮和前起落架单轮

d)D—主和前起落架单轴双轮

e)2S—主起落架双轴单轮、前起落架双轮单轴

f)2T—主起落架双轴三轮、前起落架双轮
(Boeing C-17)

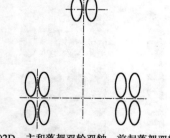

g)2D—主和落架双轮双轴、前起落架双轮

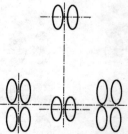

h)2D/D1—主和落架三轮双轴/机体起落架单轮双轮、前起落架双轮(McDonnell Douglas DC-10, Lockheed L-1011)

图 2-3

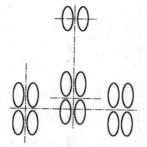

i)2D/2D1—主和落架双轴双轮/机体起落架
双轮、前起落架双轮(Airbus A340-600)

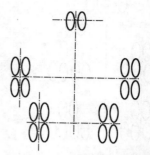

j)2D/2D2—主和落架双轴双轮/机体起落
架二个双轴双轮、前起落架双轮(Bocing
B-747)

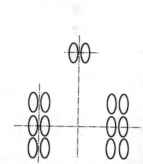

k)3D—主和落架三轮双轮、前起落架双轮
(Boeing B-777)

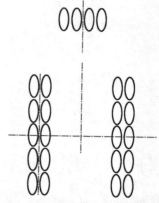

l)5D—主和落架五轴双轮、前起落架单轴四轮
(Antonov AN-124)

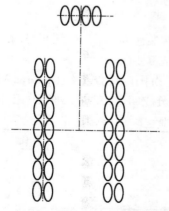

m)7D—主和落架七轴双轮、前起落架单轴四轮
(Antonov AN-225)

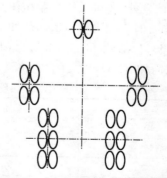

n)2D/3D2—主起落架双轮双轴/机体起落架二
个三轴双轮、前起落架双轮(Airbus A380)

图 2-3

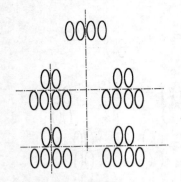

o)C5—复杂起落架包括双轮和四轮组合、前起落架四轮，C5银河(Lockheed C5 Galaxy)

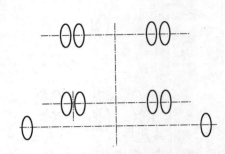

p)D2—双轮主起落架每边具有不分离的双轮前起落架(注意外的单个机轮可以忽略)(Bpeomg B-52轰炸机)

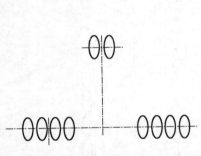

q)Q—四轮主起落架，前起落架双轮(HS-121三叉戟)

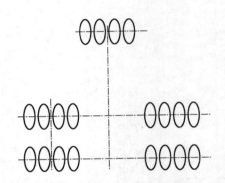

r)Q2—四轮主起落架每边两个，四轮前起落架(IL-76)

图2-3 现有飞机起落架形式

10. 含有胎压信息

除了起落架信息外,还可以给出胎压信息。虽然胎压对道面作用的效果相对飞机荷载和机轮间距是次要的,但特殊飞机对道面的冲击能力是重要的。

(1)飞机等级号(ACN)和道面等级号(PCN)是由国际民航组织(International Civil Aviation Organization,简称ICAO)创立的,它将飞机胎压分成四类,表2-1列出分组和它们的代码。

胎压分类标准   表2-1

分　类	胎压范围(MPa)	代　码
高	无限制	W
中	1.01 ~ 1.5	X
低	0.51 ~ 1.0	Y
极低	0.0 ~ 0.5	Z

(2)允许报告胎压,此时,起落架命名方式包括第三个变化。使用国际民航组织(ICAO)的代码,胎压在标准命名方式后面的括号中表示。表2-2给出了起落架命名无胎压和有胎压表示的示例。

起落架命名无胎压和有胎压代码的示例   表 2-2

无胎压起落架命名	有胎压起落架命名	无胎压起落架命名	有胎压起落架命名
S	S(W)	Q2	Q2(Y)
2S	2S(X)	2D/3D2	2D/3D2(Z)
2D/2D1	2D/2D1(Z)		

起落架的构造如图 2-4 所示。

a)单轴单轮起落架

b)单轴双轮起落架

c)双轴双轮起落架

d)多轴多轮起落架

图 2-4 起落架的构造

第二节　作用在道面上竖向静止荷载

　　飞机停放在道面上时,机轮传给道面的荷载是静荷载。静荷载的大小与飞机总质量及起落架的形式有关。一般情况下,飞机总质量越大,静荷载越大。对同一种飞机来讲,由于携带的油料、货物(弹药)和乘客人数的不同,其总质量是不断变化的。通常,起飞质量大于着陆质量。起飞质量又分为正常起飞质量和最大起飞质量。在机场道面设计时,通常以使用该机场的主要飞机的最大起飞质量作为计算依据或采用对道面结构厚度要求最大的飞机作为计算依据。

　　飞机停放在道面上时,其对道面的作用如图 2-5 所示,其作用在道面上的荷载在主起落架和辅助起落架之间的分配,可由式(2-1)计算。

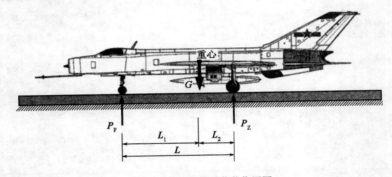

图 2-5　飞机停放时荷载作用图

$$P_Z = G \times \frac{L_1}{L_1 + L_2} = K_Z G$$

$$P_F = G \times \frac{L_2}{L_1 + L_2} = K_F G \tag{2-1}$$

式中:G——飞机总荷载(MN);

　　　P_Z——主起落架上承担的荷载(MN);

　　　P_F——辅助(或前)起落架上承担的荷载(MN);

　　L_1、L_2——飞机辅助(或前)起落架和主起落架的中心到飞机重心的距离(m);

　　　K_Z——飞机荷载在主起落架上的分配系数,其表达式如下式所示:

$$K_Z = \frac{L_1}{L_1 + L_2} = \frac{L_1}{L} \tag{2-2}$$

　　　K_F——飞机荷载在辅助起落架上的分配系数,其表达式如下式所示:

$$K_F = \frac{L_2}{L_1 + L_2} = \frac{L_2}{L} \tag{2-3}$$

　　　L——飞机主、辅(或前)起落架的间距(m)。

　　K_Z 和 K_F 的数值可查附录一。

飞机总质量的 90% ~95% 分配在主起落架(或和机体/腹部起落架)上。因此,主起落架的形式直接影响着机轮传给道面荷载的大小。飞机起落架的形式见图 2-3。

主起落架形式对道面厚度影响较大。计算表明,若飞机总质量保持不变,主起落架为单轮时,道面厚度为 100%,则主起落架为双轮时为道面厚度 80%,主起落架为双轴双轮时,道面厚度为 60%。

在进行机场道面设计时,还需要知道主起落架上每个机轮传递荷载的大小。停放在道面上每个机轮上飞机的荷载按下式计算:

$$P_j = \frac{P_z}{MN} \tag{2-4}$$

式中:P_j——主起落架上每个机轮的静荷载(MN);

　　　M——飞机上主起落架个数;

　　　N——一个主起落架上的机轮数。

第三节　机轮轮胎压力、接触压力和接触面积

现代飞机的机轮采用高压充气轮胎。轮胎的充气压力称为轮胎压力。充气轮胎在荷载作用下会产生压缩变形。因此,由机轮传给道面的荷载分布在一定的面积上,这个面积称为机轮与道面的接触面积或称轮印面积,见图 2-6。轮印的形状为近似椭圆形,其两半轴之比 a/b 在 1.25~2.0 之间。随着机轮荷载的增大,接触面积也增大。接触面积上的荷载集度称为接触压力。计算时通常不计轮胎侧壁的约束作用,认为轮胎与道面之间的接触压力等于轮胎压力。但对于低压轮胎,轮壁之下的接触压力稍大于轮胎中心的接触压力;对于高压轮胎则反之。在进行道面设计时,通常假定轮印面积内接触压力是均匀分布的。轮印面积按式(2-5)计算。

$$A = \frac{P_j}{p} \tag{2-5}$$

式中:A——轮印面积(m^2);

　　　p——轮胎压力(MPa);

　　　P_j——机轮荷载(MN)。

在道面设计时,接触面积 A 常以等面积的圆形来代替。当量圆形的半径 R 按式(2-6)计算。

$$R = \sqrt{\frac{P_j}{\pi p}} \tag{2-6}$$

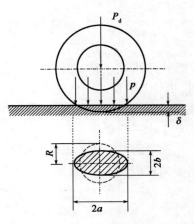

式中:R——当量圆半径(m);

　　　其他符号意义同前。

轮胎压力大小对道面厚度的影响很大。计算表明,在结构相同的刚性道面中,轮胎压力增大 0.07MPa,则需要增加板厚约 0.5cm。

图 2-7 为相同的计算条件下轮胎压力和主起落架轮数

图 2-6　机轮与道面的接触面积图

23

对刚性道面要求厚度的影响。由图可见,在相同条件下,道面厚度随轮胎压力增大而增加,随主起落架轮数增多而减小。

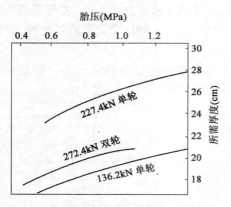

图 2-7 轮胎压力和主起落架轮数对刚性道面要求厚度的影响

在沥青类道面中,竖向应力的大小取决于荷载和轮胎压力的大小。图 2-8 为相同荷载但轮胎压力不同时的计算结果。由图可知,轮胎压力对表层竖向应力的影响很大,当深度达 90cm(36in)以下时,轮胎压力对竖向应力就没有影响了。因此,为适应高压轮胎的作用,沥青类道面的上层应采用高质量的材料,下层可采用一般质量的材料。沥青类道面所需的总厚度,受轮胎压力影响不大。

图 2-9 为轮胎数量对柔性道面竖向应力的影响。由图可见,采用双轮荷载比单轮荷载可以显著改善道面体系的竖向应力状态。

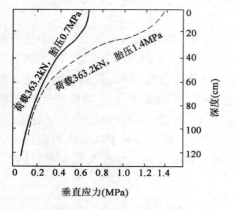

图 2-8 垂直应力随深度的变化

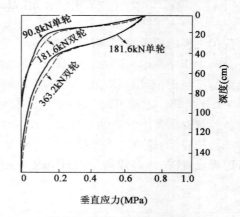

图 2-9 轮胎数对垂直应力的影响

第四节 作用在道面上的水平力

当飞机在道面上滑行时,除受竖向荷载作用外,作用在道面上的还有水平力。飞机运动时,机轮与道面之间的摩擦力引起水平荷载;机轮经过道面不平整处因撞击也会引起水平荷载;飞机着陆时机轮制动过程中产生水平荷载;飞机滑行过程中的转弯时由于存在侧向摩擦力而产生水平荷载等。

在道面上滑行的飞机机轮不制动,作用在道面上的水平荷载由式(2-7)确定;机轮制动时水平荷载由式(2-8)确定。

$$T_1 = fP_d \tag{2-7}$$

$$T_2 = \varphi P_d \tag{2-8}$$

式中：T_1、T_2——滑行中的飞机机轮不制动和制动情况下作用地道面上的水平荷载(MN)；

f——滚动摩擦系数；

φ——滑动摩擦系数；

P_d——机轮的竖向动荷载，由于飞机在滑行时要产生升力，道面不平整也会引起飞机的振动，此时，机轮上的竖向动荷载为静荷载、升力和附加的振动力之和(MN)。

系数 f 和 φ 的大小取决于道面结构形式、道面表面的状态、飞机的运动速度、轮胎花纹及磨损程度。f 和 φ 的值可参考表 2-3 和表 2-4 确定。

系 数 f 值

表 2-3

表 面 类 型	f
平整的水泥混凝土和沥青混凝土道面	0.01 ~ 0.02
有机结合料处治的平整的碎石或砾石道面	0.02 ~ 0.03
沥青混凝土道面有轮辙、裂缝	0.04 ~ 0.05
黏土表面	0.05 ~ 0.15
泥泞季节的土跑道	0.15 ~ 0.30

系 数 φ 值

表 2-4

表 面 类 型	φ	表 面 类 型	φ
干燥而粗糙的道面	1.0 ~ 0.7	泥泞的道面	0.2
干燥平滑的道面	0.5	冰覆盖的道面	0.1
潮湿的道面	0.5 ~ 0.3	潮湿的草皮道面	0.1

飞机制动时道面上作用的水平荷载可达到 $(0.1 ~ 1.0)P_d$，并且大大超过机轮不制动时产生的水平荷载。

作用在道面表面的水平荷载的作用时间很短，且所引起的水平应力随深度的增大而迅速减少，在机场刚性道面设计中一般不予考虑。对于柔性道面，过大的水平应力能够引起道面面层产生波浪、拥包和剪切破坏。因此，当柔性道面上层可能因水平力过大而引起破坏时，应对水平荷载进行验算，必要时设置保护层(磨耗层)，以改善柔性道面上层的受力状态。

第五节　作用在道面上的动荷载

飞机在道面上的一切活动，包括滑行、起飞、着陆和地面试飞，都会对道面产生动效应。这种动效应还与道面结构的力学特性有关。柔性道面上飞机的动效应要比刚性道面小得多，可以不考虑飞机动效应。

飞机在道面上滑行时，一方面，随着飞机滑行速度的增加，机翼产生的升力使机轮对道面的压力减少；另一方面，当机轮通过道面不平整处时，将产生冲击作用。冲击作用增大了飞机荷载对道面的作用效果。冲击作用的大小与道面平整状况及飞机运动速度有关。图 2-10 为某一速度下的试验资料。由图可见，道面越不平整，冲击作用越大。因此，对道面的平整度应该有严格的要求。

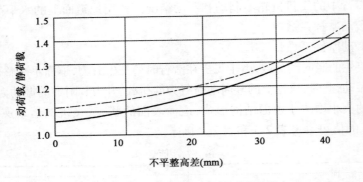

图 2-10　道面不平整高差对冲击作用的影响

另外,飞机着陆时,跑道端部的道面受到机轮的撞击。机轮的这种撞击作用与飞机的飘落高度有关,换句话说,取决于飞行员的驾驶水平。通常规定飞机在离地面 0.5～1.0m 时开始飘落是正常着陆。如果飞机飘落高度超过规定,就是粗暴着陆。粗暴着陆不仅使道面受到巨大的冲击,而且容易引起机件的损坏。图 2-11 为英国"蚊式"飞机进行的着陆冲击试验。由图可知,正常着陆机轮对道面的冲击荷载不超过静荷载;粗暴着陆时,道面受到的冲击荷载是静荷载的 3 倍。这是因为,当飞机属于正常着陆,由于此时飞机的升力很大,接近或达到了飞机的质量,飞机对道面作用的荷载接近于零。当飞机的着陆为粗暴着陆时,即飞机的飘落高度超过规定值,会对道面产生巨大的冲击力。同时,引起飞机的机件损坏,甚至造成安全事故。因此,粗暴着陆在飞行中是违反操作规程,危及飞行安全,是不允许的。所以,机场道面设计中一般不考虑粗暴着陆,只按正常着陆情况进行道面设计。正常着陆时飞机对道面产生的作用是很小的,在道面设计时,飞机着陆时产生的冲击力是不考虑的。

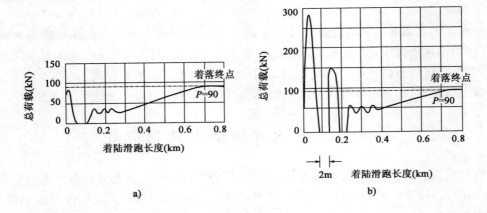

图 2-11　飞机着陆时对道面的冲击力

飞机对道面的动载响应分析是比较复杂的研究课题。在机场道面设计中,通常的做法是引入动载系数,把动荷载转换为静荷载,按静力学分析方法进行道面结构的位移和应力计算。我国军用机场水泥混凝土道面设计规范中的动载系数(表 2-5),考虑了飞机在道面上滑行时的升力和动力的影响,反映了飞机的动力效应和升力的一个综合系数。

动　载　系　数　　　　　　　　　　　　　　　表2-5

道　面　地　段	下列胎压(MPa)下的动载系数 K_d	
	$q \geqslant 1.08$	$q < 1.08$
滑行道、跑道端部、停机坪、联络道	1.25	1.20
跑道中部	1.00	1.00

第六节　机轮轮迹横向分布与运行次数

一、机轮轮迹横向分布

　　飞机在跑道上起飞、降落时,轮迹的横向分布是不均匀的。在跑道横断面的各个部位,机轮荷载的分布是各不相同的。影响机轮轮迹的横向分布规律的主要因素有飞机的类型、主起落架的数量、主起落架的间距及其机轮数量、轮胎宽度和训练科目等。当主起落架数量少、间距小、主轮数量少、轮胎宽度小时,则轮迹的横向分布就比较集中(即机轮出现在跑道中部的概率大);反之轮迹的横向分布不很集中(即机轮出现在跑道中部的概率偏小)。图2-12为某机场实测的歼6、歼7飞机单机起飞、着陆时的轮迹的横向分布情况。由图2-12可知,在跑道中心10m宽(两侧各5m)范围内,轮迹的分布概率为91.76%,而在22m宽的范围内轮迹的分布概率为99.99%。

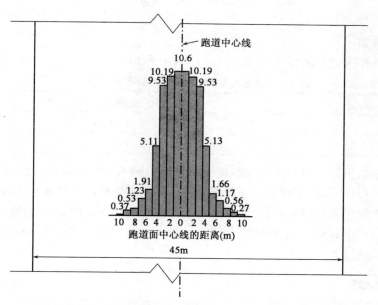

图2-12　歼6、歼7飞机单机起飞、着陆时的轮迹横向分布情况(%)

　　双机起飞的轮迹的横向分布规律与单机起飞时不同,其分布规律见图2-13。所谓的双机起飞,是指同时起飞的两架飞机各自利用半个宽度的跑道(翼尖间距大于10m),进行起飞训练或执行任务,而着陆时单机着陆。由图2-13可见,在跑道中心10m宽(两侧各5m)范围内有一个较大的峰值,轮迹分布概率占77.12%;两侧出现两个较小的峰值。

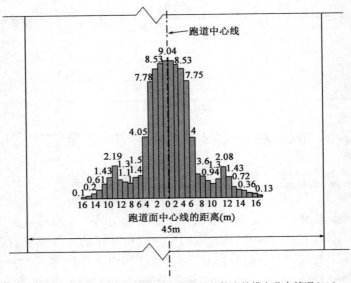

图 2-13　歼 6、歼 7 飞机双机起飞、着陆时的轮迹的横向分布情况(%)

对轮迹的横向分布实测资料进行统计分析,跑道上飞机运行的横向偏离值的概率分布服从正态分布,如式(2-9)所示。

$$f_\phi = \frac{1}{\sqrt{2\pi}\,\sigma} \exp\left\{ -\frac{(x-\mu)^2}{2\sigma^2} \right\} \qquad (2-9)$$

式中:μ——平均值;

σ——标准差。

经对不同机场跑道实测,μ 和 σ 的数值如表 2-6 所示。

跑道上飞机横向分布统计参数　　　　　　　　　　表 2-6

机　　种	n	μ(m)	σ(m)
轰炸机	3816	0.03	2.13
歼击机	2712	0.02	2.83

由于绝大多数机轮荷载都集中在跑道横断面的中间 1/3 的宽度内。因此,就跑道断面而言,中间部分可以认为是决定性的交通区域。与其他不太繁忙的区域相比,道面板应有较大的厚度。这样就有采用不等厚断面设计,以降低工程造价的实例。图 2-14 为跑道不等厚断面设计的示例。在跑道中间部分,道面厚度按飞机的最大起飞质量计算;而跑道边部的道面则按飞机的最大着陆质量计算。

二、运行次数

机场道面所使用的飞机不仅有不同类型,而且不同飞机的起飞和着陆的次数也不相同。飞机的运行次数一般是指飞机起飞和着陆的次数。由于同一机型的飞机的起飞和着陆质量不同,一般起飞质量大于着陆质量。把起飞一次作为一次运行次数,而着陆一次则需要进行折减。折减系数与道面所使用的机型的不同而不同。军用机场水泥混凝土道面设计规范规定着陆一次为 0.75 次运行次数。

28

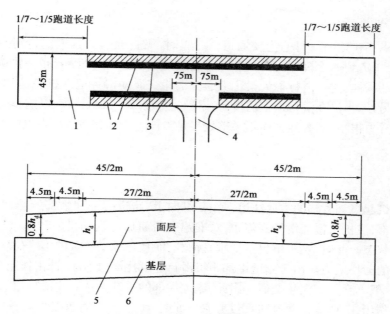

图 2-14　跑道不等厚断面设计

1-跑道端部板 h_d 部分;2-0.8h_d 部分(宽度 4.5m);3-板厚渐变部分(宽度 4.5m);4-联络滑行道;5-混凝土板;6-基层

不同质量的飞机对道面影响的差异是很大的。在机场道面设计时,不仅要考虑不同质量飞机对道面的影响,而且还要考虑不同飞机的运行次数对道面的影响。不同质量和运行次数的飞机对道面的综合累计损伤也不同。在进行道面设计时需要考虑在设计年限内,对机场道面所使用的飞机的类型和运行次数进行调查和预估,并通过适当的方式将它们转换成设计飞机的运行总次数,作为道面结构设计的依据。

当一个机场使用不同质量的飞机时,各种飞机的运行次数不能简单累加。在机场道面设计中,是将不同质量飞机的年平均运行次数换算成设计飞机的年平均运行次数。飞机的运行次数按照一定的原则可以换算飞机场作用次数。不同类型飞机之间的作用次数(或运行次数)之间的换算,即交通量换算。各种飞机的交通量换算的原则是:第一,换算以达到相同的临界状态为标准,即对同一种道面结构,甲类飞机作用 N_1 次后道面达到预期的临界状态,乙类飞机作用使道面达到相同临界状态的作用次数为 N_2,此时甲、乙两类飞机作用是等效的,则应按此等效原则建立两类飞机作用次数之间的换算关系;第二,对某一种交通组成,不论以哪种飞机的标准进行交通量换算,由换算所得交通量计算的道面厚度是相同的。由于在不同的设计方法中,设计标准的不一致,交通量的换算也是不同的,详见第八章和第九章。

第七节　机场道面各地段受载条件分析

由于道面各部分的几何形状和尺寸的不同以及飞机在道面上各地段的运动状态的不同,机场道面各地段承受飞机荷载的状况是不一样的。机场道面的各地段可划分为滑行道、跑道、停机坪等。

一、滑行道

滑行道是飞机在地面滑行的主要通道。起飞时,飞机经过滑行道而达到跑道端部;着陆时,飞机经过滑行道到达停机坪。由于滑行道宽度小,机轮几乎是沿着同一轨迹滑行的,如同水在渠道中流动一样,这种滑行称为渠化交通。渠化交通使滑行道上机轮荷载的重复作用次数大大增加。另外,飞机在滑行道上的滑行速度一般为 20～30km/h。以这种速度滑行时,飞机机翼产生的升力很小,而驶经道面不平整处又足以产生冲击作用,这些构成了滑行道上不利的受载条件。

二、跑道

跑道是飞机起飞和着陆的主要通道。在其纵向上,跑道端部和中部的受载条件是不一样的。在跑道端部,飞机从慢速滑行到停止,对准跑道后面提高发动机的转速,以发挥它的全推力并进入起飞状态。此时,飞机不仅承受垂直荷载,而且还承受较大的水平荷载。会在道面结构中产生较大的剪切应力。由于跑道端部飞机滑行速度比滑行道小,冲击作用也小,并且跑道比滑行道宽,一般不会形成渠化交通。因此,跑道端部的受载条件要比滑行道好一些。对于飞机着陆的冲击作用,一般按正常着陆重量考虑。此时,由于飞机的速度很大,机翼产生的升力也很大,它抵消了飞机大部分重量,使其对道面产生的荷载较小,冲击力是不大的。

在跑道中部,无论是起飞或着陆,飞机都以较高的速度通过。此时,机翼的升力较大,抵消了飞机部分重量,减少了机轮对道面的作用。同时,高速滑行通过的飞机对某一断面的作用是短暂的,道面还来不及产生完全变形,飞机就通过了。

在跑道的横向,飞机在跑道上起飞、降落时其轮迹的分布是各不相同的。影响机轮痕迹横向分布规律的主要因素有飞机的类型、主起落架的数量、主起落架的间距及机轮数量、轮胎宽度和训练科目等。当主起落架数量少、间距小,主轮数量少、轮胎宽度小时,则轮迹的横向分布就比较集中(跑道横断面中部出现的概率大)。反之,轮迹的横向分布就很不集中(跑道横断面中部出现的概率偏小)。对轮迹的横向分布实测资料进行统计分析,跑道上飞机运行的横向偏离值的概率分布服从正态分布。

三、停机坪

停机坪是供飞机停放、维护保养、加油、装卸货物和弹药的场所。由于飞机长时间的停放和满载起飞的滑进滑出,其受载条件与跑道端部相近。

综上所述,滑行道受载条件最差,所要求的道面厚度最大;跑道中部受载条件最好,所要求的道面厚度最小;跑道端部和停机坪介于上述两者之间,道面厚度中等。

对于某一具体机场,应根据飞机在道面上的运行特点,综合考虑来确定道面各地段的受载条件,进行道面结构设计。对不同受载条件的道面地段采用不同的道面结构,可以降低道面的修建费用。图 2-15 为军用机场水泥混凝土道面厚度分布典型图。它主要根据飞机在道面上不同地段的受载条件,将道面厚度分为滑行道、跑道和停机坪三大部分。

根据道面各地段的受载条件设计道面结构,在最不利位置关键部位采用较厚的道面,而在次要部位采用较薄的道面,这样做可以大大降低修建费用。所以,许多国家在机场道面设计中,都试图根据预期损坏有共同性的区域,对道面进行区域分类。我国民用机场根据道面上飞机荷载作用条件的不同,沥青混凝土道面结构设计可分为4个区,如图2-16所示。

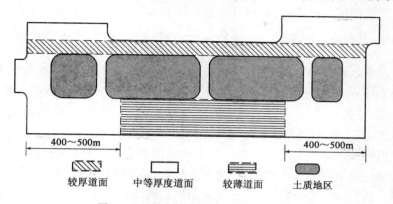

图 2-15　机场道面各地段厚度变化示意图

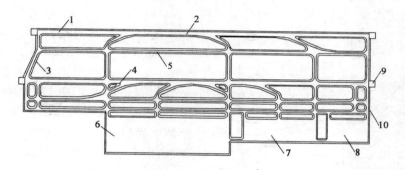

图 2-16　道面分区

1-跑道端部 1/7～1/5 跑道长度(Ⅰ区);2-跑道中部(Ⅱ区);3-联络滑行道(Ⅰ区);4-快速出口滑行道(Ⅱ区);5-平行滑行道(Ⅰ区);6-站坪(Ⅰ区);7-过夜停机坪(Ⅱ区);8-维修机坪(Ⅲ区);9-防吹坪(Ⅳ区);10-道肩(Ⅳ区)

Ⅰ区:跑道端部,设计飞机全重通过的滑行道,站坪,等待坪。

Ⅱ区:跑道中部,快速出口滑行道。

Ⅲ区:过夜停机坪,维修机坪,通向维修机坪的滑行道。

Ⅳ区:防吹坪,道肩。

跑道两端长 150～200m 及与其相连接的平行滑行道端部 150～200m 以及站坪和停机坪不宜设计为沥青混凝土道面。站坪和停机坪如采用沥青混凝土道面,其机位部分应设计为水泥混凝土道面。同时,在沥青混凝土道面与水泥混凝土道面连接处,应专门设计一个过渡段,以保证该处道面不易破坏。

第八节　飞机喷气流和航油对道面的作用

一、飞机喷气流作用

由于现代飞机绝大多数采用的是喷气式发动机,当飞机在道面上滑行时,会喷出高温高速气流,对道面(特别是沥青类道面)都会产生一定的影响。这使得飞机对机场道面的面层结构提出了更高的要求,从而限制了用于道面表面的建筑材料的范围。

在螺旋桨飞机使用的机场上,特别是在停机坪和起飞地段,当发动机以最大转速运转时,受到气流集中作用的部位,松散材料会被吹起,既影响视线,又容易造成飞机蒙皮和发动机的损坏。

喷气式飞机发动机喷出的高温、高速气流,在喷口附近的气流最高温度可达 850~900℃,气流速度可达 180m/s。喷气流呈椭圆形扩散到道面上,温度为 150~200℃,速度约为 60m/s。在高温、高速喷气流的作用下,道面表面的温度会迅速上升。国际民航组织规定,当气流速度超过 15.6m/s 时,人员和车辆的活动应避开。

喷气流与道面接触处的温度主要取决于发动机的类型、喷口高度、发动机轴线倾角、作用时间的长短和当时的道面温度。图 2-17 为某型飞机距尾喷口不同高度和不同距离时,尾喷气流的温度分布。从实测温度分布来看,道面表面处的温度在距喷口某一处达到最大值,这个距离大概在 10~20m 之间。水泥混凝土材料可以承受 500℃ 的高温而不致发生破坏。因此,飞机的尾喷气流对水泥混凝土道面不会产生影响。沥青混凝土道面由于沥青材料的温度敏感性,在温度超过 60℃ 时,就会发软,影响沥青混凝土的强度。因此,飞机的尾喷气流对沥青类道面会产生影响。飞机尾喷气流对道面温度的提高有一个加热过程,需要有一定的时间。经实测表明,飞机尾喷气流对道面某一处作用的时间不超过 2~3min,不致引起沥青类道面的损坏。飞机尾喷气流对沥青类道面产生的破坏主要用两种方法控制:一是限制飞机在沥青类道面的停留时间;二是在某些飞机停留时间长的道面地段,如跑道端部、停机坪,采用水泥混凝土道面。

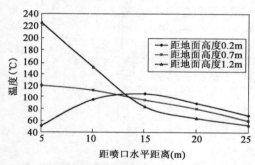

图 2-17　距飞机尾喷口不同高度和不同距离时尾喷气流的温度分布

二、航油侵蚀

沥青类道面表面受航空油料腐蚀的问题必须予以重视。由于飞机发动机停车后,油管内一部分油料会散落到道面上。散落到道面上的航油是沥青的溶剂,可以溶解沥青混凝土中的沥青,使沥青混凝土松散,进而形成坑洞,导致沥青混凝土道面的损坏。航油对沥青类道面的腐蚀的问题,至今找不到既安全可靠又经济实用的防护方法。发动机航油的侵蚀主要是在停放飞机的停机坪上。因此,为了避免航油对沥青混凝土道面的侵蚀,停机坪采用水泥混凝土道面,以抵抗油料的腐蚀。

思考题与习题

1. 飞机起落架构型有哪些形式? 如何对起落架进行分类? 请给出运-20、A380S、B-52 飞机起落架的命名代码。

2. 解释轮胎压力、接触压力和接触面积的概念,论述它们之间的关系。

3. 飞机荷载对道面作用影响与哪些因素有关?

4. 什么是动载系数?

5. 飞机在道面上的分布有何特点?

6. 解释运行次数概念。

7. 什么是运行次数换算?

8. 简述交通量换算原则。

9. 试分析道面各地段的受载条件。

10. 在进行机场道面设计时,如何考虑飞机对道面的作用?

11. 在进行沥青类道面设计时,如何防止飞机喷气流对道面的作用?

第三章 自然因素对道面结构体系的影响

机场道面结构体系裸露在自然环境中,经受着持续变化的自然环境的影响。实践表明,很多道面受到自然因素的破坏比遭受所施加的机轮荷载的破坏更为严重。因此,道面结构体系必须能够抵抗各种自然因素的破坏力。

自然因素的影响主要表现在温度和湿度两个方面。道面结构体系的温度和湿度随周围自然环境因素的变化而变化。这些变化使得道面体系的材料性质和状态发生相应地改变。例如,温度和湿度的变化引起道面材料和土基土壤的强度和刚度的增加或减少。图 3-1 为沥青混凝土的动弹性模量随温度而变化的试验结果。当温度由 0℃升高到 40℃时,动弹性模量降低 25 倍。说明沥青混凝土的刚度(动弹性模量)对温度的变化是很敏感的。土基刚度(回弹模量)随土中含水率增大而急剧下降,如图 3-2 所示。

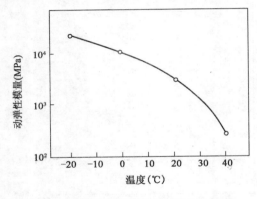

图 3-1 温度变化对沥青混凝土刚度的影响   图 3-2 湿度对土基刚度的影响

收缩是水泥混凝土混合料在凝结硬化最初阶段产生体积变化。随之而来的问题是初期裂缝的产生,它影响着道面的强度和耐久性。在水泥初期水化阶段,其温度与周围温度差异越大,收缩裂缝越多,这是在施工中经常发生的问题。此外,水灰比高的拌和物,形成的收缩裂缝也较多。

道面材料和土基的体积变化随道面体系内的温度和湿度变化而变化。由于温度和湿度沿深度呈不均匀分布,不同深度处的体积变化是不同的。当这种不均匀的体积变化受到各种因素的制约而不能实现时,道面结构内便会产生附加的内应力,即温度和湿度应力。

组成道面结构的材料的力学性质随温度和湿度的变化而变化。各种材料随温度、湿度而产生的物理状态的不断变化,则会使道面结构即使没有受到机轮荷载的破坏作用,也会在自然因素的影响下逐渐损坏;或者在机轮荷载叠加影响下,使道面损坏速率加快。为此,在进行道面结构分析和设计时,应考虑自然因素的影响。其中,以自然因素影响下道面体系内的温度和湿度状况变化为主。温度的状况主要讨论道面面层结构内的变化;湿度状况则以土基为主。

影响土基水温状况的因素(如降水、蒸发和温度等),具有明显的季节性变化和地区性差异的特点,其浸湿土基的程度,在一年四季内按各个地区的不同规律不断地变化着。土基湿度的这种季节性变化和地区性差异的特点,必然反映到其强度上,使土基的强度也发生季节性变化并存在着地区差异。在季节性地区,由于气候大幅度地变化,使土基的强度出现明显的季节性特点,如图 3-3 所示。在季节性冰冻地区,春融季节土基的强度最低。在无冰冻的温暖地区,气候因素的变化幅度不大,但其降雨量多,土基一般在雨季强度最低。

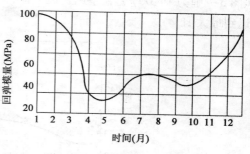

图 3-3　土基强度在一年内的变化

第一节　道面的温度状况

一、温度变化规律

大气的温度在一年和一天内发生着周期性的变化。与大气直接接触的道面的温度也相应地在一年和一天内发生着周期性的变化。图 3-4、图 3-5 显示了夏季晴天情况下水泥混凝土面层和沥青混凝土面层温度的日变化观测结果。图中显示的结果表明,道面温度的周期性起伏,同大气温度的变化几乎是同步的。由于部分太阳辐射热被道面所吸收,因此道面的温度较气温高。在图 3-5 中,沥青道面面层温度则高出气温 23℃ 左右。面层结构内不同深度处的温度同样随气温而呈现出周期性变化,但起伏的幅度则随深度的增加而减少,其峰值也随深度增加而越来越滞后出现。

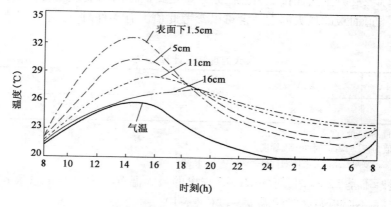

图 3-4　水泥混凝土道面板温度变化曲线

道面结构内温度状况随深度变化的情况,可以更明显地从一昼夜不同时刻和道面温度沿深度分布的曲线图中看出。图 3-6 为水泥混凝土面层的观测结果。板内温度沿深度一般呈曲线分布。顶面和底面的温度坡差(或称温度梯度),在一天内经历了由负(顶面温度低于底面温度)到正(顶面温度高于底面温度)再到负的循环变化。其周期与气温变化的周期几乎同步(图3-7)。温度梯度通常在早晨某一时刻(图3-7中为8:00)接近于零,午后某一时刻(图3-7中为14:00)正温差达到最大值,而在凌晨某一时刻(图3-7中为3:00~5:00)负温差达到最大值。

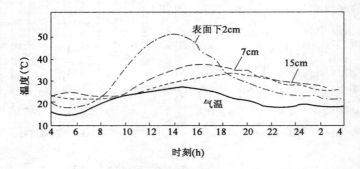

图 3-5 沥青面层温度日变化曲线

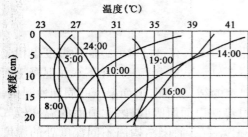

图 3-6 一天内不同时刻沿水泥混凝土面层深度的温度变化曲线

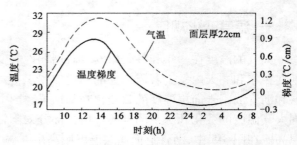

图 3-7 水泥混凝土面层温度梯度日变化曲线

我国公路水泥混凝土路面按照自然区划来确定路面板内的最大温度梯度,如表3-1所示。机场水泥混凝土道面板的最大温度梯度可以参考此值。有条件时,应进行实测确定或用理论方法计算确定。

最大温度梯度计算值 T_g 表 3-1

公路自然区划	II、V	III	IV、VI	VII
T_g(℃/m)	83~88	90~95	86~92	93~98

注:1.海拔高时,取高值;湿度大时,取低值。
　　2.表列数值为板厚22cm时的温度梯度。
　　3.公路自然区划见《公路自然区划标准》(JTJ 003—1986)。

当道面板厚不是22cm时,可按表3-2查出的最大温度梯度的修正系数 α_h 进行计算,即 $T_{gh} = \alpha_h T_g$。T_{gh} 为不同板厚度时的温度梯度(表3-1)。

不同面层厚度的最大温度梯度修正系数 α_h 表 3-2

面层厚度(cm)	16	18	20	22	24	26	28	30	32	34	36	38	40
修正系数	1.17	1.11	1.05	1.00	0.94	0.89	0.84	0.79	0.75	0.71	0.67	0.63	0.59

水泥混凝土板内温度状况的不断变化,使板发生位移和变形。平均板温一天或一年内的变化,会产生一定的板长变化;板截面上温度的不均匀分布,会使板产生翘曲变形。当板长变化或翘曲变形受阻时,板内便产生伸缩应力和翘曲应力(见第六章)。

二、温度状况预测

决定道面结构内温度状况的因素有外部和内部两类。外部因素主要是气候条件,如太阳辐射(日照和云量)、气温、风速、降水量和蒸发量等。其中,太阳辐射和气温是决定道面温度状况的主要因素。照射到道面的短波辐射热(太阳直接辐射和大气散射辐射),一部分被道面反射掉,余下部分则被道面所吸收而增高其温度。大气和道面发生的长波辐射,构成了道面的再辐射,使道面放出部分热量。大气和道面之间的温度差异,引起对流热的交换。风的作用加强了对流,使道面丧失了部分热量。降水和随后的蒸发都会显著地降低由日照所增加的道面温度。

内部因素则为道面各结构层的热传导率、热容量(比热)和对热辐射的吸收能力等。热传导率是单位温度梯度下在单位时间内垂直通过单位面积断面的热量,其值同材料的结构、孔隙率和湿度有关。热容量系指使单位质量的物质产生单位温度变化时所需要的热量。材料的热传导率或热容量越高,则产生的温度梯度越低。水泥混凝土和沥青混凝土的热特性参数列于表3-3。

几种材料的热特性参数　　　　　　　　　　　　　　　　表3-3

材　　料	辐射热吸收能力 b（%）	热传导率 k（W/m℃）	热容量 S（J/kg℃）
沥青混凝土	88~95	1.214~3.099	837~921
水泥混凝土	60~65	0.921~3.475	921~1046
水泥稳定土*		0.544~1.172	837

注:* 土颗粒越粗,k 值越大。

道面结构的温度状况,可通过在外部和内部因素之间建立联系的方法来预估。这种方法主要有两类,即统计法和理论法。

统计法是在道面结构层的不同深处埋设测温元件,连续观测年循环内不同时刻的温度变化,同时收集当地的气象资料,包括对应的气温和辐射等。对记录的道面温度和气象因素进行逐步回归分析。选择符合显著检验要求的因素,分别建立不同深度处各种道面温度指标的回归方程。可以建立起式(3-1)的回归形式。

$$T_{\max} = a + bT_{a\cdot\max} + cQ \qquad (3\text{-}1)$$

式中:$T_{\max}$——道面某深度处的最高温度(℃);

$T_{a\cdot\max}$——相应的日最高气温(℃);

Q——相应的太阳日辐射热(J/m²);

a、b、c——回归系数。

由于统计法不可能包含所有的复杂因素,所以计算的精确度有地区局限性,只可在条件相似的地区参考使用。理论法是应用理论方程式推演各项气象资料和道面材料热物理特性参数组成的温度预估方程式。通常,由于参数确定的难度大、理论假设与实际情况有出入。预估的结果与实测的结果有一定的差距。

道面内的温度状况,也可根据气象资料应用理论方法来估算。假设道面温度在平面方向上为均匀分布,则其温度场可用一维热传导方程来表示。

$$\frac{\partial^2 T}{\partial Z^2} = \frac{\rho S}{k} \frac{\partial T}{\partial t} \tag{3-2}$$

式中:T——温度场(℃);

   Z——距道面表面的深度(m);

   t——时间(s);

   ρ——面层材料的密度(kg/cm³);

   S——面层材料的热容量(J/kg℃);

   k——面层材料的热传导率(W/m℃)。

应用不同的边界条件,对上述偏微分方程进行求解,即可得到温度场的解析式或者直接算得不同时刻在不同深度处的温度值。

影响道面的温度主要是两项气象因素(气温和辐射热),可综合成一种当量的有效温度 T_e,假设它随时间呈正弦周期性变化。

$$T_e(t) = T_m + T_v \sin\left(\frac{\pi t}{12}\right) \tag{3-3}$$

式中:t——从温度周期起点的起算时间(h);

   T_m——有效温度平均值(℃)。

$$T_m = T_A + R \tag{3-4}$$

式中:T_A——日气温平均值(℃);

   R——日辐射热使平均气温增高到平均温度的平均增量(℃),估计有效辐射使辐射热量的损失约为 1/3,则有:

$$R = \frac{0.67bQ}{24h_c} \tag{3-5}$$

式中:b——道面对辐射热的吸收能力(%);

   Q——太阳日辐射热(J/m²);

   h_c——考虑到对流和再辐射的表面系数(对流系数)(W/m²℃),可按下式近似采用:

$$h_c = 7.37 + 2.46v^{0.75} \tag{3-6}$$

式中:v——平均风速(km/h);

   T_v——同平均有效温度的最大偏差(℃),可按下式近似取用:

$$T_v = 0.5T_R + 3R \tag{3-7}$$

式中:T_R——气温的日变化幅度(℃);

   C——道面材料特性综合参数,其值为:

$$C = \sqrt{\frac{\pi S \rho}{24k}} \tag{3-8}$$

可得到道面内的温度场为：

$$T = T_{\mathrm{m}} + T_{\mathrm{v}} \frac{H}{\sqrt{(C+H)^2 + C^2}} \mathrm{e}^{-ZC} \sin\left(\frac{\pi}{12} t - ZC - \arctan\frac{C}{C+H}\right) \tag{3-9}$$

式中：H——对流系数与面层材料热传导率的比值，$H = h_{\mathrm{c}}/k$。

式(3-9)主要适用于估算道面表面的温度变化。计算道面表面的最高温度时，以 $Z = 0$ 和正弦函数值为 1 代入式(3-9)，可得计算公式为：

$$T = T_{\mathrm{A}} + R + \frac{H}{\sqrt{(C+H)^2 + C^2}}(0.5 T_{\mathrm{R}} + 3R) \tag{3-10}$$

第二节　道面的湿度状况

机场道面受湿度影响最大的是土基。土基受到各种外界因素的作用而使其湿度不断发生变化。这些因素主要有：

（1）大气降水和蒸发。降水浸湿透水的道面并下渗而润湿土基，或者沿道面的接缝和裂缝渗入到土基；降水还浸湿透水的道肩和边坡，并通过毛细润湿作用向土基扩散；蒸发使水分从土基中逸出而促使土基趋向干燥。因此，土基的潮湿程度与降水量、蒸发量和道面类型有关。

（2）地面水。地势低洼及排水不良时，积滞在道面附近的地面水通过渗漏和毛细湿润作用进入土基。浸入的数量与积水面积距土基顶面的距离以及积水期的长短有关；也与土质及土基的压实程度有关。

（3）地下水。处于某一深度的地下水可以通过毛细润湿和渗流作用进入土基。地下水位较高时，水借毛细作用而上升到土基上部土层。地下水位随降水量而变化，土基的浸湿程度随地下水位的升降和土质而异。

（4）温度。当土基内沿深度出现较大温度坡差时，土中水分在温差影响下以液态或气态由热处向冷处上升，并在道面面层或不透水基层底部聚积，形成冷凝水。当冷凝水达到一定量后，跌落到土基中，使土基的含水率增大。这种现象在我国西北干旱地区成为决定土基潮湿状态的主要因素，俗称"锅盖"现象。

（5）薄膜移动水。以薄膜的形式从含水率较高处向含水率较低处流动，或从温度较高处向较低处移动。

无论是呈液态还是气态在土中移动的水，均遵循从高压向低压、由高温处向低温处、由高含水率向低含水率活动的规律。影响土基温度变化的各种水源对土基湿度影响程度，随当地自然条件和气候特点的不同采取不同的工程措施。

上述因素对土基湿度的影响情况和程度，由于所处环境的不同，是因时因地而异的。例如温度因素，因温差出现的湿度积聚现象主要在季节性冰冻地区较为严重。而在非冰冻地区，温度梯度一般不大,水分聚积以气态为主,不会成为影响土基湿度的主要因素。又如地面水的影响,当设置了完善的排水设施和加强养护措施后,通常是可以消除的。

降水和蒸发以及地下水对土基湿度状况的影响程度,同道面结构特性(如土基的相对高度,道面面层和土基的透水性等)有关。面层采用不透水结构时,将减少降水和蒸发对土基的影响。通常,道面下土基的湿度变化在修建好后两三年期间,会逐渐趋于一稳定的波动范围,称作平衡湿度状况。地下水位如离地表面较近,则土基湿度主要受地下水位控制,并随地下水位的升降而波动。根据不同地区的野外观测资料,湿度受地下水位控制的水位临界深度随土质而异。黏土约为6m,砂质黏土或粉土约为3m,砂土约为0.9m。地下水位在此深度范围内时,土基的平衡湿度可根据地下水位的高度和土的吸湿能力来确定。地下水位大于上述范围而降水量较高(年降水量大于250mm)的地区,土基的平衡湿度主要受气候因素(降水量和蒸发量)和排水条件影响。其值大致等于当地无覆盖土位于湿度波动区下面的土层湿度。对于干旱地区,不透水面层下土基的平衡湿度,主要受空气相对湿度和土基内气态凝结水影响。因此,干旱地区道面下土基的平衡湿度较当地无覆盖土在相同深度处的湿度大。

当道面面层为透水性结构时,上层土基的湿度状况还将受降水和蒸发(通过面层)的影响,其湿度值和波动值范围均比不透水面层时大。

采用不透水性道肩时,道面边缘下土基的湿度同道面中心区下的相似。道肩在透水的情况下,不透水面层下的土基湿度,由于道肩处水分的渗透和蒸发作用而经历较大的季节性变化。通常,土基的湿度及其波动的幅度,从离边缘1m处开始增大,到边缘处或道肩下达到最大。

思考题与习题

1. 自然因素对机场道面产生哪些影响? 分别叙述其特点。
2. 简述道面的温度变化规律。
3. 道面温度梯度如何定义? 分析道面温度梯度与哪些因素有关?
4. 确定道面温度状况有哪几种方法?
5. 决定道面体系温度状态的因素有哪些?
6. 简述影响道面体系的湿度状况的因素。

第四章　土　　基

　　土基是道面结构的最下层,承受着由面层传下来的飞机荷载和上部结构的自重。实践证明,没有一个坚实、均匀、稳定的土基,即使采用很坚固的面层,道面结构在飞机荷载作用下,也会很快发生破坏。在实际工程中,无论是刚性道面、半刚性道面还是柔性道面出现的损坏现象,大部分都是由于土基强度不足,稳定性变差,在外荷载作用下产生的过量变形所致。

　　土基的变形包括塑性变形和弹性变形两部分。过大的塑性变形将导致各种柔性道面和半刚性道面结构产生轮辙以及道面不平整;对于刚性道面,将会使板块,特别是板边和板角产生局部脱空而引起断裂。弹性变形过大将使沥青面层或水泥混凝土板产生疲劳开裂。在道面结构总变形中,土基的变形占绝大部分。因此,设计和构筑一个坚实、均匀、稳定的土基,提高土基的抗变形能力,是保证机场道面结构具有良好使用品质的根本措施。

第一节　土的工程分类

　　土是自然地质历史的产物。它的成分、结构和特性是千变万化的,其工程性质也是千差万别。在工程实际中,为了能大致地判断土的基本性质,合理地选择研究内容和方法以及在科学技术交流中有统一的共同语言,对土进行了分类。根据工程用途不同,土的分类方法不尽相同。土的分类不仅是分类体系本身的问题,而且与分类标准、试验方法及工程设计、施工等极为密切。合理地分类可以大致地判定土的工程性质,确定土的研究方法和内容。所以,土的分类是研究一切土工问题的基础。

　　在公路工程中,主要研究路基土的压实和水稳定性问题。因此,我国公路部门根据多年的工程实践,吸收国外"统一土壤分类法"中的体系和原则,结合土的基本工程属性以及公路工程的特点,制定了公路路基土的分类方法,主要依据土的颗粒组成特征、土的塑性指标和土中有机质存在的情况进行分类。在机场工程中,道面结构下的土基与公路路基具有十分的相似性,研究的问题也一样,对土基土的分类,直接引用我国公路路基土的分类标准。

　　为了便于应用和比较,以及便于道面结构设计理论中土基力学参数的取值,在介绍我国公路路基土的分类之前,首先介绍美国的统一土壤分类法。

一、美国统一土壤分类法

　　统一土壤分类法(Casagrande Soil Classification)是 1942 年卡萨格兰德(A. Casagrandc)创立的,最初用于机场工程,现在土建、公路及其他领域也广泛采用此法。1952 年,美国开垦局和陆军技术部为了统一采用这种方法,才定名为统一土壤分类法。

　　统一土壤分类法用下列英文字母表示土的名称和状态:G-砾石;S-砂;M-粉土;C-黏土;W-级配良好;P-级配不良;U-级配均匀;O-有机质;L-低液限;H-高液限;P-泥炭。这些字母的组合用来表示各类土壤。例如,GP 为级配不好的砾石;CH 表示高液限的黏土等。

统一土壤分类法首先将土分为粗粒径土、细粒径土和高有机土三大部分,如表 4-1 所示。粗粒径和细粒径的区分是根据200 号(0.074mm)筛上筛余量来确定的。粗粒径土进一步根据 4 号(4.76mm)筛上的筛余量区分为砾石和砂。砾石和砂又根据是否含有细粒材料进行分类。细粒径土根据液限的大小分为两组。高有机土一般不适用于机场工程。统一土壤分类法最终将土分为 15 类,各类土的符号及其简要说明如下:

(1)GW-级配良好的砾石,砾石—砂混合物,很少或没有细料。

(2)GP-级配不好的砾石,砾石—砂混合物,很少或没有细料。

(3)GM-粉土质砾石,砾石—砂—粉土混合物。

(4)GC-黏土质砾石,砾石—砂—黏土混合物。

(5)SW-级配良好的砂和含砾砂,很少或没有细料。

(6)SP-级配不好的砂和含砾砂,很少或没有细料。

(7)SM-粉土质砂,砂—粉土混合物。

(8)SC-黏土质砂,砂—黏土混合物。

(9)ML-无机粉土,极细砂、石粉、粉土质或黏土质细砂。

(10)CL-低至中塑性的无机土,含砂黏土,粉质黏土、贫黏土。

(11)OL-低塑性有机粉土和有机粉质黏土。

(12)MH-无机粉土,含云母或硅藻的细砂或粉土、塑性粉土。

(13)CH-无机黏土或高塑性重黏土。

(14)OH-中至高塑性的有机黏土。

(15)P_t-泥炭、污泥或其他高有机土。

统一土壤分类法　　　　　　　　　　　　　　　表 4-1

主 要 区 分			分 组 符 号
粗粒径土,在 200 号(0.074 mm)筛上筛余 >50%	粗粒径部分的砾石,在4 号筛(4.76mm)上的筛余 ≥50%	干净砾石	GW,GP
		含细料的砾石	GM,GC
	粗粒径部分的砂,在4 号筛(4.76mm)上的筛余 <50%	干净砂	SW,SP
		含有细料的砂	SM,SC
细粒径土,在 200 号筛上筛余 ≤50%	粉土及黏土液限为 50 % 或更少		ML,CL,OL
	粉土及黏土液限 >50%		MH,CH,OH
高有机土			P_t

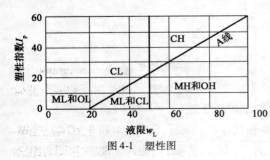

图 4-1　塑性图

对粉土和黏土的鉴别,则通过液限和塑限试验,按图 4-1 的塑性图区分。图中 A 线为区分黏性土和粉质或有机质黏土的分界线,液限50% 这条线是区分高塑性土和低塑性土的分界线。液限和塑限是通过 40 号筛(0.42 mm)部分的土样试验的。

表 4-2 为美国陆军工程兵提出的可做道面土基的土壤有关特性。

与道路及机场土基相适应的土壤特性

表 4-2

大分类 (1)	分类 (2)	字母代号 (3)	材料名称 (4)	不受冰冻作用时作为土基的评价 (5)	直接在磨耗层下的评价 (6)	冰冻作用 (7)	压缩性及膨胀性 (8)	排水特性 (9)	压实机具 (10)	干密度 (t/m³) (11)	工地的 CBR (12)	土基反应模量 k (MN/m³) (13)
粗粒土	砾石及砾质土	GW	级配良好的砾石或砂砾	优良	好	无至很轻	几乎没有	优良	履带式拖拉机,轮胎压路机,钢轮压路机	2.00~2.04	60~80	>81.4
		GP	级配不良的砾石或砂砾	好至优良	不良至尚	无至很轻	几乎没有	优良	履带式拖拉机,轮胎压路机,钢轮压路机	1.92~2.08	35~60	>81.4
		GU	粒径均匀砾石或砂砾	好	不良	无至很轻	几乎没有	优良	履带式拖拉机,轮胎压路机	1.84~2.00	25~50	>81.4
		GM	粉土质砾石或砂粉土质砂	好至优良	尚好至好	轻至中等	很轻	尚好至不良	轮胎压路机,羊足碾 压路机,严密控制含水率	2.08~2.32	40~80	>81.4
		GC	黏土质砾石或黏土质砂	好	不良	轻至中等	轻	不良至不透水	轮胎压路机,羊足碾 压路机	1.92~2.24	20~40	54~81.4
	砂及砂性土	SW	级配良好的砂或砾质砂	好	不良	无至很轻	几乎没有	优良	履带式拖拉机,轮胎压路机	1.76~2.08	20~40	54~81.4
		SP	级配不良的砂或砾质砂	尚好至好	不适用	无至很轻	几乎没有	优良	履带式拖拉机,轮胎压路机	1.68~1.92	15~25	54~81.4
		SU	粒径均匀的砂或砾质砂	尚好至好	不良	无至很轻	几乎没有	优良	履带式拖拉机,轮胎压路机	1.60~1.84	10~20	54~81.4
		SM	粉土质砂或粉土质砾砂	好	尚好至不良	轻至高	很轻	尚好至不良	轮胎压路机,羊足碾 压路机,严密控制含水率	1.92~2.16	20~40	54~81.4

续上表

大 分 类 (1)	分 类 (2)	字母代号 (3)	材料名称 (4)	不受冰冻作用时作为土基的评价 (5)	直接在磨耗层下的评价 (6)	冰冻作用 (7)	压缩性及膨胀性 (8)	排水特性 (9)	压 实 机 具 (10)	干密度 (t/m³) (11)	工地的 CBR (12)	土基反应模量 k (MN/m³) (13)
粗粒土	砂及砂性土	SC	粉土质砂或黏土质砂砾 粉土、砂砾	尚好至好	不适用	轻至高	轻至中等	不良至不透水	轮胎压路机,羊足碾压路机	1.68~2.08	10~20	54~81.4
细粒土	低可压缩 液限<50	ML	粉土、砂质粉土、砂砾	尚好至好	不适用	中等至很高	轻至中等	尚好至不良	轮胎压路机,羊足碾压路机,严密控制含水率	1.60~2.00	5~15	27.5~54
		CL	贫黏土、砂质黏土或砂砾质黏土	尚好至好	不适用	中等至高	中等	不透水	轮胎压路机,羊足碾压路机	1.60~2.00	5~15	27.5~54
		OL	有机粉土或贫有机黏土	不良	不适用	中等至高	中等至高	不良	轮胎压路机,羊足碾压路机	1.44~1.68	4~8	27.5~54
	高可压缩 液限>50	MH	硅藻黏土或硅藻土	不良	不适用	中等至很高	高	不透水	轮胎压路机,羊足碾压路机	1.28~1.60	4~8	27.5~54
		MH	肥黏土	不良至很劣	不适用	中等	高	不透水	轮胎压路机,羊足碾压路机	1.44~1.76	3~5	13.7~27.5
		CH	肥有机黏土	不适用	不适用	中等	高	不透水	轮胎压路机,羊足碾压路机	1.28~1.60	3~5	13.7~27.5
泥炭及含须根有机土壤		Pt	泥炭、腐殖土及其他	不适用	不适用	轻	很高	尚好至不良	不能压实			

44

二、我国公路路基土分类

1. 土的工程分类

我国公路路基用土依据土的颗粒组成特征、土的塑性指标(液限、塑限和塑性指数)和土中有机质存在情况,可分为巨粒土、粗粒土、细粒土和特殊土四类,并进一步细分为12种土,如图4-2所示。

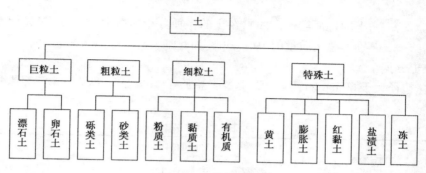

图4-2 土分类总体系

土的颗粒组成特征用不同粒径组在土中的百分含量表示,不同粒组的划分界限与范围见表4-3。

粒 组 划 分   表4-3

粒径(mm)	200	60	20	5	2	0.5	0.25	0.075	0.002
粒组	巨粒组		粗粒组						细粒组
粒名	漂石(块石)	卵石(小块石)	砾(角砾)			砂			粉粒	黏粒
			粗	中	细	粗	中	细		

土的成分代号、级配代号、液限高低代号以及特殊土代号见表4-4。

土的基本代号   表4-4

特性＼土类	巨粒土	粗粒土	细粒土	有机土
成分代号	漂石 B 块石 B_a 卵石 Cb 小块石 Cb_a	砾 G 角砾 G_a 砂 S	粉土 M 黏土 C 细粒土(C和M合称)F (混合)土(粗、细粒土合称)S1	有机质土 O
级配代号	级配良好 W		级配不良 P	
液限高低代号	高液限 H		低液限 L	
特殊土代号	黄土 Y	膨胀土 E	红黏土 R	盐渍土 St	冻土 F_t

注:1. 土的名称可用一个基本代号表示。当由两个基本代号构成时,第一个代号代表土的主成分,第二个代号表示副成分(土的液限或级配);当由三个基本代号构成时,第一个代号表示土的主要成分,第二个代号表示土的液限高低(或土的级配好坏),第三个代号表示土中所含的次要成分,如:级配良好的砾,GW;含砂低液限粉土,MLS。

2. 液限的高低以50划分。土颗粒组成特征应以土的级配指标的不均匀系数 C_μ 和曲率系数 C_c 表示。

不均匀细数 C_μ 反映粒径分布曲线上的土粒分布范围,按下式计算:

$$C_\mu = \frac{d_{60}}{d_{10}} \qquad (4-1)$$

曲率系数 C_c 反映粒径分布曲线上的土粒分布形状,按下式计算:

$$C_c = \frac{(d_{30})^2}{d_{10} \times d_{60}} \qquad (4-2)$$

式中:d_{10}、d_{30}、d_{60}——土的特征粒径(mm),在土的粒径分布曲线上,小于该粒径的土粒质量分别为总土质量的 10%、30% 和 60%。

1)巨粒土分类

巨粒组(粒径大于 60mm 的颗粒)质量多于总质量 50% 的土称为巨粒土,其分类体系见表 4-5。

巨 粒 土 分 类 表 4-5

土 组		土组代号	漂粒(>200mm 颗粒)含量(%)
漂(卵)石 (大于 60mm 颗粒 >75%)	漂石	B	> 卵石粒含量
	卵石	Cb	≤ 卵石粒含量
漂(卵)石夹土 (大于 60mm 颗粒 75% ~50%)	漂石夹土	BSI	> 卵石粒含量
	卵石夹土	CbSI	≤ 卵石粒含量
漂(卵)石质土 (大于 60mm 颗粒 50% ~15%)	漂石质土	SIB	> 卵石粒含量
	卵石质土	SICb	≤ 卵石粒含量

2)粗粒土分类

(1)粗粒组。试件中巨粒组土粒质量少于或等于总质量 15%,且巨粒组土粒与粗粒组土粒质量之和多于总质量 50% 的土称粗粒土,粗粒土分砾类土和砂类土两种。砾粒组(2 ~60mm 的颗粒)质量多于总质量 50% 的土称为砾类土。砾类土应根据其中细粒含量和类别以及粗粒组的级配进行分类,见表 4-6。

砾 类 土 分 类 表 4-6

土 组		土组代号	细粒组(<0.075mm 颗粒)含量(%)
砾	级配良好砾	GW	$F \leqslant 5$
	级配不良砾	GP	
含细粒土砾		GF	$5 < F \leqslant 15$
细粒土质砾	粉土质砾	GM	$15 < F \leqslant 50$
	黏土质砾	GC	

(2)砾类土中细粒组质量少于总质量 5% 的土称为砾,并按下列级配指标进行定名:

①当 $C_\mu \geqslant 5$,$C_c = 1 \sim 3$ 时,称为级配良好的砾,记为 GW。

②不满足①条件时,称为级配不良的砾,记为 GP。

(3)砾类土中细粒组质量大于总质量的 15%,并小于或等于总质量的 50% 的土称为细粒土质砾,按细粒土在塑性图(图4-3)的位置定名。当细粒土位于塑性图 A 线以下时,称为粉土质砾,记为 GM;当细粒土位于塑性图 A 线或 A 线以上时,称为黏土质砾,记为 GC。

(4)砾粒组(粒径 2~60mm 的颗粒)质量小于或等于总质量 50% 的土称为砂类土,砂类土根据其中细粒含量和类别以及粗粒组的级配进行分类,见表4-7。砂类土中细粒组质量少于总质量 5% 的土称为砂,并按下列级配指标进行定名:

①当 $C_\mu \geqslant 5$,$C_c = 1~3$ 时,称为级配良好的砂,记为 SW。

②不满足①条件时,称为级配不良的砂,记为 SP。

砂 类 土 分 类 　　　　　　表 4-7

土　　组		土组代号	细粒组(<0.074mm 颗粒)含量(%)
砂	级配良好砂	SW	<5
	级配不良砂	SP	
含细粒土砂		SF	5~15
细粒土砂	粉土质砂	SM	15~50
	黏土质砂	SC	

(5)砂类土中细粒组质量大于总质量的 15%,并小于或等于总质量的 50% 的土称为细粒土砂,按细粒土在塑性图(图4-3)的位置定名。当细粒土位于塑性图 A 线以下时,称为粉土质砂,记为 SM;当细粒土位于塑性图 A 线或 A 线以上时,称为黏土质砂,记为 SC。

3)细料土分类

细粒组(粒径小于 0.075mm 的颗粒)质量多于总质量的 50% 的土称为细粒土,分类体系如图 4-4 所示。

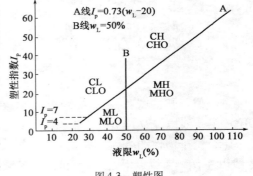

图 4-3 塑性图

(1)细粒土中粗粒组(0.075~60mm 颗粒)质量少于总质量的 25% 的土称为粉质土或黏质土。

(2)细粒土中粗粒组质量为总质量 25%~50%(含 50%)的土称为含粗粒的粉质土或含粗粒的黏质土。

(3)试样中有机质含量多于或等于总质量的 5%,且少于总质量的 10% 的土称为有机质土;试样中有机质含量多于或等于总质量的 10% 称为有机土。

细粒土的分类及性质很大程度上与土的塑性指标相关联。图 4-3 为土的塑性图,表明土的塑性指数(I_p)与液限(w_L)的相关关系。图中,以 A 线 $I_p = 0.73(w_L-20)$ 和 B 线 $w_L = 50\%$ 将坐标空间划分为四个区,大致区分了细粒土的塑性性质。

根据细粒土位于图中的位置确定土名称。

①当细料土位于塑性图 A 线或 A 线以上时:在 B 线或 B 线以右,称为高液限黏土,记为 CH;在 B 线以左,$I_p = 7$ 线以上,称为低液限黏土,记为 CL。

②当细料土位于塑性图 A 线以下时:在 B 线或 B 线以右,称为高液限粉土,记为 MH;在 B 线以左,$I_p = 4$ 线以下,称为低液限粉土,记为 ML。

③黏土～粉土过渡区(CL～ML)的土可以按相邻土层的类别考虑细分。

4)有机质土分类

有机质土应根据图 4-4,按下列规定确定土的名称。

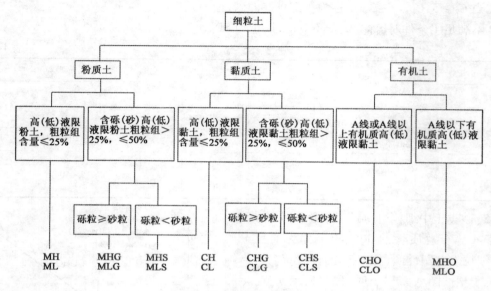

图 4-4 细粒土分类体系

(1)位于塑性图 A 线或 A 线以上时:在 B 线或 B 线以右,称为有机质高液限黏土,记为 CHO;在 B 线以左,$I_p = 7$ 线以上,称为有机质低液限黏土,记为 CLO。

(2)位于塑性图 A 线以下时:在 B 线或 B 线以右,称为有机质高液限粉土,记为 MHO;在 B 线以左,$I_p = 4$ 线以下,称为有机质低液限粉土,记为 MLO。

(3)黏土～粉土过渡区(CL～ML)的土可以按相邻土层的类别考虑细分。

5)特殊土分类

特殊土主要包括黄土、膨胀土、红黏土、盐渍土和冻土。黄土、膨胀土和红黏土按图 4-5 所示的特殊土塑性图上的位置定名。黄土属低液限黏土(CLY),分布范围大部分在 A 线以上,$w_L < 40\%$;膨胀土属高液限黏土(CHE),分布范围大部分在 A 线以上,$w_L > 50\%$;红黏土属高液限粉土(MHR),分布范围大部分在 A 线以下,$w_L > 55\%$。

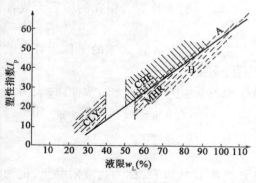

图 4-5 特殊土塑性图

盐渍土按照土层中所含盐的种类和质量百分率进行分类,见表 4-8。

根据冻土冻结状态持续时间的长短,我国冻土可分为多年冻土、隔年冻土和季节冻土三种类型(表 4-9)。

盐渍土分类 表4-8

土层中平均总盐量(质量,%) 名称 \ Cl^-/SO_4^{2-} 比值	氯盐渍土 >2.0	亚氯盐渍土 1.0~2.0	亚硫酸盐渍土 0.3~1.0	硫酸盐渍土 <0.3
弱盐渍土	0.3~1.5	0.3~1.0	0.3~0.8	0.3~0.5
中盐渍土	1.5~5.0	1.0~4.0	0.8~2.0	0.5~1.5
强盐渍土	5.0~8.0	4.0~7.0	2.0~5.0	1.5~4.0
过盐渍土	>8.0	>7.0	>5.0	>4.0

冻土按冻结状态持续时间分类 表4-9

类 型	持续时间 t(年)	地面温度(℃)特征	冻融特征
多年冻土	$t \geqslant 2$	年平均地面温度≤0	季节融化
隔年冻土	$2 > t \geqslant 1$	最低月平均地面温度≤0	季节冻结
季节冻土	$t < 1$	最低月平均地面温度≤0	季节冻结

2. 各类土的物理力学性质

(1)漂石(块石)、卵石(小块石)。属于巨粒土,具有很高的强度和稳定性,是填筑土基很好的材料。

(2)砾类土。属于粗粒土,由于粒径较大,因而强度和稳定性均能满足要求。级配良好的砾石混合料,密实程度好。对于级配不良的砾石混合料,填筑时应保证密实程度,防止由于空隙大而造成土基积水、不均匀沉陷或表面松散等病害。对于浸水后易于软化的岩石,只能以石代土,不能做砾石使用。

(3)砂或含细粒土砂。无塑性,透水性强,毛细上升高度小,具有较大的内摩擦系数,强度和稳定性均较好。但由于黏性小,易于松散,压实困难,需用振动法或灌水法才能压实,经充分压实后的砂土其压缩变形小,在有条件时,可添加一些黏性大的土,以提高稳定性,改善土基使用质量。

(4)细粒土质砂。它既含有一定数量的粗粒,使土基有足够的强度和水稳定性;又有一定数量的细颗粒,使其具有一定的黏结性,不致过分松散。如亚砂土,其粒径组成接近最佳级配,遇水干得快、不膨胀、湿时不黏着,雨天不泥泞,晴天不扬尘,容易被压实而形成平整坚实的土基。因此,砂性土是修筑土基的理想材料。

(5)粉质土。它含有较多的粉土颗粒,干时稍有黏性,飞尘大;浸水时很快被湿透,易成稀泥;粉土的毛细作用强烈,水分上升速度快,高度一般可达0.9~1.5m;在季节性冰冻地区,水分积聚现象严重,引起土基冻胀,春融期间极易形成翻浆。粉性土是修筑土基最差的材料,一般属于有害的土基用土。如果必须用粉土修筑土基时,宜掺配其他材料,并加强排水以及采取设置隔离层等工程措施。

(6)黏质土。细颗粒比重大,内摩擦角小,而黏结力大,透水性小,吸水能力强,吸水时膨胀,干燥时收缩,毛细现象也较显著。黏性土干燥时较坚硬,不易被水浸湿,但浸湿后难以干燥,而且潮湿时强度大大降低。黏性土比粉性土好,比砂性土差,如能充分压实,并采取很好的排水措施,筑成的土基也能获得稳定。

(7)高液限黏土。工程性质与黏性土相似,但视其所含黏土矿物成分不同而有很大差异。黏土矿物主要包括蒙脱石、伊利石和高岭石。蒙脱石塑性大,潮湿时膨胀强烈,干燥时收缩大,透水性极差,压缩性大,压缩速度慢,抗剪强度低;高岭土与蒙脱土相比,它的透水性和抗剪强度较高,塑性较低,吸水和膨胀量则较小;伊利土的性质介于上述两者之间。

综合上述,砂或含细粒土砂是最好的修筑土基材料,黏质土次之,粉质土是不良材料,最易引起道面结构的病害。高液限黏土,特别是蒙脱土也是不良的土基用土。土基遇到不良土质时,最好是挖除,换填质量好的土基,如受条件限制,不能挖除时,必须采取相应的工程措施予以防护和加强,以保证土基的强度和稳定性。

第二节　土基的变形特性

一、土基的受力特性

土基的受力特性是由构成土基用土的物理性质所决定的。土基用土的种类很多,但不论何种土,都是由固态矿物颗粒、孔隙中的水以及气体三大部分组成的。因此,土是一种由固态颗粒、水和气体组成的三相体系。土作为一种工程材料,由于其内部结构上这种特殊性,使得它在工程力学性质上与其他工程材料,如钢材、水泥混凝土等,有较大差别。其中最突出的是受力时所表现出的非线性变形特性和塑性变形等。

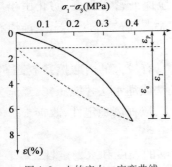

图 4-6　土的应力—应变曲线

1. 土基的非线性变形特性

土基在受力时的非线性变形特性,是由土的非线性性质所决定的。室内三轴试验表明,土的应力—应变关系曲线,一般没有直线段,应力消失后试件也恢复不到原来的形状(图 4-6)。这是因为土在受力后,三相结构改变了原来的状态,作为土的骨架的矿物颗粒发生相对移动。而这种移动所引起的变形,有一部分是属于不可恢复的残余变形。由此说明,土除了具有非线性变形性质外,还有塑性变形性质。

上述试验表明,土不是理想的弹性材料,土基也不是理想的弹性体。按弹性力学原理推求而得到的三轴试验的应力—应变关系式(4-3)不能确切反映土的变形状态。

$$\varepsilon_1 = \frac{\sigma_1 - 2\mu_0\sigma_3}{E_0} \tag{4-3}$$

式中:ε_1——竖向变形;

σ_1——竖向应力(MPa);

σ_3——侧向应力(MPa);

μ_0——土的泊松比,为 0.3 ~ 0.5;

E_0——土的弹性模量(MPa)。

弹性模量是表征弹性材料或弹性体受力时应力—应变关系的比例常数。由于土的应力—应变关系呈非线性,此时,土的弹性模量 E_0 是一个条件变量,它是随土所受的应力(或应变)状态的不同而发生变化的。

在机场道面设计中,如果完全按照土基的非线性、塑性变形的特性决定它的计算参数,则会使设计方法复杂化,甚至需要改变道面设计的理论体系。因此,必须根据土基在道面结构中的实际受力工作状态,对其非线性性质做出相应的修正或简化处理。修正或简化的原则是表征土基应力—应变特性的参数,在理论计算中应与实际状态吻合。对土的应力—应变曲线进行处理的最简单方法是切线法和割线法,即将土的应力—应变曲线上某点的切线斜率或某一范围的割线斜率作为土基的模量,用切线法和割线法确定的模量主要有以下几种(图4-7)。

(1)初始切线模量。应力值为零时的应力—应变曲线的斜率,如图4-7中虚线①所示,代表加荷开始时的应力—应变关系。

(2)切线模量。某一应力级位处应力—应变曲线的斜率,如图4-7中虚线②所示,反映土在该级应力处应力—应变变化的精确关系。

(3)割线模量。以某一应力值对应的曲线上的点同起始点连线的斜率,如图4-7中虚线③所示,反映土在工作应力范围内的应力—应变关系的平均情况。

(4)回弹模量。应力卸除阶段应力—应变曲线的割线模量,如图4-7中虚线④所示,反映土在回弹变形范围内的应力—应变关系的平均情况。

前三种模量取值时的应变值包括残余应变和回弹应变在内的总应变,而回弹模量取值时已扣除残余应变后的回弹应变。因此,将三种模量笼统地称为弹性模量显然是不合适的。而回弹模量能反映土所具有的那部分弹性性质。所以,在以弹性力学为理论基础的机场道面设计方法中,往往将土的回弹模量视为土的弹性模量,并作为机场道面设计中的一项重要计算参数。

2. 土基的流变性质

土是具有流变性质的材料,在荷载作用下的变形不仅与荷载的大小有关,而且还与荷载作用的持续时间有关。土颗粒之间力的传递以及土颗粒之间相对移动都需要一定的时间。通常在施加荷载的初始阶段,变形的大小随着荷载持续时间的延长而增大,以后逐渐趋于稳定。室内试验表明,回弹变形与荷载的持续时间关系不大,因而土的流变性质主要同塑性变形有关。图4-8表示荷载作用时间与土的回弹变形、塑性变形以及总变形的关系。

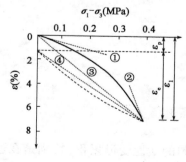

图4-7 几种模量的取值图示

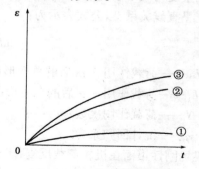

图4-8 土的变形与卸载持续时间的关系
①-回弹变形;②-塑性变形;③-总变形

飞机在道面上滑行时,机轮对道面下土基的作用时间随飞机滑行速度大小而变化,但通常都是很小的。在这短暂的一瞬间,产生的塑性变形比之于静荷载长期作用下的塑性变形小得多。因此,一般情况下,土基的流变性质可不予考虑。

3. 重复荷载作用下土基的变形特性

土基承受着机轮荷载的多次重复作用。每一次荷载作用时,土基产生的变形均可分为弹性变形和塑性变形(图4-9)。弹性变形部分随着荷载的消失立即恢复,而塑性变形部分因不能恢复而形成残余变形。这种残余变形会随着荷载重复作用次数的增加而累积。但是,随着荷载重复作用次数的增加,每一次产生的塑性变形增量则逐渐减少。所以,它的变形累积速度是随作用次数的增加而减缓的。

土基在荷载的重复作用下产生的变形累积,最终可导致两种不同的情况:一是土体逐渐压密,土的颗粒之间进一步靠拢,但是不会产生引起土体整体破坏的剪切面,土基被压密而稳定;二是荷载的重复作用造成土体的剪切变形不断发展,形成整体破坏的剪切面,最后达到破坏阶段,土基失去支承荷载的能力。

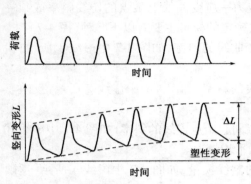

图4-9 重复荷载作用下土基的变形特性

土基在荷载作用下的变形累积,将导致哪一种最终结果,主要取决于:

(1)土的性质(类型)和状态(含水率、密实度、结构状态)。

(2)重复荷载的大小,通常以相对荷载,即重复荷载产生的应力与静载极限强度之比表示。

(3)荷载作用的速度、持续时间以及频率。

(4)土基中的侧向应力大小。

试验表明,较干的土(相对含水率小于0.7),在相对荷载小于0.45~0.55的情况下,荷载的重复作用结果将使土固结硬化;而相对荷载大于此值时,土在荷载作用下达到一定次数后便产生破坏。通常称此相对荷载为临界相对荷载或安全荷载。当土很湿时(相对含水率大于0.7~0.8),保持土在荷载重复作用下不发生破坏变形的安全相对荷载值急剧降低,对于黏性土小于0.09,砂性土小于0.12~0.15,粉性土不超过0.10。

在重复荷载小于临界相对荷载作用下,土基的累积总变形与荷载作用次数之间在双对数坐标上呈直线关系,以公式表示为:

$$\lg L_N = \lg L_1 + \eta \lg N \tag{4-4}$$

式中:L_N——荷载作用 N 次后的总变形(m);

L_1——荷载作用一次后的总变形(m);

N——荷载作用次数;

η——统计回归系数。

机场刚性道面在机轮荷载反复作用下,会产生不均匀的塑性变形累积(特别是在道面板的边角部位),导致板下局部脱空而产生附加应力,这是工程实践中水泥混凝土道面板的边、角部位断裂破坏较多的重要原因之一。柔性道面上常见的破坏,如产生轮辙、波浪等,也是主要由于土基及整个道面结构的塑性变形所引起的。因此,如何防止土基塑性变形累积而造成的不均匀沉陷,是机场道面设计中一个重要问题。

二、土基的荷载—弯沉关系

如前面所述,因土基不是理想的弹性体,所以它的应力—应变关系曲线不呈直线关系,公式(4-3)中的模量值 E_0 只能认为是一个条件变量,它随应力—应变关系的发展而变化,也就是说,不同的应力状态,其模量值是不相同的。

实际工程中,荷载作用下土基内的应力沿竖向和水平方向都是变化的,因而土基内各点的模量值是各不相同的。要在道面设计理论中准确考虑这种土基的模量变化情况,是不可能也不现实的。同时,对于道面设计来说,最关心的主要是土基表面的总变形(或总回弹变形)。因此,工程中通常采用直接研究土基表面在局部荷载作用下的弯沉特性,即用承载板试验测定荷载—弯沉关系来研究土基的变化情况,把反映荷载—弯沉关系的模量,看作是一个当量均匀模量值,由此得出的土基顶面变形量同考虑各点模量变化时所得的数值大致相同。

承载板试验是以一定尺寸的圆形承载板置于土基表面,逐级加载,记录施加在承载板上的荷载及由该荷载所引起的土基沉陷变形。根据试验结果即可绘出土基顶面荷载 P 与弯沉 l 的关系曲线。图4-10 是这种关系的典型情况。这种荷载与弯沉关系曲线,具有与土的应力—应变关系曲线相似的特点,一般也呈曲线形状,卸载后仍保留部分残余变形。

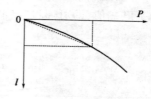

图 4-10 土基的荷载—变形关系

承载板试验是土基强度试验的基本方法。通过承载板试验测得土基的荷载—回弹变形关系后,可求得土基的回弹模量;测得土基的荷载—总变形关系后,可以求得土基的形变模量和土基反应模量。

第三节 土基的强度指标

土基的力学表征取决于采用何种土基模型表示土基的受力状态和性质。土基是道面结构的最下层,对道面结构的支承起着决定性的作用。它抵抗荷载能力的大小,主要决定于土基顶面在一定应力级位下抵抗变形的能力。土基抵抗变形的能力可表示土基的强度的大小。即土基的强度可采用一定应力级位下抵抗变形能力来决定。由于各国在机场刚性道面和柔性道面设计方法采用的理论体系不同,采用表征土基强度的指标也各不相同,归纳起来,主要有土基回弹模量、土基形变模量、土基反应模量和加州承载比(CBR)等。

一、土基回弹模量

回弹模量能较好地反映土基具有的弹性性质,可以反映土基在瞬时荷载作用下的可恢复变形性质,因而可以应用弹性理论公式描述荷载与变形之间的关系。以回弹模量作为表征土基强度的参数,可以在以弹性理论为基本体系的各种设计方法中得到应用。我国军用机场刚性道面和公路刚性、柔性路面都是以回弹模量作为土基的强度指标。为了模拟机轮(或车轮)荷载的作用,通常都以圆形承载板压入土基的方法测定回弹模量。

用于测定土基回弹模量的承载板可分为柔性和刚性两种。用柔性承载板测定土基回弹模量时,土基与承载板之间的接触压力 $p(r)$ 为常量,如图 4-11a)所示。即:

$$p(r) = p = \frac{P}{\pi a^2} \qquad (4-5)$$

承载板的挠度 $l(r)$ 与坐标 r 有关,在承载板中心处($r=0$),其挠度可用下式计算:

$$l(r)_{r=0} = \frac{2pa(1 - \mu_0^2)}{E_0} \qquad (4-6)$$

在柔性板边缘处($r=a$),其挠度可用下式计算:

$$l(r)_{r=a} = \frac{4pa(1 - \mu_0^2)}{\pi E_0} \qquad (4-7)$$

因此,当测得承载板中心或边缘处的挠度时,一般情况下土基的泊松比 μ_0 变化不大,可以认为是已知值,即可通过式(4-6)和式(4-7)反算得到土基的回弹模量值。

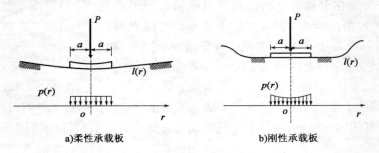

a)柔性承载板　　　　　　　　　b)刚性承载板

图 4-11　土基在圆形荷载作用下的压力与挠度分布图

P-作用在承载板上的总荷载(MN)

用刚性板测定土基的回弹模量值时,承载板上的挠度是相同的,不随坐标 r 变化。但是板底的接触压力是随 r 值变化的,呈鞍形分布,如图 4-11b)所示,承载板上的挠度 l 值和承载板下的接触压力 $p(r)$ 值可按式(4-8)和式(4-9)计算。

$$l = \frac{2pa(1 - \mu_0^2)}{E_0} \cdot \frac{\pi}{4} \qquad (4-8)$$

$$p(r) = \frac{1}{2} \cdot \frac{pa}{\sqrt{a^2 - r^2}} \qquad (4-9)$$

式中:l——承载板的挠度(m);

$\quad p$——承载板与土基的接触压力(MPa);

$\quad r$——计算点距承载板中心的距离(m);

$p(r)$——承载板与土基的平均单位接触压力(MPa);

$\quad a$——承载板半径(m)。

测得刚性承载板的挠度之后,即可按式(4-8)反算土基回弹模量值 E_0。

在实际测定中,刚性承载板用得比较多,因为它的挠度比较容易测定,压力较易控制。

测定时宜采用逐级加载卸载法。每一级荷载经过几次循环加载和卸载,取得稳定的回弹弯沉之后,再加下一级荷载,如此施加 n 级荷载后,即可点绘出荷载—回弹弯沉曲线。在多数情况下,试验曲线呈非线性。在确定模量值时,可以根据土基实际受到的压力范围或可能产生的弯沉范围在曲线上取值。

二、土基形变模量

土基形变模量是表征荷载与总变形(包括弹性与塑性变形)关系的指标,其值由承载板试验确定。试验时采用逐级加载方式,测出各级荷载下承载板的沉陷值 l,得到荷载与弯沉曲线(图 4-10)。取曲线上某点 a,则割线 oa 的斜率即为土基的形变模量。用公式表示为:

$$E_f = \frac{pD}{l} = \frac{p}{\lambda} \tag{4-10}$$

式中:E_f——土基形变模量(MPa);

p——承载板单位压力(MPa);

D——承载板直径(m);

l——与单位压力 p 相对应的承载板的沉陷值(m);

λ——相对变形值,$\lambda = l/D$。

由于土基的荷载—弯沉关系呈非线性变化。因此,当取不同的沉陷值时,所得到的土基形变模量也不一样。试验表明,土基形变模量与相对变形值的关系如图 4-12 所示。由图可见,土基形变模量随相对变形的增大而减少,但相对变形值超过一定值(图中为 0.008)时,土基形变模量值趋于稳定。当根据实测的荷载—弯沉关系确定土基形变模量时,相对变形值应按土基实际工作状态确定,设计中常取 $\lambda = 0.01 \sim 0.02$。

三、土基反应模量

土基反应模量是表征文克勒(E. Winkler)土基的变形特性。文克勒土基模型是原捷克斯洛伐克工程师文克勒于 1876 年提出的,其基本假定是土基上任一点的弯沉 l,仅与作用在该点的压力 p 成正比,而与相邻处的压力无关。根据该假定,可以把土基看作是无数彼此分开的小土柱组成的体系,或者是无数互不相连的弹簧体系,如图 4-13 所示。反映压力与弯沉值关系的比例常数称为土基反应模量,即:

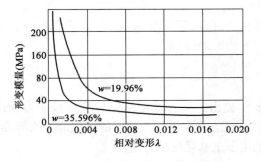

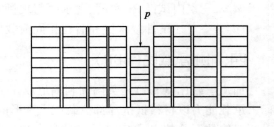

图 4-12 形变模量与相对变形的关系   图 4-13 文克勒地基模型

$$k = \frac{p}{l} \tag{4-11}$$

式中:k——土基反应模量(MPa/m 或 MN/m³);

p——单位压力(MPa);

l——弯沉值(m)。

文克勒土基又可称为稠密液体土基,土基反应模量 k 相当于液体的密度,土基反力相当于液体的浮力。由于文克勒土基模型假设简单,测试方便,被广泛采用。但这种土基模型有明显的缺点,它忽略了土基中剪应力的存在。

土基反应模量 k 值用承载板试验测定。通过逐级加载测定相应的总弯沉值,得到荷载—

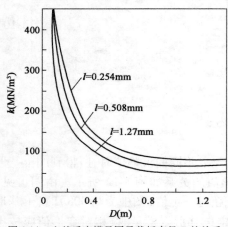

弯沉曲线。由于土基变形的非线性特性,k 值随所取的压力(或弯沉)而变化。为了使所确定的土基反应模量值有代表性,通常有两种作法:当土基较软弱时,取 $l = 0.127$cm 时所对应的压力 p 计算土基反应模量;当土基较坚硬时,取单位压力 $p = 0.07$MPa 时所对应的弯沉值 l 计算土基反应模量。

试验表明,土基反应模量值受承载板直径影响较大。承载板直径越小,k 值越大。但直径 $D \geqslant 75$cm 时,D 的变化对 k 值影响较小,如图 4-14 所示。所以,测定 k 值的承载板试验规定采用 75cm 直径的承载板。当采用 30cm 直径承载板进行试验时,测得的 k 值按下式进行修正:

图 4-14 土基反应模量同承载板直径 D 的关系

$$k_{75} = 0.4k_{30} \tag{4-12}$$

土基反应模量 k 应在现场测定。由于受季节的限制,现场测得的 k 值不能反映土基的最不利状态,还要按式(4-13)进行修正,以模拟土基的最不利状态。

$$k_s = \frac{d_u}{d_s}k_u \tag{4-13}$$

式中:k_u——现场测得的土基反应模量(MN/m³);

k_s——最不利状态时的土基反应模量(MN/m³);

d_u——室内试件,密实度、含水率与现场实测相当,在 0.07MPa 荷载下的沉降值(m);

d_s——上述试件浸水饱和后在相同荷载作用下的沉降值(m)。

四、加州承载比(CBR)

加州承载比(CBR)是美国加利福尼亚州 1928 年提出的一种评定基层材料承载能力的指标。承载能力以材料抵抗局部荷载压入变形的能力表征,并采用标准碎石的承载能力为标准,以相对值的百分数表示 CBR 值。这种方法后来也用于土基强度的评定。

CBR 室内试验装置如图 4-15 所示。CBR 室外试验装置如图 4-16 所示。在直径 15.24cm

的金属筒内,放入12.70cm高的试样。试样按施工时的含水率和密实度在试筒内制备。并将试样浸水4d,以模拟土基的最不利状态。为模拟道面结构对土基的作用,在试样浸水过程中及压入试验时,在其顶面放加环形砝码,其大小根据道面结构状况确定,但不得小于45.3N,通常情况下采用111.2N。压入的金属圆柱压头底面积为19.35cm²。试验时,荷载按试件顶面每分钟压入变形0.127cm的速度施加,记录每压入0.254cm时的单位压力p值,直至压入变形量达到1.27cm时为止。标准碎石的承载力由试验测得,列于表4-10。

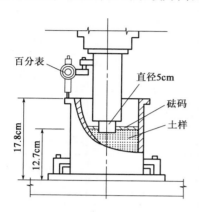

图 4-15 测定 CBR 室内试验装置

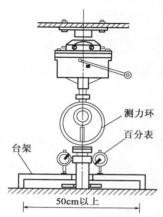

图 4-16 CBR 野外试验装置

标准碎石的承载力

表 4-10

贯入值(cm)	0.254	0.508	0.762	1.016	1.276
标准压力(MPa)	7.03	10.55	13.36	16.17	18.23

CBR 值按下式计算:

$$CBR = \frac{p}{p_0} \times 100\% \qquad (4\text{-}14)$$

式中:p——试件材料在一定贯入值情况下的单位压力(MPa);

p_0——标准碎石在相同贯入值情况下的单位压力(MPa)。

计算 CBR 值的贯入值,在一般情况下取 0.254cm,当贯入值为 0.254cm 的 CBR 值小于贯入值为 0.508cm 的 CBR 值时,应当采用后者为准。

CBR 值可直接在野外测定。试验方法基本上与室内试验相同,但其压入试验直接在土基表面上进行。试验装置如图 4-16 所示。野外试验所得的 CBR 值有时与室内试验值不一致,这与试验时两者的侧面限制不完全相同有关,这对粗颗粒材料影响大些。对于黏性土,只要含水率和密实度相同,试验结果是一致的。应该注意的是室内试验时试件是饱水的,而野外试验时土基是处于施工时的湿度状态。因此,应对含水率进行修正,才能建立两者之间的关系。

影响土基 CBR 值的主要因素是土的类别、密实度和含水率。在狭长的公路路基上及面积较大的机场道面土基上,不同部位测得的 CBR 值一般是不相同的。为此,需求出有代表性的 CBR 值作为路段或场区的设计 CBR 值。

各种土的土基反应模量 k 和 CBR 的大致范围见表 4-11。

土基反应模量 k 和 CBR 值 表 4-11

土 类	k (MN/m³)	CBR (%)
级配良好的砾石	≥83.1	60 ~ 80
级配差有砾石或砂质砾石		35 ~ 60
均匀颗粒的砾石或砂质砾石		25 ~ 50
粉质砾石,粉砂质砾石		40 ~ 80
黏土质砾石,黏土质砂质砾石;级配良好的砂或砾石砂;粉质砂,粉质砾石质砂	55.4 ~ 83.1	20 ~ 40
级配差有砂或砾石砂		15 ~ 25
均匀颗粒的砂或砾石砂,黏土质砂,黏土砾石砂,粉土质砂	45 ~ 75	10 ~ 20
粉土,砂质粉土,砾石质粉土,贫黏土,砂质黏土,砾石黏土	27.2 ~ 55	5 ~ 15
有机质粉土,贫有机质粉土,云母质黏土或硅藻土	13.9 ~ 27.2	4 ~ 8
肥有机质黏土,肥黏土	7 ~ 13.9	3 ~ 5

第四节 我国公路自然区划

我国幅员辽阔,各地气候、地形、地貌、水文地质条件等差异甚大。从北到南跨越寒带、温带和热带;从西部的青藏高原到东部沿海地区高程相差 4000m 以上,自然因素变化极为复杂。各地区自然条件的差异,同机场、公路建设有密切关系。各地自然条件特征不同,对机场、公路构造物产生的影响和造成的病害是各不相同的。因此,在机场和公路设计中应考虑的问题也各不相同。例如,季节性冰冻地区的机场和公路设计应考虑抗冻要求,主要病害是道(路)面的冻胀和翻浆;而西北干旱地区的主要病害则是土基的干稳定性问题。因而,如何根据各地自然区域的特征,对机场和公路的勘测、设计,建筑材料的选择和施工方案的拟定等进行综合考虑是十分必要的。有关部门根据我国各地自然条件对公路建筑影响的主要特征,提出了我国公路自然区划,制定了《公路自然区划标准》(JTJ 003—1986),以指导机场,公路的勘测、设计与维护管理。

一、公路自然区划的原则

公路自然区划,根据影响公路工程的地理、地貌及气候特征,按下述三项原则进行划分。

1. 道路工程特征相似性的原则

即在同一区划内,在同样的自然因素下筑路具有相似性。例如,北方不利季节主要是春融时期,有翻浆病害;南方不利季节为雨季,有冲刷、水毁等病害(图 4-17)。

2. 地表气候区划差异性的原则

即地表气候是地带性差异与非地带性差异的综合结果。通常,地表气候随着当地纬度而变,如北半球,北方寒冷,南方温暖,这称为地带性差异。除此之外,还与高程的变化有关,即垂直方向的变化,如青藏高原,由于海拔高,与纬度相同的其他地区相比,气候更加寒冷,即称为非地带性差异。

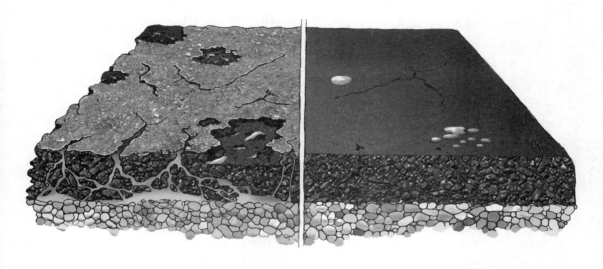

图 4-17 水损害

3. 自然气候既有综合又有主导作用的原则

即自然气候的变化是各种因素综合作用的结果,但其中又有某种因素起着主导作用。例如,道路冻害是水和热综合作用的结果。但在南方,只有水而没有寒冷气候的影响,不会发生冻害,说明温度起主导作用;西北干旱区与东北潮湿区,同样都有负温度,但前者冻害轻于后者,说明水起主要作用。

二、公路自然区划的分级方法

我国公路自然区划,采用三级分区。一级分区首先将全国划分为多年冻土、季节冻土和全年不冻三大地带,再根据水热平衡和地理位置,将全国划分为冻土、湿润、干湿过渡、湿热、潮暖、干旱和高寒 7 个大区。二级区划是在一级区划基础上以潮湿系数为主进一步划分。三级区划是在二级区划内划分更低一级的区域或类型单元。

1. 一级区划

一级区划是以全国性的纬向地带性和构造区域性为依据,根据对公路工程具有控制作用的地理、气候因素来拟订。对纬向性的,特别是东部地区的界线,采用了气候指标;对非纬向性的,特别是西部地区的界线,则较多地强调构造和地貌因素;中部个别地区则采用土质作为指标。

一级区划的主要指标:

（1）以全年平均气温 −2℃ 等值线作为多年冻土和季节性冻土的分界线。

（2）以一月份均温 0℃ 等值线，作为季节性冰冻区与全年无冰冻区的分界线。

（3）按我国自然地形的特点，以 1000m 和 3000m 等高线为界划分三级阶梯；三级阶梯的存在使气候具有不同的特色，成为划分一级区划的主要标志。

（4）秦岭淮河以南不冻区，因雨型、雨量、不利季节与不利月份的差异，划分为东西两大片。

（5）根据黄土对筑路的特殊性及其处于过渡的地区位置，同其他区域分开。

这样，根据气候、地理、地貌等综合性指标相互交错与迭合，将全国划分为 7 个一级区（图 4-17）：Ⅰ—北部多年冻土区；Ⅱ—东部温润季冻区；Ⅲ—黄土高原干湿过渡区；Ⅳ—东南湿热区；Ⅴ—西南潮暖区；Ⅵ—西北干旱区；Ⅶ—青藏高寒区。

2. 二级区划

在一级区划的基础上，以潮湿系数 K_w 为主要标志，综合考虑其他气候、地貌、地质、地下水和自然病害等多种因素，将全国划分为 33 个二级区和 19 个副区（亚区），如图 4-17 所示。

潮湿系数 K_w 值按其大小分为 6 个等级：

过湿区	$K_w > 2.00$
中湿区	$2.00 \geq K_w > 1.50$
润湿区	$1.50 \geq K_w > 1.00$
润干区	$1.00 \geq K_w > 0.50$
中干区	$0.50 \geq K_w > 0.25$
过干区	$K_w \leq 0.25$

潮湿系数 K_w 值为年降水量 R 与年蒸发量 Z 之比，即：

$$K_w = \frac{R}{Z} \tag{4-15}$$

3. 三级区划

三级区划是二级区划的进一步具体化。按各区内气候、地貌、地质，水文等方面的差异，划分为更低一级的区划单位或类型单位。有两种划分方法：一是按照地貌、水文和土类将二级区进一步划分为若干类型单元；二是按水热、地理和地貌等标志，将二级区细分为若干区域，各地可根据具体情况选用。

各级区划的范围不同，在公路工程上的应用也各有侧重。一级区划主要为全国性的公路总体规划和设计服务；二级区划主要为各地的公路路基路面设计、施工、养护提供较全面的地理、气候依据和有关计算参数，如土基和路面材料的回弹模量、路基临界高度、土基压实标准等。

我国公路自然区划的分级方法对机场工程可以参考引用。

第五节　土基干湿类型

同一地区，在自然条件相同情况下，土基的强度在很大程度上与其相对含水率有关，处于含水率小的状态土基强度较高，反之则较低。

在机场道面设计中,土基的潮湿状态以干湿类型分为干燥、中湿、潮湿和过湿四类。干湿类型以分界稠度 w_{c1}、w_{c2} 和 w_{c3} 来划分。w_{c1} 为干燥和中湿状态的分界稠度;w_{c2} 为中湿和潮湿状态的分界稠度;w_{c3} 为潮湿和过湿状态的分界稠度。

在确定土基干湿类型时,应选择当地的不利季节,即土基湿度最高的季节,实地测定土基的分层含水率。

土基的干湿类型也可用土的平均稠度 w_c 作为划分标准。

土的稠度 w_c 定义为土的含水率与液限之差,与土的塑限与液限之差的比值,按下式计算:

$$w_c = \frac{w_L - w}{w_L - w_p} \tag{4-16}$$

式中:w_c——土的稠度;

$\quad w_L$——土的液限;

$\quad w$——土的含水率;

$\quad w_p$——土的塑限。

土的稠度较准确地表示了土的各种形态与湿度的关系,稠度指标综合了土的塑性特性,包括液限与塑限,全面直观地反映了土的硬软程度,物理概念明确。

(1)$w_c = 1.0$,即 $w = w_p$,为半固体与硬塑状的分界值。

(2)$w_c = 0$,即 $w = w_L$,为流塑与流动状的分界值。

(3)$1.0 > w_c > 0$,即 $w_L > w_c > w_p$,土处于可塑状态。

土基的干湿类型以实测不利季节土基顶面以下 800mm 深度内,每 100mm 取土样测定其天然含水率、塑限含水率和液限含水率,按下式计算平均土的平均稠度:

$$w_{ci} = \frac{w_{Li} - w_i}{w_{Li} - w_{pi}} \tag{4-17}$$

$$w_c = \frac{\sum_{i=1}^{8} w_{ci}}{8} \tag{4-18}$$

式中:w_i——道槽底面以下 100mm 内,每 800mm 为一层,第 i 层土的天然含水率;

$\quad w_{Li}$——同一层土的液限含水率(76g 平衡锥);

$\quad w_{pi}$——同一层土的限含水率;

$\quad w_{ci}$——第 i 层土的稠度;

$\quad w_c$——道槽以下 800mm 内土的算术平均稠度。

道面设计时,应根据土基的分界稠度确定土基的干湿类型。土基的干湿类型可以实测不利季节土基顶面以下 800mm 深度内土的平均稠度 w_c,根据表 4-12 土基干湿状态的分界稠度建议值确定。也可根据公路自然区划、土质类型、排水条件以及土基表面距地下水或地表积水的高度,按表 4-13 的一般特征确定。

对于新建的道面,土基尚未建成,无法按上述方法现场勘测土基的干湿类型,可以用土基临界高度作为判断标准。当土基的地下水位或地表水水位一定的情况下,土基的湿度由下而上逐渐减小,如图 4-18 所示。与分界稠度相对应的土基离地下水位或地表积水水位的高度称为土基临界高度 H,即 H_1 相对应于 w_{c1},为干燥和中湿状态的分界标准;H_2 相对应于 w_{c2},为中燥和潮湿状态的分界标准；H_3 相对应于 w_{c3}，为潮湿和过湿状态的分界标准。

土基干湿状态的分界稠度建议值化   表 4-12

土 质 类 别	干 湿 状 态			
	干燥状态	中湿状态	潮湿状态	过湿状态
	$w_c \geqslant w_{c1}$	$w_{c1} > w_c \geqslant w_{c2}$	$w_{c2} > w_c \geqslant w_{c3}$	$w_c < w_{c3}$
土质砂	$w_c \geqslant 1.20$	$1.20 > w_c \geqslant 1.00$	$1.00 > w_c \geqslant 0.85$	$w_c < 0.85$
黏质土	$w_c \geqslant 1.10$	$1.10 > w_c \geqslant 0.95$	$0.95 > w_c \geqslant 0.80$	$w_c < 0.80$
粉质土	$w_c \geqslant 1.05$	$1.05 > w_c \geqslant 0.90$	$0.90 > w_c \geqslant 0.75$	$w_c < 0.75$

注：w_{c1}、w_{c2}、w_{c3} 分别为干燥和中湿、中湿和潮湿、潮湿和过湿状态土基的分界稠度，w_c 为土基顶面以下 800mm 深度的平均稠度。

土基干湿类型   表 4-13

土基干湿类型	土基顶面以下80cm深度内平均稠度 $\overline{w}_c$ 与分界稠度的关系	一 般 特 征
干燥	$w_c \geqslant w_{c1}$	土基干燥稳定，道面强度和稳定性不受地下水和地表积水影响。土基高度 $H > H_1$
中湿	$w_{c1} > w_c \geqslant w_{c2}$	土基上部土层处于地下水或地表水影响的过渡带区内。土基高度 $H_2 < H \leqslant H_1$
潮湿	$w_{c2} > w_c \geqslant w_{c3}$	土基上部土层处于地下水或地表积水毛细影响区内。土基高度 $H_3 < H \leqslant H_2$
过湿	$w_c < w_{c3}$	土基极不稳定，冰冻区春融翻浆，非冰冻区软弹土基，经处理后方可铺筑道面。土基高度 $H \leqslant H_3$

注：1. H 为不利季节土基顶面距地下水或地表积水水位的高度。

2. 地表积水指不利季节积水 20d 以上。

3. H_1、H_2、H_3 分别为干燥、中湿和潮湿状态的土基临界高度，参见附录二。

4. 划分土基干湿类型以平均稠度 w_c 为主，缺少资料时可参照表中一般特征确定。

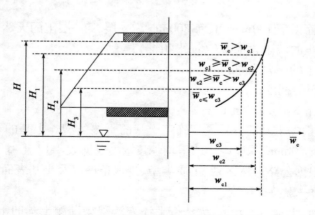

图 4-18　道槽底地下水高度示意图

在设计新建道面时，如能确定土基临界高度值，可以此作为判别标准，与土基设计高度作比较，由此确定土基的干湿类型，如表 4-13 所示。为了保证土基的强度和稳定性不受地下水及地表积水的影响。在设计土基时,要求土基保持干湿或中湿状态,底面距地下水或地表积水的距离要大于或等于干燥、中湿状态所对应的临界高度。不同土质和自然区的土基临界高度参见附录二。

第六节　土　基　压　实

土基压实的重要性是显而易见的。充分压实的土基可以发挥土基的承载强度,减少土基和道面在机轮荷载作用下产生的变形,增强土基的水稳性和强度稳定性,有效地延长道面的使用寿命。

一、土基压实的原理和作用

用某种工具或机械对土基进行压实时,在压实机具短时荷载或振动荷载作用下,土颗粒重新排列和互相靠拢,小颗粒进入大颗粒的孔隙中,孔隙率减少,单位体积内固体颗粒含量增加,增加了粗土颗粒间的摩擦和咬合及细土颗粒之间的分子引力,从而提高土基的强度和稳定性。

对于黏性细粒土的压实,主要是将土孔隙中的空气挤出。碾压得越密实,土中空气就越少。在某一含水率时,土的理论最大密实度就是土中空气全部挤出,土体接近于两相体,但实际上不能通过压实完全消除土中的空气。

在砂类土的碾压过程中,砂颗粒组成的均匀程度对所能达到的密实度影响很大。由相同颗粒组成的均匀砂的密实度与互相接触的砂粒的排列位置有关。假定相同粒径的砂粒都是球状颗粒,这些颗粒排列得最疏松时,每个颗粒与其相邻的颗粒有 6 个接触点,此时只有 48% 的孔隙(图 4-19a);排列得最紧密时,每个颗粒与其相邻的颗粒有 12 个接触点,此时只有 26% 的孔隙(图 4-19c)。

实际上砂粒不可能是完全同一粒径的,也不可能是完全球状的。这个假定只是用来说明,单一尺寸的均匀砂在压实过程中可能发生的物理过程。天然砂是由不同粒径的砂粒所组成的,在压实过程中,细颗粒填入粗颗粒间的孔隙中,使砂的密实度增加,如图 4-20 所示。因此,单一尺寸砂的密实度通常是最小的,由各种不同粒径颗粒组成的砂的密实度,常常大于单一尺寸砂组成的密实度,最佳级配的砂可能达到的密实度最大。

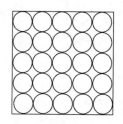
a)相同粒径有6个接触点

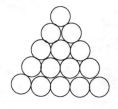
b)有8个接触点

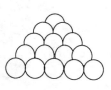
c)有12个接触点时的排列

图 4-19　均匀砂压实原理

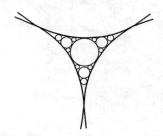
图 4-20　不同粒径颗粒的排列示意图

二、压实土基的作用

1.提高土基的强度

用不同的击实功能将同一种土在相同的含水率下制备试件,使试件击实到不同的干密度。试验表明,试件的干密度越大,强度越高,如图 4-21 和图 4-22 所示。图 4-21 级配砂砾压实度对其强度有明显影响,当压实度由 95% 提高到 100% 时,弹性模量值提高 60%。图 4-22 是粉质亚黏土的干密度与其强度的关系,当土的干密度由 17.2kN/m^3 提高到 19.3kN/m^3 时,土的弹性模量增加一倍。

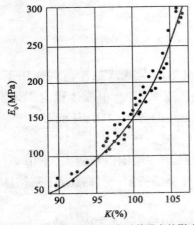

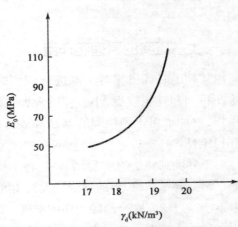

图 4-21　级配砂砾的压实度对其强度的影响图　　　　图 4-22　粉质亚黏土的干密度对强度的影响

2.提高土基的水稳性

土基在最佳含水率时压实到最大密实度,能够获得最好的水稳性。图 4-23 为在室内条件下对黏性土进行的击实试验,由图可见,在最佳含水率时击实的试样,水饱和后其强度和密实度仍然最高。

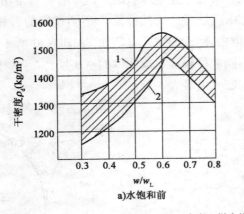

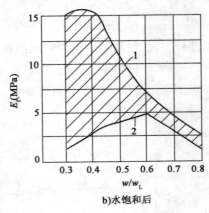

a)水饱和前　　　　　　　　　　　　b)水饱和后

图 4-23　击实土样水饱和前后变化情况

3.显著地降低土的渗透性和毛细作用

研究表明,当在最佳含水率下将土基压实到最大密度时,实际上在土中不再发生水分的毛细移动。这是因为土基压实越趋于紧密,土中孔隙越小,相邻土颗粒的接触点水膜交叠起来,此水膜的黏滞度大于普通水的黏滞度,使水分的渗透和毛细移动受到阻碍。用粉质亚黏土进行的试验表明,随着压实度的增加,土的渗透系数明显降低(图4-24)。

　　4.减少土基的塑性变形

　　土基压实度不足,在荷载作用下会产生沉陷,压实度越小,可能产生的沉陷就越大。用同一集料做成不同密实度的试件,在同一荷载下进行反复荷载试验,结果示于图4-25。由图可见,当试件压实度为95%时,试件的塑性变形累积很快;当压实度为100%时,试件的塑性变形的累积要慢得多。

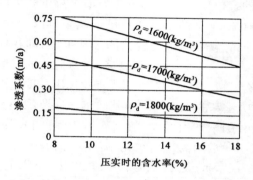

图4-24　粉质亚黏土的压实情况与渗透系数
图4-25　压实度对累积变形的影响

　　5.减少土基的冻胀量,提高冻融稳定性

　　为了探讨压实程度对土基冻胀的影响,在室内用各种土做成试件,分别在试件底部不断加水使之饱和,在无压或有压(水头等于试件高度)两种条件下进行冰冻试验,得出土的冻胀值与压实度的关系曲线,如图4-26所示。在有水压的情况(图4-26a)下,冻胀随密实度增加而不断减少;在无水压饱水的情况下,冻胀曲线有最高点,冻胀最大值位于压实度91%~94%范围内,当压实度达到100%时,相对冻胀值较最大减少2~4倍。

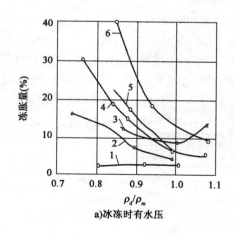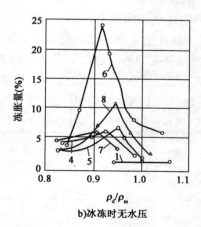

a)冰冻时有水压　　　　　　　b)冰冻时无水压

图4-26　土的冻胀与压实度的关系

1-砂;2-重亚黏土;3-细亚黏土;4-黏土;5-亚砂土;6-黏土;7-亚黏土;8-粉质亚黏土;ρ_d-干密度;ρ_m-最大干密度

试验资料和工程实践还表明,土基冻前密实度越大,融冻后其强度降低越小。因此,在季节性冰冻地区,采用提高土基压实度来增强其冻融稳定性,是经济而有效的措施。

三、土基压实标准

1. 土基受力状况与工作区

土基承受道面结构(包括土基)的自重和飞机荷载的作用。图4-25为沿深度方向的竖向

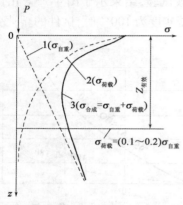

图4-27　土基中竖向应力随深度变化情况

应力分布示意图。其中曲线1为土基自重应力$\sigma_{自重}$,它随深度的增加而增大;曲线2为荷载应力$\sigma_{荷载}$;曲线3为1和2的合成应力。当荷载应力小于自重应力的$1/10 \sim 1/5$时,对土基的压缩作用已很微小,可以忽略不计。把飞机荷载作用影响较大的土基范围,即相应于$\sigma_{荷载} = (0.1 \sim 0.2)\sigma_{自重}$的深度$Z$,称为荷载的有效作用深度($Z_{有效}$),如图4-27所示。有效作用深度范围内的土基称为土基的工作区。土基的工作区范围的大小随飞机荷载的增加而增大,随道面结构强度和厚度的增加而减小。常用的道面结构,歼击机的有效作用范围深度约为1.5m;轰炸机和大型飞机可达3m以上。

2. 土基压实标准

为了保证土基的强度和稳定性,对土基工作区范围内,特别是土基的上部,要进行适当处理。对土基进行压实,是提高其强度和稳定性经济而有效的措施。

土基压实标准采用压实度k作为控制标准。所谓压实度,是指压实后土的干密度与该种土在室内标准条件下的最大干密度之比,以百分数表示。

$$k = \frac{\rho_d}{\rho_m} \times 100\% \tag{4-19}$$

式中:ρ_d——现场测得的土基压实后的干密度(kg/m³);

ρ_m——与现场相同土质在室内标准条件下测得的最大干密度(kg/m³)。

土基压实标准的选择应依据道面结构类型和要求、土基所处的自然环境对土基的影响程度、土基的挖填情况和不同层位等因素综合考虑。《军用机场水泥混凝土道面设计规范》(GJB 1278A—2009)规定了各种条件下土基的压实标准,见表4-14。我国《民用机场水泥混凝土道面设计规范》(MH/T 5004—2010)也规定了各种条件下土基的压实标准,见表4-15。

《军用机场水泥混凝土道面设计规范》(GJB 1278A—2009)中土基压实标准　表4-14

填 挖 类 别	土基顶面以下深度(mm)	压实度(%)	
		细粒土	粗粒土
填方	0 ~ 800	≥96	≥98
	800 以下	≥94	
挖方及零填	0 ~ 400	≥96	

注:1. 表列压实度,系按重型击实试验法求得的最大干密度系数。

2. 当填方厚度小于400mm时,原地面压实度标准按"挖方及零填"一栏要求。

3. 当条件所限而必须采用湿黏土、红黏土、高液限土、膨胀土、盐渍土等特殊土作为填料时,应采取各种有效措施使达到要求;若达到要求十分困难而又不经济时,其压实度要求根据试验研究成果确定,或将表列要求降低1% ~ 3%。

《民用机场水泥混凝土道面设计规范》(MH/T 5004—2010)中土基压实标准　　表 4-15

填挖类别	土基顶面以下深度(m)	压实度(%)	
		飞行区指标Ⅱ	
		A、B	C、D、E
填方	0~0.3	≥95	≥96
	0.3~0.8	≥95	≥96
挖方及零填空	0~0.3	≥94	≥96
	0.3~0.8	—	≥94

注:1. 表中压实度系按现行《公路土工试验规程》中重型试验法求得的最大干密度的百分数。
　　2. 挖方区及零填部位,遇碾压后或者处理后(采用掺结合料进行改善、表层换填、强夯、冲击碾压等方法)的道床顶面回弹模量达到 30MPa 以上,则下道床压实度可不作要求。

对于沥青混凝土道面,《民用机场沥青混凝土道面设计规范》(MH 5010—2016),也规定了各种条件下土基的压实标准,见表 4-16。

《民用机场沥青混凝土道面设计规范》(MH 5010—2016)土基压实标准　　表 4-16

填挖类别	土基顶面以下深度(m)	压实度(%)	
		飞行区指标Ⅱ	
		A、B	C、D、E
填方	0~0.3	≥95	≥96
	0.3~1.2(0.8)	≥95	≥96
挖方及零填空	0~0.3	≥94	≥96
	0.3~1.2(0.8)	—	≥94

注:1. 挖方区及零填部位,遇碾压后或者处理后(采用掺结合料进行改善、表层换填、强夯、冲击碾压等方法)的道床顶面回弹模量达到 30MPa 以上,则下道床压实度可不作要求。
　　2. 括号内的深度适用于飞行指标Ⅱ为 A、B 的机场。

第七节 土基的冻胀

土质不均匀的季节性冰冻地区,由于土质不均匀和土基潮湿状态变化等常常引起道面的不均匀冻胀,而在融冻时可能因土基上部过湿而翻浆。

一、土基冻胀产生的机理

冬季,当气温降到 0℃时,土中自由水首先在接近 0℃时冻结。土基内出现小的冰晶,它与土颗粒之间由结合水膜隔开。结合水由于土颗粒分子引力的作用,只有在更低的温度时才冻结。当温度继续降低时,土颗粒最外层的弱结合水开始冻结,它们掺加到冰晶体中去,使冰晶逐渐增大。此时。冰晶周围土颗粒的结合水膜比别处薄,阳离子浓度也大。这就使冻结区的与未冻结区的结合水之间产生不平衡,弱结合水就由水膜厚的地方向薄的地方转移。倘若负温度下降较慢,而未冻区的水分补给又很充分的话,随着上层土壤的冻结,将发生水流连续移动的现象。未冻区的弱结合水就不断地向冻结区转移,在土层中形成垂直于寒流方向的扁冰块，这就是聚冰层（冰夹层）。土壤中的毛细水在冷处比在热处具有更大的表面张力，气态水在冷处比热处压力要低，这些都会促成毛细水，气态水由暖处向冷处移动，由试验得知，在温度下降到 -3℃时，土中水分的移动实际上就停止了。因此，负温度区的水分移动一般发生在0℃到 -3℃等温线之间的土层中。如果入冬之前土基含水率较大，地下水位高（有充分的水源补给）；土质不良（如粉土、粉质土等）以及入冬后气候时寒时暖，冰冻线长时间停留在某一深度，这里就形成了相当厚的冰夹层。有时，在其下方还可能出现第二个、第三个冰夹层。水结冰后，体积增大，使土基隆起而造成面层开裂或错台。春融时，积聚在土基上层的过多水分不能及时排出，过湿使土基的承载强度下降，并且在机轮荷载作用下形成唧泥和翻浆。

土在冻结过程中，土中水分发生明显的迁移运动，造成水分重分布。这与未冻土水分的蒸发、下渗以及毛细作用等水分的运动是不同的。冻土中的水分主要是在负温和冰晶（如透晶体和冰夹层等）的综合作用下发生的，是一个十分复杂的物理、力学变化过程。冻结过程中温度的变化和压力的变化将决定水分运动的方向和水分迁移的强度。

冻土中的水分重分布现象，既具有不均匀性又具有沿深度分布的规律性。一般可分为两种体系：一是无外界水源补给的情况，冻结过程中只有土体内部的水分迁移而发生的水分重分布现象，通常称为封闭体系；二是有外界水源补给的情况，冻结时水分增加量主要由外来水迁移量而决定，通常称为开放体系。

对细粒土（黏性土和粉性土），在开放体系下，冻结过程中下卧未冻土层的水向冻结锋面迁移时，可以得到地下水源的不断补充。所以，冻结后在整个冻深范围内，土的含水率较冻结前有大幅度的增加，使土层冻胀量很大。在封闭体系中，由于缺乏地下水补给，冻结后含水率仅在上部土层中较冻前有显著增加，而下部土层含水率则减少。对不含粉、黏粒的粗砾石、砂等粗颗粒土，冻结过程一般不产生水分迁移现象，但粗粒土中含粉、黏颗粒时，有明显的水分迁移，随粉、黏粒增多，其性质逐渐接近黏性土，但当黏粒含量增加较多时，会使土层增加不透水性，阻碍水分的运动，其水分迁移数量又会减少。当粉土颗粒和开放条件组合时，发生强烈的水分迁移现象，造成上部土层局部聚集大量的冰透镜体，使土体含水率增大。

土基对冻胀的敏感程度可以用土壤的水力性质来阐明：①毛细作用：土壤由毛细力提升水分的能力；②渗透性：土壤通过它的孔隙输送水分的能力。这些水力性质对冰冻敏感性的关系可以从图4-28中看出。最严重的冻胀通常发生在受到毛细作用的细粒土壤中。含有高百分率粉土粒径颗粒的低塑性土壤对冰冻特别敏感。这些土壤的孔隙尺寸小到足以产生潜在毛细作用，又大到足以使水能通达冻结区域。粗颗粒土具有较高的流水速率，但是没有吸收足够形成冻胀的水分的能力。较黏的土壤，虽然能产生高度毛细作用但其透水性低，水分流动过慢，不会形成厚的冰夹层而导致危害。

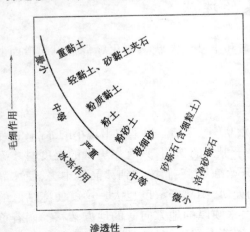

图4-28　土壤水力性质与冰冻作用的关系

二、土基易发生冻胀的条件

并非在季节性冰冻地区的机场道面都会出现冻害和翻浆现象。那么,在什么条件下才会出现呢? 土基在下列情况下易出现冻胀。

1. 土质条件

各类土的毛细特性和渗透性不同,在温度和湿度梯度下水分聚积的程度就不一样。粉土、粉砂土和极细砂,具有较高的毛细力提升水分,又有较强的通过孔隙输送水分的能力,是易于积聚水分造成土基冻胀和翻浆现象的几种土类,通常称冻胀土。砂性土具有较高的渗透性,但缺少吸收水分的能力;黏性土虽有高度的毛细吸升能力,但渗透性差,水分移动过慢。因而,砂性土和黏性土不会出现严重的水分积聚现象。

2. 水文条件

在地表排水困难或地下水位较高的地段,土基潮湿,为水分积聚提供充沛的水源。反之,水文条件好的地段,土基干燥,水分聚积量因水分不足而减少。

3. 气候条件

多雨的秋天,使冻前土基湿度大;温和与寒流反复交错的冬天,土基冻结缓慢,冻结线长时间徘徊在土基某一深度处,使水分有充足的时间向该处聚积,并形成冰夹层。初春或融期降雨,使得土基的水分来不及排出,这些气候因素都将加剧土基的冻害和翻浆现象。

4. 养护条件

养护不好会使表面积水,养护不及时会促成或加剧翻浆的现象。

三、土基处理原则

在冰冻地区建设机场时,为防止机场道面不均匀冻胀的危害,新建机场除按荷载要求进行道面设计外,应根据场区的土质、地下水位、毛细水的作用高度、气温及冻结深度等采取综合措施抑制冻胀,达到整体稳定。原则上,应根据冻结深度和原土层的含水率设置一定的防冻层厚度,作为机场道面的基层(垫层)。对机场道面而言:

(1)适当提高基层的刚度、增强基层的整体性。

(2)适当提高道面的高程,降低土基的湿度。这对于积极地防止冻胀都是有益的。在地势平坦的低洼潮湿地带,不应只按防冻层厚度要求设计道面结构。而应该结合排水设计适当抬高土基。

在冻深较浅的地区,即使原土层的含水率不大,也要求防冻层厚度超过或接近该地区的冻深。相反,在冻深较深的地区,土层在中等湿度以下时,由于聚冰及冻胀较小,冻深增大对冻胀的影响不大。所以,所需防冻层厚度较冻层较浅的地区为薄。

(3)做好排水。水是土基冻胀的基本条件。切断土基的水源补给是防止冻胀的重要手段。具体做法是设置完善的排水系统,加速表面水的排出,减少下渗;设置基层排水系统及时排除渗入之水;降低地下水位等。

四、冻土地区土基处理指标

根据调查有裂缝地段与无裂缝地段的冻胀高的数据,认为水泥混凝土道面的容许不均匀变形的坡度为 1.5‰~2‰，并根据机场道面的功能性、结构性，要求其变形应满足如下要求：

（1）允许的不均匀变形：0.1%。

（2）允许冻胀高：1.5~5cm。

其他道路的附属建筑，如涵洞、排水沟等应符合抗冻要求。

五、土基处理方法

机场道面的最基本冻害是道床不均匀冻胀引起的，造成道面不均匀隆起，使邻板错台、板面断裂。因此，其土基处理的方法是：要设置防冻层，防冻层通常采用碎石、砂砾石、二灰土等。

1.土基潮湿类型与防冻层设置

以含水率确定土基的计算湿度，根据湿度将土基潮湿类型划分为：干燥、中湿、潮湿、过湿四类。其物理特征是：干燥是以土粒分子水饱和量为指标，其含水率接近土基压实的最佳含水率；潮湿是以毛细水饱和量为指标，基本特征是冰冻线距地下水面的距离接近于该土的毛细水危险高度；中湿则介于干燥、潮湿之间；过湿则是冰冻线距地下水面的距离小于该类土的毛细水危险高度，接近含水率饱和。

地形的自然排水状况，对土层含水率的大小有着较大的影响。如机场的自然坡度好，雨水能及时排除，土中含水率就较小。而当场区地势平坦，地表排水缓慢，土中含水率就高，在土方施工中往往需翻晒处理后方能碾压。地形特征在作为防冻层设计的重要因素必须予以充分考虑，改善或加强排水设施以降低土基的湿度，从根本上减轻冻胀。

防冻层的厚度是根据冻胀的大小来确定的。而冻害又都是由不均匀冻胀造成的。如果在一定范围内土质是均匀的，则在此范围内冻胀也可能较为均匀，即使土层较为潮湿，冻胀值较大，对道面也不造成大的危害。

综上所述，可以看出，土中含水率（干燥、中湿、潮湿、过湿）的大小、地形特征（坡度大小）和土层的均匀程度，将直接影响到冻胀的大小及可能造成的破坏程度。因此，在作机场场道土基防冻层设计时必须给以综合分析计算，以减小或防止冻胀造成对机场道面的破坏。

2.防冻层厚度的推荐值

为了防止道面结构因土基的冻胀而出现隆起、道面板断裂等损坏现象，需要设置合理的结构层次和土基的高程，使土基的水温状况处于合理的状态，防止因土基的冻胀引起道面的损坏。道面结构的层次设置应使土基产生允许的胀高而不会使道面出现损坏。对于水泥混凝土道面，根据冻深确定允许的胀高，由 1.5cm 渐变至 5cm（表 4-17）。我国军用机场水泥混凝土道面防冻层厚度的推荐值（表 4-17）、道面结构的总厚度（包括面层、基层和垫层的厚度）应符合防冻层最小厚度要求（防冻层最小厚度要求可参见有关道面设计规范）。当结构层厚度小于防冻层最小厚度要求时，应增加层的厚度或层数。基层和垫层的材料必须符合抗冻要求。

对于沥青混凝土道面，由于沥青混凝土的自身允许变形比水泥混凝土道面大，土基的水温状况比水泥混凝土要好，其道面结构的防冻层厚度比水泥混凝土道面要小，具体要求见有关沥青道面设计规范。

最小防冻害层厚度 表 4-17

冻深(m)	0.6 以下	0.8	1.0	1.2	1.4	1.6	1.8	2.0 以上
允许冻胀高(mm)	15	20	25	30	35	40	45	50
最小冻害层厚度(m) 干燥	0.5~0.6	0.5~0.6	0.6	0.5	0.5	0.5	0.5	0.5
中湿	0.6~0.7	0.6~0.7	0.7~0.8	0.7~0.8	0.7~0.8	0.6~0.7	0.6	0.6
潮湿	0.7	0.8~0.9	0.8~0.9	0.8~1.0	0.8~1.0	0.8~1.0	0.8~1.0	0.8~1.0
过湿	0.7	0.9	1.1	1.3	1.4	1.5	1.5	1.6

3.防冻层的构造

防冻层的作用是控制冻胀及消除不均匀冻胀对道面板的破坏和影响,防冻层由水泥混凝土道面及基层(和垫层)两部分组成。研究防冻层构造实际就是研究基层构造。基层最好是选用非冻胀材料构筑。其结构可采用松散材料,也可采用板体结构(半刚性基层)。对采用松散材料做防冻层时,有以下两种构造形式:

(1)当防冻层不厚时,可全部用砂砾、碎石、炉渣等材料构筑,但采用炉渣做防冻层时,基层顶部应有石料封面层。

(2)当防冻层较厚,可采用底部设 15cm 厚砾石或碎石隔离层,中部以土回填,厚度不大于 60cm,顶部再作 15~20cm 砂砾或碎石基层。隔离层的作用是切断毛细水源,其上的回填土经过仔细碾压后,在冻结过程中可基本不产生水分再分布现象,从而几乎不产生冻胀。因此,隔离层上的填土层也能起非冻胀层的作用。

半刚性基层也是目前机场道面工程中较普遍采用的一种基层结构形式。半刚性基层可采用贫混凝土或石灰粉煤灰、粉煤灰水泥、石灰煤渣土等多种结构。其中,石灰粉煤灰、石灰煤渣等基本是非冻胀性材料,可以直接用作防冻层。为避免石灰、煤渣等材料混入水泥混凝土中,造成道面板与基层冻结在一起,须在半刚性基层顶面以石屑等松散材料做成封面层,减少对道面板的冻胀影响。

另外,当冻深较大(通常大于 150cm 时),防冻层下需保持 50cm 厚的均匀土层,减小防冻层结构厚度减小所带来的不均匀冻胀。因为道面结构设计中允许防冻层以下有一定的冻胀,因此,需对防冻层以下的土基的均匀性提出要求。土基土质冻胀性不均匀,即使道面结构厚度符合最小防冻厚度要求,也可能造成道面的冻害。例如三源浦机场,当地冻深 120~150cm,道面结构总厚度为 96cm,因为亚黏土的土基中有几处砂砾石,造成冻胀差异,使道面板仍产生 2cm 以上的错台。位于戈壁滩的武威、张掖等机场,由于道面下砂砾石层中有粉土沟、坑存在,强烈的冻胀差异导致道面严重错台。这些例子都说明除了要满足防冻层要求外,对土基表面一定深度的土层应有均匀性要求。这个均匀土层的厚度要求最小 50cm,因为在最不利条件下,垫层下土基中的聚冰带一般为 50cm 左右;其次是防冻层加上 50cm 厚均匀土层后,一般能达到或至少接近临界冻深。这个要求并不是要求该土层土质绝对相同,也不要求对 50cm 土基翻松拌匀碾压,而是指在防冻层下保持 50cm 厚冻胀性基本相同的土层。

4.隔离层

设置隔离层,隔断水源补给,保持土基上部处于稳定的湿度状态。机场道面中常用粗粒料隔离层,其厚度应大于毛细上升高度(表 4-18),但不宜小于 10cm,一般为 15~20cm。

几种砂砾石材料的最大毛细上升高度(h_k)　　　　　表 4-18

材 料 名 称	h_k(cm)
碎石或粒径为 5mm 的砾石	0
清洁的砾石砂,有效直径 $d \geq 0.20$mm,不均匀系数 $k = 3 \sim 6$	$5 \sim 10$
清洁的粗砂,$d = 0.14 \sim 0.17$mm,$k = 3 \sim 6$	$10 \sim 12$
清洁的中砂,$d = 0.14 \sim 0.17$mm,$k \geq 3$	$15 \sim 25$

思考题与习题

1. 简述统一土壤分类法的步骤。

2. 我国公路路基土的工程分类的依据是什么?

3. 简述土基的变形特性。

4. 土基强度有哪几种表示方法? 试比较其优缺点。

5. 为什么要进行气候分区,气候分区有何原则? 我国公路自然区划是如何分区的?

6. 土基干湿类型分为哪几种? 如何进行划分?

7. 某机场土基处于Ⅲ$_2$区,土质为粉性土,在不利季节地表有短期积水,积水深度为 40cm,积水期为 15 天,地下水位距地面 0.8m,道槽底距地面 0.5m,若按最不利情况进行设计,试判断土基干湿类型,并估计土基的平均稠度。

8. 哪些土类适于修筑道面下土基? 粉性土为何是最差的修筑土基材料? 遇到不良土质,工程上常采取哪些措施?

9. 简述土基压实的作用。试说明对道面下土基不同深度处的压实要求有所不同的理由。

10. 简述土基产生冻胀的机理、形成冻胀的条件及防止对策。

第五章 基层和垫层

第一节 基层和垫层的作用和分类

一、基层和垫层的作用

基层是道面结构的结构层,其功能视道面类型的不同而异。在刚性道面下修筑基层的主要作用如下。

1. 提高结构承载力

在道面结构中设置基层,当面层作用飞机荷载时,通过道面结构中的基层的扩散作用,使土基承受适当的应力。同时,使面层承受的荷载应力减小,提高了道面结构的承载力。

2. 防止土基体积变化

处于道面结构中最下层的土基是道面结构中受自然因素影响最大的结构层次。土基中的温度下降到零摄氏度以下,土基就会发生冻胀,导致土基体积膨胀;或者当为膨胀土时,其含水率的增大,也会引起土基体积的膨胀;或者当为盐渍土时,土中的盐分随着水分的迁移,也会引起土基体积的膨胀;等等。如果没有设置基层,土基的体积变化直接影响到面层,使面层隆起、断裂等损坏。在道面结构中设置基层,通过基层的调节作用可以减少土基体积变化对面层产生的影响,提高了道面结构的环境稳定性。

3. 排水

通过在道面结构中设置排水基层,可以减少道面表面水对土基的影响,能使土基的含水率处于合理的范围,防止土出现过湿状态。

4. 防止唧泥

处于板角的板边处的土基,易受表面降水的侵蚀,会使土基处于饱和状态。土基中的细料土会随水的侵入而析出呈现出液态。在飞机荷载作用下,道面板对土基产生冲击作用,使得细粒土沿着板缝上升,即出现唧泥现象。随着唧泥现象的深入发展,进而在板角和板边出现脱空,引起道面板的断裂。因此,在道面结构中设置基层,减少了表面水对土基的影响,缓解了飞机荷载对土基产生的冲击力,阻断了细粒土上升的通道,防止了唧泥的产生。

5. 抵御自然因素对土基的影响

自然因素对土基的影响主要是水和温度,即影响土基的水温状态。基层的设置,可以改善土基的水温状态,使土基不发生因水温状态的改变引起土基强度的下降,或者产生过大的变形等,提高了道面结构的环境稳定性。

6. 便于面层施工

基层的设置为各类施工机械提供了施工便道,也便于水泥混凝土施工时模板的支设,提高了施工速度,保证了施工质量。

为了提高结构承载能力,基层材料应该级配良好,并能抵抗荷载变形。而为了得到较大的变形抗力,往往需要用各种结合料来稳定基层。为了能够排水,基层材料应不含或少含细料,具有较好的水稳定性和抗冲刷能力。为抵抗冰冻作用而设计的基层应该是排水流畅和非冻胀的。为了防止唧泥,基层必须是排水流畅,能够抵抗重复荷载产生的变形。

在柔性道面下设置基层和垫层,一方面是增加道面结构的整体刚度和疲劳抗力,以提高其承载能力,这是基层的基本要求;另一方面,通过修筑基层和垫层,增加道面结构的总厚度,以提高抗自然因素对道面结构作用的能力。当然,对柔性道面来说,基层和垫层也应具有排水作用;抵御自然因素对道面结构,特别是对土基的影响等作用。

二、基层分类

坚实、稳固和耐久性好的基层,能够提高道面结构的整体强度,保证道面具有良好的通行条件,延长道面的使用寿命。机场道面的基层可按材料构成、修筑方式分为结合料稳定类整体型(也称半刚性型),粒料型(可分为粒料嵌锁型和粒料级配型)两大类。

1. 结合料稳定类整体型

结合料稳定类基(垫)层是按其结合料的类型进行分类。通常可分为以下几种:

(1)水泥稳定类

包括水泥稳定砂砾、水泥稳定土、水泥稳定砾(碎)石土、水泥稳定未筛分碎石等。

(2)石灰稳定类

包括石灰稳定土(石灰土)、石灰稳定天然砂砾土(石灰砂砾土)、石灰稳定天然碎石土(石灰碎石土)以及石灰土稳定级配砂砾和石灰土稳定级配碎石等。

(3)石灰工业废渣类

①石灰粉煤灰类。包括石灰粉煤灰(二灰)、石灰粉煤灰土(二灰土)、石灰粉煤灰砂(二灰砂)、石灰粉煤灰砂砾(二灰砂砾)、石灰粉煤灰碎石(二灰碎石)、石灰粉煤灰矿渣(二灰矿渣)等。

②石灰煤渣类。包括石灰煤渣、石灰煤渣土、石灰煤渣碎石、石灰煤渣砂砾、石灰煤渣矿渣、石灰煤渣砾石等。

(4)有机结合料稳定类基(垫)层

系采用液体沥青、乳化沥青、煤沥青或黏稠沥青同土料拌和均匀,经压实后形成的结构层,称为沥青稳定土(沥青土)基(垫)层。

2. 粒料嵌锁型

粒料嵌锁型基层是将块状或粒状石料按一定工艺要求铺筑成形的结构层。结构层内粒料之间靠嵌挤(锁结)作用形成整体强度。这类基层包括:

(1)级配碎石。包括干压碎石、水结碎石、泥结碎石和泥灰结碎石等。

(2)块(片)、卵石基层。

3. 粒料级配型

它是符合级配要求的粒料,按一定工艺要求铺筑成型的结构层。这类基层包括:

（1）级配碎石。

（2）级配砾石、符合级配要求的天然砂砾。

（3）用轧制砾石掺配而成的级配碎、砾石。

（4）土—集料混合料基层、垫层。

三、垫层分类

在土基处于下列状况时应设置垫层：

（1）地下水位高，排水不良，土基经常处于潮湿状态的地段。

（2）排水不良的挖方地段，有裂隙水、泉水等不良挖方地段。

（3）季节性冰冻地区可能产生冻胀的潮湿、过湿地段。

（4）基层可能受到污染的地段。

垫层的材料应具有一定的强度和较好的水稳性，在季节性冰冻地区尚需有较好的抗冻性。按垫层的作用可分为排水层、隔离层、防冻胀层和承托层。

（1）排水层。排除渗入基层和垫层中的水分，防止土基过湿而影响道面的整体强度。

（2）隔离层。隔离地下水对基层的影响，减少负温度下水分向道面结构内迁移。

（3）防冻胀层。在季节性冰冻地区，以垫层增加道面结构的总厚度，以满足道面防冻害最小厚度要求。

（4）承托层。用轻型材料铺筑在土基上，以承托上部结构的自重和机轮荷载，减轻道面结构的总质量。例如，在软基上铺筑泡沫塑料板，再修筑道面各结构层，以减轻对软基的压力，减少固结沉陷。

第二节 结合料稳定类基（垫）层

掺加各种结合料，通过物理、化学作用，可以使各种土或工业废渣的工程性质得到改善，成为具有较高强度和稳定性的结构层。稳定土不仅可以作为机场道面的各类基层，还可以做低等级机场道面的面层。常用的稳定土基层有石灰土、水泥土、沥青土三种。与松散颗粒相比，稳定土基层具有一定的抗拉强度和良好的稳定性。稳定土的方法很多，各类稳定土的方法见表5-1。对稳定土的含义理解有两种，有的强调外掺剂与土相互作用形成新的材料，着重其力学强度，习用加固土；有的着眼于发挥土自身固有的强度，先稳定再提高，强度与稳定并重，习用稳定土。

稳 定 土 方 法　　　　　　　　　　　　　　　　　　　表 5-1

稳定方法	使用的稳定材料	适宜稳定的土	稳定土的主要技术措施
压实		各类土	强度与稳定性略有提高
掺加粒料	对黏性土用砂、砾、碎石、炉渣等，对砂性土用黏性土	黏土、亚黏土或砂、砾料	强度与稳定性略有提高
盐溶液	氯化钙、氯化镁、氯化钠等	级配改善后的土	减少扬尘与磨耗
无机结合料	各类水泥、熟石灰与磨细生石灰、硅酸钠（水玻璃）	经级配改善或未改善的黏土类、亚黏土类、亚砂土类、粉土类	较高的强度、水稳性和一定程度上的抗冻性，不耐磨，整体性强

稳定方法	使用的稳定材料	适宜稳定的土	稳定土的主要技术措施
有机结合料	黏稠或液体沥青、煤沥青、乳化沥青、沥青膏浆等	经级配改善或未改善的亚黏土类、亚砂土类	不透水、一定的强度、水稳定性和抗冻性,拌和稍困难些
综合法	以石灰、水泥、沥青中的一种为主,掺入其他结合料	各类土	较高的强度与稳定性
工业废渣	炉渣、矿渣和粉煤灰	黏土、亚黏土、粉土类	较高的强度与稳定性
高分子聚合物及合成树脂		各类土	较高的强度与稳定性

一、无机结合料稳定类材料的力学特征

在粉碎的土中掺入一定量的无机结合料(包括水泥、石灰、工业废渣等),加水拌和,并摊铺平整、碾压密实,其强度和稳定性符合规定要求的材料称为无机结合料稳定类材料,以此修筑的基(垫)层称为无机结合料稳定类基(垫)层。

无机结合料稳定类材料具有稳定性好、抗冻性强、结构自成板体等特点,但由于其耐磨性差,因此被广泛用于修筑道面结构的基、垫层。

无机结合料稳定类材料在完工初期具有柔软的工作特征,随着时间的延长,其强度和刚度逐渐增高,板体性增加。结构成形后,其刚度介于柔性与刚性之间,故又称之为半刚性材料。表征半刚性材料力学强度的指标主要有抗拉、抗压强度和抗拉、抗压模量,抗弯拉强度和抗弯拉模量。

1. 抗压强度和抗压模量

(1)抗压强度

主要反映材料抵抗垂直荷载作用的能力。军用机场水泥混凝土道面半刚性材料的抗压强度要求见表 5-2,此抗压强度为无侧限抗压强度。一般在室内根据稳定材料的最大粒径制备,制作 $50\text{mm} \times 50\text{mm}$、$100\text{mm} \times 100\text{mm}$、$150\text{mm} \times 150\text{mm}$ 的圆柱体试件,经 7d 养护,并在试验前饱水浸泡 1d 后,在试验仪上进行抗压试验。试验时,应使试件的变形等速增加,并保持约 1mm/min 的速率,记录破坏时的压力,并计算出无侧限抗压强度(图 5-1)。

半刚性基层混合料强度要求　　　　表 5-2

基 层 类 型	7d 浸水无侧限抗压强度(MPa)			
	一级机场		二、三、四级机场	
	下基层	上基层	下基层	上基层
石灰稳定土	≥0.5	≥0.7	≥0.6	≥0.8
石灰粉煤灰稳定土	≥0.5	≥0.8	≥0.6	≥0.8
水泥稳定土	≥1.0	≥1.7	≥1.3	≥2.5

(2)抗压回弹模量

抗压回弹模量是沥青道面结构设计中的重要参数之一,可采用承载法和顶面法进行测定。

承载板法采用尺寸为 $d \times h = 150\text{mm} \times 150\text{mm}$ 的圆柱形试件,承载板直径 37.4mm。采用分别加载和卸载的试验方法,并分别记录各级荷载作用下的回弹变形,按下式计算半刚性材料

的回弹模量：

$$E = \frac{\pi p D}{4l}(1 - \mu^2) \qquad (5\text{-}1)$$

式中:p——单位压力（MPa）；

　　D——承载板直径（mm）；

　　l——相应于单位压力 p 的回弹变形（mm）；

　　μ——材料的泊松比,可取 0.25。

　　顶面法是利用量测变形装置在路面强度试验仪上进行,试件尺寸为 $d \times h = 100mm \times 100mm$ 或 $150mm \times 150mm$ 的圆柱体。采用分级加、卸载的试验方法,分别记录每级荷载加载时的变形量,按下式计算材料的抗压回弹模量：

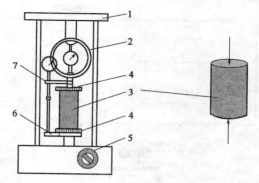

图 5-1　无侧限抗压强度试验示意图
1-轴向加荷架;2-轴向测力计;3-试样;4-上、下传压板;
5-手轮;6-升降板;7-轴向位移计

$$E = \frac{ph}{l} \qquad (5\text{-}2)$$

式中:p——单位压力（MPa）；

　　h——试件高度（mm）；

　　l——加载时变形量读数减去卸载后变形量读数（mm）。

　　半刚性材料的抗压回弹模量见表 5-3。

基层材料设计参数　　　　　　　　　　　　　　　　　　　　　　　　表 5-3

材 料 名 称	配合比或规格要求	抗压回弹模量 E（MPa）	劈裂强度 σ（MPa）	备　注
二灰砂砾	7：13：80	1300 ~ 1700	0.6 ~ 0.8	
二灰碎石	8：17：75	1300 ~ 1700	0.5 ~ 0.8	
水泥砂砾	5% ~ 6%	1300 ~ 1700	0.4 ~ 0.6	
水泥碎石	5% ~ 6%	1300 ~ 1700	0.4 ~ 0.6	
石灰水泥粉煤灰砂砾	6：3：16：75	1200 ~ 1600	0.4 ~ 0.6	
石灰水泥碎石	5：3：92	1000 ~ 1400	0.35 ~ 0.5	
石灰土碎石	粒料占 60% 以上	700 ~ 1100	0.3 ~ 0.4	
碎石灰土	粒料占 40% ~ 50%	600 ~ 900	0.25 ~ 0.35	
水泥石灰砂砾土	4：3：25：68	800 ~ 1200	0.3 ~ 0.4	
二灰土	10：30：60	600 ~ 900	0.2 ~ 0.3	
石灰土	8% ~ 12%	400 ~ 700	0.2 ~ 0.25	
石灰土	4% ~ 7%	200 ~ 350	—	处理土基用
级配碎石	符合级配要求	300 ~ 350	—	做上基层用
		250 ~ 300	—	做基层用
		200 ~ 250	—	做底基层用
填隙碎石	填隙密实	200 ~ 220	—	做底基层用

续上表

材料名称	配合比或规格要求	抗压回弹模量 E（MPa）	劈裂强度 σ（MPa）	备注
未筛分碎石	具有一定级配符合规范要求	180~220	—	做底基层用
天然砂砾		150~200	—	
中、粗砂		80~100	—	做垫层用

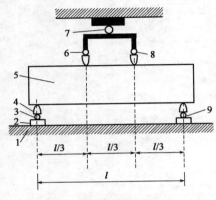

图 5-2　弯拉强度试验示意图

1-机台;2-活动支座;3、9-两个钢球;4-活动船形垫块;5-试件;6~8-钢球

2. 抗弯拉强度

半刚性材料是一种整体性材料,它具有一定的抗弯拉强度。在沥青道面结构中,基层在荷载作用下会产生较大的拉应力,而材料的抗弯拉强度不足会导致基层材料出现断裂。采用简支小梁试验(图5-2)进行评定,弯拉强度采用下式计算:

$$\sigma_{\mathrm{f}} = \frac{Pl}{bh^2} \tag{5-3}$$

式中:σ_{f}——弯拉强度(MPa);

P——破坏时的荷载(MN);

l——试验时,梁支点的间距(m);

b、h——试件的宽度和高度(m)。

抗弯拉弹性模量反映了材料的抗弯刚度,由下式计算:

$$E_{\mathrm{s}} = \frac{\sigma_{\mathrm{s}}}{\varepsilon_{\mathrm{s}}} \tag{5-4}$$

式中:E_{s}——材料的抗弯拉回弹模量(MPa);

σ_{s}——材料受荷时的弯拉应力(MPa);

ε_{s}——与 σ_{s} 对应的弯拉回弹应变。

3. 劈裂强度

在进行道面(特别是沥青混凝土道面)设计时,不仅要求材料的抗压回弹模量,还要求材料的抗拉强度或间接抗拉强度(劈裂强度)。

劈裂试验在试验室进行,采用直径和高度为 50mm × 50mm、100mm × 100mm、150mm × 150mm 的试件。在压力机上进行劈裂试验,施荷时应使试件的变形保持等速增加,并保持为 1mm/min 的速率。记录试件破坏时的最大荷载,按下式计算劈裂强度:

$$R = \frac{2P}{\pi dh} \tag{5-5}$$

式中:R——劈裂强度(MPa);

P——破坏时的荷载(MN);

d、h——试件的直径和高度(m)。

半刚性材料的设计参数见表5-3。

4. 疲劳强度

材料承受重复应力作用时,会在低于静载一次作用下的极限应力值时出现破坏,材料强度的这种降低现象称为疲劳。疲劳的出现,是由于内部存在着局部缺陷或不均质,在荷载作用下该处发生应力集中而出现微裂缝;应力的重复作用使微裂缝逐渐扩展,从而使承受应力的有效面积不断地减少,终于在反复作用一定次数后导致破坏。这种破坏现象称为疲劳破坏,破坏时重复应力的大小称为疲劳强度,而此时的应力作用次数即为疲劳寿命。无机结合料稳定材料的疲劳寿命主要取决于应力与极限应力之比。在一定的应力条件下,材料的疲劳寿命取决于材料的强度和刚度。强度越大刚度越小,其疲劳寿命就越长。

水泥稳定砂砾、二灰稳定砂砾按劈裂疲劳试验获得的疲劳寿命与应力比之间存在良好的双对数关系。

将 10 种半刚性材料的 21 个疲劳方程按二灰稳定粒料类、水泥稳定粒料类、稳定土类分别进行整理,统计回归得如下疲劳方程:

二灰稳定粒料类

$$\lg N_f = 1.741 - 15.786 \lg\left(\frac{\sigma}{s}\right) \tag{5-6}$$

水泥稳定粒料类

$$\lg N_f = 1.921 - 14.344 \lg\left(\frac{\sigma}{s}\right) \tag{5-7}$$

稳定土类

$$\lg N_f = 1.546 - 12.6 \lg\left(\frac{\sigma}{s}\right) \tag{5-8}$$

式中: N_f ——重复应力作用次数;

σ ——重复应力;

s ——材料的极限劈裂强度。

5. 无机结合料稳定材料的干缩特性

无机结合料稳定材料经拌和压实后,由于水分挥发和混合料内部的水化作用,混合料的水分会不断减少。由此发生的毛细管作用、吸附作用、分子间的作用、材料矿物晶体或凝胶体间层间水的作用和碳化收缩作用等会引起无机结合料稳定材料体积收缩。

描述无机结合料稳定材料的干缩特性的主要指标是最大干缩应变、干缩量、失水量、失水率和平均干缩系数。

干缩应变(ε_d)是水分损失引起的试件单位长度的收缩量($\times 10^{-6}$)。

干缩系数是某失水量时,试件单位失水率的干缩应变($\times 10^{-6}$)。

平均干缩系数(α_d)是某失水量时,试件的干缩应变与试件的失水率之比($\times 10^{-6}$)。

失水量是试件失去水分的质量(g)。

失水率是试件单位质量的失水量(%)。

干缩量是水分损失时,试件的收缩量(10^{-3} mm)。

$$\varepsilon_d = \frac{\Delta l}{l} \tag{5-9}$$

$$\alpha_{\mathrm{d}} = \frac{\varepsilon_{\mathrm{d}}}{\Delta w} \tag{5-10}$$

式中：Δl——含水率损失 Δw 时，试件的整体收缩量；

　　　l——试件的长度。

无机结合料稳定材料的干缩性(最大干缩应变和平均干缩系数)的大小，与结合料的类型、剂量、被稳定材料的类别、粒料含量、小于 0.6mm 的细料颗粒的含量、试件含水率和龄期等因素有关。表 5-4 给出部分材料的干缩系数。

半刚性材料的干缩系数和温缩系数　　　　　　　　　表 5-4

材 料 名 称	干缩系数（$\times 10^{-6}$）		温缩系数（$\times 10^{-6}$）	
	1/2 最大失水量	最大失水量	$-5℃$	$-15℃$
石灰土	$680 \sim 930$	$420 \sim 484$	$25.6 \sim 35.7$	$63.5 \sim 78.7$
二灰土	$19 \sim 104$	$84 \sim 172$	$7.3 \sim 15.4$	$29.5 \sim 50.6$
水泥土	$368 \sim 545$	$304 \sim 384$	$7.9 \sim 17.9$	$31.2 \sim 36.4$
石灰土粒料		$104 \sim 122$		16.7
二灰粒料（悬浮式）	23	109	7.7	16
二灰粒料（密实式）	$13.5 \sim 15.5$	$55 \sim 65$	4.2	12
水泥粒料	$5.3 \sim 8$	$41 \sim 83$	$7.0 \sim 12$	$10 \sim 16$

对于稳定粒料类，干缩特性的大小次序为：石灰稳定类大于水泥稳定类，水泥稳定类大于石灰粉煤灰稳定类。

对于稳定细粒土，干缩特性的大小次序为：石灰土大于水泥土和水泥石灰土，水泥土和水泥石灰土大于石灰粉煤灰土。

6. 无机结合料稳定材料的温度收缩特性

无机结合料稳定材料是由固相(组成其空间骨架的原材料的颗粒和其间的胶结物)、液相(存在于固相表面与空隙中的水和水溶液)和气相(存在于空隙中的气体)组成。所以无机结合料稳定材料的外观胀缩性是三相不同温度收缩性综合效应的反映的结果。一般情况下，气相大部分与大气贯通，在综合效应中影响最小，可以忽略不计。原材料中，砂粒以上颗粒的温度收缩系数较小，粉粒以下颗粒的温度收缩性较大。

无机结合料稳定材料温度收缩的大小与结合料的类别、剂量及被稳定材料的类别、粒料含量、龄期等因素有关。

试验表明，半刚性材料的温缩系数：石灰砂砾 > 悬浮式石灰粉煤灰粒料 > 密实型石灰粉煤灰粒料。表 5-4 给出部分材料的温缩系数。

水泥稳定砂砾石的收缩性随水泥剂量的增加而增大，当水泥剂量为 5% ~ 7% 时，其线收缩系数为 $10 \times 10^{-6} \sim 15 \times 10^{-6}$。

无机结合料稳定材料一般在气温较高时修建。成型初期内部含水率较高，且未被面层封闭。由于基层内部水分的蒸发，从而产生了由表及里的干燥收缩。同时，环境温度也存在着昼夜的差异。因此，修建初期的无机结合料稳定材料同时受到干燥收缩和温度收缩的综合作用，如不注意养生保护，易形成早期裂缝。

经过一段龄期的养生，无机结合料稳定材料基层上铺筑面层后，基层内部相对湿度略有增大,使材料的含水率趋于平衡,这时,无机结合料稳定材料的变形以温度收缩为主。

二、石灰稳定类基(垫)层

将土粉碎并掺入一定量的消解石灰或生石灰,拌和均匀,在最佳含水率时压实后即形成石灰稳定土基层或垫层。土中掺入石灰,可以改变土的结构和颗粒组成,减少土的塑性,降低吸水量和膨胀量,增加土体的强度和耐久性;并且,石灰土的强度随着时间的增长而发展。因此,工程上常用石灰处理湿软地基,改善其工程性质或稳定各种土,以提高其强度。

1. 石灰土强度形成原理

掺入湿土中的石灰与土发生一系列化学、物理反应,从而使土的性质发生根本的改变。这种反应主要有胶体反应和胶凝反应两类;另外还有结晶作用和碳酸化作用。

(1)胶体反应

胶体反应是在石灰和土接触后迅即发生的。在土中加入石灰和水后,石灰在溶液中电离出的游离钙离子(Ca^{2+})同黏土矿物吸附综合体中的钠(Na^+)、氢离子(H^+)发生离子交换,从而减少了土颗粒表面吸附水膜厚度,使土颗粒相互之间更为接近,分子引力随着增大,促使土粒凝聚。这类反应也称为离子交换作用。

(2)胶凝反应

这一反应过程时间较长。石灰在碱性的环境下和土中的黏土矿物及形成胶体的二氧化硅(SiO_2)及氧化铝(Al_2O_3)产生化学反应,生成硅酸石灰水化物($CaO\text{-}SiO_2\text{-}H_2O$ 系化合物)及铝酸石灰水化物($CaO\text{-}Al_2O_3\text{-}H_2O$ 系化合物)。这些胶凝物质在土微粒团外形成一层稳定保护膜,填充颗粒空隙,使颗粒间产生结合,减少了颗粒间的空隙与透水性,同时,提高密实度。这类反应也称为硬化反应,是石灰土获得强度和水稳定性的基本原因。

(3)结晶作用

在石灰土中只有一部分熟石灰 $Ca(OH)_2$ 进行胶凝反应,绝大部分的 $Ca(OH)_2$ 自行结晶。熟石灰与水作用生成熟石灰结晶网格,其化学反应式为:

$$Ca(OH)_2 + nH_2O \rightarrow Ca(OH)_2 \cdot nH_2O$$

(4)碳酸化作用

当石灰土中的氢氧化钙溶液逐渐干燥而过饱和时,形成氢氧化钙结晶。氢氧化钙及其结晶在二氧化碳介质中缓慢地发生碳化结晶过程,形成碳酸钙,能增加石灰土强度。但在土中这种反应需要较长的时间。

石灰土具有明显的结构性,其黏结力可分为结构性黏结力与非结构性黏结力两部分。结构性黏结力主要取决于石灰土硬化作用的程度,它随时间而增长,半年龄期可达 0.2 ~ 0.35MPa,它使石灰土具有弹性、板体作用和较高的强度,但随着结构破坏而消失。非结构性黏结力在结构破坏时(冰冻或机械磨细等)依然存在,为 0.05 ~ 0.1MPa。离子交换作用还使石灰土具有稳定的内摩阻角,为 35° ~ 45°。由于存在非结构性黏结力与稳定的内摩擦角,保证了石灰土具有一定的水稳定性。

2. 影响石灰土强度的因素

石灰土强度取决于土质、灰质、石灰剂量、含水率、密实度、时间、温度、环境湿度与荷载等因素。

（1）土质

土的塑性指数宜为 15 ~ 20。塑性指数在 10 以下的砂类土用石灰稳定时,应适当添加黏质土。塑性指数偏大的黏质土,应加强粉碎,粉碎后土块的最大尺寸不应大于 15mm。对硫酸盐类含量超过 0.8% 或腐殖质含量超过 10% 的土,对强度有显著影响,不宜直接采用。

级配碎石、未筛分碎石、砂砾、碎石土、砂砾土、煤矸石及粒状矿渣均可用做石灰稳定土材料。石灰稳定土中碎石、砂砾或其他粒状材料的含量应在 70% 以上,并应具有一定级配。用做底基层的石灰稳定土,颗粒最大粒径不应超过 37.5mm。石灰稳定土中碎石或砾石的压碎值应不大于 35%。用石灰稳定不含黏性土或无塑性指数的级配砂砾、级配碎石、未筛分碎石时,应添加 15% 左右的黏性土。

（2）灰质

石灰应采用消石灰粉或生石灰粉。石灰土的强度随着石灰中有效钙与氧化镁的含量增多而提高。因此,石灰的分级主要取决于有效钙加氧化镁的含量（表 5-5）。对方解石生石灰（CaO）、白云石生石灰（CaO + MgO）、方解石消石灰 [Ca(OH)$_2$]、白云石二氢氧消石灰 [Ca(OH)$_2$ + Mg(OH)$_2$] 等稳定土的研究表明,以白云石二氢氧消石灰效果最佳。由于生石灰的吸水放热反应,能够保证石灰与土中胶粒更好地相互作用,获得较多的胶状氢氧化钙,其稳定效果优于消石灰,尤以稳定过湿土效果更为显著。

石灰质量标准 表 5-5

项目 \ 类别与指标	钙质生石灰			镁质生石灰			钙质消石灰			镁质消石灰		
	等级											
	I	Ⅱ	Ⅲ	I	Ⅱ	Ⅲ	I	Ⅱ	Ⅲ	I	Ⅱ	Ⅲ
有效钙加氧化镁含量,不小于(%)	85	80	70	80	75	65	65	60	55	60	55	50
未消化残渣含量(5mm 圆孔筛的筛余),不大于(%)	7	11	17	10	14	20						
含水率不大于(%)							4	4	4	4	4	4
细度 0.71mm 方孔筛的筛余,不大于(%)							0	1	1	0	1	1
细度 0.125mm 方孔筛的筛余,不大于(%)							13	20		13	20	
钙镁石灰的分类界限,氧化镁含量(%)	≤5			>5			≤4			>4		

注:硅、铝、铁氧化物含量之和大于 5% 的生石灰,有效钙加氧化镁含量指标,I 级≥75%、Ⅱ 级≥70%、Ⅲ 级≥60%;未消化残渣含量指标与镁质生石灰指标相同。

（3）石灰剂量

石灰剂量对石灰土强度影响显著,剂量小于 3% ~ 4%,石灰对土主要起稳定作用。随着剂量的增加,石灰土的强度、水稳性、耐冻性显著提高,石灰主要起加固作用。超过一定剂量后,石灰土的强度反而有所下降。石灰土中的剂量范围见表 5-6。剂量的确定应根据结构层技术要求进行混合料配合比设计。

（4）含水率与密实度

水分是石灰土的一个组成部分,它促使石灰土发生物理化学变化,形成强度;便于土的粉碎、拌和与压实,并且有利于养生。最适宜含水率应考虑以下几个方面:

不同土及粒料石灰剂量(%)   表 5-6

层　　次	土及粒料种类		
	砂砾土和碎石土	砂性土	粉性土和黏性土
基层	3 ~ 7	10 ~ 16	6 ~ 14
垫层		7 ~ 11	5 ~ 9

注:1.工地实际采用的石灰剂量,应较室内试验确定的剂量增加 0.5% ~ 1.0%。

　　2.石灰剂量为全部干土及粒料质量的百分率。

　　3.塑性指数小于 12 的土,不宜单用石灰稳定。

①施工时要达到的最佳含水率,以保证压实到最大密实度。

②石灰硬化需要适宜水分。

③石灰土中水分过多会造成日后的干缩裂缝。

④石灰土中水分超过起冻含水率时,在负温下便能结冰,在有水分补给的条件下就能聚冰,产生冻胀,使石灰土的结构遭到破坏。

石灰土的掺入使土的最佳含水率增加,最大密实度降低,如图 5-3 所示。这主要是由于土颗粒的凝聚及土中的水分有一部分消耗于石灰水化,因而不能减少土颗粒间的摩阻力。由此可推知,石灰同土拌和间隔一段时间再压实,将使土的塑性变化较多,对压实不利。

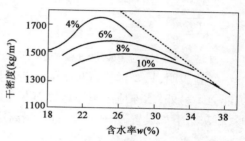

图 5-3　石灰土的压实曲线(曲线上数值为石灰的剂量)

(5)密实度

石灰土的强度随着密实度的增加而增长。因此,提高石灰土的压实度,有显著的技术、经济效果。实践证明,石灰土的密实度每增减 1%,强度约增减 4%。压实不足不仅导致承载能力降低,而且使石灰土抗冻性、水稳性下降,收缩裂缝增多。

(6)龄期

一般石灰土初期强度较低,前期(1 ~ 2 个月)增长速率较后期为快,并随时间而增长,渐趋稳定。石灰土强度与龄期的关系可表示为:

$$R_t = R_1 t^{\beta} \tag{5-11}$$

式中:R_1——一个月龄期的抗压强度;

　　R_t——t 个月龄期的抗压强度;

　　β——系数,取为 0.1 ~ 0.5。

石灰土强度随时间而增长,说明石灰与土相互作用缓慢。所以,施工程序的衔接允许有相当幅度的灵活,这是优点;但为防止冰冻作用,又要求有足够的冻前龄期,故对工期应提出要求。

(7)温度、湿度条件

在湿度适宜的条件下,温度越高,强度形成越快。在负温下,石灰土强度基本停止发展。因此,要求施工期的最低温度应在 5℃ 以上,并在第一次重冰冻(-5 ~ -3℃)到来之前一个月或一个半月完成。

如石灰土在空气中养生,任其水分蒸发,结果导致石灰土干缩,引起开裂。大量试验表明,在密封湿气中养生,石灰土强度高于在空气中养生的强度。对石灰土要强调进行保湿养生。

3.石灰土基层强度的稳定性

在季节性冰冻地区,石灰土强度通常是锯齿形增长。石灰土成形后,其强度在冰冻前不断增长,经过寒冷的冬季,冰冻引起部分石灰土结构破坏,石灰土基层在春融季节强度有所降低,而至夏季强度又继续上升。随着石灰土强度的不断增长,每年在春融季节强度下降的幅度逐步减少。因此,石灰土强度呈锯齿形增长(图5-4)。锯齿变化与发展总趋势则随影响冰冻作用的当地气候、供水等条件,以及影响石灰土强度的土质、石灰剂量、冻前龄期等因素而变动。当冰冻作用较轻或冻前龄期较长时,锯齿幅度小,增长总趋势明显,各春融期强度有所增长;当冰冻作用较重时,锯齿幅度稍大,增长总趋势缓慢,各春融期强度略有增长。

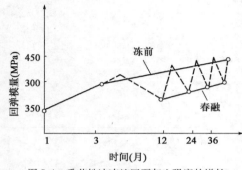

图5-4 季节性冰冻地区石灰土强度的增长

经验表明,只要延长石灰土的冻前龄期,并加速石灰土强度的形成,都能提高石灰土的抗冻能力。另外,冰冻地区干燥地段石灰土的强度随时间增长基本上不受冰冻的影响,在过湿地段,石灰土下如设置砂、砾(碎)石等隔离层时,石灰土强度增长就很少受冰冻的影响。

4.石灰土基层的特点及强度要求

石灰土基层可用于刚性道面和柔性道面的基层。在冰冻地区的潮湿地段以及其他地区有过分潮湿地段,不宜采用石灰土做基层。石灰土主要有以下特点:

(1)建筑生产的经济性。石灰土较水泥土、沥青土更具有施工简便、造价低廉,同时石灰生产简易,来源丰富,可就地供应等特点。

(2)使用范围的广泛性。适用于各类气候和各种土壤。既可作面层,又可作基层和垫层。

(3)施工技术与施工组织上的灵活性。石灰土施工技术比较简单,设备也不复杂,易于不同程度的机械化。

(4)石灰土结构的整体性与稳定性。石灰土具有较好的力学强度、水稳定性和一定的抗冻性。与砂石基层相比,石灰土基层结构整体性强,在抵抗不均匀冻胀与不均匀沉陷方面有显著特点。

用于机场水泥混凝土道面基(垫)层的石灰土,其7d无侧限抗压强度应符合表5-2和表5-7的技术要求。

基层材料设计要求(民用机场) 表5-7

层　　次	飞行区指标Ⅱ	基 层 类 型	7d浸水无侧限抗压强度(MPa)
上基层	A、B、C、D	水泥稳定粒料	≥3.0
		石灰粉煤灰稳定粒料	≥0.8
	E、F	水泥稳定粒料	≥4.0
		碾压混凝土	≥15.0

层　　次	飞行区指标Ⅱ	基　层　类　型	7d浸水无侧限抗压强度（MPa）
上基层	E、F	贫混凝土	≥10.0
		沥青混凝土	—
		沥青碎石	—
下基层	C、D	水泥稳定粒料	≥2.0
		石灰粉煤灰稳定粒料	≥0.6
		石灰碎石土	≥0.6
	E、F	水泥稳定粒料	≥2.5
		石灰粉煤灰稳定粒料	≥0.8

对于军用机场柔性道面,石灰稳定土可用于二、三、四级机场道面的底基层或一级机场道面的基层和底基层,其7d无侧限抗压强度,对于用于二、三、四级需大于0.8MPa;一级机场道面的底基层为0.5~0.7MPa。

三、水泥稳定类基（垫）层

将土（包括各种粗、中、细粒土）粉碎,掺入适量的水泥和水,使拌和均匀的混合料在最佳含水率时压实,经养护成形便成为水泥稳定基（垫）层。当用水泥稳定细粒土（砂性土、粉性土或黏性土）时,简称水泥土。

水泥稳定土适应各种不同的气候与水文地质条件,对绝大多数的土（含有机质较多和高塑性土除外）,用水泥稳定都能显著地改善其物理力学特性,获得良好的整体性、足够的力学强度、水稳性和耐冻性。所以,水泥稳定土的应用范围很广。水泥稳定粒料类可作为水泥混凝土和沥青混凝土道面的基层。水泥土（即水泥稳定细粒土）只能作为机场道面的底基层。

1. 强度形成原理

在水泥加入土后,水泥、土和水之间发生了多种复杂的作用,从而使土的性能发生明显的变化。其主要作用如下:

（1）水泥的水化作用

在水泥稳定土中,首先发生的是水泥自身的水化反应,从而产生出具有胶结能力的水化产物（如硅酸三钙、硅酸二钙、铝酸三钙和铁铝酸四钙等）,这是水泥稳定土强度的主要来源。水泥水化生成物,在土的孔隙中相互交织搭接,将土颗粒包覆连接起来,使土逐渐丧失原有的塑性等性质,并且随着水化产物的增加,混合料也渐坚固起来。在水泥稳定土中,水泥的水化硬化条件较混凝土中差得多;特别是由于黏土矿物对水化产物中的 $Ca(OH)_2$ 具有极强的吸附和吸收作用,使溶液中的碱度降低,从而影响水泥水化产物的稳定性;水化硅酸钙中的 C/S 会逐渐降低,析出 $Ca(OH)_2$,从而使水化产物的结构和性能发生变化,进而影响到混合料的性能。因此,在选用水泥时,在其他条件相同时,应优先选用硅酸盐水泥,必要时还应对水泥稳定土进行"补钙",以提高混合料的碱度。

（2）离子交换作用

土中的黏土颗粒由于颗粒细小,比表面积大,具有较高的活性。当黏土颗粒与水接触时,黏土颗粒表面通常带有一定量的负电荷,在黏土颗粒周围形成一个电场,这层带负电荷的离子称为电位离子。带负电的黏土颗粒表面,进而吸收周围溶液中的正离子,如 K^+、Na^+ 等,而在颗粒表面形成了一个双电层结构,这些与电位离子相反的离子称为反离子。在双电层中,电位离子形成内层,反离子形成外层。靠近颗粒的反离子与颗粒表面结合较紧密。当黏土颗粒运动时,结合较紧密的反离子将随颗粒一起运动,而其他反离子将不产生运动,由此在运动与不运动的反离子之间便出现了一个滑移面。

在硅酸盐水泥中,硅酸三钙和硅酸二钙占主要成分,其水化后所生成的氢氧化钙所占的比例也较高,可达水化产物的 25% 。大量的氢氧化钙溶于水以后,在土中形成一个富含 Ca^{2+} 的碱性溶液环境。当溶液中富含 Ca^{2+} 时,由于 Ca^{2+} 的电价高于 K^+、Na^+ 等离子,因此,与电位离子的吸引力较强,从而取代了 K^+、Na^+,成为反离子;同时,Ca^{2+} 也使双电层电位降低速度加快。因而使电动电位减少、双电层的厚度降低,使黏性土颗粒之间的距离减少,相互靠拢,导致土的凝聚,从而改变土的塑性,使具有一定的强度和稳定性,这种作用就称为离子交换作用。

(3)硬凝反应

钙离子的存在不仅影响黏土颗粒表面双电层的结构,而且在这种碱性溶液环境下,土本身的化学性质也将发生变化。

随着水化反应的深入,溶液中析出大量的 Ca^{2+}。当 Ca^{2+} 数量超过离子交换所需的数量后,则在碱性环境中与黏土中的 SiO_2 和 Al_2O_3 发生化学反应,生成新的矿物。这些矿物主要是硅酸钙和铝酸钙系列,如 $4CaO \cdot 5SiO_5 \cdot 5H_2O$、$4CaO \cdot Al_2O_3 \cdot 9H_2O$、$3CaO \cdot Al_2O_3 \cdot 16H_2O$、$CaO \cdot Al_2O_3 \cdot 10H_2O$ 等。这些矿物的组成和结构与水泥的水化产物都有很多类似之处,并且同样具有胶凝能力,生成的这些胶结物质包裹着黏土颗粒表面,与水泥的水化产物一起,将黏土颗粒结成一个整体。硬凝反应进一步提高了水泥稳定土的强度和水稳性。

(4)碳酸化作用

水泥水化生产的 $Ca(OH)_2$,除了可与黏土矿物发生化学反应外,还可以进一步与空气中的 CO_2 发生碳化反应并生成碳酸钙($CaCO_3$)晶体。碳酸钙生成过程中产生体积膨胀,也可以对土的基体起到填充和加固作用,只是这种作用相对来讲比较弱,并且反应过程缓慢。

综上所述,水泥稳定土的强度是水泥石的骨架作用与 $Ca(OH)_2$ 的物理化学反应共同作用的结果,$Ca(OH)_2$ 的物理化学反应形成稳定的团粒结构,而水泥石则将这些团粒包裹,并连接成坚实的整体。

2.影响水泥稳定土强度的因素

(1)土质

土的类别和性质是影响水泥稳定土强度的重要因素之一。除有机质或硫酸盐含量较高的土以外,各种砂砾土、砂土、粉土和黏土均可用水泥稳定。试验和生产证明,用水泥稳定级配良好的碎(砾)石和砂砾,效果最好,不但强度高,而且水泥用量少;其次是砂性土;再次之是粉性土和黏性土,重黏土难于粉碎和拌和,不宜单独用水泥来稳定。因此,一般要求土的塑性指数不大于17。

(2)水泥的成分和剂量

各种类型的水泥都可以用于稳定土。但试验研究证明,水泥的矿物成分和分散度对其稳定的效果有明显影响。对于同一种土,通常情况下,硅酸盐水泥的稳定效果好,而铝酸盐水泥较差。在水泥硬化条件下,矿物成分相同时,随着水泥的分散度的增加,其活性程度和硬化能力也有所增大,从而水泥稳定土的强度也大大提高。水泥稳定土的强度随着水泥剂量的增加而增大,但过多的水泥用量,虽然可提高水泥稳定土的强度,但会增加造价,且容易引起水泥稳定土的开裂。通常可参照表5-8选取水泥剂量。

水泥稳定土的水泥剂量 表 5-8

层 次	粒 料	砂 土	其他细粒土
基层	3~7	6~12	8~16
垫层	2~6	4~8	6~12

水泥稳定土的施工与石灰稳定土相似。由于水泥稳定土的凝固与强度形成时间较短,要求各工序衔接紧凑,拌和好的混合料必须及时摊铺碾压。水泥稳定土的混合料从拌和到碾压终了的时间,应控制在3~4h。碾压质量应符合规范要求,碾压终了应保湿养生。

（3）含水率

含水率对水泥稳定土强度影响很大。当含水率不足时,水泥不能在混合料中完全水化和水解,发挥不了水泥对土的稳定作用,影响强度形成。同时,含水率小,达不到最佳含水率,影响水泥稳定土的压实度。因此,使含水率达到最佳含水率的同时,也要满足水泥完全水化和水解作用的需要。水泥正常水化所需的水量约为水泥重量的20%,对于砂土,完全水化达到最高强度的含水率较最佳含水率为小;而黏性土则相反。

3. 强度要求

水泥混凝土道面的水泥稳定粒料层的7d无侧限抗压强度应符合表5-2和表5-7。沥青道面的水泥稳定粒料层的7d无侧限抗压强度应符合表5-9要求。

沥青道面的水泥稳定土基层强度要求 表 5-9

层 次	7d 无侧限抗压强度（MPa）			
	军用机场		民用机场	
	二、三、四级	一级	A、B	C、D、E、F
上基层	3~4	2~3	3.0~4.0	3.5~4.5
下基层	≥2.0	≥1.5	≥2.0	≥2.5

水泥稳定土用作下基层时,集料颗粒组成应在表5-10所列1号或2号级配范围内,集料的均匀系数应大于5;水泥稳定土用作上基层时,集料颗粒组成应在表5-10所列2号或3号级配范围内。

集料颗粒组成要求 表 5-10

通过质量百分率(%) 编号 项目		1	2	3
筛孔尺寸[②]（mm）	37.5	100	100	—
	31.5	—	90~100	100

续上表

通过质量百分率(%) \ 编号 \ 项目		1	2	3
筛孔尺寸② （mm）	26.5	—	—	90 ~ 100
	19	—	67 ~ 90	72 ~ 89
	9.5	—	45 ~ 68	47 ~ 67
	4.75	50 ~ 100	29 ~ 50	29 ~ 49
	2.36	—	18 ~ 38	17 ~ 35
	0.6	17 ~ 100	8 ~ 22	8 ~ 22
	0.075	0 ~ 30	0 ~ 7①	0 ~ 7①
液限(%)		—	—	<28
塑性指数		—	—	<9

注：①集料中 0.5mm 以下细粒土有塑性指数时，小于 0.075mm 的颗粒含量不应超过 5%；细粒土无塑性指数时，小于
　　0.075mm 的颗粒含量不应超过 7%。
　　②指方孔筛(后同)。如为圆孔筛，可按方孔筛尺寸等效于 1.2 倍的圆孔筛尺寸考虑。

四、工业废渣稳定类基(垫)层

用于机场道面工程的工业废渣，主要有煤炭工业废渣、电力工业废渣、钢铁工业废渣和化学工业废渣。

（1）煤炭、电力工业废渣。主要有粉煤灰、炉渣和煤矸石。粉煤灰是火力发电厂烟气中收集的细灰，含有硅、铁、铝等。炉渣系由煤粉或煤块燃烧后排出，其中，也含硅、铁、铝等。煤矸石则是采煤生产过程中产生的废石，经处理后，可作碎石之用。

（2）钢铁工业废渣。主要有钢渣和铁渣，其利用方式有三种：一是钢渣和铁渣排出后，堆积，经多年自然条件下分解后趋于稳定，用以修筑基层；二是熔铁排出后，经水骤冷，称为水淬渣，水淬渣掺入石灰后铺筑的基层具有很高的强度；三是铁渣排出后运送至渣场，在空气中自然冷却至 600 ~ 700℃时洒水降温后的产品，称为矿渣碎石，可按密实型或嵌挤型修筑碎石基层或沥青矿渣碎石混合料面层。

（3）化学工业废渣。造纸厂或印刷厂使用的漂白粉的下脚料称为漂白粉渣，其石灰成分较高；电石消解乙炔气后的废渣称为电石渣，含石灰成分高达 50% ~ 55%，硫铁矿渣为生产硫酸的下脚料，加入石灰类灰渣或高炉水淬渣后修筑基层效果良好。

工业废渣材料主要用石灰与之综合稳定，即石灰工业废渣材料，主要有石灰粉煤灰类和石灰其他废渣类。

石灰稳定工业废渣基层具有水硬性，缓凝性，强度高，稳定性好，成板体且强度随龄期不断增加，抗水、抗冻、抗裂，而且收缩性小，适应各种气候环境和水文地质条件等特点。所以，近几年，在机场道面中得到广泛应用。

1.石灰稳定工业废渣强度形成原理

各种工业废渣得以在机场道面中应用的原因是由于这些废渣中含有较多的 SiO_2、Al_2O_3 或 CaO。活性的 SiO_2 和 Al_2O_3 在水中本身不会硬化,但在饱和的 $Ca(OH)_2$ 溶液中将产生火山灰反应,生成水化铝酸钙和铝酸钙凝胶,从而将混合料中的各种颗粒胶结在一起。因此,把活性 SiO_2 和 Al_2O_3 较多的煤渣或水淬渣,同一定比例的石灰渣或电石渣相拌和,碾压成形,就构成强度高、整体性好的石灰煤渣或石灰水淬渣(简称二渣)基(垫)层。而在石灰稳定土内掺入一定数量的粉煤灰(称为石灰—粉煤灰土,简称二灰土),也可改善石灰土的火山灰反应,从而增加石灰土的强度。

由于二渣或二灰土的强度主要靠火山灰反应产生,而火山灰反应的进程又较缓慢。因此,混合料的强度随龄期缓慢增长。图5-5 展示了三种废渣混合料的强度随龄期而增长的试验曲线。可以看出,这类混合料的早期强度较低,但到后期仍保持较快的强度增长速率,因而后期强度较高。同时还可以看出,石灰水淬渣混合料的强度随来源不同而有很大的差别,但仍都比其他两类混合料高;石灰粉煤灰土混合料的强度则随土的类型而异,黏土颗粒含量高,强度也高;石灰煤渣混合料的强度一般以细煤渣的高。

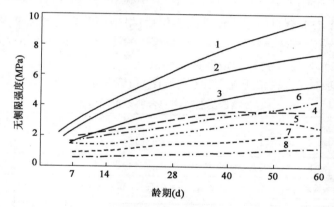

图5-5　石灰稳定工业废渣混合料的强度增长

1~3-石灰—水淬渣;4-石灰粗煤渣;5-石灰细煤渣(2∶8);6-石灰—粉煤灰—轻黏土;7-石灰—粉煤灰—亚黏土;8-石灰—粉煤灰—粉土

2.强度要求与混合料组成

用于沥青道面的石灰稳定工业废渣基层应符合表5-7 的要求。

石灰稳定工业废渣基层所用的结合料是石灰或石灰下脚料。石灰的质量应符合表5-5 中Ⅲ级以上技术指标。

粉煤灰中火力发电厂燃烧煤产生的粉状灰渣,主要成分是二氧化硅(SiO_2)和三氧化二铝(Al_2O_3),其含量一般要求超过70%。粉煤灰的烧失量一般要小于20%,如达不到上述要求,应通过试验后,才能采用。干粉煤灰和湿粉煤灰都可以使用。干粉煤灰堆放时应洒水以防飞扬;湿粉煤灰堆放时,含水率不宜超过35%。军用二、三、四级机场道面粒料(砾料)的压碎值应小于30%;军用一级机场道面粒料(砾料)的压碎值应小于35%。

石灰稳定工业废渣混合料中,粒料质量宜占80%以上,并有良好的级配。用石灰粉煤灰稳定级配碎石或级配砂砾时,碎石或砂砾的颗粒组成应符合表5-11 的级配范围。

集料颗粒组成要求 表 5-11

项目 编号 通过质量百分率(%)	级配碎石		级配砂砾	
	1	2	1	2
37.5	100	—	100	—
31.5	90~100	100	85~100	100
26.5	—	—	—	—
19	72~90	81~98	65~85	85~100
9.5	48~68	52~70	50~70	55~75
4.75	30~50	30~50	35~55	39~59
2.36	18~38	18~38	25~45	27~47
1.18	10~27	10~27	17~35	17~35
0.6	6~20	6~20	10~25	10~25
0.075	0~7	0~7	0~10	0~10

（表中左列"筛孔尺寸（mm）"）

注:下基层的碎(砾)石应符合 1 号级配范围;上基层的碎(砾)石应符合 2 号级配范围。

石灰稳定工业废渣混合料的组成设计内容包括:根据相关规范的强度设计要求,通过试验选取适宜稳定的土,确定石灰与粉煤灰和石灰与煤渣的比例,确定石灰粉煤灰或石灰煤渣与土的比例(均为质量比),确定混合料的最佳含水率。

石灰稳定工业废渣混合料常用配合比(质量比)可参考表 5-12。

石灰稳定工业废渣混合料常用配合比 表 5-12

混合料种类		选 用 材 料	常用配合比范围(质量比)
石灰粉煤灰类	二灰	石灰:粉煤灰	25:75~10:90
	二灰土	石灰与粉煤灰:土(其中石灰:粉煤灰常用1:2~1:4)	30:70~90:10
	二灰粒料	石灰与粉煤灰:粒料(其中石灰:粉煤灰常用1:2~1:4)	14:86~20:80
石灰煤渣类	石灰煤渣	石灰:煤渣	20:80~15:85
	石灰煤渣土	石灰与煤渣:土(其中石灰:粉煤灰常用1:1~1:4)	50:50~20:80
	石灰煤渣粒料	石灰:煤渣:粒料	7~9:26~33:67~58

注:1. 二灰中的粉煤灰系指硅铝粉煤灰,如采用高钙粉煤灰时,石灰用量可减少。
2. 二灰土中采用粉土时,石灰:粉煤灰为1:2。
3. 二灰土中石灰与粉煤灰:土为30:70时,石灰:粉煤灰宜为1:2~1:3。
4. 石灰煤渣混合料中,石灰不应少于10%,或通过试验选取强度较高的配合比。
5. 为提高石灰工业废渣的早期强度,可外加1%~2%的水泥。

五、沥青稳定土基(垫)层

沥青稳定土基(垫)层是由液体沥青、乳化沥青、煤沥青或黏稠沥青同土料拌和均匀,经压实后形成的结构层。

1.强度形成原理

沥青在土中主要起两方面的作用:一是保护土粒免受水的危害;二是提供黏结力,把土粒黏结在一起。前一项作用主要发生在对水敏感的黏性土中,沥青被吸附在土颗粒表面,阻碍了水分同土粒直接接触;同时还填充土中部分孔隙,堵塞水分流动的通道。因而,采用沥青稳定黏性土可降低土的吸水能力(图 5-6),也即提高土的水稳定性。后一项作用则是提高混合料的强度,它在无黏性的粒料中占主导地位。

2. 影响沥青稳定土强度的因素

影响沥青土稳定效果的因素主要有:土的类型和性质,沥青的性质和剂量以及含水率和压实质量。

(1)土的类型和性质

虽然各种无机土均可用沥青稳定,但是符合下述条件的土类可以得到较好的稳定效果。

①最大颗粒的料径不超过稳定土层压实厚度的 1/3。

②颗粒组成的分布曲线符合图 5-7 所示的范围。

③小于 0.42mm 颗粒的液限不大于 40,塑性指数不大于 18。

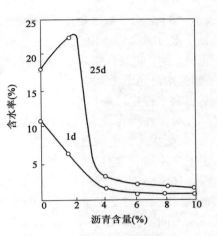

图 5-6　不同剂量沥青土的吸水量

土中含有酸性反应的有机质时,不能用沥青稳定。具有酸性反应(pH<6)的无机土,需先用石灰稳定。降水量少的干旱地区,黏土的 pH 值高,并含有许多可溶盐,也不宜用沥青稳定。

(2)沥青的性质和剂量

沥青稳定土的强度随着沥青剂量的增加而达到某一最大值,然后随沥青剂量的增加(沥青膜加厚),强度反而下降(图 5-8),有时甚至会低于素土的强度。强度下降同沥青含量增加引起土的最大干密度下降有关。另一方面,沥青剂量增多,可填充土中空隙,防止水分侵入,因而能降低吸水量。沥青含量低于某一值时,这些沥青量不能为土粒提供足够的抗水能力。为此,必须综合考虑两方面的影响,选择适宜的沥青用量。表 5-13 给出三类土的大致沥青用量,可资参考。

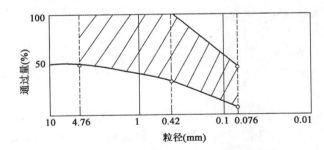

图 5-7　适宜于沥青稳定的土的级配范围

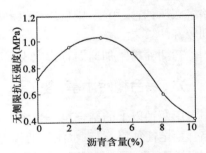

图 5-8　沥青土强度与沥青含量的关系

沥青稳定土的最佳剂量和最佳含水率　　　　　　　　　　　　　　表 5-13

土　　类	液体沥青最佳剂量 (占土重%)	煤沥青最佳剂量 (占土重%)	最佳含水率 (占土重%)
亚砂土(塑性指数<10)	6~9	6.5~10.5	4~7
粉土(塑性指数<10)	9~12	10.5~14	5~8
亚黏土(塑性指数<15)	7~12	8~12	5~8

（3）含水率和压实质量

水分对沥青稳定土具有重要作用,但对于黏性土和低塑性土,水的作用是不同的。在黏性土中,土中的结合水和沥青一起,使沥青稳定土形成一个稳定的结构,提高沥青土的水稳性。同时,水分也起着利于土的粉碎与压实的作用。在砂性土中,水分主要起着利于压实的作用,对提高水稳定性的作用不大。

为了使沥青稳定土较有成效,需把土压实到较高的密实度,使材料具有的潜在强度能充分发挥,而掺入沥青的目的便是减少吸水率,使沥青稳定土吸水后能保持其强度,压实对沥青稳定土来说至关重要。

评定沥青稳定效果的试验有两类:吸水量试验和强度试验。按规定的含水率和干密度制备试件,在中等湿度下养生一周以上(目的是除去挥发材料),然后将试件放在多孔石上饱水,使水面同试件底面齐平,饱水前后分别称重,便可确定含水率,以此评定掺入沥青后的水稳性提高的程度。强度试验可采用无侧限抗压强度或 CBR 试验进行,分别测定饱水前后的强度值。对于细粒土,上述两项试验都需要进行;而对于砂砾或砂,仅需要进行第二项试验。

3. 沥青类型的选取

最常见的是采用慢凝液体石油沥青和低强度等级的煤沥青为沥青土的结合料,也有用乳化沥青作为结合料。由于从乳液中分离出来的沥青薄膜与土颗粒黏结较好,且沥青黏度高,故沥青稳定土具有较高的强度和水稳性。乳化沥青特别适用于干旱地区,此时,乳化沥青中的水分可以为沥青稳定土提供水分,以达到压实所需的最佳含水率。使用乳化沥青时要求较高的气温,这样,水分蒸发快,强度成形期短。还有一种沥青膏浆形式的结合料,特别适用于稳定砂性土,使其具有较好的整体性。

4. 施工工艺

保证沥青稳定土施工质量的关键是拌和与压实。

混合料的拌和有人工和机械两种方式。拌和机械分为间歇式和连续式。最好采用轮式压路机碾压;若采用轻、中型压路机碾压一遍后过 2~3d 复压 1~2 遍,其平整度和密实度均可达到较好的效果。

初期养护是加速沥青稳定土成型的必要工艺。

六、综合稳定土基(垫)层

用两种以上的结合料作为稳定剂构筑而成的稳定土结构层,称为综合稳定土基(垫)层。综合稳定往往以石灰、水泥或沥青为主要稳定剂,外掺少量活性物质、其他材料或采取相应的技术措施,发挥综合作用,以提高和改善土的工程性质。

在水泥稳定土中,常用消石灰先处治,使土具有饱和的交换钙离子和碱性溶液,以利水泥的硬化。一些不适合单独用水泥稳定的土,如酸性黏土、重亚黏土等,若先用石灰处理,可加速水泥土强度的形成。用水泥稳定含水率比最佳含水率高4% ~6% 的过湿土时,先用2% ~3% 的生石灰,能获得良好的效果。

在石灰稳定土中,常掺加一些火山灰物质,如粉煤灰、煤渣等来提高稳定效果。在石灰土中掺入氯化钙,可加速石灰土的硬化过程,使早期具有较高的强度。氯化钙还有吸湿和降低溶液冰点的作用,对石灰土的硬化起着良好的作用。氯化钙的用量一般为干土重的 0.5%,可提高石灰土强度 10% ~20% 。

沥青土中常用的添加剂为无机盐和表面活性物质两大类。

无机盐类有石灰、水泥、石膏及其他多价阳离子无机盐,如氯化铁、氯化钙、硫酸铁、硫酸铝等。其中石灰是最常用的一种,其稳定效果也最好。在土用沥青处治之前,先添加 2% ~3% 的石灰,使土颗粒表面活性化,可以促进化学吸附作用的产生。添加石灰还可以使土中的细分散系产生凝聚,从而降低土的塑性和湿陷性,使沥青与土易于拌和。由于石灰能吸收多余的水分,因而可与沥青一起稳定湿土。

表面活性物质有阳离子(如有机碱等)和阴离子(如有机酸、有机酸盐等)两种,掺入土中后能与土粒发生作用,使土的极性降低,从而提高土与沥青的亲和性,增加沥青与土颗粒之间的吸附作用。表面活性物质用量一般为沥青用量的 5% ~10% ,用量过多将使沥青早期老化。

第三节 粒料基(垫)层

按粒料的级配组成和强度构成特点,粒料基(垫)层可分为嵌锁型和级配型基(垫)层。

一、粒料嵌锁型基(垫)层

1. 碎石基层

碎石基层是利用尺寸较为均匀的轧制碎石作为基本材料,以石渣和石屑作为嵌缝料,或者以黏土或石灰灌缝,经压实而成的结构层。按施工方法和灌缝材料的不同,碎石基层可分为干压碎石、水结碎石、泥结碎石和泥灰结碎石四种。

干压碎石是指将碎石材料摊铺后直接压实而成的结构层。由于这种基层的碾压工作量很大,影响施工进度。为了加快碾压进度,可在压实时适量洒水,以降低颗粒之间的摩阻力,这就是所谓的水结碎石。水结碎石在压实过程中有一部分磨碎的石粉可以起黏结作用,其整体强度要高于干压碎石。采用黏土浆或石灰浆作为灌缝材料,以利于施工碾压并提供黏结力的碎石层,便是泥结碎石或泥灰结碎石。泥灰结碎石的水稳性要优于泥结碎石。

碎石基层是机场道面中应用较广泛的一种基层,其中以水结碎石居多。

碎石基层的结构强度,主要靠碎石颗粒之间通过压实面得到的嵌挤(锁结)作用;同时,还部分依靠灌缝材料所提供的少量黏结作用。嵌挤作用的大小,主要取决于石料的强度、尺寸和形状以及压实程度;黏结作用则取决于灌缝材料的黏结力及其与矿料之间黏结力大小。因此,碎石应带有棱角,近于正方形,具有较高的强度和韧度。扁平石及条石含量不大于 15% 。石料应洁净不含泥土或其他杂质。石料应质地均匀,其饱水极限抗压强度不小于 30MPa ,磨耗值(洛杉矶)应不小于 20% 。在季节性冰冻地区石料应是耐冻的。

碎石颗粒的尺寸范围大致为 5 ~75mm ,通常可划分为 6 个不同等级,见表 5-14。碎石的最大尺寸根据石料品质及碎石层的厚度来确定。最大粒径通常不大于压实厚度的 1/2,强度大的碎石采用较小的尺寸,软质碎石可采用较大的尺寸。

用单一粒径的粗碎石和石屑组成的填隙碎石作基层材料时,其颗粒组成应符合表 5-15 及

表 5-16 的规定。填隙碎石用作上基层时,碎石的最大粒径不应超过 53mm;用作底基层时,碎石的最大粒径不应超过 63mm。填隙材料宜采用石屑,缺乏石屑时,可以添加细砾砂或粗砂等细集料。

碎石颗粒粒径的技术规格　　　　表 5-14

碎石名称	粒径范围(mm)	用途
粗粒碎石	75～50	集料
中粒碎石	50～35	
细粒碎石	35～25	
石渣	25～15	嵌缝料
石屑	5～15	
石粉	0～5	封面料

填隙碎石基层粗碎石的颗粒组成　　　　表 5-15

编号	标称尺寸(mm)	通过下列筛孔(mm)的质量百分率(%)							
		80	60	50	40	30	25	20	10
1	40～80	100	25～60		0～15	—	0～5		
2	30～60	—	100		25～50	0～15	—	0～5	
3	25～50	—	—	100	35～70		0～15		0～5

填隙材料的颗粒组成　　　　表 5-16

筛孔尺寸(mm)	10	5	2.0	0.5	0.075	塑性指数
通过百分率(%)	100	85～100	60～80	30～50	0～10	<6

作为碎石基层的主体的集料碎石,应占碎石用量的 70%,嵌缝石渣约为主体碎石的 1/3。

水结碎石基层以碾压时产生的石粉作为黏结料,所以,应采用石灰岩或白云岩等石粉具有黏性的碎石铺筑。其施工一般可按下列工序进行:①撒铺石料并铺平;②不洒水预碾压;③洒水碾压;④撒铺嵌缝料,并进行洒水碾压;⑤撒铺封面料(石粉或粗砂),并进行不洒水碾压。

2. 未筛分碎石基层

未筛分碎石是指由碎石机将坚硬石料轧制而成,最大粒径满足要求的未经筛分的碎石料。将符合要求的未筛分碎石摊铺碾压成形达到质量标准后,成为未筛分碎石结构层。

用于基层的未筛分碎石,其颗粒组成应符合表 5-17 中编号 2、编号 3 的规定;用于垫层时,其颗粒组成应符合表 5-17 中编号 1 的规定。石料的压碎值:用于基层时,军用二、三、四级机场不大于 26%,一级机场不大于 30%;用于垫层时,可不作要求。未筛分碎石中的细长及扁平颗粒含量不应超过 20%,不应含有土块、草根等杂物。

未筛分碎石由于石料加工成本低,比碎石基层的造价便宜。但由于其细料较多,其整体强度要低于碎石基层。在季节性冰冻地区,常用作防冻害层和加厚道面的找平层。

3. 块(片)石、卵石基层

块(片)石基层采用锥形块石、片石或卵石手工摆砌,并用小碎石嵌缝压实而成。锥形块石应具有平整的底面,且面积不小于 100cm^2,其高度一般为 14～18cm。片状、尖形石料应加工后再使用。开山石料大于 15cm 者一般不需要加工即可用于块(片)石基层。

块石基层一般铺筑在砂、砂土或矿渣等垫层上,土基良好时,也可直接铺设在土基上。铺砌时,应从道面边缘起逐渐向中心推进。块石大面朝下,所有石块单独座立,排砌紧密。石料间的纵、横缝应错开,相邻石块的表面高度差宜不大于 2cm。

块(片)石摆砌 2～3m 长度后,即进行人工嵌缝。将楔形、片状碎石嵌入块石缝内,用手锤打入、挤紧,其上用 5～15mm 石屑进行找平嵌缝。然后按先轻后重、先边缘后中间的顺序进行洒水碾压。至无显著轮迹、碎石平整层无挤动推移现象为止。

块(片)石基层具有较高的强度和稳定性。由于摆砌费工,难于用机械铺筑,近年来已较少采用。

卵石基层系将大的卵石铺筑在砂垫层上,加砂砾料或碎石屑填缝找平、碾压密实而构成。卵石宜选择长卵形状,错缝竖砌。卵石应楔入砂垫层中 1/5～1/4。铺筑后用小卵石嵌缝挤紧,再加铺砂砾料或碎石层填缝找平,碾压达到质量标准后,即构成卵石基层。

由于卵石石料较杂,强度不均匀,所以卵石基层强度略低于块(片)石基层。但卵石可以就地取材,造价比较便宜。

二、粒料级配型基(垫)层

1. 级配砾石基(垫)层

粗、细砾石集料和砂按一定比例掺配后,其颗粒组成符合级配要求,经拌和、碾压成形达到质量标准,称为级配砾石结构层。用于基层时,砾石的最大粒径不应超过 40mm(方孔筛,相当于圆孔筛 50mm);用于垫层时,砾石的最大粒径不应超过 60mm(方孔筛,相当于圆孔筛 80mm)。用于基层时,颗粒组成及塑性指数应符合表 5-17 的规定,其级配曲线应接近圆滑。当塑性指数偏大时,可筛除部分细料或掺配砂、石屑改善,使之符合规定;或控制塑性指数与0.5mm 以下细料含量(以百分数计)的乘积,使之符合下列规定。

碎(砾)石基层材料颗粒组成要求 表 5-17

通过质量百分率(%) 项目	编号	级 配 碎 石			级 配 砂 砾			砂砾、砂砾土或其他粒料
		1	2	3	1	2	3	
筛孔尺寸(mm)	53	100	—	—	100	—	—	100
	37.5	85～100	100		90～100	100		80～100
	31.5	69～88	93～100	100	81～94	90～100	100	—
	19	40～65	54～84	85～100	63～81	73～88	85～100	—
	9.5	19～43	29～59	52～74	45～66	49～69	52～74	40～100
	4.75	10～30	17～45	29～54	27～51	29～54	29～54	25～85
	2.36	8～25	11～35	17～37	16～35	17～37	17～37	—
	0.6	6～18	6～12	8～20	10～25	8～20	8～20	8～45
	0.075	0～10	0～10	0～7[②]	0～7[②]	0～7[②]	0～7[②]	0～15

通过质量百分率(%) 编号 项目	级配碎石			级配砂砾			砂砾、砂砾土或其他粒料
	1	2	3	1	2	3	
液限(%)	<28	<28	<28	<28	<28	<28	—
塑性指数	<6或9①	<6或9①	<6或9①	<6或9①	<6或9①	<69①	—
适用范围	下基层	上基层	上基层	下基层	上基层	上基层	下基层

注:①潮湿多雨地区塑性指数宜小于6,其他地区塑性指数宜小于9。
②对于无塑性的混合料,小于0.075mm的颗粒含量应接近高限。

砾石的集料压碎值,用于基层时,军用二、三、四级机场不大于30%,一级机场不大于35%;用于垫层可不作要求。

砾石应洁净,无土块、草根等杂物。砾石中的细长、扁平颗粒含量不应超过20%。

级配砾石基层的摊铺作业可由人工或机械进行。人工摊铺时,松铺系数为1.45~1.60;平地机摊铺时为1.30~1.35。

采用两种集料时,应先运输主要集料,然后及时运输另一种集料。铺好后的集料应及时洒水润湿。通常采用多铧犁或其他机械拌和,拌和均匀为止。含水率较最佳含水率高1%,先用6~8t压路机碾压1~2遍,然后用12~15t压路机碾压至符合压实度标准。

2. 天然级配砂砾基(垫)层

符合级配要求的天然级配砂砾混合料,经碾压成形达到质量标准后,称为天然级配砂砾结构层。

天然级配砂砾中砾石的最大粒径和集料的压碎值、颗粒组成和塑性指数、细长扁平颗粒含量以及洁净方面的要求,均与级配砂砾石相同。施工与质量标准也基本相同。

3. 砂基(垫)层

采用洁净的粗砂或中砂,摊铺压实成形达到质量标准后,成为砂基、垫层。在石料缺乏而砂料丰富的地区,具有就地取材,强度均匀,水稳性好,施工容易等特点,但强度较低,砂易产生流动。

砂内不得含有土块、杂草和其他有机杂质,其渗透系数不小于10m/昼夜。级配和含泥量应符合表达5-18的要求(表中湿度系指水文情况)。

对砂基、垫层材料要求

表5-18

种类	回弹模量(MPa)	不同孔径(mm)的筛余量(%)				黏土及粉砂土含量	
		2.0	1.0	0.5	0.25	普通湿度	特殊湿度
粗砂	80~90	≤35	>50	—	>90	≤7	≤6
中砂	70~80	≤20	—	>50	>75	≤5	≤4

用砂作基层时的厚度一般为15~20cm;用作垫层时厚度不小于10cm。大面积铺筑砂基时,常用履带式压路机压实,压实层厚度为16~20cm。

4. 级配碎石基(垫)层

粗、细碎石集料和石屑按一定比例掺配后,其颗粒组成符合级配要求,经拌和、碾压成型达到质量标准,称为级配碎石结构层。用于基层时,其颗粒组成及塑性指数应符合表 5-17 的规定。用于垫层时,其颗粒组成及塑性指数应符合表 5-17 的规定。碎石的最大粒径、集料的压碎值、细长及扁平颗粒含量,对土块、草根等杂物的要求,与级配砂砾石相同。

混合料掺配时应拌和均匀,人工摊铺时松铺系数通常为 1.40~1.45;平地机摊铺时通常为 1.30~1.35。同碎石基(垫)层一样,应按先轻后重和先边缘后中间的顺序进行洒水碾压,至无明显轮迹,达到规定的密实度为止。

5. 土—集料混合料基(垫)层

由各种集料(砾石、碎石、工业废渣等)和土掺配而成的混合料,经压实而构成的结构层,如砾(碎)石土、工业废渣土等。

土—集料混合料结构层的强度和刚度,取决于颗粒尺寸分布、颗粒形状和密实度。其中最重要的是颗粒尺寸分布和粗细料的比例。按分布情况的不同,土—集料混合料可区分为三种不同的物理状态,如图 5-9 所示。

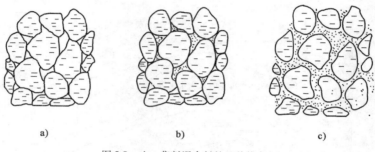

a)   b)   c)

图 5-9 土—集料混合料的三种状态

第一种,如图 5-9a)所示,仅含有少量或者不含细料(指 0.074mm 以下的颗粒),依靠颗粒之间的摩阻力获得其稳定性。不含细料的集料,其密实度较低,透水性好,不易冰冻。然而,由于没有黏结性,施工中碾压十分困难。

第二种,如图 5-9b)所示,含有适量的细料填满集料之间的孔隙。这类混合料间仍靠集料的摩阻力获得强度和稳定性,抗剪强度有所提高,密实度也提高了,透水性降低,施工时易于压实。

第三种,如图 5-9c)所示,细料含量过多,使集料悬浮于土中,彼此失去接触。密实度降低,难于透水,易冰冻。虽然施工时易于压实,但其稳定性受含水率影响很大。

图 5-10 为细料含量不同的土—砾石混合料的密实度和 CBR 的试验结果。图中的密实度值为各相应压实曲线上的最大密实度值;而 CBR 值为试件浸湿后的测定结果。由图可见,随夯击次数的增加,密实度和 CBR 值均增加;同一条件下,其值随细料含量而变,存在一最佳含量。当细料含量低于或超过最佳含量时,密实度和 CBR 值均下降。该混合料的最大密实度在细料含量为 8%~10% 时达到;而最大 CBR 值则出现在细料含量为 6%~8% 时,低于前者。密实度最大时细料含量的状况可代表图 5-9b)的状态,而最大密实度值左右两侧的曲线部分则相应代表图 5-9a)、b)。

细料成分对土—碎石集料的 CBR 的影响比砾石的影响小。由于碎石颗粒间的嵌挤作用较砾石大,所以,对于同一粒径分配,土—碎石集料混合料的 CBR 值比砾石颗粒稍大些,如图 5-11 所示。

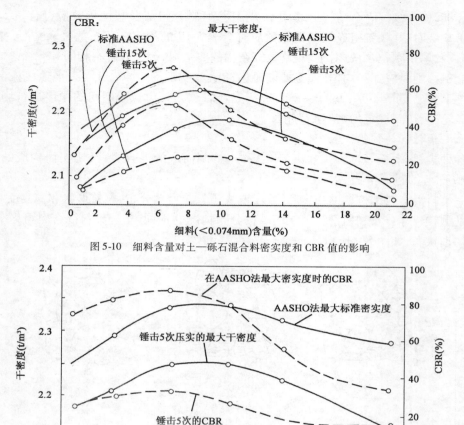

图 5-10　细料含量对土—砾石混合料密实度和 CBR 值的影响

图 5-11　细料含量对土—碎石混合料密实度和 CBR 值的影响

图 5-12 汇总了几种集料的最大密实度和 CBR 值试验结果。随集料尺寸的增大,密实度和 CBR 值均增加,但最佳细料含量下降。同时,按密实度最大得到的最佳细料含量,略大于

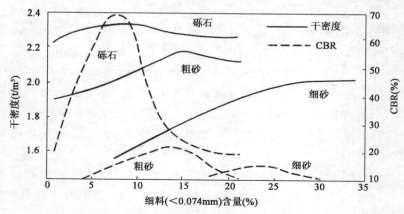

图 5-12　不同集料的细粒含量对密实度和 CBR 值的影响

CBR 值最大时的含量。由上述分析可知,混合料的性质取决于颗粒尺寸的分布,细料应有一适中的含量,过多显然是不利的。

　　除了颗粒尺寸分布外,细粒土的物理性质对混合料的强度和稳定性也有影响,特别是当集料颗粒间的接触丧失时。图 5-13 表明细料塑性对砾石混合料三轴强度的影响。可以看出,当小于 0.42mm 的细粒土含量少时,其塑性指数对强度的影响很小;而当细粒土的含量增加时,其塑性指数对强度的影响越来越大。因此,对于细粒含量多的混合料,必须限制细料的塑性指数。

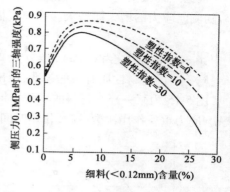

图 5-13　细料塑性指数对三轴强度的影响

三、粒料材料的力学特性

1. 抗剪强度

　　由碎石或砾石组成的粒料基层,是通过施工时的拌和、碾压而获得密实、嵌锁、锁结、细料的填充所形成的结构强度。有时还靠灌缝材料所提供的少量黏结作用。嵌锁作用的大小主要取决于石料的强度、尺寸和形状以及压实程度;黏结力作用取决于灌缝材料的黏结力及其与矿料之间的黏结力大小。在外力作用下,材料颗粒间产生滑动和位移,使其失去承载能力而遭致破坏。因此,对于这种松散材料组成的结构,决定结构强度的是颗粒之间的联结强度。这类结构强度可用摩尔—库仑公式表示,也即抗剪强度由两部分组成,一部分是摩阻力,同作用在剪切面上的法向应力成正比;另一部分是与法向应力无关的黏结力。

$$\tau = c + \sigma \tan\varphi \tag{5-12}$$

式中:c——材料的黏结力;

　　　φ——材料的摩阻力;

　　　σ——作用在剪切面上的法向应力。

　　由此可见,由材料的黏结力和内摩阻角所表征的内摩擦力决定了颗粒之间的联结强度,即粒料基层的结构强度。由于组成粒料结构的碎石、砾石材料的内摩阻力和黏结力是各自不同的,因而不同粒料基层的结构强度是不同的。

2. 抗压模量

　　碎(砾)石等粒料组成的基层材料,只能承受面层传递下来的垂直压力,而不能承受拉应力。在承受压应力时,其压应变与侧向应力有关,表征其应力—应变关系是采用回弹模量 E_r。为了研究这类材料的应力应变特性,可在实验室利用三轴试验仪进行试验,求得在重复荷载作用下的轴向偏应力 σ_d(主应力与侧应力差值)与相对应的回弹变形之比值,即材料的回弹模量。图 5-14 表示三轴试验中,轴向应变 ε_1 与偏应力 σ_d($=\sigma_1 - \sigma_3$)和侧向应力 σ_3 的关系。

根据三轴试验的结果,粒料材料的应力应变具有非线性特性,并随着偏应力的增大而减小,随侧向应力的增大而增大。回弹模量 E_r(MPa)可用下式表示:

$$E_r = K_1 \theta^{K_2}$$ (5-13)

式中:θ——主应力之和(kPa),$\theta = \sigma_1 + 2\sigma_3$;

K_1、K_2——同材料性质有关的参数,由试验确定。

图5-15为某一碎石材料的试验结果,由回归分析可以得到:$K_1 = 3.77$,$K_2 = 0.71$。试验还表明,应力重复作用次数、荷载作用时间及频率对回弹模量的影响甚小。

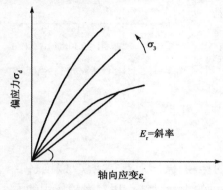

图 5-14　碎(砾)石材料应力—应变关系图　　图 5-15　碎石集料的回弹模量随主应力变化的试验曲线

除了受应力状况影响外,碎(砾)石材料的模量值同材料的级配、颗粒形状、密实度等因素有关。通常,级配好,密实度越高,则模量值越大;颗粒棱角多,表面粗糙者有较高的模量;当细料含不多时,含水率对模量的影响很小。

材料的泊松比取决于主应力比或偏应力 σ_d 和平均法向应力(即 $\theta/3$)的比值,随其比值的增加而增加,但变动的范围不大。设计计算时,可近似取 0.30 ~ 0.35。

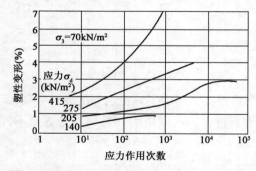

图 5-16　砾质材料在良好排水条件下塑性形变的发展

良好级配的砾石在保证良好排水条件下塑性形变的发展如图5-16所示。由图可见,当应力作用次数达 10^4 次时,形变已基本上不发展;但当应力较大,超过材料的耐久疲劳应力,达到一定次数后,形变随应力作用次数迅速发展,最后导致破坏。级配组成差的粒料,即使应力作用了很多次,仍继续有塑性形变的增长,但欲获得低的塑性形变,级配中的细料含量必须少于获得最大密实度的含量。

第四节　基层和垫层结构设计

一、结构层最小厚度

前面叙述的各种类型的基层和垫层,按所用材料的规格和施工工艺要求,有一最小厚度的规定,低于此厚度就不能形成稳定的结构层次。在机场道面常用的结构层最小厚度列于

表5-19。当根据需要采用较厚的基、垫层时,结构层的厚度应考虑分层铺筑时碾压机械的最大压实厚度。

常用材料结构层最小厚度　　　　　　　　　　　　　　表 5-19

材　料　名　称	最小厚度（mm）	备　注
天然砂砾、级配砾、碎石、泥结碎、砾石,水结、干结碎石	60	
石灰稳定土类	100	
水泥稳定土类	100	
石灰工业废渣类	100	工业废渣必须是性能稳定和无侵蚀的

二、道面结构层适宜厚度

在道面结构设计中,根据道面结构计算和组合要求,可以确定出道面组合层次。各结构层次依据其材料组成特性、结构组合特点及压实机具功能等,存在着一个适合的厚度。采用该厚度可以使道面结构既能组成合理,满足飞机荷载的使用要求,又能节省经费,同时便于机械施工,达到最佳效能。常用材料结构层适宜厚度见表5-20。

常用材料结构层适宜厚度　　　　　　　　　　　　　　表 5-20

材　料　名　称	厚度适宜范围（mm）	备　注
天然砂砾,级配砾、碎石、泥结碎、砾石,水结、干压碎石	100 ~ 200	
石灰稳定土类,水泥稳定土类,石灰工业废渣类	150 ~ 250	工业废渣必须是性能稳定和无侵蚀的
沥青碎石	80 ~ 100	
贫混凝土、碾压混凝土	120 ~ 200	
沥青混凝土	40 ~ 60	

三、压实要求

组成基层和垫层材料的结构强度的形成是靠压实机具而成的。只有通过充分的压实,基层和垫层结构的强度才能保证。需要对基层和垫层的压实程度做出具体要求。基层和垫层的压实程度用压实度来表示。

水泥混凝土道面的各类基层的压实度应符合表5-21的规定。

水泥混凝土道面的各类基层的压实度标准　　　　　　表 5-21

材　料　类　别	压实度（%）（军用机场）		压实度（%）（民用机场）	
	二、三、四级	一级	A、B	C、D、E
级配碎石、砾石	≥98	≥96	≥96	≥98
未筛分碎石	≥97	≥95	≥96	≥98
天然砾石	≥98	≥96	≥96	≥98
石灰稳定中、粗粒土（含石灰稳定砂砾土、碎石土）	≥97	≥95	≥96	≥98
石灰或水泥稳定细粒土	≥95	≥93	≥93	≥96

材　料　类　别	压实度(%)(军用机场)		压实度(%)(民用机场)	
	二、三、四级	一级	A、B	C、D、E
水泥稳定中、粗粒土(含水泥稳定碎石、碎石土、石渣、石屑、砂砾、砂砾土)	≥97	≥95	≥96	≥98
石灰、粉煤灰稳定中、粗粒土	≥97	≥95	≥96	≥98
石灰、粉煤灰稳定细粒土	≥95	≥93	≥93	≥96

注:表中的压实度是按现行《公路土工试验规程》中重型击实试验法求得的最大干密度的百分数。

沥青混凝土道面的各类基层的压实度应符合表5-22的规定。

沥青混凝土性道面的各类基层的压实度标准　　　　　　　　　　表5-22

材　料　类　别	压实度(%)(军用机场)	压实度(%)(民用机场)	
		上基层	下基层
级配碎、砾石	≥98	≥97	≥96
未筛分碎石、天然砾石	≥98	—	≥96
水泥或石灰稳定细粒土	≥95	—	≥96
石灰粉煤灰稳定细粒土	≥95	—	≥96
石灰稳定中、粗粒土(含石灰砂砾土、石灰碎石土)	≥97	≥98	≥98
水泥稳定中、粗粒土(水泥碎石、砾土、石渣、石屑、碎石土、砂砾土)	≥97	≥98	≥97
石灰、粉煤灰稳定中、粗粒土	≥97	≥98	≥98
水泥、石灰、粉煤灰稳定中粗粒土	≥97		

注:表中的压实度是按现行《公路土工试验规程》中重型击实试验法求得的最大干密度的百分数。

思考题与习题

1. 简述基层和垫层的作用及分类。
2. 用作基层的材料主要包括哪几类?
3. 表征无机结合料的力学特征有哪些指标?
4. 无机结合料的无侧限抗压强度试验反映了无机结合料的什么特性,有何用处?
5. 什么是结合料稳定类基层?
6. 石灰土基层强度形成原理是什么? 影响灰土强度的因素有哪些?
7. 水泥稳定土基层的强度形成原理和影响是什么?
8. 什么是综合稳定土基(垫)层? 其特点如何?
9. 什么是碎石基层?
10. 碎石基层与级配碎石有何区别?
11. 什么是土—集料混合料基(垫)层? 可分为哪三种物理状态?
12. 粒料材料的力学特征可用哪些力学指标表示?
13. 为什么要有结构最小厚度的规定?

第六章　弹性地基板应力分析

水泥混凝土面层的刚度远大于基(垫)层和土基的刚度。在荷载作用下,它具有良好的板体性和扩散荷载的能力,所产生的弯曲变形(称为挠度)很小。由于水泥混凝土面层在荷载作用下产生的挠度很小,因而支承它的基层和土基的变形也很小,可以把它看作是支承在弹性地基上的板。

当前,世界各国机场和公路刚性道(路)面的设计方法所依据的理论,主要是弹性地基板理论。这种理论把水泥混凝土面层视为弹性板体,把支承弹性板的基层和土基视为弹性半空间地基,在荷载作用下产生的应力和应变,运用弹性力学方法求解。由于常用的水泥混凝土面层的厚度远小于它的平面尺寸,而在垂直荷载作用下产生的挠度又远小于板的厚度,所以在按弹性力学求解时,一般应用弹性薄板小挠度理论。

此外,弹性地基板还承受自然界温度变化引起的温度应力和湿度变化引起的湿度应力的作用。当各种应力的综合作用超过了混凝土板的容许应力,板将发生断裂破坏,直到丧失承载能力。从 20 世纪初水泥混凝土道面开始广泛使用以来,轮载所产生的应力一直是人们十分关注的研究课题。1925 年威斯特卡德(H. M. Westergaard),1938 年霍格(A. H. A. Hogg),1939 年舍赫捷尔(О. Я. Щехтер),1943 年波米斯特(D. M. Burmister),1953 年柯岗(Б. И. Коган)等人,在水泥混凝土道面荷载应力研究方面都做出了重要的贡献,它们的研究成果为水泥混凝土道面应力分析和设计方法奠定了基础。20 世纪 60 年代以来,随着计算技术和计算机的发展,有限元分析方法用于水泥混凝土道面的应力分析,使荷载应力的研究达到了一个新的阶段。目前,国内机场和公路水泥混凝土道(路)面设计规范,均采用有限元法分析荷载应力。

第一节　荷载应力分析

一、小挠度弹性薄板的基本假设

水泥混凝土面层假设为各向同性的等厚弹性板,其弹性常数为 E 和 μ,板厚变化范围约为 $10 \sim 50\mathrm{cm}$,板的平面尺寸在一般情况下要比厚度大十几倍以上;在荷载作用下,道面板产生的挠度通常小于 $1\mathrm{mm}$,远小于板的厚度。因而,可以把水泥混凝土面层看作小挠度弹性薄板。

道面板下的基层和土基,可以看作是弹性地基。它对面层仅有竖向的支承反力,即假设地基与板之间无摩阻力;同时,假设地基和板始终保持变形的连续性(完全接触),即便是在反力为负向(向下)时,也是如此。

在弹性力学中,讨论薄板的小挠度弯曲时,通常做出如下三个假设:

(1)垂直于中面方向的应力和应变同其他应力和应变相比很小,可以忽略不计。由此可推出竖向位移(即板的挠度)仅是平面坐标的函数,即沿板厚各点具有相同的挠度。

(2)垂直于中面的法线,在弯曲变形前后均保持为直线并垂直于中面,即无横向剪应变。

(3)中面上各点都没有平行于中面的位移。

根据假设(1),可以得到挠度 w。

$$w = w(x, y)$$ (6-1)

根据假设(2),即应力分量 τ_{zx}、τ_{zy} 和 σ_z 可以忽略不计,可以得到:

$$\frac{\partial u}{\partial z} = -\frac{\partial w}{\partial x}, \frac{\partial v}{\partial z} = -\frac{\partial w}{\partial y}$$ (6-2)

以及板的物理方程:

$$\begin{cases} \varepsilon_x = \dfrac{1}{E}(\sigma_x - \mu\sigma_y) \\[2mm] \varepsilon_y = \dfrac{1}{E}(\sigma_y - \mu\sigma_x) \\[2mm] \gamma_{xy} = \dfrac{2(1+\mu)}{E}\tau_{xy} \end{cases}$$ (6-3)

根据式(6-2),积分后可得:

$$u = -z\frac{\partial w}{\partial x} + C_1 \qquad v = -z\frac{\partial w}{\partial y} + C_2$$

由假设(3) $u|_{z=0} = v|_{z=0} = 0$,可得:$C_1 = C_2 = 0$,则有:

$$\begin{cases} u = -z\dfrac{\partial w}{\partial x} \\[2mm] v = -z\dfrac{\partial w}{\partial y} \end{cases}$$ (6-4)

由此可得到板的几何方程:

$$\begin{cases} \varepsilon_x = \dfrac{\partial u}{\partial x} = -z\dfrac{\partial^2 w}{\partial x^2} \\[2mm] \varepsilon_y = \dfrac{\partial v}{\partial y} = -z\dfrac{\partial^2 w}{\partial y^2} \\[2mm] \gamma_{xy} = \dfrac{\partial v}{\partial x} + \dfrac{\partial u}{\partial y} = -2z\dfrac{\partial^2 w}{\partial x \partial y} \end{cases}$$ (6-5)

将板的物理方程(6-3)改写为应力的表达式,并把式(6-5)代入,可得:

$$\begin{cases} \sigma_x = \dfrac{E}{1-\mu^2}(\varepsilon_x - \mu\varepsilon_y) = \dfrac{Ez}{1-\mu^2}\left(\dfrac{\partial^2 w}{\partial x^2} + \mu\dfrac{\partial^2 w}{\partial y^2}\right) \\[3mm] \sigma_y = \dfrac{E}{1-\mu^2}(\varepsilon_y - \mu\varepsilon_x) = \dfrac{Ez}{1-\mu^2}\left(\dfrac{\partial^2 w}{\partial y^2} + \mu\dfrac{\partial^2 w}{\partial x^2}\right) \\[3mm] \tau_{xy} = \dfrac{E}{2(1+\mu)}\gamma_{xy} = \dfrac{Ez}{(1+\mu)}\dfrac{\partial^2 w}{\partial x \partial y} \end{cases}$$ (6-6)

各截面上的内力(弯矩和扭矩),可通过对式(6-6)积分得到:

$$
\begin{cases}
M_x = \int_{-\frac{h}{2}}^{\frac{h}{2}} z\sigma_x \mathrm{d}z = -D\left(\frac{\partial^2 w}{\partial x^2} + \mu\frac{\partial^2 w}{\partial y^2}\right) \\
M_y = \int_{-\frac{h}{2}}^{\frac{h}{2}} z\sigma_y \mathrm{d}z = -D\left(\frac{\partial^2 w}{\partial y^2} + \mu\frac{\partial^2 w}{\partial x^2}\right) \\
M_{xy} = \int_{-\frac{h}{2}}^{\frac{h}{2}} z\tau_{xy} \mathrm{d}z = -D(1-\mu)\frac{\partial^2 w}{\partial x\partial y}
\end{cases}
\tag{6-7}
$$

式中:E、μ——水泥混凝土的弯曲弹性模量和泊松比;

h——板厚度;

D——板的弯曲刚度,其表达式如下:

$$
D = \frac{Eh^3}{12(1-\mu^2)}
$$

这样,道面板截面上任一点的应力可以用截面上的弯矩或扭矩表示,其表达式如下:

$$
\begin{cases}
\sigma_x = \frac{12M_x}{h^3}z \\
\sigma_y = \frac{12M_y}{h^3}z \\
\tau_{xy} = \frac{12M_{xy}}{h^3}z
\end{cases}
\tag{6-8}
$$

二、板中面平衡微分方程

从板上割取长和宽为 $\mathrm{d}x$ 和 $\mathrm{d}y$,高为 h 的微分单元,作用于单元上的内力和外力如图 6-1 所示。由单元应满足的平衡条件:$\sum z = 0$,$\sum M_x = 0$,$\sum M_y = 0$,并略去高阶微量后,可以得内力与荷载之间的关系式。

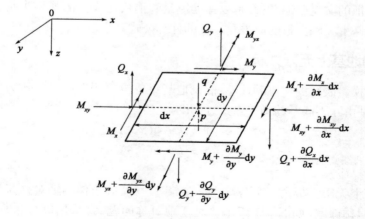

图 6-1 微分单元体上的内力和荷载

$$
\frac{\partial^2 M_x}{\partial x^2} + 2\frac{\partial^2 M_{yx}}{\partial x\partial y} + \frac{\partial^2 M_y}{\partial y^2} = q(x,y) - p(x,y)
\tag{6-9}
$$

将式(6-7)代入式(6-9)后,即可得板的弹性曲面微分方程:

$$D\left(\frac{\partial^4 w}{\partial x^4} + 2\frac{\partial^4 w}{\partial x^2 \partial y^2} + \frac{\partial^4 w}{\partial y^4}\right) = q(x,y) - p(x,y) \tag{6-10}$$

或

$$D \nabla^2 \nabla^2 w = q \tag{6-11}$$

式中:$q(x,y)$——作用在板表面上的垂直荷载;

$p(x,y)$——板底面地基竖向反力;

∇^2——拉普拉斯算子,$\nabla^2 = \dfrac{\partial^2}{\partial x^2} + \dfrac{\partial^2}{\partial y^2}$。

采用圆柱坐标时,式(6-10)可以写成:

$$D\left(\frac{\partial^2}{\partial r^2} + \frac{1}{r}\frac{\partial}{\partial r} + \frac{1}{r^2}\frac{\partial^2}{\partial \theta^2}\right)\left(\frac{\partial^2 w}{\partial r^2} + \frac{1}{r}\frac{\partial w}{\partial r} + \frac{1}{r^2}\frac{\partial^2 w}{\partial \theta^2}\right) = q(r,\theta) - p(r,\theta) \tag{6-12}$$

或

$$D \nabla^2 \nabla^2 w(r,\theta) = q(r,\theta) - p(r,\theta) \tag{6-13}$$

式中:r、θ——圆柱坐标变量;

∇^2——拉普拉斯算子,$\nabla^2 = \dfrac{\partial^2}{\partial r^2} + \dfrac{1}{r}\dfrac{\partial}{\partial r} + \dfrac{1}{r^2}\dfrac{\partial^2}{\partial \theta^2}$。

在圆柱坐标中,对于轴对称课题,弯矩的计算公式如下:

$$\begin{cases} M_r = -D\left(\dfrac{\mathrm{d}^2 w}{\mathrm{d}r^2} + \dfrac{\mu}{r}\dfrac{\mathrm{d}w}{\mathrm{d}r}\right) \\ M_\theta = -D\left(\mu\dfrac{\mathrm{d}^2 w}{\mathrm{d}r^2} + \dfrac{1}{r}\dfrac{\mathrm{d}w}{\mathrm{d}r}\right) \end{cases} \tag{6-14}$$

按各种边界条件,求解上述平衡微分方程,可得到挠度 $w(x,y)$ 或 $w(r,\theta)$,代入式(6-5)~式(6-7),或式(6-14),即可分别求出应变、应力和内力值。

地基竖向反力 $p(x,y)$ 与地基所采用的模型有关。目前,广泛采用两种地基模型:一是以地基反应模量表征的文克勒地基;二是以弹性模量和泊松比表征的弹性半空间地基。下面分别介绍这两种地基上无限大板的应力和应变的计算公式。

三、文克勒地基上无限大板

以地基反应模量表征的文克勒地基,假设地基每单位面积上所受的压力与地基的竖向位移成正比,即地基由互不联系的弹簧组成,因此有:

$$p(x,y) = k \cdot w(x,y)$$
$$p(r,\theta) = k \cdot w(r,\theta) \tag{6-15}$$

式中:k——地基反应模量。

文克勒地基上无限大板由于本身结构存在着一对称轴,当作用轴对称荷载(如圆形荷载)时,则构成了轴对称课题,如图6-2所示。对于轴对称问题,宜采用圆柱坐标,式(6-13)和式(6-15)则与坐标 θ 无关,变成:

$$D \nabla^2 \nabla^2 w(r) = q(r) - p(r) \tag{6-16}$$

和

$$p(r) = kw(r) \tag{6-17}$$

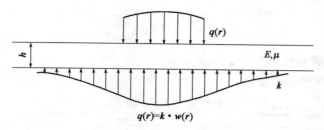

图6-2 文克勒地基板轴对称课题计算图式

将式(6-17)代入式(6-16),则可得:

$$D \nabla^2 \nabla^2 w(r) = q(r) - kw(r) \tag{6-18}$$

解式(6-18)的平衡微分方程,求得$w(r)$,代入式(6-14),即可求出板中的内力,进而求出应力和应变。

对于方程(6-18),可采用亨格尔(Hankel)变换求解。

当在板上作用圆形均布垂直荷载时,板产生的挠度、弯矩按下式计算:

$$w(r) = \frac{qR}{kl} \int_0^\infty \frac{J_0\left(\frac{r}{l}t\right)J_1\left(\frac{R}{l}t\right)}{1+t^4} \mathrm{d}t = \frac{q}{k}\overline{W} \tag{6-19}$$

$$\begin{cases} M_r = \dfrac{Ql}{\pi R} \displaystyle\int_0^\infty \dfrac{J_1\left(\frac{R}{l}t\right)}{1+t^4}\left[tJ_0\left(\frac{r}{l}t\right) - \dfrac{(1-\mu)l}{r}J_1\left(\frac{r}{l}t\right)\right]t\mathrm{d}t = Q\overline{M}_r \\[3mm] M_\theta = \dfrac{Ql}{\pi R} \displaystyle\int_0^\infty \dfrac{J_1\left(\frac{R}{l}t\right)}{1+t^4}\left[\mu tJ_0\left(\frac{r}{l}t\right) + \dfrac{(1-\mu)l}{r}J_1\left(\frac{r}{l}t\right)\right]t\mathrm{d}t = Q\overline{M}_\theta \end{cases} \tag{6-20}$$

式中:$w(r)$——板的挠度;

$\quad M_r$——板的径向弯矩;

$\quad M_\theta$——板的切向弯矩;

$J_0\left(\frac{r}{l}t\right)$——第一类零阶贝塞尔函数;

$J_1\left(\frac{R}{l}t\right)$——第一类一阶贝塞尔函数;

$J_1\left(\frac{r}{l}t\right)$——第一类一阶贝塞尔函数;

$\quad Q、q$——圆形均布荷载的合力和单位压力;

$\quad r$——计算点坐标;

$\quad R$——荷载圆半径;

$\quad t$——积分参数;

$\quad \overline{W}$——挠度系数,见表6-1;

$\quad \overline{M}_r$——径向弯矩系数,见表6-2;

$\quad \overline{M}_\theta$——切向弯矩系数,见表6-3;

$\quad l$——文克勒地基板的相对刚度半径,其计算公式见式(6-21)。

$$l = \sqrt[4]{\frac{D}{k}} = \sqrt[4]{\frac{Eh^3}{12(1-\mu^2)k}} \qquad (6\text{-}21)$$

式中：E、h、μ——混凝土板的弹性模量、板厚和泊松比；

k——地基反应模量。

圆形均布荷载作用下挠度系数 $\overline{W}$ 值(1×10^{-2})　　　　　　　　表6-1

r/l ＼ R/l	0.10	0.12	0.14	0.16	0.18	0.20	0.22	0.24	0.26	0.28	0.30
0	0.391	0.561	0.763	0.992	1.252	1.542	1.857	2.205	2.579	2.975	3.405
0.2	0.377	0.544	0.738	0.962	1.216	1.499	1.805	2.146	2.512	2.899	3.323
0.4	0.351	0.505	0.687	0.896	1.132	1.397	1.686	2.004	2.348	2.717	3.113
0.6	0.318	0.458	0.623	0.813	1.028	1.268	1.531	1.821	2.135	2.472	2.833
0.8	0.283	0.407	0.554	0.723	0.914	1.128	1.363	1.622	1.902	2.203	2.526
1.0	0.247	0.356	0.484	0.632	0.800	0.987	1.177	1.419	1.665	1.929	2.213
1.2	0.213	0.307	0.417	0.545	0.689	0.851	1.029	1.224	1.436	1.600	1.909
1.4	0.181	0.260	0.354	0.462	0.585	0.722	0.874	1.040	1.220	1.414	1.623
1.6	0.151	0.218	0.296	0.387	0.490	0.605	0.732	0.871	1.022	1.185	1.360
1.8	0.125	0.180	0.244	0.319	0.404	0.499	0.604	0.719	0.844	0.978	1.123
2.0	0.101	0.146	0.199	0.259	0.328	0.405	0.491	0.548	0.686	0.795	0.913
2.5	0.055	0.080	0.109	0.142	0.180	0.222	0.269	0.320	0.376	0.437	0.502
3.0	0.026	0.037	0.050	0.066	0.083	0.103	0.125	0.149	0.175	0.203	0.234
3.5	0.008	0.012	0.016	0.021	0.026	0.033	0.040	0.047	0.056	0.065	0.075
4.0	-0.001	-0.002	-0.002	-0.003	-0.003	-0.004	-0.005	-0.006	-0.006	-0.007	-0.007
5.0	-0.006	-0.008	-0.011	-0.014	-0.018	-0.022	-0.027	-0.032	-0.037	-0.043	-0.050
6.0	-0.004	-0.005	-0.007	-0.009	-0.012	-0.014	-0.018	-0.021	-0.024	-0.028	-0.033

圆形均布荷载作用下径向弯矩系数 $\overline{M}_r$ 值($\mu = 0.15$)　　　　　　表6-2

r/l ＼ R/l	0.10	0.12	0.14	0.16	0.18	0.20	0.22	0.24	0.26	0.28	0.30
0	0.267	0.250	0.236	0.224	0.214	0.204	0.195	0.187	0.180	0.174	0.167
0.2	0.132	0.135	0.138	0.140	0.141	0.142	0.145	0.145	0.144	0.143	0.140
0.4	0.066	0.066	0.067	0.068	0.069	0.069	0.070	0.071	0.072	0.074	0.075
0.6	0.033	0.033	0.033	0.033	0.034	0.034	0.035	0.035	0.035	0.036	0.037
0.8	0.012	0.012	0.012	0.012	0.012	0.013	0.013	0.013	0.014	0.014	0.014
1.0	-0.002	-0.002	-0.002	-0.001	-0.001	-0.001	-0.001	-0.001	-0.001	-0.000	-0.000
1.2	-0.011	-0.011	-0.010	-0.010	-0.010	-0.010	-0.010	-0.010	-0.010	-0.010	-0.010
1.4	-0.016	-0.016	-0.016	-0.016	-0.016	-0.016	-0.016	-0.016	-0.016	-0.015	-0.015
1.6	-0.019	-0.019	-0.019	-0.019	-0.019	-0.019	-0.019	-0.019	-0.019	-0.019	-0.019
1.8	-0.021	-0.021	-0.021	-0.021	-0.021	-0.021	-0.021	-0.021	-0.021	-0.021	-0.021
2.0	-0.021	-0.021	-0.021	-0.021	-0.021	-0.021	-0.021	-0.021	-0.021	-0.021	-0.021

续上表

r/l \ R/l	0.10	0.12	0.14	0.16	0.18	0.20	0.22	0.24	0.26	0.28	0.30
2.5	−0.019	−0.019	−0.019	−0.019	−0.019	−0.019	−0.019	−0.019	−0.019	−0.019	−0.019
3.0	−0.015	−0.015	−0.015	−0.015	−0.015	−0.015	−0.015	−0.015	−0.015	−0.015	−0.015
3.5	−0.010	−0.010	−0.010	−0.010	−0.010	−0.010	−0.010	−0.010	−0.010	−0.010	−0.010
4.0	−0.007	−0.007	−0.007	−0.007	−0.007	−0.007	−0.007	−0.007	−0.007	−0.007	−0.007
5.0	−0.002	−0.002	−0.002	−0.002	−0.002	−0.002	−0.002	−0.002	−0.002	−0.002	−0.002
6.0	0.000	0.000	0.000	0.000	0.000	0.000	0.000	0.000	0.000	0.000	0.000

圆形均布荷载作用下切向弯矩系数 $\overline{M}_\theta$ 值（$\mu = 0.15$）　　　　表 6-3

r/l \ R/l	0.10	0.12	0.14	0.16	0.18	0.20	0.22	0.24	0.26	0.28	0.30
0	0.267	0.250	0.236	0.224	0.214	0.204	0.195	0.187	0.180	0.174	0.167
0.2	0.186	0.182	0.180	0.178	0.177	0.176	0.172	0.168	0.164	0.159	0.155
0.4	0.128	0.128	0.127	0.127	0.127	0.126	0.125	0.124	0.124	0.122	0.121
0.6	0.094	0.094	0.094	0.094	0.094	0.093	0.093	0.093	0.093	0.092	0.091
0.8	0.071	0.071	0.071	0.071	0.071	0.071	0.071	0.070	0.070	0.070	0.070
1.0	0.054	0.054	0.054	0.054	0.054	0.054	0.054	0.054	0.054	0.054	0.054
1.2	0.042	0.042	0.042	0.042	0.042	0.042	0.041	0.041	0.041	0.041	0.041
1.4	0.032	0.032	0.032	0.032	0.032	0.032	0.032	0.032	0.032	0.032	0.032
1.6	0.024	0.024	0.024	0.024	0.024	0.024	0.024	0.024	0.024	0.024	0.024
1.8	0.018	0.018	0.018	0.018	0.018	0.018	0.018	0.018	0.018	0.018	0.018
2.0	0.014	0.014	0.014	0.014	0.014	0.014	0.014	0.014	0.014	0.014	0.014
2.5	0.006	0.006	0.006	0.006	0.006	0.006	0.006	0.006	0.006	0.006	0.006
3.0	0.003	0.003	0.003	0.003	0.003	0.003	0.003	0.003	0.003	0.003	0.003
3.5	0.001	0.001	0.001	0.001	0.001	0.001	0.001	0.001	0.001	0.001	0.001
4.0	0.000	0.000	0.000	0.000	0.000	0.000	0.000	0.000	0.000	0.000	0.000
5.0	0.000	0.000	0.000	0.000	0.000	0.000	0.000	0.000	0.000	0.000	0.000
6.0	0.000	0.000	0.000	0.000	0.000	0.000	0.000	0.000	0.000	0.000	0.000

当在板上作用集中垂直荷载时，板产生的挠度、弯矩，按下式计算：

$$w(r) = \frac{Q}{2\pi k l^2}\int_0^\infty \frac{J_0\left(\frac{r}{l}t\right)t}{1+t^4}\mathrm{d}t = \frac{Q}{kl^2}\overline{W}' \tag{6-22}$$

$$\begin{cases} M_r = \dfrac{Q}{2\pi}\displaystyle\int_0^\infty \dfrac{1}{1+t^4}\left[tJ_0\left(\dfrac{r}{l}t\right) - \dfrac{(1-\mu)l}{r}J_1\left(\dfrac{r}{l}t\right)\right]t^2\mathrm{d}t = Q\overline{M}'_r \\[4mm] M_\theta = \dfrac{Q}{2\pi}\displaystyle\int_0^\infty \dfrac{1}{1+t^4}\left[\mu tJ_0\left(\dfrac{r}{l}t\right) + \dfrac{(1-\mu)l}{r}J_1\left(\dfrac{r}{l}t\right)\right]t^2\mathrm{d}t = Q\overline{M}'_\theta \end{cases} \tag{6-23}$$

式中,挠度系数 $\overline{W}'$、径向弯矩系数 $\overline{M}'_r$ 和切向弯矩系数 $\overline{M}'_\theta$ 只与 r/l 有关,其值列于表 6-4。

其余符号意义同前。

集中荷载作用下系数 $\overline{W}'$、$\overline{M}'_r$、$\overline{M}'_\theta$ 值($\mu = 0.15$) 　　表 6-4

$\xi\left(=\dfrac{r}{l}\right)$	$\overline{W}'$	$\overline{M}'_t$	$\overline{M}'_\theta$	$\xi\left(=\dfrac{r}{l}\right)$	$\overline{W}'$	$\overline{M}'_t$	$\overline{M}'_\theta$
0	0.1250	∞	∞	1.8	0.0397	− 0.0212	0.0185
0.1	0.1237	0.1878	0.2552	2.0	0.0322	− 0.0215	0.0139
0.2	0.1207	0.1251	0.1921	2.2	0.0257	− 0.0210	0.0103
0.3	0.1167	0.0892	0.1556	2.4	0.0201	− 0.0199	0.0075
0.4	0.1120	0.0645	0.1300	2.6	0.0154	− 0.0184	0.0054
0.5	0.1069	0.0461	0.1106	2.8	0.0114	− 0.0166	0.0038
0.6	0.1015	0.0318	0.0950	3.0	0.0082	− 0.0148	0.0054
0.7	0.0959	0.0205	0.0823	3.2	0.0052	− 0.0130	0.0016
0.8	0.0902	0.0114	0.0715	3.4	0.0034	− 0.0112	0.0010
0.9	0.0844	0.0040	0.0624	3.6	0.0018	− 0.0095	0.0005
1.0	0.0788	− 0.0020	0.0545	3.8	0.0006	− 0.0080	0.0002
1.2	0.0678	− 0.0108	0.0417	4.0	− 0.0004	− 0.0066	− 0.0001
1.4	0.0576	− 0.0164	0.0320	5.0	− 0.0018	− 0.0018	− 0.0003
1.6	0.0482	− 0.0196	0.0244	6.0	− 0.0012	− 0.0000	− 0.0001

【例 6-1】 某机场道面板厚度 $h = 20\text{cm}$,其弹性模量 $E = 32000\text{MPa}$,$\mu = 0.15$,地基反应模量 $k = 120\text{MN/m}^3$。在板中作用圆形均布荷载,圆形均布荷载的面积为 $A = 885\text{cm}^2$,胎压为 $q = 1.27\text{MPa}$。试求板中最大挠度和弯矩。

解 圆形均布荷载的合力 $Q = A \times q = 1.27 \times 885 \times 10^{-4} = 0.1124\text{MN}$

$$l = \sqrt[4]{\frac{Eh^3}{12(1-\mu^2)k}} = \sqrt[4]{\frac{32000 \times 0.2^3}{12 \times (1-0.15^2) \times 120}} = 0.6530\text{m}$$

由于计算点处于板中,$r = 0$,$r/l = 0$,则有:

$$R = \sqrt{\frac{A}{\pi}} = \sqrt{\frac{885}{3.14}} = 16.7\text{cm} = 0.167\text{m}, R/l = 0.167/0.6530 = 0.255$$

根据 $r/l = 0$ 和 $R/l = 0.255$ 值,查表 6-1,得 $\overline{W} = 2.4855 \times 10^{-2}$,则:

$$w_{\text{max}} = \frac{q}{k}\overline{W} = \frac{1.27}{120} \times 2.4855 \times 10^{-2} = 0.0263 \times 10^{-2}\text{m} = 0.263\text{mm}$$

根据 $r/l = 0$ 和 $R/l = 0.255$ 值,查表 6-2 得 $\overline{M}_r = 0.182$,查表 6-3 得 $\overline{M}_\theta = 0.182$,则有:

$$M_r = Q\overline{M}_r = 0.1124 \times 0.182 = 0.02046\text{MN} \cdot \text{m/m}$$

$$M_\theta = Q\overline{M}_\theta = 0.1124 \times 0.182 = 0.02046\text{MN} \cdot \text{m/m}$$

故在板中,径向弯矩与切向弯矩是相等的。

又可根据式(6-8)计算出板中的最大应力,在板中底部产生最大拉应力,此时,$z = \dfrac{h}{2} = \dfrac{0.2}{2} =$

0.1m,则有

$$\sigma = \frac{12M_r}{h^3}z = \frac{6M_r}{h^2} = \frac{6 \times 0.0206}{0.2^2} = 3.069\text{MPa}$$

道面板的最大弯拉应力 $\sigma_{max} = \sigma = 3.069\text{MPa}$。

四、弹性半空间地基上无限大板

1. 无限大板—轴对称课题解答

为了求解弹性半空间体地基上作用有轴对称荷载的无限大薄板弯曲问题,采用图6-3所示的计算图式。图中将板绘成一个脱离体,在板面上作用着已知轴对称荷载 $q(r)$,在板底作用着反地基反力 $p(r)$,其分布也是轴对称的。如将地基绘成另一个脱离体,则它是承受由板底传递下来的轴对称荷载 $p(r)$ 的弹性半空间体。

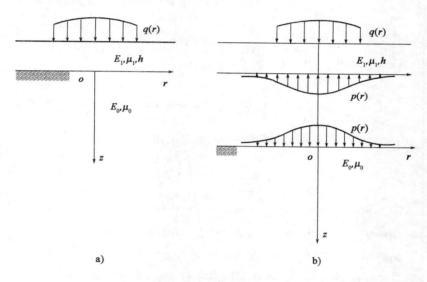

图6-3　弹性半空间体地基板计算图式

轴对称课题的弹性半空间地基上薄板中面的平衡微分方程如式(6-24)所示,即:

$$D \nabla^2 \nabla^2 w(r) = q(r) - p(r) \tag{6-24}$$

弹性半空间体地基在荷载作用范围及影响所及的部分均产生变形(图6-4),因此,作用在地基表面的荷载与其挠度之间的关系较文克勒地基复杂,但更符合实际。为了求解式(6-24)方程的解,必须建立起未知函数 $w(r)$ 和 $p(r)$ 之间的辅助方程。为此,可利用弹性半空间体地基表面的垂直位移 $w(r)$ 表示板的挠度,而均质弹性半空间体表面受轴对称荷载 $p(r)$ 作用时,其表面的垂直位移,可由弹性力学推导得出。

图6-4　弹性半空间体地基表面的变形

111

$$w(r) = \frac{2(1 - \mu_0^2)}{E_0} \int_0^\infty \overline{p}(\xi) J_0(\xi r) \mathrm{d}\xi \tag{6-25}$$

式中：E_0、μ_0——匀质弹性半空间体地基的弹性模量和泊松比；

$\quad\quad\quad \overline{p}(\xi)$——荷载 $p(r)$ 的亨格尔变换式；

$\quad\quad\quad J_0(\xi r)$——第一类零阶贝塞尔函数；

$\quad\quad\quad \xi$——任意参变量。

将式（6-16）和式（6-25）联立求解，可得到板的位移 $w(r)$，进而可求得内力。可采用亨格尔（Hankel）变换求解。

当在板上作用圆形均布垂直荷载时，板产生的挠度、弯矩，按下式计算：

$$w(r) = \frac{2(1 - \mu_0^2)Q}{\pi R E_0} \int_0^\infty \frac{J_0\left(\frac{r}{l}t\right)J_1\left(\frac{R}{l}t\right)}{t(1 + t^3)} \mathrm{d}t = \frac{Q(1 - \mu_0^2)}{E_0 l} \overline{W} \tag{6-26}$$

$$\begin{cases} M_r = \dfrac{Ql}{\pi R} \displaystyle\int_0^\infty \dfrac{J_1\left(\frac{R}{l}t\right)}{1 + t^3}\left[tJ_0\left(\frac{r}{l}t\right) - \dfrac{(1 - \mu)l}{r}J_1\left(\frac{r}{l}t\right)\right]\mathrm{d}t = \overline{M}_r Q \\[4mm] M_\theta = \dfrac{Ql}{\pi R} \displaystyle\int_0^\infty \dfrac{J_1\left(\frac{R}{l}t\right)}{1 + t^3}\left[\mu tJ_0\left(\frac{r}{l}t\right) + \dfrac{(1 - \mu)l}{r}J_1\left(\frac{r}{l}t\right)\right]\mathrm{d}t = \overline{M}_\theta Q \end{cases} \tag{6-27}$$

在 $r = 0$ 处，板的径向弯矩和切向弯矩相等，为板的最大弯矩，即：

$$M_{\max} = \frac{(1 + \mu)Ql}{2\pi R} \int_0^\infty \frac{tJ_1\left(\frac{Rt}{l}\right)}{1 + t^3} \mathrm{d}t = \overline{M}_\theta Q \tag{6-28}$$

式中：$\overline{W}$——挠度系数，其值随 r/l 和 R/l 变化，见表6-5；

$\quad\quad\quad \overline{M}_r$——径向弯矩系数，其值随 r/l 和 R/l 变化，见表6-6；

$\quad\quad\quad \overline{M}_\theta$——切向弯矩系数，其值随 r/l 和 R/l 变化，见表6-7；

$\quad\quad\quad l$——弹性半空间体地基上板的相对刚度半径，其计算公式如下：

$$l = h \sqrt[3]{\frac{E(1 - \mu_0^2)}{6E_0(1 - \mu^2)}} \tag{6-29}$$

式中：h、E、μ——水泥混凝土板的厚度、弹性模量和泊松比。

圆形均布荷载作用下挠度系数 $\overline{W}$ 值（1×10^{-2}） 表6-5

r/l ＼ R/l	0.10	0.12	0.14	0.16	0.18	0.20	0.22	0.24	0.26	0.28	0.30
0	0.383	0.383	0.382	0.382	0.381	0.380	0.379	0.379	0.378	0.377	0.376
0.2	0.376	0.375	0.374	0.374	0.374	0.373	0.373	0.372	0.372	0.371	0.370
0.4	0.358	0.358	0.358	0.358	0.358	0.357	0.357	0.356	0.356	0.356	0.355
0.6	0.337	0.337	0.337	0.337	0.337	0.336	0.336	0.336	0.336	0.335	0.335
0.8	0.314	0.314	0.314	0.314	0.314	0.314	0.314	0.314	0.313	0.313	0.313
1.0	0.291	0.291	0.291	0.291	0.291	0.291	0.291	0.291	0.290	0.290	0.290

续上表

R/l r/l	0.10	0.12	0.14	0.16	0.18	0.20	0.22	0.24	0.26	0.28	0.30
2.0	0.190	0.190	0.190	0.190	0.190	0.190	0.190	0.190	0.190	0.190	0.189
3.0	0.124	0.124	0.124	0.124	0.124	0.124	0.124	0.124	0.124	0.124	0.124
4.0	0.087	0.087	0.087	0.087	0.087	0.087	0.087	0.087	0.087	0.087	0.087
6.0	0.053	0.053	0.053	0.053	0.053	0.053	0.053	0.053	0.053	0.053	0.053
10.0	0.032	0.032	0.032	0.032	0.032	0.032	0.032	0.032	0.032	0.032	0.032

圆形均布荷载作用下径向弯矩系数 $\overline{M}_r$ 值（$\mu=0.15$） 表6-6

R/l r/l	0.10	0.12	0.14	0.16	0.18	0.20	0.22	0.24	0.26	0.28	0.30
0	0.267	0.251	0.237	0.224	0.214	0.205	0.196	0.187	0.181	0.174	0.168
0.2	0.130	0.132	0.134	0.137	0.139	0.143	0.146	0.150	0.154	0.158	0.162
0.4	0.067	0.067	0.068	0.068	0.070	0.070	0.072	0.073	0.073	0.075	0.076
0.6	0.035	0.035	0.036	0.036	0.037	0.037	0.037	0.038	0.038	0.039	0.039
0.8	0.015	0.016	0.016	0.016	0.016	0.016	0.017	0.017	0.017	0.018	0.018
1.0	0.003	0.003	0.003	0.003	0.004	0.004	0.004	0.004	0.004	0.005	0.005
2.0	−0.016	−0.016	−0.016	−0.016	−0.016	−0.016	−0.016	−0.016	−0.016	−0.016	−0.016
3.0	−0.013	−0.013	−0.013	−0.013	−0.013	−0.013	−0.013	−0.013	−0.013	−0.013	−0.013
4.0	−0.008	−0.008	−0.008	−0.008	−0.008	−0.008	−0.008	−0.008	−0.008	−0.008	−0.008
6.0	−0.002	−0.002	−0.002	−0.002	−0.002	−0.002	−0.002	−0.002	−0.002	−0.002	−0.002

圆形均布荷载作用下切向弯矩系数 $\overline{M}_\theta$ 值（$\mu=0.15$） 表6-7

R/l r/l	0.10	0.12	0.14	0.16	0.18	0.20	0.22	0.24	0.26	0.28	0.30
0	0.267	0.251	0.237	0.224	0.214	0.205	0.196	0.187	0.181	0.174	0.168
0.2	0.189	0.187	0.184	0.182	0.179	0.176	0.172	0.169	0.166	0.162	0.153
0.4	0.129	0.129	0.129	0.129	0.128	0.127	0.126	0.125	0.124	0.124	0.122
0.6	0.096	0.096	0.095	0.095	0.095	0.094	0.094	0.094	0.094	0.094	0.093
0.8	0.074	0.074	0.073	0.073	0.073	0.073	0.073	0.073	0.072	0.072	0.072
1.0	0.057	0.057	0.057	0.057	0.057	0.056	0.056	0.056	0.056	0.056	0.056
2.0	0.018	0.018	0.018	0.018	0.018	0.018	0.018	0.018	0.018	0.018	0.018
3.0	0.006	0.006	0.006	0.006	0.006	0.006	0.006	0.006	0.006	0.006	0.006
4.0	0.002	0.002	0.002	0.002	0.002	0.002	0.002	0.002	0.002	0.002	0.002
6.0	0.001	0.001	0.001	0.001	0.001	0.001	0.001	0.001	0.001	0.001	0.001

当在板上作用集中垂直荷载时,板产生的挠度、弯矩按下式计算:

$$w(r) = \frac{(1 - \mu_0^2)Q}{\pi E_0 l}\int_0^\infty \frac{J_0\left(\frac{r}{l}t\right)}{1 + t^3}\mathrm{d}t = \frac{Q(1 - \mu_0^2)}{E_0 l}\overline{W}' \quad (6\text{-}30)$$

$$\begin{cases} M_r = \dfrac{Q}{2\pi}\displaystyle\int_0^\infty \frac{t}{1 + t^3}\left[tJ_0\left(\frac{r}{l}t\right) - \frac{(1 - \mu)l}{r}J_1\left(\frac{r}{l}t\right)\right]\mathrm{d}t = \overline{M}'_r Q \\[4mm] M_\theta = \dfrac{Q}{2\pi}\displaystyle\int_0^\infty \frac{t}{1 + t^3}\left[\mu tJ_0\left(\frac{r}{l}t\right) + \frac{(1 - \mu)l}{r}J_1\left(\frac{r}{l}t\right)\right]\mathrm{d}t = \overline{M}'_\theta Q \end{cases} \quad (6\text{-}31)$$

式中：$\overline{W}'$——挠度系数，只与 r/l 有关，见表6-8；

$\overline{M}'_r$、$\overline{M}'_\theta$——径向、切向弯矩系数，只与 r/l 有关，其值见表6-9。

集中荷载作用下挠度系数 $\overline{W}'$ 值（$\mu = 0.15$）　　　　　　　　表6-8

$\xi\left(=\frac{r}{l}\right)$	0	0.02	0.06	0.1	0.2	0.3	0.4	0.6	0.8
$\overline{W}'$	0.3849	0.3847	0.3838	0.382	0.3762	0.3682	0.3589	0.3376	0.3147
$\xi\left(=\frac{r}{l}\right)$	1.0	1.2	1.4	1.6	1.8	2.0	2.2	2.4	2.6
$\overline{W}'$	0.2913	0.2685	0.2466	0.2261	0.2070	0.1895	0.1736	0.1591	0.1461
$\xi\left(=\frac{r}{l}\right)$	2.8	3.0	3.2	3.4	3.6	3.8	4.0	5.0	
$\overline{W}'$	0.1345	0.1240	0.1147	0.1065	0.0991	0.0925	0.0867	0.0658	

集中荷载作用下弯矩系数 $\overline{M}'_r$、$\overline{M}'_\theta$ 值（$\mu = 0.15$）　　　　表6-9

$\xi\left(=\frac{r}{l}\right)$	$\overline{M}'_t$	$\overline{M}'_\theta$	$\xi\left(=\frac{r}{l}\right)$	$\overline{M}'_t$	$\overline{M}'_\theta$
0	∞	∞	1.2	-0.0057	0.0448
0.02	0.3348	0.4204	1.3	-0.0086	0.0398
0.04	0.2715	0.3391	1.4	-0.0108	0.0354
0.06	0.2344	0.3019	1.5	-0.0127	0.0315
0.08	0.2082	0.2757	1.6	-0.0140	0.0282
0.1	0.1879	0.2554	1.7	-0.0150	0.0251
0.2	0.1254	0.1923	1.8	-0.0157	0.025
0.3	0.0900	0.1560	1.9	-0.0162	0.0201
0.4	0.0658	0.1307	2.0	-0.0164	0.0180
0.5	0.0480	0.1116	2.2	-0.0163	0.0145
0.6	0.0343	0.0963	2.4	-0.0158	0.0116
0.7	0.0235	0.0839	2.6	-0.0150	0.0093
0.8	0.0149	0.0735	2.8	-0.0139	0.0075
0.9	0.0080	0.0646	3.0	-0.0129	0.0061
1.0	0.0025	0.0571	3.5	-0.0100	0.0037
1.1	-0.0020	0.0505	4.0	-0.0075	0.0022

2.起落架荷载作用在无限大板的弯矩计算

飞机起落架上的机轮数一般可分为单轮、双轮和四轮,当为单轮起落架作用在无限大板上时,可按无限大板的轴对称课题进行计算。当为双轮、四轮起落架时,则需要进行荷载叠加,进行弯矩的计算。叠加的方法是将一个机轮作为圆形均布荷载作用,其余机轮作为圆形均布荷载(或集中荷载)相应地作用在板的其他位置。并把圆形均布荷载作用位置的中心作为弯矩的计算点,分别按轴对称课题解答计算各个荷载在计算点产生的弯矩,然后进行叠加。叠加时,需要注意弯矩产生的方向。一般在计算点统一取直角坐标的 x、y 方向,则各机轮在该点产生的径向弯矩 M_r 和切向弯矩 M_θ 应转换为 x、y 方向的 M_x、M_y,再分别进行叠加。根据单元体斜截面上的应力关系,可建立起不同方向弯矩的转换关系:

$$\begin{cases} M_x = M_r\cos^2\theta + M_\theta\sin^2\theta \\ M_y = M_r\sin^2\theta + M_\theta\cos^2\theta \end{cases} \tag{6-32}$$

式中:θ——荷载圆心(或集中荷载)作用点与弯矩计算点连线与 x 轴的夹角。

在实际应用中,常用以下方法计算起落架荷载作用在无限大板产生的最大弯矩。

单轮起落架:

$$\begin{cases} M_x = P\overline{M}_{x1} \\ M_y = P\overline{M}_{y1} \end{cases} \tag{6-33}$$

双轮起落架:

$$\begin{cases} M_x = P(\overline{M}_{x1} + \overline{M}_{x2}) \\ M_y = P(\overline{M}_{y1} + \overline{M}_{y2}) \end{cases} \tag{6-34}$$

四轮起落架:

$$\begin{cases} M_x = P(\overline{M}_{x1} + \overline{M}_{x2} + \overline{M}_{x3} + \overline{M}_{x4}) \\ M_y = P(\overline{M}_{y1} + \overline{M}_{y2} + \overline{M}_{y3} + \overline{M}_{y4}) \end{cases} \tag{6-35}$$

式中: P——一个机轮上承受的荷载(MN);

$\overline{M}_{x1}$、$\overline{M}_{y1}$——1 号机轮在计算截面处产生的 x 方向和 y 方向的单位弯矩;$\overline{M}_{x1} = \overline{M}_{y1} = \overline{M}_0$,其值按 R/l,由表6-6求得;

$\overline{M}_{x2}$、$\overline{M}_{x3}$、$\overline{M}_{x4}$、$\overline{M}_{y2}$、$\overline{M}_{y3}$、$\overline{M}_{y4}$——起落架上2、3、4 号机轮荷载在计算截面处所引起的 x 方向和 y 方向的单位弯矩,其值按 $\xi_i(\eta_i)$ 和 $\eta_i(\xi_i)$,由表6-10 查出。

起落架机轮在板上的布置如图6-5 所示。

$\xi_2 = A/l$ 和 $\eta_2 = 0$,查表6-10,得 $\overline{M}_{x2}$、$\overline{M}_{y2}$;

$\xi_3 = A/l$ 和 $\eta_3 = B/l$,查表6-10,得 $\overline{M}_{x3}$、$\overline{M}_{y3}$;

$\xi_4 = 0$ 和 $\eta_4 = B/l$,查表6-10,得 $\overline{M}_{x4}$、$\overline{M}_{y4}$。

其中:l——弹性地基板的相对刚度半径;

A 和 B——起落架上机轮在纵、横方向的距离。

需要指出的是:当利用表6-10 查 $\overline{M}_{y2}$、$\overline{M}_{y3}$、$\overline{M}_{y4}$ 之值时,应将 ξ 和 η 对调,即以表中的 (ξ) 和 (η) 为准。

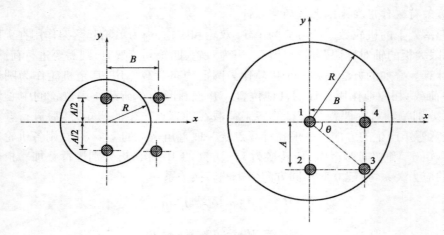

图 6-5　起落架机轮在板上的布置

【例 6-2】　一四轮起落架，作用在每一个机轮上的荷载 $P = 101.4\text{kN}$，机轮接地面积当量圆半径 $R = 19.15\text{cm}$。机轮间距 $A = 115\text{cm}$，$B = 67\text{cm}$；道面板属无限大板，弹性地基板的相对刚度半径 $l = 56.5\text{cm}$。试求板中最大弯矩。

解　由式（6-35）得：

$$\begin{cases} M_x = P(\overline{M}_{x1} + \overline{M}_{x2} + \overline{M}_{x3} + \overline{M}_{x4}) \\ M_y = P(\overline{M}_{y1} + \overline{M}_{y2} + \overline{M}_{y3} + \overline{M}_{y4}) \end{cases}$$

由 $R/l = 19.15/56.5 = 0.339$，查表 6-6 得：

$$\overline{M}_{x1} = \overline{M}_{y1} = \overline{M}_0 = 0.16$$

由 $\xi_2 = A/l = 115/56.5 = 2.04$ 及 $\eta_2 = 0$，查表 6-10 得：

$$M_{x2} = -0.017 ; M_{y2} = 0.017$$

由 $\xi_3 = A/l = 115/56.5 = 2.04$ 和 $\eta_3 = B/l = 67/56.5 = 1.19$，查表 6-10 得：

$$M_{x3} = -0.0096 ; M_{y3} = 0.0041$$

$\xi_4 = 0$ 和 $\eta_4 = B/l = 67/56.5 = 1.19$，查表 6-10 得：

$$M_{x4} = 0.045 ; M_{y4} = -0.0046$$

将所得各值代入，得：

$$M_x = 101.4 \times (0.16 - 0.017 - 0.096 + 0.045) = 18.09\text{kN} \cdot \text{m/m}$$

$$M_y = 101.4 \times (0.16 + 0.017 + 0.0041 - 0.0046) = 17.9\text{kN} \cdot \text{m/m}$$

$$M_{\max} = 18.09\text{kN} \cdot \text{m/m}$$

附加单位弯矩 $\overline{M}_x（\overline{M}_y）$ 值　　　　　　　　　　　　　　　　表 6-10

$\xi(\eta)$ / $\eta(\xi)$	0.0	0.05	0.1	0.2	0.3	0.4	0.5	0.6	0.7
0.0	∞	0.256	0.191	0.129	0.093	0.068	0.052	0.036	0.026
0.05	0.322	0.243	0.186	0.130	0.098	0.069	0.053	0.037	0.027
0.1	0.258	0.202	0.167	0.132	0.100	0.071	0.054	0.038	0.028

续上表

η(ξ) \ ξ(η)	0.0	0.05	0.1	0.2	0.3	0.4	0.5	0.6	0.7
0.2	0.195	0.174	0.154	0.133	0.103	0.072	0.055	0.039	0.029
0.3	0.158	0.146	0.134	0.122	0.097	0.072	0.056	0.040	0.030
0.4	0.132	0.125	0.117	0.11	0.091	0.071	0.056	0.042	0.031
0.5	0.114	0.109	0.104	0.099	0.083	0.067	0.055	0.042	0.032
0.6	0.097	0.094	0.090	0.087	0.075	0.063	0.053	0.042	0.032
0.7	0.086	0.082	0.080	0.078	0.068	0.059	0.050	0.041	0.032
0.8	0.074	0.072	0.070	0.068	0.061	0.054	0.047	0.039	0.031
0.9	0.066	0.064	0.063	0.061	0.055	0.049	0.043	0.037	0.030
1.0	0.057	0.056	0.055	0.054	0.049	0.044	0.039	0.034	0.028
1.1	0.051	0.050	0.049	0.048	0.044	0.040	0.036	0.031	0.026
1.2	0.045	0.044	0.043	0.042	0.040	0.037	0.033	0.028	0.024
1.3	0.040	0.040	0.039	0.038	0.036	0.034	0.030	0.025	0.022
1.4	0.035	0.035	0.034	0.034	0.032	0.030	0.027	0.023	0.020
1.5	0.032	0.031	0.031	0.030	0.029	0.027	0.024	0.021	0.019
1.6	0.028	0.028	0.027	0.027	0.026	0.024	0.022	0.020	0.018
1.7	0.025	0.025	0.024	0.024	0.023	0.021	0.020	0.018	0.016
1.8	0.022	0.022	0.022	0.021	0.020	0.019	0.018	0.017	0.015
1.9	0.02	0.020	0.020	0.019	0.018	0.017	0.016	0.016	0.014
2.0	0.018	0.018	0.018	0.018	0.016	0.015	0.014	0.014	0.013
2.1	0.016	0.016	0.016	0.016	0.015	0.014	0.013	0.013	0.011
2.2	0.014	0.014	0.014	0.014	0.013	0.012	0.011	0.011	0.010
2.4	0.011	0.011	0.011	0.011	0.011	0.010	0.009	0.009	0.009
2.6	0.009	0.009	0.009	0.009	0.009	0.009	0.008	0.008	0.008
2.8	0.007	0.007	0.007	0.007	0.007	0.006	0.006	0.006	0.006
3.0	0.006	0.006	0.006	0.006	0.006	0.006	0.006	0.005	0.005
3.2	0.005	0.005	0.005	0.005	0.005	0.005	0.005	0.004	0.004
3.4	0.004	0.004	0.004	0.004	0.004	0.004	0.004	0.004	0.004
3.6	0.003	0.003	0.003	0.003	0.004	0.003	0.003	0.003	0.003
3.8	0.002	0.002	0.003	0.003	0.003	0.003	0.003	0.003	0.002
4.0	0.002	0.002	0.003	0.002	0.002	0.002	0.002	0.002	0.002

注：1. 求单位弯矩 $\overline{M}_y$ 之值时，ξ 和 η 的位置应互换，即以 (ξ) 和 (η) 为准。

2. 如 ξ 和 η 为中间值，则 $\overline{M}_x$ 和 $\overline{M}_y$ 之值可用内插法求得。

$\xi(\eta)$ / $\eta(\xi)$	0.8	0.9	1.0	1.1	1.2	1.3	1.4	1.5
0.0	0.016	0.010	0.004	-0.001	-0.005	-0.008	-0.011	-0.013
0.05	0.017	0.011	0.004	0	-0.004	-0.008	-0.011	-0.012
0.1	0.017	0.011	0.005	0.001	-0.004	-0.007	-0.01	-0.012
0.2	0.018	0.012	0.005	0.001	-0.003	-0.007	-0.01	-0.012
0.3	0.020	0.013	0.006	0.001	-0.003	-0.006	-0.009	-0.011
0.4	0.021	0.014	0.006	0.002	-0.002	-0.005	-0.008	-0.010
0.5	0.022	0.015	0.008	0.004	-0.001	-0.004	-0.007	-0.009
0.6	0.023	0.016	0.009	0.005	0.001	-0.003	-0.006	-0.008
0.7	0.023	0.017	0.010	0.006	0.002	-0.002	-0.005	-0.007
0.8	0.023	0.017	0.011	0.007	0.002	-0.001	-0.004	-0.006
0.9	0.023	0.017	0.012	0.007	0.003	0	-0.003	-0.004
1.0	0.022	0.017	0.012	0.008	0.004	0.001	-0.001	-0.002
1.1	0.021	0.016	0.012	0.008	0.005	0.002	-0.001	-0.002
1.2	0.020	0.016	0.011	0.008	0.006	0.003	0	-0.002
1.3	0.019	0.015	0.011	0.009	0.006	0.003	0.001	-0.002
1.4	0.017	0.014	0.011	0.009	0.006	0.004	0.001	-0.001
1.5	0.016	0.013	0.011	0.008	0.006	0.004	0.002	-0.001
1.6	0.015	0.013	0.010	0.008	0.005	0.004	0.002	0
1.7	0.014	0.012	0.009	0.007	0.005	0.004	0.002	0
1.8	0.013	0.011	0.008	0.007	0.005	0.004	0.002	0.001
1.9	0.012	0.010	0.008	0.006	0.005	0.004	0.003	0.002
2.0	0.011	0.009	0.007	0.006	0.004	0.004	0.003	0.002
2.1	0.010	0.008	0.007	0.005	0.004	0.004	0.003	0.002
2.2	0.009	0.008	0.006	0.005	0.004	0.004	0.003	0.002
2.4	0.008	0.007	0.005	0.004	0.003	0.003	0.002	0.002
2.6	0.007	0.006	0.005	0.004	0.003	0.003	0.002	0.002
2.8	0.005	0.005	0.003	0.003	0.003	0.003	0.002	0.002
3.0	0.004	0.004	0.003	0.003	0.002	0.002	0.002	0.002
3.2	0.003	0.003	0.002	0.002	0.002	0.002	0.002	0.002
3.4	0.003	0.003	0.002	0.002	0.002	0.002	0.002	0.001
3.6	0.002	0.002	0.002	0.002	0.002	0.002	0.001	0.001
3.8	0.002	0.002	0.002	0.002	0.002	0.002	0.001	
4.0								

$\xi(\eta)$　$\eta(\xi)$	1.6	1.7	1.8	1.9	2.0	2.1	2.2	2.4
0.0	−0.014	−0.015	−0.015	−0.016	−0.017	−0.017	−0.016	−0.016
0.05	−0.014	−0.014	−0.015	−0.016	−0.017	−0.017	−0.016	−0.016
0.1	−0.013	−0.014	−0.014	−0.016	−0.017	−0.017	−0.016	−0.016
0.2	−0.013	−0.014	−0.014	−0.016	−0.017	−0.017	−0.016	−0.016
0.3	−0.012	−0.013	−0.014	−0.015	−0.016	−0.016	−0.016	−0.016
0.4	−0.011	−0.012	−0.013	−0.014	−0.015	−0.015	−0.015	−0.015
0.5	−0.010	−0.011	−0.013	−0.013	−0.014	−0.015	−0.015	−0.015
0.6	−0.009	−0.011	−0.012	−0.013	−0.013	−0.014	−0.015	−0.014
0.7	−0.008	−0.010	−0.011	−0.012	−0.013	−0.013	−0.014	−0.014
0.8	−0.007	−0.009	−0.010	−0.011	−0.012	−0.013	−0.013	−0.013
0.9	−0.006	−0.008	−0.010	−0.010	−0.012	−0.012	−0.013	−0.013
1.0	−0.005	−0.007	−0.009	−0.010	−0.011	−0.012	−0.012	−0.012
1.1	−0.005	−0.006	−0.008	−0.009	−0.010	−0.011	−0.011	−0.011
1.2	−0.004	−0.006	−0.007	−0.008	−0.009	−0.010	−0.010	−0.010
1.3	−0.004	−0.005	−0.007	−0.007	−0.008	−0.009	−0.009	−0.010
1.4	−0.003	−0.005	−0.006	−0.007	−0.007	−0.008	−0.008	−0.009
1.5	−0.003	−0.004	−0.005	−0.006	−0.007	−0.007	−0.008	−0.009
1.6	−0.002	−0.003	−0.004	−0.005	−0.006	−0.007	−0.007	−0.008
1.7	−0.002	−0.002	−0.003	−0.004	−0.005	−0.006	−0.007	−0.007
1.8	−0.001	−0.002	−0.002	−0.003	−0.004	−0.005	−0.006	−0.007
1.9	−0.001	−0.001	−0.002	−0.003	−0.004	−0.004	−0.005	−0.006
2.0	0	−0.001	−0.002	−0.003	−0.003	−0.004	−0.004	−0.005
2.1	0	−0.001	−0.002	−0.002	−0.003	−0.003	−0.004	−0.005
2.2	0	−0.001	−0.001	−0.002	−0.003	−0.003	−0.003	−0.004
2.4	0	−0.001	−0.001	−0.002	−0.002	−0.003	−0.003	−0.004
2.6	0	0	0	−0.001	−0.001	−0.002	−0.002	−0.003
2.8	0.001	0.001	0	−0.001	−0.001	−0.001	−0.001	−0.003
3.0	0.001	0.001	0	0	0	−0.001	−0.001	−0.003
3.2	0.001	0.001	0	0	0	−0.001	−0.001	
3.4	0.001	0.001	0	0	0			
3.6	0.001	0.001	0					
3.8								
4.0								

续上表

$\xi(\eta)$ / $\eta(\xi)$	2.6	2.8	3.0	3.2	3.4	3.6	3.8	4.0
0.0	−0.015	−0.014	−0.013	−0.012	−0.011	−0.010	−0.008	−0.008
0.05	−0.015	−0.014	−0.013	−0.012	−0.011	−0.010	−0.008	−0.008
0.1	−0.015	−0.014	−0.013	−0.012	−0.011	−0.010	−0.008	−0.008
0.2	−0.015	−0.014	−0.013	−0.012	−0.011	−0.010	−0.008	−0.008
0.3	−0.015	−0.014	−0.013	−0.012	−0.011	−0.010	−0.008	−0.008
0.4	−0.014	−0.014	−0.013	−0.012	−0.011	−0.010	−0.008	−0.007
0.5	−0.014	−0.014	−0.013	−0.012	−0.011	−0.010	−0.008	−0.007
0.6	−0.014	−0.013	−0.012	−0.011	−0.011	−0.010	−0.008	−0.007
0.7	−0.014	−0.013	−0.012	−0.011	−0.011	−0.010	−0.008	
0.8	−0.013	−0.012	−0.011	−0.010	−0.010	−0.009	−0.007	
0.9	−0.013	−0.012	−0.011	−0.010	−0.009	−0.009	−0.007	
1.0	−0.012	−0.011	−0.010	−0.009	−0.008	−0.008	−0.007	
1.1	−0.011	−0.011	−0.010	−0.009	−0.008	−0.008	−0.007	
1.2	−0.010	−0.010	−0.009	−0.009	−0.008	−0.008	−0.007	
1.3	−0.010	−0.010	−0.009	−0.009	−0.008	−0.008	−0.007	
1.4	−0.009	−0.010	−0.009	−0.009	−0.008	−0.008	−0.007	
1.5	−0.009	−0.009	−0.009	−0.009	−0.008	−0.008		
1.6	−0.008	−0.008	−0.008	−0.008	−0.007	−0.007		
1.7	−0.008	−0.008	−0.008	−0.007	−0.007	−0.007		
1.8	−0.007	−0.007	−0.007	−0.006	−0.006	−0.006		
1.9	−0.007	−0.007	−0.007	−0.006	−0.006			
2.0	−0.006	−0.006	−0.006	−0.006	−0.006			
2.1	−0.005	−0.006	−0.006	−0.006	−0.006			
2.2	−0.004	−0.005	−0.005	−0.005	−0.005			
2.4	−0.004	−0.004	−0.004	−0.004				
2.6	−0.003	−0.003	−0.003					
2.8	−0.003							
3.0								
3.2								
3.4								
3.6								
3.8								
4.0								

五、威斯特卡德方法

威斯特卡德采用文克勒地基假设,分析了三种轮载位置(图6-6)下最大挠度和应力的计算。

(1)轮载作用于无限大板的中央,压力均布于半径为 R 的圆形面积内。

(2)轮载作用于受一直线边限制的半无限大板的边缘,压力均布于半径为 R 的半圆形面积内。

(3)轮载作用于受两条相互垂直的直线边限制的大板角隅处,压力均布于半径为 R 的圆形面积内,其圆心距角隅顶点的距离为 $R_1 = \sqrt{2}R$。

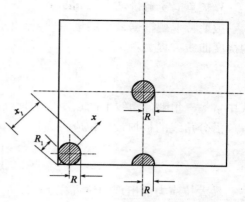

图6-6　三种荷载作用位置

1. 板中受荷情况

板中受荷时,在板底的荷载的中心处出现最大弯拉应力,其计算公式为:

$$\sigma_i = 1.1 \times (1 + \mu)\left(\lg\frac{l}{b} + 0.2673\right)\frac{P}{h^2} \tag{6-36}$$

当荷载作用面积较小时,如果仍采用薄板理论计算应力,会得出偏大的结果。威斯特卡德分析了薄板与厚板理论计算结果的差异,提出一种把小半径实际荷载面积放大成当量计算半径 b 的近似方法。b 和 R 的关系按下式确定:

当 $R < 1.724R$ 时　　　　　$b = \sqrt{1.6R^2 + h^2} - 0.675h$　　　　$(6\text{-}37)$

当 $R \geqslant 1.724R$ 时　　　　　$b = R$

式中:b——当量荷载圆半径(cm);

　　　R——荷载圆半径(cm)。

板中最大挠度在荷载的中心处,其值按下式计算:

$$W_{max} = \frac{Pl^2}{8D} \tag{6-38}$$

式中:P——板中荷载的合力;

　　　l——文克勒地基上板的相对刚度半径,见式(6-21)。

2. 板边缘中部受荷情况

轮载作用于板边缘中部半圆面积内时,最大应力发生在荷载中心的板底处,其值按下式计算:

$$\sigma_e = 2.116 \times (1 + 0.54\mu)\left(\lg\frac{l}{b} + 0.08975\right)\frac{P}{h^2} \tag{6-39}$$

试验发现,当板与地基完全接触时,按式(6-35)计算结果同实测值相符。但在板边缘由于温度翘曲变形或因地基塑性变形而使板与地基脱空时,实测应力值要比按式(6-39)计算结果偏大。因此,根据试验结果得出了经验修正公式,如下式所示:

$$\sigma_e = 2.116 \times (1 + 0.54\mu)\left(\lg\frac{l}{b} + \frac{1}{4}\lg\frac{b}{2.54}\right)\frac{P}{h^2} \tag{6-40}$$

3. 板角隅受荷情况

威斯特卡德根据最小能量原理,导出了板角受荷时的计算公式。沿角隅分角线(图 6-6)的挠度曲线方程为:

$$W_c = \left(1.1 e^{-\frac{x}{l}} - \frac{\sqrt{2}R}{l} \times 0.88 e^{-\frac{2x}{l}} \right) \frac{P}{kl^2} \tag{6-41}$$

式中:x——角隅分角线上的点距角隅顶点的距离。

沿分角线的板顶最大拉应力为:

$$\sigma_c = 3\left[1 - \left(\frac{\sqrt{2}R}{l} \right)^{0.6} \right] \frac{P}{h^2} \tag{6-42}$$

最大拉应力值出现的位置在 $x = 2\sqrt{R_1 l}$ 处,其中 R_1 为荷载的圆心距板角的距离。

在温度梯度和地基塑性变形的影响下,板角隅也会发生同地基相脱离的现象。试验表明,板角隅上翘时,实测应力值要比按式(6-38)算得结果大很多。为此,也提出了经验修正公式,如下式所示:

$$\sigma_c = 3\left[1 - \left(\frac{\sqrt{2}R}{l} \right)^{1.2} \right] \frac{P}{h^2} \tag{6-43}$$

按上述三种受荷情况的最大应力计算公式(6-36)、式(6-39)、式(6-40)、式(6-42)和式(6-43),在相同轮载和道面结构情况下,进行应力计算。结果表明,板中受荷时产生的最大应力值低于板边中部和板角受荷时产生的最大应力值,约为未翘曲的板边最大应力的 2/3。角隅受荷时产生的最大应力,在板角未翘曲的情况下低于板边中部受荷时产生的最大应力值;但在板角翘起时,角隅受荷产生的最大应力超过板边中部受荷时产生的最大应力。

【例 6-3】 某机场道面板厚度 $h = 0.2$m,其弹性模量 $E = 32000$MPa,$\mu = 0.15$,地基反应模量 $k = 120$MN/m³;在板中作用圆形均布荷载,圆形均布荷载的面积为 $A = 885$cm²,胎压 $q = 1.27$MPa;试用威斯特卡德公式求板中、板边中点和板角最大应力。

解 圆形均布荷载的合力:$P = A \times q = 1.27 \times 885 \times 10^{-4} = 0.1124$MN

$$l = \sqrt[4]{\frac{Eh^3}{12(1-\mu^2)k}} = \sqrt[4]{\frac{32000 \times 0.2^3}{12 \times (1-0.15^2) \times 120}} = 0.6530\text{m} = 65.3\text{cm}$$

$$R = \sqrt{\frac{A}{\pi}} = \sqrt{\frac{885}{3.14}} = 16.7\text{cm} = 0.167\text{m} = 16.7\text{cm} < 1.724h$$

$$= 1.724 \times 0.2 = 0.3448\text{m} = 34.48\text{cm}$$

故 $b = \sqrt{1.6R^2 + h^2} - 0.675h = \sqrt{1.6 \times 16.7^2 + 20^2} - 0.675 \times 20 = 15.59$cm

荷载作用在板中:

$$\sigma_i = 1.1(1+\mu)\left(\lg \frac{l}{b} + 0.2673 \right) \frac{P}{h^2}$$

$$= 1.1(1+0.15)\left(\lg \frac{65.30}{15.59} + 0.2673 \right) \frac{0.1124}{0.2^2} = 3.16\text{MPa}$$

荷载作用在板边缘中部:

$$\sigma_e = 2.116(1+0.54\mu)\left(\lg \frac{l}{b} + 0.08975 \right) \frac{P}{h^2}$$

$$= 2.116(1 + 0.54 \times 0.15)\left(\lg\frac{65.3}{15.59} + 0.08975\right)\frac{0.1124}{0.2^2} = 4.58\text{MPa}$$

修正公式:

$$\sigma_e = 2.116(1 + 0.54\mu)\left(\lg\frac{l}{b} + \frac{1}{4}\lg\frac{b}{2.54}\right)\frac{P}{h^2}$$

$$= 2.116(1 + 0.54 \times 0.15)\left(\lg\frac{65.3}{15.59} + \frac{1}{4}\lg\frac{15.59}{2.54}\right)\frac{0.1124}{0.2^2} = 5.26\text{MPa}$$

荷载作用在板角时:

$$\sigma_c = 3\left[1 - \left(\frac{\sqrt{2}R}{l}\right)^{0.6}\right]\frac{P}{h^2} = 3\left[1 - \left(\frac{\sqrt{2} \times 0.167}{0.6530}\right)^{0.6}\right]\frac{0.1124}{0.2^2} = 3.85\text{MPa}$$

修正公式:

$$\sigma_c = 3\left[1 - \left(\frac{\sqrt{2}R}{l}\right)^{1.2}\right]\frac{P}{h^2} = 3\left[1 - \left(\frac{\sqrt{2} \times 0.167}{0.6530}\right)^{1.2}\right]\frac{0.1124}{0.2^2} = 5.94\text{MPa}$$

第二节　温度应力分析

水泥混凝土面层内不同深度处的温度,随气温而发生周期性变化(图 3-6)。这种变化使混凝土面层出现温度变形。当温度变形受到约束时就会产生温度应力。道面的温度变形可以分成伸缩变形和翘曲变形(图 6-7)。伸缩变形是指道面整体温度发生均匀变化;翘曲变形是指道面板顶面和底面出现温度坡差引起的。

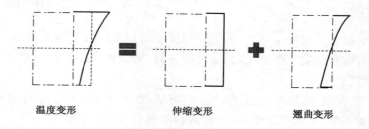

温度变形　　　　伸缩变形　　　　翘曲变形

图 6-7　道面板温度变形

一、伸缩应力

当板因温度均匀升降而引起的伸缩变形受阻时,板内便产生伸缩应力。设 x 为板的纵向,y 为板的横向;现考察一长度和宽度均很大的板,温度降低 $\Delta t\,\text{℃}$,板内任一点的应变为:

$$\begin{cases} \varepsilon_x = \dfrac{1}{E}(\sigma_x - \mu\sigma_y) + \alpha\Delta t \\ \varepsilon_y = \dfrac{1}{E}(\sigma_y - \mu\sigma_y) + \alpha\Delta t \end{cases} \tag{6-44}$$

式中:ε_x——板在 x 方向上的应变;

ε_y——板在 y 方向上的应变;

σ_x——板在 x 方向上的温度应力(MPa);

σ_y——板在 y 方向上的温度应力(MPa);

α——水泥混凝土的线膨胀系数,一般取 $0.00001/℃$;

Δt——板的平均温度差,$\Delta t = t_2 - t_1$,为后一瞬时温度减去前一瞬时温度。

在板中部,由于受到板和基层之间的摩阻力的约束,在温度变化时,板不能移动,即 $\varepsilon_x = 0$,$\varepsilon_y = 0$。以此代入式(6-44),可求得伸缩完全受阻时的板中应力。

$$\sigma_x = \sigma_y = -\frac{E\alpha\Delta t}{1-\mu} \tag{6-45}$$

对于板边缘中部或窄长板,令其长边平行于 x 轴,则 $\varepsilon_x = 0$,$\sigma_y = 0$,此时,伸缩应力的计算公式为:

$$\sigma_x = -E\alpha\Delta t \tag{6-46}$$

由于温度作用的时间是长时间的,不同于机轮荷载的短时间的作用。在温度荷载的长时间作用下,混凝土的应变会随时间而增大,因而约束作用逐渐松弛,表现出水泥混凝土的徐变特性。因此,在用式(6-45)和式(6-46)计算时,混凝土的弹性模量要采用考虑徐变影响后的弹性模量。其持久弹性模量仅及标准试验模量的 $1/3 \sim 2/3$,计算中通常取 $20000 \sim 25000$MPa。

【例6-4】 水泥混凝土板刚浇筑时的温度为 $30℃$,第二天凌晨气温骤降,板内温度下降 $15℃$,如果混凝土未开始锯缝,这时板内可能产生多大的收缩应力?

解 取 $E = 12000$MPa,$\mu = 0.15$,$\Delta t = 15 - 30 = -15℃$

由于混凝土未锯缝,属于窄长板,代入式(6-45),得:

$$\sigma_t = -\frac{E\alpha\Delta t}{1-\mu} = -\frac{12000 \times 0.00001 \times (-15)}{1 - 0.15} = 2.118\text{MPa}$$

此时,由于混凝土尚未完全硬化,其抗拉强度不足以抵抗这样大的收缩应力,因而板会出现收缩裂缝。因此,在混凝土板施工时,要及时锯缝,防止由于温度降低而产生的伸缩应力导致混凝土板的断裂。

【例6-5】 水泥混凝土道面施工时的平均温度为 $10℃$,该地区的最高平均板温约为 $45℃$,如果未设置胀缝,板的膨胀受阻时,板内会出现多大的膨胀应力?

解 因系持久应力,取 $E = 20000$MPa,$\mu = 0.15$,$\Delta t = 45 - 10 = 35℃$,代入式(6-45):

$$\sigma_t = -\frac{E\alpha\Delta t}{1-\mu} = -\frac{20000 \times 0.00001 \times 35}{1 - 0.15} = -8.235\text{MPa}$$

此压力远小于水泥混凝土的抗压强度,不会引起板的挤压破坏。但需注意板在此时是否出现失稳(拱起)破坏。

为了减少伸缩应力,设置各种接缝,把混凝土道面划分为有限尺寸的板块。此时,只要板下基层对板块有足够的摩阻力,阻止板的自由伸缩,板内就产生伸缩应力。因此,可能产生的最大应力,受到基层可能提供的最大摩阻力的限制。最大摩阻力产生在板长的中部(图6-8),其值为:

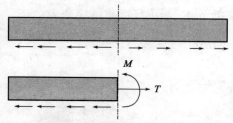

图6-8 板底摩阻力分布图

$$T = \frac{1}{2}LBhWf \tag{6-47}$$

式中：L、B、h——板的长、宽、厚度（m）；

　　　　W——水泥混凝土的重度（MN/m^3）；

　　　　f——水泥混凝土与基层之间的摩阻系数，同基层的类型、含水率、板的位移量及位移反复情况有关，一般采用 $1 \sim 2$。

基层摩阻力作用于板的底面，按照偏心受力的情形分析，产生的弯矩 M 按下式计算。

$$M = T \times \frac{h}{2} = \frac{1}{4}LBh^2Wf \tag{6-48}$$

在板底产生的最大应力为：

$$\sigma_{\text{tsmax}} = \frac{T}{A} + \frac{12M}{bh^2} \times \frac{h}{2} = \frac{LWf}{2} + \frac{6LWf}{4} = 2LWf \tag{6-49}$$

由式（6-49）可知，板的尺寸越大，在板底产生的拉应力值也越大。要减少板的温度伸缩应力，必须缩短板的长度。机场水泥混凝土道面板尺寸通常为 $4 \sim 6$m。这样，温度伸缩应力是很小的。摩阻应力的最大值不可能超过板完全受阻时的伸缩应力，即式（6-49）的计算结果不能大于式（6-45）和式（6-46）的计算结果。

二、翘曲应力

水泥混凝土道面袒露在地表，板内的温度沿深度一般呈曲线变化，使得板顶与板底出现温度差，因而板顶与板底的温度胀缩变形大小也就不同。当气温升高时，板顶的温度较其底面的高，板顶膨胀变形较板底的大，则板中部隆起；当气温降低时，板顶的温度较其底面的低，板顶收缩变形较板底的大，则板边缘和角隅翘起，见图 6-9。由于这种翘曲变形受到约束（相邻板间的相互钳制、板的自重、板与基层之间的摩阻与黏结），板内将产生翘曲应力。通常，白天由于日晒，板顶温度高于板底，板的中部图拱起，此时，板的底面将出现拉应力；反之，在夜间，上冷下热，板有产生凹形翘曲的趋势，板顶面将出现拉应力。

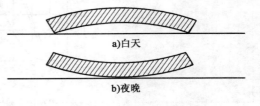

图 6-9　水泥混凝土道面板的翘曲变形

1. 文克勒地基上板翘曲应力

文克勒地基上道面的翘曲应力可采用 Westergaard 方法求解。为了求解道面板的翘曲应力，做出如下假设：

（1）板与地基始终保持接触。

（2）温度沿板截面呈线性变化，Δt 在板内各点相同。

（3）翘曲应力是由地基反力的约束引起的。

（4）板的自重忽略不计。

对有限尺寸板，沿板长（L）和板宽（B）方向的翘曲应力可用下面公式计算：

$$
\begin{cases}
\sigma_{tx} = \dfrac{E\alpha\Delta t}{2}\left(\dfrac{C_x + \mu C_y}{1 - \mu^2}\right) \\[3mm]
\sigma_{ty} = \dfrac{E\alpha\Delta t}{2}\left(\dfrac{C_y + \mu C_x}{1 - \mu^2}\right)
\end{cases} \tag{6-50}
$$

在板边缘中点:

x 方向边缘
$$\sigma_{tx} = \frac{E\alpha\Delta t}{2}C_x \tag{6-51}$$

y 方向边缘
$$\sigma_{ty} = \frac{E\alpha\Delta t}{2}C_y \tag{6-52}$$

式中:Δt——板顶面与板底面的温度差($^{\circ}\!C$);

C_x、C_y——x 方向和 y 方向翘曲应力系数,其值随板长 L 和板宽 B 及相对刚度半径 l 而变化,可由图 6-10 中的曲线 3 查得;也可按下式计算。

$$C_x = 1 - \frac{2\cos A_l \mathrm{ch}A_l}{\sin 2A_l + \mathrm{sh}2A_l}(\tan A_l + \mathrm{th}A_l) \tag{6-53}$$

$$C_y = 1 - \frac{2\cos B_l \mathrm{ch}B_l}{\sin 2B_l + \mathrm{sh}2B_l}(\tan B_l + \mathrm{th}B_l) \tag{6-54}$$

式中,$A_l = \dfrac{L}{l\sqrt{8}}$,$B_l = \dfrac{B}{l\sqrt{8}}$,$l$ 为文克勒地基上板的相对刚度半径,见式(6-21)。

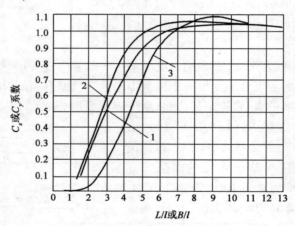

图 6-10 弹性地基板翘曲应力系数值

1-弹性半空间地基板板中;2-弹性半空间地基板板边缘中点;3-文克勒地基

板顶面与板底面的温度差可用板的温度梯度乘以板厚来表示,即 $\Delta t = T_b \times h$。处于不同的自然环境中,道面板的温度梯度不同,即同一厚度的道面板的板顶与板底的温度差是不同的。在实际应用中,道面板的最大温度梯度对道面结构设计具有重要意义。道面板的最大温度梯度可根据机场所处的自然区划,查公路有关规范来确定,见表 3-1;也可根据机场所处的地区的气温、太阳辐射、风速等因素,根据热导理论得出,或实测道面板的温度变化规律,推算出道面板的最大温度梯度。

【例 6-6】 混凝土道面板长 5m,宽 4m,厚 0.22m;混凝土弹性模量 $E = 20000\mathrm{MPa}$,泊松比 $\mu = 0.15$;地基反应模量 $k = 70\mathrm{MN/m^3}$;最大温度梯度 $\Delta t/h = 80^{\circ}\!C/\mathrm{m}$。试计算确定板内温度翘

曲应力。

解 由板和地基参数可得到相对刚度半径。

$$l = \sqrt[4]{\frac{Eh^3}{12(1-\mu^2)k}} = \sqrt[4]{\frac{20000 \times 0.22^3}{12 \times (1-0.15^2) \times 70}} = 0.71\text{m}$$

由此,可计算板的相对长度和宽度:$L/l = 5/0.71 = 7.01$,$B/l = 4/0.71 = 5.63$;

按此参数值,查图 6-10 的曲线 3,可得板中点翘曲应力系数 $C_x = 1.02$,$C_y = 0.87$;

由式(6-50)可计算板中点温度翘曲应力:

$$\sigma_{tx} = \frac{E\alpha\Delta t}{2}\left(\frac{C_x + \mu C_y}{1-\mu^2}\right)$$

$$= \frac{20000 \times 1 \times 10^{-5} \times 80 \times 0.22}{2} \times \left(\frac{1.02 + 0.15 \times 0.87}{1-0.15^2}\right) = 2.07\text{MPa}$$

$$\sigma_{ty} = \frac{E\alpha\Delta t}{2}\left(\frac{C_y + \mu C_x}{1-\mu^2}\right)$$

$$= \frac{20000 \times 1 \times 10^{-5} \times 80 \times 0.22}{2} \times \left(\frac{0.87 + 0.15 \times 1.02}{1-0.15^2}\right) = 1.84\text{MPa}$$

由式(6-51)、式(6-52)可计算板长边和短边温度翘曲应力:

$$\sigma_{tx} = \frac{E\alpha\Delta t}{2}C_x$$

$$= \frac{20000 \times 1 \times 10^{-5} \times 80 \times 0.22}{2} \times 1.02 = 1.79\text{MPa}$$

$$\sigma_{ty} = \frac{E\alpha\Delta t}{2}C_y$$

$$= \frac{20000 \times 1 \times 10^{-5} \times 80 \times 0.22}{2} \times 0.87 = 1.53\text{MPa}$$

2. 弹性地基上板翘曲应力

迄今为止,尚无弹性半空间地基上板的翘曲应力的解析解。对于弹性半空间地基上板的翘曲应力,可采用有限元法进行分析和求解,采用与文克勒地基板的翘曲应力计算公式相同形式,见式(6-50)~式(6-52)。根据计算结果,绘出图 6-10 中的曲线 1 和 2。此时,l 的计算采用弹性半空间地基上板的相对刚度半径的计算公式,见式(6-29)。

由图 6-10 可知,板的翘曲应力在板长较小时,随着板长的增加而增大;但板长达到一定时(这个尺寸是随着板厚的不同而有所变化,在实际道面结构中,一般在 6~8m 之间),翘曲应力并不随板长的增加而增大,而是基本上保持在某一稳定值。随着板厚的增加,翘曲应力减少。

实际上,道面板内温度沿截面的分布是非线性的。对于较厚的板,按照线性分布的假设,即板顶面与板底面的温度差用板的温度梯度乘以板厚来表示,则会得到偏大的温度翘曲应力。因此,温度翘曲应力的计算中应考虑温度非线性分布而板截面保持平面变形所产生的内应力的影响,将它与翘曲应力叠加,可得到考虑内应力的计算公式。

板中部:

$$\sigma_{txi} = \frac{E\alpha\Delta t}{2(1-\mu)}\left(\frac{D_x + \mu D_y}{1+\mu}\right) \tag{6-55}$$

板边缘中部：

$$\sigma_{txi} = \frac{E\alpha\Delta t}{2}D_x \qquad (6-56)$$

式中：D_x(或 D_y)——温度应力系数，为 C_x(或 C_y)、α_h 和温度应力相位角的函数；它随 C_x(或 C_y)的增大而增大，但随板厚的增大而减小；其计算公式如下：

$$D_x = 2.08C_x e^{-0.0448h} - 0.154(1 - C_x) \qquad (6-57)$$

式中：h——水泥混凝土道面板厚(cm)；

x——沿板长度 L 方向，若沿板宽 B 方向，下标改为 y。

【例6-7】 混凝土道面板长 5m，宽 4m，厚 0.22m；混凝土弹性模量 $E = 20000$MPa，泊松比 $\mu = 0.15$；基层顶面计算回弹模量 $E_0 = 100$MPa；最大温度梯度 $\Delta t/h = 80℃/m$。试计算确定板内温度翘曲应力。

解 由板和地基参数可得到相对刚度半径。

$$l = h\sqrt[3]{\frac{E(1 - \mu_0^2)}{6E_0(1 - \mu^2)}} = 0.22\sqrt[3]{\frac{20000 \times (1 - 0.3^2)}{6 \times 100 \times (1 - 0.15^2)}} = 0.69m$$

由此，可计算板的相对长度和宽度：$L/l = 5/0.69 = 7.25$，$B/l = 4/0.69 = 5.80$

按此参数值，查图6-10的曲线1和2，可得板中点翘曲应力系数 $C_x = 1.02$，$C_y = 0.96$；板边缘中点翘曲应力系数 $C_x = 1.05$，$C_y = 1.02$。

(1)不考虑内应力时

由式(6-50)可计算板中点温度翘曲应力：

$$\sigma_{tx} = \frac{E\alpha\Delta t}{2}\left(\frac{C_x + \mu C_y}{1 - \mu^2}\right)$$

$$= \frac{20000 \times 1 \times 10^{-5} \times 80 \times 0.22}{2} \times \left(\frac{1.02 + 0.15 \times 0.98}{1 - 0.15^2}\right) = 2.10MPa$$

$$\sigma_{ty} = \frac{E\alpha\Delta t}{2}\left(\frac{C_y + \mu C_x}{1 - \mu^2}\right)$$

$$= \frac{20000 \times 1 \times 10^{-5} \times 80 \times 0.22}{2} \times \left(\frac{0.98 + 0.15 \times 1.02}{1 - 0.15^2}\right) = 2.04MPa$$

由式(6-51)、式(6-52)可计算板长边和短边温度翘曲应力：

$$\sigma_{tx} = \frac{E\alpha\Delta t}{2}C_x$$

$$= \frac{20000 \times 1 \times 10^{-5} \times 80 \times 0.22}{2} \times 1.05 = 1.85MPa$$

$$\sigma_{ty} = \frac{E\alpha\Delta t}{2}C_y$$

$$= \frac{20000 \times 1 \times 10^{-5} \times 80 \times 0.22}{2} \times 1.02 = 1.80MPa$$

(2)考虑内应力时

按式(6-57)计算板中温度应力系数

$$D_x = 2.08C_x e^{-0.0448h} - 0.154(1 - C_x)$$

$$= 2.08 \times 1.02 e^{-0.0448 \times 0.22 \times 100} - 0.154 \times (1 - 1.02) = 0.88$$

$$D_y = 2.08 C_y e^{-0.0448h} - 0.154(1 - C_y)$$

$$= 2.08 \times 0.96 e^{-0.0448 \times 0.22 \times 100} - 0.154 \times (1 - 0.96) = 0.81$$

由式(6-55),考虑按内应力时的板中温度应力:

$$\sigma_{txi} = \frac{E\alpha\Delta t}{2(1-\mu)}\left(\frac{D_x + \mu D_y}{1 + \mu}\right)$$

$$= \frac{20000 \times 1 \times 10^{-5} \times 80 \times 0.22}{2 \times (1 - 0.15)} \times \left(\frac{0.88 + 0.15 \times 0.81}{1 + 0.15}\right) = 1.80 \text{MPa}$$

$$\sigma_{tyi} = \frac{E\alpha\Delta t}{2(1-\mu)}\left(\frac{D_y + \mu D_x}{1 + \mu}\right)$$

$$= \frac{20000 \times 1 \times 10^{-5} \times 80 \times 0.22}{2 \times (1 - 0.15)} \times \left(\frac{0.81 + 0.15 \times 0.88}{1 + 0.15}\right) = 1.70 \text{MPa}$$

由式(6-56)可计算板长边和短边温度翘曲应力:

$$\sigma_{txi} = \frac{E\alpha\Delta t}{2}D_x = \frac{20000 \times 1 \times 10^{-5} \times 80 \times 0.22}{2} \times 0.88 = 1.55 \text{MPa}$$

$$\sigma_{txi} = \frac{E\alpha\Delta t}{2}D_x = \frac{20000 \times 1 \times 10^{-5} \times 80 \times 0.22}{2} \times 0.81 = 1.43 \text{MPa}$$

思考题与习题

1. 为什么可把机场水泥混凝土道面板看作是地基上的小挠度薄板? 小挠度薄板有哪些基本假设?

2. 试比较弹性地基板的威斯特卡德法和无限大板的解析法的适用条件。

3. 弹性半空间地基和文克勒地基有何区别?

4. 供轰-6飞机使用的某机场,混凝土道面板厚为25cm,道面分块尺寸为4m×5m 的矩形板,基层顶面综合回弹模量 $E_0 = 300 \text{MPa}$, $\mu_0 = 0.35$,混凝土模量 $E = 35000 \text{MPa}$, $\mu = 0.15$,试计算板中弯矩值。

5. 某飞机主起落架荷载为125kN,双轮间距为39cm,轮胎压力为1.25MPa,其余资料同习题4,试计算板中弯矩。

6. 水泥混凝土道面的温度应力是怎样产生的?

7. 水泥混凝土道面板宽度4m,板内平均温度骤降10℃,试分别计算板长为4m、5m、6m 时的最大伸缩应力? 水泥混凝土与基层之间的摩阻系数 $f = 1.5$。

8. 混凝土道面板长4m,宽5m,厚0.30m;混凝土弹性模量 $E = 20000 \text{MPa}$,泊松比 $\mu = 0.15$;地基反应模量 $k = 100 \text{MN/m}^3$;最大温度梯度 $\Delta t/h = 85℃/m$。试计算确定板内温度翘曲应力。

9. 混凝土道面板长4m,宽5m,厚0.30m;混凝土弹性模量 $E = 20000 \text{MPa}$,泊松比 $\mu = 0.15$;地基回弹模量 $E_0 = 130 \text{MPa}$;最大温度梯度 $\Delta t/h = 85℃/m$。试计算确定板内温度翘曲应力。

第七章　机场水泥混凝土道面设计

机场水泥混凝土道面包括素水泥混凝土道面、配筋水泥混凝土道面、连续配筋水泥混凝土道面、钢筋水泥混凝土道面和预应力钢筋水泥混凝土道面。本章主要讨论素水泥混凝土道面设计，对其他水泥混凝土道面只作一般介绍。

机场水泥混凝土道面的设计方法很多，国内有军用和民用机场水泥混凝土道面设计方法；国外应用比较广泛的有美国波兰特水泥协会法、联邦航空局法、美军陆军工程兵法和影响图法等。此外，还有日本机场水泥混凝土道面设计方法。

第一节　水泥混凝土道面的损坏现象和结构设计

水泥混凝土道面的使用性能在机轮荷载和环境因素的不断作用下逐渐变坏，以至道面结构出现损坏现象，影响道面的使用，最终导致道面结构的完全损坏，不能满足飞机的使用要求。道面结构的损坏形态主要有以下几种。

一、道面结构损坏现象

1. 断裂

面层板由于板内应力超过了水泥混凝土的强度而出现横向或纵向断裂裂缝，或者在角隅处发生折断断裂，见图7-1。过大应力产生的原因是多方面的，如板的厚度不够或轮载过重，板的平面尺寸太大使温度应力（包括翘曲应力和伸缩应力）过大，地基的过量塑性变形使板底失去支承，养生期间收缩应力过大等。断裂的出现破坏了板的结构整体性，使板丧失大部分承载力。因而，通常把断裂看作是混凝土道面结构的极限状态。

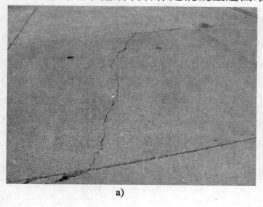
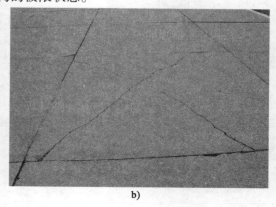

a)　　　　　　　　　　　　　　　b)

图 7-1　面层断裂

2. 碎裂

碎裂多出现于横向接缝(主要在胀缝位置)两侧数十厘米宽的范围内。由于缝内的滑动传力杆排列不正或不能滑动;或者由于维护不当,缝隙内嵌入坚硬物,使道面板的伸缩受到阻碍,在接缝外边缘产生较高的挤压应力而使道面板接缝处碎裂。水分从缝隙渗入,使得接缝附近基础和地基松动,导致接缝两侧板底脱空,失去支承;当板下的土基强度不足时,在机轮荷载反复作用下也会出现板的碎裂,见图7-2。

a)　　　　　　　　　　　　　　　　　　b)

图7-2　道面板碎裂

道面板的碎裂使平整度降低,影响滑行舒适性。碎块飞起打坏飞机蒙皮事故常有发生,甚至吸入进气道而打坏发动机,造成飞行事故。因此,在道面结构设计时应注意接缝(特别是胀缝)设计,并加强维护管理,及时灌缝,防止杂物进入。

3. 错台

错台系指接缝两侧道面板端部出现的竖向相对位移。当接缝仅有部分传荷能力时,机轮经过时板缝两侧出现挠度差,把板下的泥浆及碎屑挤向邻板与基层界面的空隙内,从而使板端抬起。另外,沿接缝下渗的水,会使道面板与基层之间出现塑性变形;由于相邻道面板的传荷能力较差,在机轮作用下相邻板的沉陷不一致时,也会产生错台现象。错台现象取决于接缝的传荷能力、缝和空隙内的碎屑数量以及沿接缝下渗的水分三方面因素。因此,在结构设计时,应保证接缝有较好的传荷能力,减少沿缝下渗的水分,选用稳定性好的基层。此外,季节性冰冻地区,冬季道面产生不均匀冻胀时,也会产生错台。这必须在土基和基层设计时,采取相应的措施,以减少道面的不均匀冻胀。错台的损坏现象见图7-3。

道面板出现错台,使平整度急剧恶化,降低运行的平稳性和舒适性,加速了轮胎和起落架的损坏,影响飞行安全。

4. 拱起

混凝土道面板在受热膨胀受到约束时,某一接缝两侧的数块道面板突然出现向上拱起的屈曲失稳现象。板收缩时,接缝缝隙张开,填缝料失效,坚硬的碎屑落入缝内,致使板在受热膨胀时产生较大的热压应力,将板向阻力较小的一侧推移,在失稳部位发生拱起(图7-4)。道面板的拱起在气温变化比较大的地区较易发生,如西北戈壁滩地区。在道面设计时,应合理设置胀缝位置,加强缝的维护,防止杂物落入缝内,及时清理缝内杂物和灌缝。

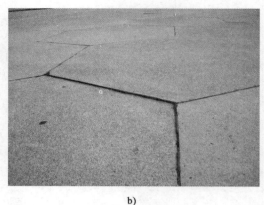

图 7-3　道面板错台

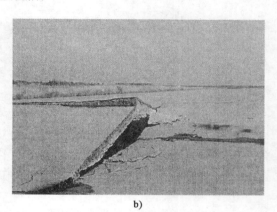

图 7-4　道面板拱起

5.唧泥

所谓唧泥是指道面板在飞机荷载作用下,向下运动,使得水和泥浆通过接缝(裂缝),或沿着道面边缘向外挤出的现象。产生唧泥的条件有三个。一是混凝土板下的材料处于自由水饱和状态;如果基层材料排水良好,则不会产生唧泥。二是飞机荷载频繁通过,使得道面板产生大幅度的沉降。三是混凝土板下的材料容易受冲刷侵蚀;材料受冲刷的程度与机轮移动荷载动力作用产生的水动力相关;任何未经处治的粒料材料,甚至于某些弱的胶结材料,都容易受到冲刷,因为强大的水动压力会使底基层或土基中的细颗粒材料转移到表面来,这些悬浮的细颗粒形成了唧泥。唧泥产生的过程为:板的温度翘曲和土基的塑性变形使道面板下形成空隙,水进入后,泥水挤出,空隙扩大,最后,机轮前的板产生错台和断裂;当机轮后的板回弹时,形成真空,将前板下的细料抽入,前板下即发生唧泥。图 7-5 展示了唧泥产生的过程。防治唧泥产生的方法有:灌缝,用沥青胶结料填塞板底空隙或者将水泥土压入软土层进行加固。在进行道面结构设计时,应选择抗冲刷能力强的材料作为道面下的基层。同时,做好道面表面排水和保持土基的干湿状态。对道面的损坏部位应及时修补,填缝料应及时维修和更换。

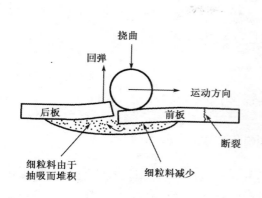

图 7-5　唧泥产生过程

6. 剥落

剥落系指道面板表面产生起皮、松动,在轮载和自然因素反复作用下表层剥落、露石,有的露石脱落而形成坑洞(图 7-6)。产生剥落的原因主要是施工质量不好、反复冻融、化学腐蚀及水平力的作用等。

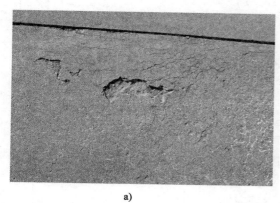

a)

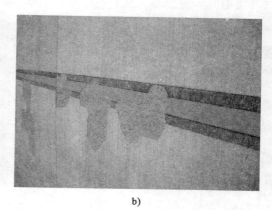

b)

图 7-6　剥落

在板的边角部位也常见掉边掉角,称为边角剥落。产生的原因多为施工质量差,传力杆失效,养护不当,杂物进入接缝以及造成挤压损坏等。

剥落属板的功能性损坏,其损坏深度不大,一般仅 2~3cm,对板的承载力影响不大。但剥落对道面外观影响极大,平整度恶化,碎屑对飞机蒙皮和发动机危害不容忽视。

7. 松动

板块虽无结构性损坏,但当轮载作用于板端时,另一端会翘起,荷载卸除后又恢复原位。这种现象称为板块松动,俗称"跷跷板"。产生松动的原因是面层板与基层脱空,这通常是由于土基和基层的塑性变形累积所至。松动虽对板的承载力无大的影响,但在轮载作用下易发生断裂,影响使用性能。在进行道面结构设计时,应针对土基情况采取相应的技术措施,提高其稳定性,减少日后可能产生的塑性变形。对基层,应选择稳定性好、整体强度高的材料,同时注意接缝设计,防止雨水下渗,影响土基的稳定。

由上面列举的主要损坏现象可以看出,影响混凝土道面使用特性的因素是多方面的,如轮载、温度、水分、基层和土基,接缝构造和面层厚度以及施工质量和维护管理等。所以,在进行混凝土道面结构设计时,必须多方面采取措施来保证它的使用品质和寿命。

二、道面结构设计的主要内容

机场水泥混凝土道面结构设计的主要内容包括:

1. 材料组成设计

选择合适的材料和配合比,以获得高强、耐磨和耐久性好的混凝土。

2. 土基和基层设计

采取适当的措施,为面层和基层提供均匀、稳定的土基;处于不同地区的土质都有其特殊性,应对土基可能产生的危害,采取相应的措施,控制其变化不会影响面层的使用性能;合理选择基层类型和基层的结构组合,以减轻或防止板底脱空、唧泥或错台等损坏现象的发生。

3. 板厚计算

使轮载产生的最大弯拉应力保持在混凝土弯拉强度允许的范围内。

4. 分块设计

按照减少温度应力及方便施工的要求,确定板的平面尺寸。

5. 接缝构造设计

合理选择接缝类型,布置接缝位置,设计接缝构造,提高接缝传荷能力,并防止雨水下渗。

三、结构设计的一般原则

通过多年机场工程实践,对道面结构设计已经总结出一些规律,可作为结构设计的一般原则。

1. 总体考虑,综合设计

进行道面结构设计时,对面层、基层和土基应作总体考虑,三者应互相协调,不应只强调一个方面而忽视另一方面,要进行综合设计。

这就是说,在进行基层和土基设计时,要考虑到面层的强度和稳定性;而在基层和土基施工中确实达不到某些要求时,也可以在面层设计中采取某些措施,以弥补土基强度和稳定性的不足。因为土基的强度和稳定性同道面结构的强度和稳定性密切相关,所以提高土基的强度和稳定性是合理地进行道面结构设计的重要措施。进行综合设计的另一层意义是要把土基、基层、面层看成一个互相关联,互相制约的整体,按照"土基均匀稳定,基层坚实可靠,面层经久耐用"的总的要求,充分发挥各个结构层的作用,合理地选择各结构层的材料,恰当地确定各结构层的厚度,使所设计的道面结构,不仅有足够的强度、耐久性和稳定性,又适用、又经济合理。

2. 因地制宜,注意特点

道面设计应在总的设计指导原则之下,充分考虑当地条件。应当根据机场可行性研究,综合考虑机场道面所使用的飞机类型,交通量发展情况等因素,合理确定道面的设计要求。对于冰冻地区、湿陷性黄土或膨胀土等特殊土类地区,道面结构设计应注意它们的特点,采取相应的工程措施。同时,应当注意吸取和应用当地同类机场道面和公路路面在结构设计方面的成功经验,对行之有效的道面结构弃之不用和生搬硬套当地经验都是不对的。

3. 就地取材,因材施用

道面各结构层,特别是基层和垫层,应当最大限度地做到就地取材,充分利用当地可能获得的一切天然材料、工业废副产品,以减少运输费用和降低工程造价。在选择结构层类型和拟订结构组合时,要注意当地材料的特点,充分发挥当地材料的长处,做到因材施用。但也应注意,如果当地材料的品质不能满足结构强度要求时,不要勉强应用,造成后患。

4. 方便施工,利于维护

选择各结构层的类型应考虑施工单位的技术力量和机具设备情况,在可能的条件下,应尽量采用机械化施工。基层的厚度应考虑碾压机械的作用深度,分块设计应考虑摊铺机械的作业宽度等。此外,还应考虑建成后的养护工作。

5. 考虑发展,分期修建

为了合理使用国家资金,一般可以先按近期使用要求进行道面设计,以后随着经济建设的发展和国防事业的需要,再进行修建。这样,就应注意不使前期工程废弃,并在可能情况下尽量留有余地,考虑后期工程的需要(如土基处理、基层类型选择等)。

结构层设计的方法,一般是根据设计任务的要求,深入调查研究,弄清机场所在地区的自然条件、材料来源及周围同类机场道面结构设计、施工和使用维护情况,作为设计时参考。通常是先选择、确定结构层的类型、构造和组合,然后确定各层的厚度。基层和垫层的厚度主要是靠经验确定,混凝土道面板的厚度按相应的计算方法确定。

第二节　道面结构组合设计

水泥混凝土道面的结构层组合,主要应考虑飞机类型与交通量大小、周围的自然环境、土基的土质条件和水文地质状况和材料来源等因素,进行技术经济分析比较,确定道面的结构组合。

一、道面的结构构造

水泥混凝土道面是由混凝土面层、基层、垫层、压实土基和天然土基等组成;在道面两侧还设置道肩,用来保护道面结构,如图 7-7 所示。根据排水的不同,将跑道设置成双面坡或单面坡;同时,还在道面两侧设置排水盖板明沟或盲沟。

为了便于施工,通常面层采用等厚度;也可采用变厚度设计。所谓变厚度设计,是指在跑道两侧,飞机作用次数比较少的部位,将面层厚度减薄。对于军用三、四级机场,或者是渠化交通很显著的跑道,可采用变厚度设计。

对于民用机场,规范要求:

(1)跑道端部、平行滑行道以及其他主要滑行道,可采用相同的混凝土板厚度。跑道宽度不小于 45m 并且设有平行滑行道时,跑道中段(距跑道两端入口的距离不小于 800m 的范围)的混凝土板可减薄至跑道端部混凝土板厚度的 0.9 倍(图 7-8)。

(2)跑道宽度不小于 45m 并且设有平行滑行道时,跑道横断面两侧的混凝土板经技术经济比较可适当减薄,并满足以下要求(图 7-8):

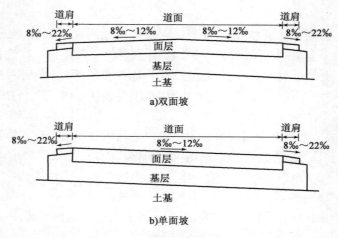

a)双面坡

b)单面坡

图 7-7　道面横断面

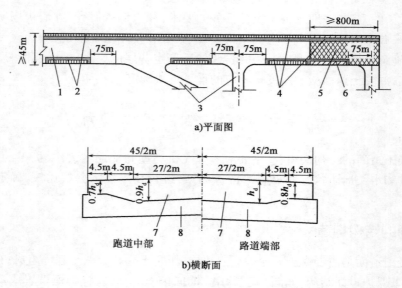

a)平面图

b)横断面

图 7-8　设平行滑行道时的跑道混凝土板减薄

1-0.9h_d 部分;2-0.7h_d 部分;3-联络滑行道、快速出口滑行道;4-板厚渐变部分;5-跑道端部板厚 h_d 部分;6-0.8h_d 部分;7-混凝土板;8-基层

①距跑道中心线 0.3 倍跑道宽度范围内不应减薄。

②在有滑行道或者规划滑行道穿越处,减薄后的混凝土板厚度不应小于相连接的滑行道混凝土板厚度。

③两侧混凝土板减薄后的厚度不应小于同一横断面处中部混凝土板厚度的 0.8 倍。

④两侧混凝土板的减薄应采用一块或两块过渡板,不应突变,并且减薄后基层顶面应有坡向跑道外侧的横坡。

⑤在未设平行滑行道的机场,跑道中段外侧的混凝土板可参考图 7-9 予以减薄。

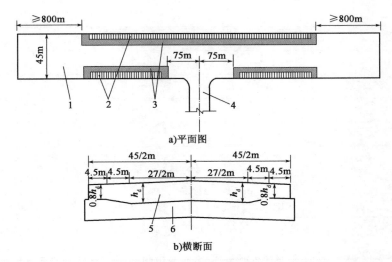

图 7-9　未设平行滑行道时的跑道水泥混凝土板减薄

1-跑道端部板厚 h_d 部分;2-0.8h_d 部分(宽度 4.5m);3-板厚渐变部分(宽度 4.5m);4-联络滑行道;5-混凝土板;6-基层

二、面层

面层由水泥混凝土构成,材料用量大,造价高,是保证道面结构强度和稳定性的主要层次。面层的作用是直接承受机轮荷载和自然因素的作用;保护基层和土基,使其承受适当的荷载压力,不产生过大的体积变化。

修筑面层用的水泥混凝土混合料,比其他结构物所使用的混合料要有更高的要求。这是因为,道面面层受到动荷载的冲击、摩擦和反复弯曲作用;同时还受到温度和湿度反复变化的影响。面层混凝土必须具有较高的抗弯拉强度和耐磨性,良好的耐冻性以及尽可能低的膨胀系数和弹性模量。

1. 水泥混凝土材料要求

混凝土应选用收缩性小、耐磨性强、抗冻性好的硅酸盐水泥或普通硅酸盐水泥(简称普通水泥)。水泥的比表面积宜为 $300 \sim 450 m^2/kg$,28d 干缩率不宜大于 0.10%。当使用活性集料时,水泥中碱含量($Na_2O + 0.658K_2O$)不得大于 0.6%。若当地水泥混凝土建筑物有碱集料反应破坏问题,则不论集料检验是否有活性,水泥中的碱含量都不得大于 0.6%。

天然砂、人工砂均可使用。应选用洁净、坚硬的中、粗砂。天然砂的含泥量(按质量计)必须小于 3%;泥块含量(按质量计)必须小于 1%。砂中不得混有草根、树叶、树枝、塑料、煤块、炉渣等杂物。砂的颗粒级配应符合表 7-1 的要求。

砂的分区及级配要求　　　　　　　　　　　表 7-1

方孔筛 (mm)	级　配　区		
	1 区	2 区	3 区
	累计筛余(%)		
9.50	0	0	0
4.75	10 ~ 0	10 ~ 0	10 ~ 0

续上表

方孔筛 （mm）	级 配 区		
	1 区	2 区	3 区
	累计筛余(%)		
2.36	35～5	25～0	15～0
1.18	65～35	50～10	25～0
0.60	85～71	70～41	40～16
0.30	95～80	92～70	85～55
0.15	100～90	100～90	100～90

注:1.1 区砂基本属于粗砂;2 区砂基本属于中砂和一部分偏粗的细砂,颗粒适中,级配良好;3 区砂属于细砂和一部分偏细的中砂。

2.砂的实际颗粒级配与表中所列数字相比,除 4.75mm 和 0.60mm 筛档外,允许略有超出,但超出总量不应大于 5%。

3.1 区人工砂中 0.15mm 筛孔的累计筛余可以放宽到85%～100%,2 区人工砂中 0.15mm 筛孔的累计筛余可以放宽到 80%～100%,3 区人工砂中 0.15mm 筛孔的累计筛余可以放宽到75%～100%。

混凝土混合料中的粗集料(＞5mm)宜选用碎石或破碎卵石。碎石的强度可用岩石立方体强度和压碎指标值两种方法表示。用岩石立方体强度检验时,应将碎石制成 5cm×5cm×5cm 的立方体(或直径与高度均为 5cm 的圆柱体)试件,在水饱和状态下,其极限抗压强度应达到:火成岩不低于 80MPa;变质岩、水成岩不低于 60MPa。碎石的压碎值小于 12%;砾石的压碎值小于 9%。

用做道面水泥混凝土的粗集料不得使用不分级的统料,应根据最大公称粒径的不同,采用 2～4 个粒级的集料进行掺配。碎石最大公称粒径不应大于 37.5mm(方孔筛),一般采用 5～20mm 和 20～40mm(表 7-2)两组粒级进行掺配,并符合表 7-2 中 5～40mm 的级配要求。但在配制混凝土时,还应按二级碎石的配合比例分别计量。

混凝土粗集料标准级配范围　　　　　　表 7-2

公称 粒径 （mm）	累计筛余,按质量计								
	筛孔尺寸(方孔筛)(mm)								
	2.36	4.75	9.50	16.0	19.0	26.5	31.5	37.5	53
5～20	95～100	90～100	40～80	—	0～10	—	—	—	—
20～40	—	—	95～100	—	80～100	—	—	0～10	—
5～40	—	95～100	70～90	—	30～65	—	—	0～5	—

碎石应质地坚硬均匀,针片状颗粒含量(按质量计)应小于 15%。硫化物及硫酸盐(折算成 SO_3)含量(按质量计)不大于 1%。泥土含量(冲洗法,按质量计)不大于 1%,泥块含量(按质量计)必须小于 0.5%。

我国民用机场对碎石技术要求如表 7-3 所示。

民用机场对碎石技术要求　　　　　　　　　　　　　　　　　表 7-3

项　目		技　术　要　求			
颗粒级配	筛孔尺寸(mm)(圆孔筛)	40	20	10	5
	累计筛余量(%)	0~5	30~65	75~90	95~100
石料强度分级		≥3 级			
压碎指标值 (%)	水成岩	≤13			
	变质岩或深成的火成岩	≤16			
	浅层的或喷出的火成岩	≤21			
洛杉矶磨耗损失(%)		≤30			
硫化物及硫酸盐(折算成 SO_3)含量(%)		≤1			
泥土杂质含量(冲洗法)(%)		≤3			
红白皮含量(%)		≤10			

注:1.料强度分级,应符合现行《公路工程石料试验规程》的规定。
　　2.5~20mm 粒径的碎(砾)石中针、片状颗粒含量(按质量计)不大于 15%,20~40mm 粒径的碎(砾)石中的针、片状颗粒含量(按质量计)不大于 10%。

2.面层厚度要求

军用机场新建道面单层板(不含道肩)的最小厚度,一级机场为 160mm,二级以上机场为 180mm。民用机场新建道面水泥混凝土板的厚度,飞行区指标Ⅱ为 A、B 时不应小于 200mm,飞行区指标Ⅱ为 C、D、E、F 时不应小于 240mm。

3.水泥混凝土的疲劳特性

水泥混凝土疲劳特性的研究,大多数在室内通过对混凝土小梁试件施加不变的反复应力进行。把反复弯拉应力的最大值 σ_{max} 与该试件的弯拉强度 σ_f 相比(称作应力比),以此比值与试件达到破坏时所经受的重复作用次数 N_f 点绘成一曲线图,见图 7-10。由图 7-10 可以发现以下规律:

(1)随着应力比的增大,出现疲劳破坏的重复作用次数 N_f 降低。

(2)相同反复应力级位时,出现疲劳破坏时的作用次数 N_f 变动幅度较大,也即试验结果的分散性较大,但其概率分布近似服从正态分布;这说明要达到可靠的平均值必须进行大量的试验。

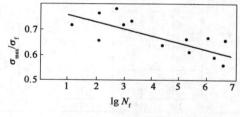

图 7-10　水泥混凝土疲劳曲线

(3)通过回归分析,可得到描述应力比和作用次数关系的疲劳方程,见式(7-1);它在半对数坐标上呈线性关系(在 $N_f = 10^2 \sim 10^7$ 次之间):

$$\frac{\sigma_{max}}{\sigma_f} = \alpha - \beta \lg N_f \tag{7-1}$$

式中:α、β——由试验确定的系数;

　　σ_{max}——反复应力的最大值;

　　σ_f——水泥混凝土的弯拉强度。

α 和 β 随混凝土的性质(类型和不均匀性等)和试验条件而定。Kesler 得到的结果为 $\alpha =$

$0.954, \beta = 0.049$；Tepfer 得到的结果为 $\alpha = 1.0, \beta = 0.0685$；浙江省交通设计院则取得 $\alpha = 1.021, \beta = 0.077$ 的试验结果。

（4）当作用次数 $N_f = 10^7$ 次时，即 σ_{max} 一般约为 σ_f 的 55%，此时尚未发现有疲劳极限。

（5）在 $\sigma_{max} < 0.75\sigma_f$ 的范围内，反复应力施加的频率对试验结果（所得到的疲劳方程）影响很微小。

上述应力是在反复应力由最大值 σ_{max} 变动到零的循环内进行的。如果反复应力的低值不是零，如水泥混凝土面层受到幅度变化的温度应力的反复作用，它构成了混凝土承受有反复应力的低应力。考虑低应力对混凝土疲劳寿命的影响，在疲劳方程中引入一项低应力与高应力之比的系数 R，采用下面形式的疲劳方程：

$$\frac{\sigma_{max}}{\sigma_f} = \alpha - \beta(1 - R)\lg N_f \tag{7-2}$$

式中：R——低、高应力比，$R = \sigma_{min}/\sigma_{max}$；

σ_{min}——反复应力的低应力；

σ_{max}——反复应力的高应力。

不同 R 值时混凝土的疲劳曲线如图 7-11 所示。可以看出，随着低应力的增大，达到疲劳破坏时的作用次数也相应地增加。

室内试验条件同水泥混凝土道面的野外实际工作状况有较大出入。这主要表现为支承条件不同，小梁试件除支点外没有其他支承，试件出现开裂后迅速断裂；而道面板底面承受基、垫层和土基的支承，出现初始裂缝后还能继续承受数倍甚至数十倍初裂作用次数才断裂；由于道面板上不同部位与基、垫层和土基间的相互作用不同，在道面板的不同部位，其疲劳强度是不同的，板中疲劳强度最高，板边中点次之，板角最低；实际机轮荷载不会像室内反复应力那样按照一定频率施加，而是具有间歇性的。这些差异导致道面板的疲劳强度大于室内小梁试件的疲劳强度。另一方面，道面板的材料性质和几何尺寸的变异性要大于小梁试件；温度和湿度梯度作用产生的道面板翘曲变形及基层支承条件因水、冰冻作用而产生的变化，使道面板的受力状况较小梁试件复杂；这些差异导致道面板的疲劳强度低于室内小梁试件的疲劳强度。因此，对于道面板的疲劳强度，要综合各种因素进行确定。

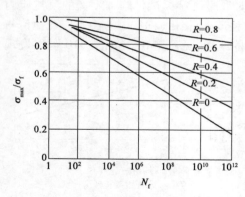

图 7-11　不同 R 值时混凝土的疲劳曲线

三、基层和垫层

基层是面层与土基或垫层之间的结构层，是道面结构的重要组成部分。基层为混凝土板提供均匀、稳定的支承，不仅可减小混凝土板内应力，而且可以减小土基顶面的压力，从而延缓土基的累积塑性变形，防止唧泥、错台和脱空，延长道面的使用寿命。同时，基层还保护土基免受自然因素的影响（如冰冻、雨水的侵入等）。基层还为面层的施工提供方便。

基层材料必须具有一定的强度和较好的水稳定性。为了保证水泥混凝土道面的设计使用年限,根据道面结构层组合设计在技术经济上的可行性和合理性,机场水泥混凝土道面设计规范对基层顶面刚度(回弹模量或反应模量)提出最低要求。军用机场规定基层顶面当量回弹模量不宜低于100MPa;民用机场规定如表7-4所示。这些规定主要用于不同等级的机场的基层类型选择。

基层顶面反应模量最低值　　　　　　　表7-4

飞行区等级指标Ⅱ	A、B	C、D、E、F
基层顶面反应模量(MN/m³)	50	80

　　基层材料可以采用水泥、石灰或粉煤灰等结合的混合料(如水泥稳定粒料,石灰稳定土等),也可采用级配碎石或砾石等。在多雨潮湿地区,粒料基层中细料(粒径小于0.075mm)的含量不得超过15%。

　　基层的最小厚度为15cm,其周边应比水泥混凝土板边缘宽出30~50cm。飞行区指标Ⅱ为A、B时,基层厚度应不小于150mm。飞行区指标Ⅱ为C、D、E、F时,基层总厚度不宜小于300mm。厚度等于或大于300mm的基层,可分为两层或两层以上。基层材料设计应符合表5-7的有关要求。

　　当机场道面处于水文或土质状况不良的土基上时,在土基和基层之间应设置垫层。按垫层作用,可分为防冻害层、防淤泥层、排水层和隔离层等。垫层材料应就地取材,具有一定的强度和水稳定性。防冻害垫层的设置主要是增加道面结构层的总厚度,使土基基本处于未冻深度以下。因此,要求防冻害垫层的材料具有抗冻性。同时,为了使道面结构层厚度减少,防冻害垫层的材料最好选用保温性材料。设置防冻害层,使道面结构的总厚度符合表4-17规定的最小防冻害层厚度要求。民用机场水泥混凝土道面最小防冻害层符合表7-5的规定。

民用机场最小防冻层厚度(m)　　　　　　　表7-5

土基干湿类型	土 基 土 质	设计使用年限内当地最大冻深(m)			
		0.50~1.00	1.01~1.50	1.51~2.00	2.00
中湿地段	低、中、高液限黏土	0.30~0.50	0.40~0.60	0.50~0.70	0.60~0.95
	粉土,粉质低、中液限黏土	0.40~0.65	0.50~0.80	0.60~0.95	0.70~1.20
潮湿地段	低、中、高液限黏土	0.40~0.65	0.50~1.10	0.60~1.10	0.75~1.30
	粉土,粉质低、中液限黏土	0.50~0.80	0.60~0.90	0.80~1.20	0.90~1.50

注:1. 冻深大或挖方及地下水位高的地段,或基、垫层为隔温性能稍差的材料,应采用高值;冻深小或填方地段,或基、垫层为隔温性能良好的材料可采用低值。

　　2. 在冰冻地区的潮湿地段,不应采用石灰土做基(垫)层。

　　3. 冻深小于0.50m的地区,可不设防冻层。

　　设置隔离层的作用是阻断水源补给,保持土基上部处于合适的干湿状态。按其隔断的作用,隔离层可分为排水式隔离层和阻断式隔离层。排水式隔离层主要是采用大孔隙材料,如粗集料;阻断式隔离层主要是采用密封材料,如油毡、土工合成材料等。隔离层放置在土基中的适当位置,以阻断地下水对道面结构的侵蚀。机场道面结构中常用粗集料作为隔离层,其厚度应大于粗集料材料的毛细上升高度,但不宜小于10cm。不同粗集料毛细水上升高度如表4-18所示。当采用粗集料作为隔离层时,应与盲沟配合使用。隔离层应向盲沟做成不小于3%的横向坡度,以利于排水。

用于垫层的材料可选用石灰或水泥稳定土,砂砾石,碎石或工业废渣等。

四、土基

由于水泥混凝土板的刚度大,板体性强,具有良好的扩散荷载的能力,传到土基顶面的荷载应力很小,一般情况下不会超过 0.07MPa,因而,对混凝土面层下的土基,不要求强度高或承载力大。然而,由于混凝土是脆性材料,对土基变形的适应能力较差,因而更重要的是要求土基提供稳定而均匀的支承。

土基由天然土壤经机械碾压密实构筑而成,是整个道面的最下层。道面板和基层是由大量外运材料构筑而成的。而土基则是就地取材,只需要用较少的作业量就可构筑起来。因此,其造价较低,但基本上保持了天然土壤的特点(怕水、怕冻、强度低、体积易变化等)。土基处于结构层的最下层,支承着由道面板传下来的全部机轮荷载以及上部各结构层(包括道面板、基层)的全部自重,此外,土基还承受着自然因素(主要是水和冰冻)的作用。如果仅从土基受到的压力很小这方面来看,混凝土道面下似乎不需要构筑坚强的地基支承。然而,如果土基的稳定性较差,在周围环境变化的情况下,出现较大的变形,特别是不均匀变形,必然会给面层带来不利影响。由于土基的不均匀支承而导致面层损坏的工程实例,几乎是到处可见。

土基不稳定或不均匀支承,可能在下述情况下出现:

(1)膨胀性黏土(包括液限大于 40、塑性指数大于 10 的很高、高或中液限黏土)的不均匀收缩和膨胀变形。

(2)不均匀冻胀。

(3)软弱地基的不均匀沉降。

(4)填挖交替或新老土交替处。

(5)填料不均匀,压实不均匀或压实度不够。

(6)盐渍土地区因盐的迁移和结晶析出等,导致土基或基层的膨胀或沉陷。

为了保证土基有一个均匀稳定的支承,可采用以下措施:

(1)选用优质填料(如粗粒土、低膨胀性土、不易冻胀土等),合理安排填筑顺序(将土质较差的细粒土放在土基的下层,上层用优质填料填筑),适当拌和不同来源和不同性质的填料等,以避免或减轻膨胀(冻胀)和收缩引起的不均匀变形。

(2)适当控制压实时的含水率和达到要求密实度;对于膨胀性土和易冻土,宜在含水率接近其塑限时按轻型击实标准的压实度进行压实,以提供体积变化小而支承均匀的土基。

(3)对软弱土基进行加固处理(各种固结排水或强夯压实措施),以减少工后沉降量和不均匀沉降量。

(4)在地下水位高时,应尽可能地降低地下水对土基的影响。可加强场内排水;设置地下排水设施,拦截浅水层中流向土基的渗流水;采取措施降低地下水位;或者提高土基设计高程。

(5)采用低剂量石灰、石灰—粉煤灰或水泥稳定土基上层湿软的细粒土。

(6)在盐渍土地区设置隔断层,阻断盐分的迁移,减少因膨胀或沉陷对道面结构的危害。

综上所述,可以看出道面板、基层和土基是一个互相联结的共同工作的整体。一方面是刚性的道面板和基层扩散了荷载,使土基受力小、变形小,也减轻了自然因素对土基的影响,从而保护了土基。另一方面,土基和基层又承托着刚性道面板,阻止和减少刚性板体的变形,使其不致因弯沉变形过大,也就是说不致因弯拉应力过大而遭到破坏。在通常情况下,整个道面结构层的工作状况主要取决于混凝土道面板。许多机场道面的改建和加厚,往往是由于原有的道面适应不了荷载增大了的新机种。然而,这种情况也不是固定不变的,即使很厚的混凝土道面板,如果忽视了对土基和基层的注意和适当处理,以致发生不允许的下沉和冻胀现象,就会使道面板产生局部隆起或脱空,使道面不平整甚至发生断裂,严重的就会影响飞行使用。所以,在确定道面结构时,应注意充分发挥刚性道面板整体性好、强度高、扩散荷载能力大等特点,根据不同的机种、荷载,确定相应的厚度。同时,还要根据当地的土质、气候、水文地质条件以及当地材料情况,构筑足够坚实、稳定、均匀的土基和基层,以便更好地承托和支承板体,减少其变形,从而保证造价较高的混凝土道面板有效地发挥作用,使整个道面结构的设计既适用、坚固,又经济、合理。

第三节　军用机场水泥混凝土道面板厚度计算方法

军用机场水泥混凝土道面板厚度的计算方法是在考虑飞机荷载应力和温度应力的共同作用的基础上,基于可靠性理论建立起来的。

一、可靠度的定义

军用机场水泥混凝土道面结构设计是以飞机荷载和温度作用产生的疲劳断裂为设计标准,即飞机荷载产生的疲劳应力 σ_{pr} 和温度梯度作用产生的疲劳应力 σ_{tqr} 之和 $(\sigma_{pr} + \sigma_{tqr})$ 不超过弯拉强度 f_r,其极限状态表达式为:

$$(\sigma_{pr} + \sigma_{tqr}) \leqslant f_r \qquad (7-3)$$

按式(7-3)的混凝土道面结构极限状态表达式,机场水泥混凝土道面结构可靠度可定义为:在设计基准期内,道面板在飞机荷载和温度梯度综合作用下不产生疲劳断裂的概率,即:

$$P_s = P\{(\sigma_{pr} + \sigma_{tqr}) < f_r\} \qquad (7-4)$$

由于 $(\sigma_{pr} + \sigma_{tqr})$ 和 f_r 不相互独立,式(7-4)求解起来很困难,为了解决这一问题,可在保持控制失效模式的实质不变的前提下,采用道面结构所能承受的设计飞机轮载作用次数 N 大于设计基准期内设计飞机荷载累计重复作用次数 $n(N > n)$ 作为道面结构的极限状态函数。因此,道面结构可靠度定义可改写为:道面结构疲劳寿命 N 大于设计基准期内设计飞机轮载作用次数 n 的概率。其表达式为:

$$P_s = P(N > n) \qquad (7-5)$$

按照式(7-5)给出的机场水泥混凝土道面结构可靠度的定义,道面结构极限状态方程可表示为:

$$Z = g(N,n) = N - n = 0 \qquad (7-6)$$

采用式(7-5)的道面可靠度和式(7-6)的极限状态函数的表达式,不仅解决了无法直接求解可靠度的难题,而且能将道面结构参数(如厚度、强度、模量等)变异性的影响与飞机荷载参数变异性的影响分开来,使不同道面类型可靠度计算值具有可比性,有利于道面结构方案的比较和选择。

二、设计标准

机场工程结构的设计安全等级,系根据结构破坏可能产生的后果的严重程度划分。军用机场各等级机场的差别主要是一级机场与二、三、四级机场之间的差别。因此,机场工程结构的设计安全等级为两个等级,即一级、二级。

以可靠性理论为基础的极限状态设计都需要一个确定的设计基准期。道面结构设计规定的设计飞机的累计重复作用次数是时间的函数,其时间域一般就取为设计基准期。设计基准期只是道面结构可靠度计算的一个参考时间坐标,可结合道面使用寿命的要求适当选定。但设计基准期不能简单地理解为道面的使用寿命,两者是有联系而不完全等同。当道面的使用年限超过设计基准期时,表明它的可靠指标低于目标可靠指标(即它的可靠度低于目标可靠度),而不是道面不能使用。

目标可靠度是所设计道面结构应具有的可靠度水平。它的选取是一个工程经济问题。目标可靠度定得较高,则所设计的道面结构较厚,初期修建费用较高,但使用期间的养护费用和飞机运行费用较低;目标可靠度定得较低,初期修建费用可降低,但养护费用和运行费用需提高。通常采用"校准法"来确定目标可靠度。"校准法"是对按现行设计规范或设计方法设计的已有道面进行隐含可靠度的分析,参照隐含可靠度制定目标可靠度,则所设计的道面结构接纳了以往的工程设计和使用经验,包含了与原有设计方法相等的可接受性和经济合理性。

在机场道面结构众多的设计参数中,变异性较大且对道面疲劳寿命 N 影响较大的结构参数包括板厚 h、混凝土弯拉强度 f_r、弹性模量 E_c 和基层顶层当量回弹模量 E_t。其中,除混凝土强度 f_r 与弹性模量 E_c 具有一定的相关性之外,其余两两独立。其他设计参数对 N 的变异性很小,可视为一般的变量。故道面结构的疲劳寿命可表示为:

$$N = f(h, f_r, E_c, E_t) \tag{7-7}$$

测试道面选用 40 多个典型的、目前国内正在使用的军用机场,这些机场是空军在 20 世纪 80 年代以后修建的,反映了我国军用机场道面的技术水平。测试参数包括板厚 h、水泥混凝土劈拉强度 R_p 和基层顶面反应模量 K。

以一个机场的道面作为一个样本,经过大量的数据统计,得到了实测机场道面结构参数的变异范围。这些结构参数的变异性反映了目前的施工技术和管理水平,是目前施工所能达的变异水平。过低的变异系数则会增加施工难度,使现有的施工技术难以达到;变异系数增大,在相同的目标可靠度条件下,则要求增加道面强度,如增加板的厚度,导致工程造价的增加。因此,变异系数的分级以实测道面的参数为准,再分析不同道面结构参数的变异对道面可靠度的影响程度,综合考虑这两方面的影响后,将结构参数的变异水平划分为两个等级,如表 7-6 所示,作为道面结构参数变异水平的分级值。

道面结构参数变异水平分级　　　　　　　　　　　　　表 7-6

变异水平	板厚 $C_v(h)$ (%)	弯拉强度 $C_v(f_r)$ (%)	弹性模量 $C_v(E_c)$ (%)	基层顶面当量回弹模量 $C_v(E_t)$ (%)
低	≤4	≤9	≤9	≤30
高	4 ~ 7	9 ~ 15	9 ~ 15	30 ~ 50

由于军用机场分级是按照机场所保障的飞机来划分的，这种分级方式从一定程度上反映了机场的重要性。由于二级、三级、四级机场同为作战使用机场，其重要性是相同的。一级机场是供轻型运输机使用，其要求可以比二、三、四级机场降低。因此，按照重要性原则，不同等级机场需要控制的参数变异性等级应符合表7-7的要求。

不同等级机场的参数变异性等级

表7-7

机 场 等 级	参数变异性分级
一	低~高
二、三、四	低

变异水平是依据材料性能和结构尺寸参数的变异水平分级为建议采用的，也可按施工技术、施工质量控制和管理要求达到及可能达到的具体水平，选用其他等级。降低选用的变异水平等级，须增加混凝土面层的设计厚度要求；而提高选用的变异水平等级，则可降低混凝土面层的设计厚度或混凝土的设计强度要求，可通过技术经济分析和比较予以确定。材料性能和结构尺寸参数的变异水平等级，按施工技术、施工质量控制和管理水平分为低、高二级。进行认真、严格的施工质量控制和管理的工程，可选用低变异水平等级。施工质量控制和管理水平较弱的工程，可选用高变异水平等级。

机场道面结构按承载力极限状态进行设计，机场道面的极限状态是指道面在飞机荷载的重复作用下发生了疲劳断裂而不能继续承载，承载力极限状态设计表达式采用式（7-8）。

$$\gamma_r (\sigma_{pr} + \sigma_{tqr}) \leqslant f_r \tag{7-8}$$

式中：γ_r——道面结构的可靠度系数，其包含了计算模式的不定性。

机场道面结构承载力极限状态表达式只采用一个综合的可靠度系数 γ_r，它是从式（7-9）中的可靠度指标计算公式中推演得到的：

$$\beta = \frac{\mu_R - \mu_S}{\sqrt{\sigma_R^2 + \sigma_S^2}} \tag{7-9}$$

式中：μ_R、σ_R——机场道面结构中的混凝土强度的均值和标准差；

μ_S、σ_S——实际的弯拉应力均值和标准差。

由公式（7-10）可得机场道面可靠条件：

$$\mu_R \geqslant \mu_S + \beta \sqrt{\sigma_R^2 + \sigma_S^2} \tag{7-10}$$

令 $\gamma_r = \mu_R / \mu_S$，则公式（7-9）可改写为：

$$\beta = \frac{\gamma_r - 1}{\sqrt{\gamma_r^2 \delta_R^2 + \delta_S^2}} \tag{7-11}$$

由此可得：

$$\gamma_r = \frac{1 + \beta \sqrt{\delta_S^2 + \delta_R^2 - \beta^2 \delta_R^2 \delta_S^2}}{1 + \beta^2 \delta_R^2} \tag{7-12}$$

式中：δ_R、δ_S——结构抗力和作用效应的变异系数。

由此可见，可靠度系数是结构可靠度指标、实际的弯拉应力和混凝土强度变异系数的函数，因此，可靠度系数是由目标可靠度和道面结构参数变异系数综合确定，按表7-8选用。

可靠度系数 γ_r 表 7-8

变异水平等级	目标可靠度(%)	
	95	93
低	1.14 ~ 1.20	1.13 ~ 1.18
高	—	1.19 ~ 1.29

各级机场水泥混凝土道面结构的设计安全等级及相应的设计基准期、目标可靠指标和目标可靠度,应符合表 7-9 的规定。各安全等级道面的材料性能和结构尺寸参数的变异水平等级,宜按表 7-9 的建议值选用。

可靠度设计标准可靠度 表 7-9

机场等级	一	二、三、四
安全等级	二级	一级
设计基准期(年)	25	30
目标可靠度(%)	93	95
目标可靠指标	1.48	1.64
变异水平等级	低 ~ 高	低

三、计算参数

1. 设计荷载

在预计使用的飞机中,以机场执行保障任务的机型中对道面要求最高的飞机(一般以运行次数最多且主起落架轮载较大的飞机)作为设计飞机,其主起落架上一个主轮的动荷载 P 即为设计荷载,可按式(7-13)求算。有关设计飞机的参数见附录一。

$$P = \frac{GK_z K_d}{MN} \tag{7-13}$$

式中:G——设计飞机的最大起飞重量(kN);

$\quad K_z$——主起落架荷载分配系数,可从附录一或飞机手册中查到,一般为 0.90 ~ 0.95;

$\quad K_d$——动载系数(考虑飞机动力和升力作用),跑道端部、滑行道、联络道和停机坪,当设计飞机胎压 q 不小于 1.08MPa 时,K_d 取 1.25;当 q 小于 1.08MPa 时,K_d 取 1.20;跑道中部 K_d 取 1.0(兼作滑行道时,按滑行道取值);

$\quad M$——主起落架个数;

$\quad N$——一个主起落架上的轮数。

2. 飞机的年重复作用次数

为了便于重复作用次数的计算,假定飞机在通行宽度范围内的分布是均匀的,飞机每运行一次,在通行宽度范围内作用的范围内为机轮轮胎的宽度。当飞机的运行次数达到机轮轮胎的宽度覆盖了通行宽度时,就相当于飞机在道面上作用一次。因此,可以建立起重复作用次数与运行次数的关系。

第 i 种飞机、第 j 年重复作用次数 N_{cij} 是指道面通行宽度内每一点都承受一次轮载作用的次数,可按式(7-14)确定:

$$N_{cij} = \frac{N_{ij}\eta NW_t}{1000T} \tag{7-14}$$

式中:N_{ij}——第i种飞机第j年的运行次数,由调查和预测确定;

η——设计飞机在通行宽度内的通行百分率;歼击机、强击机取0.90,轰炸机、运输机取0.85;

W_t——一个轮胎的宽度(mm),由实测得到,无实测资料时,可采用等效宽度W_t为$8.3A^{0.5}$,A为一个轮胎的接地面积(cm^2);

T——通行宽度(m),歼击机、强击机在跑道上取3.8m,在滑行道上取1.2m;轰炸机、运输机在跑道上,当其主起落架间距小于7m时取4.4m,大于7m时,取5.0m,在滑行道上取1.5m。

3. 其他飞机年重复作用次数换算

当多种飞机混合使用时,应以设计飞机作为换算标准,将其他飞机的年作用次数按式(7-15)换算为设计飞机的年当量重复作用次数。

$$N_{dij} = \left(\frac{K_2}{K_1}\right)^{71.31}\left(\frac{r_2}{r_1}\right)^{71.31}\left(\frac{q_2}{q_1}\right)^{41.67}N_{cij} \tag{7-15}$$

式中:N_{dij}——第i种拟换算飞机换算成设计飞机第j年的年当量重复作用次数;

N_{cij}——第i种拟换算飞机第j年的重复作用次数;

r_1、q_1——设计飞机一个主轮上的荷载圆半径(m)和胎压(MPa);

r_2、q_2——拟换算飞机一个主轮上的荷载圆半径(m)和胎压(MPa);

K_1——设计飞机的修正系数,主起落架为单轮时取1,双轮时按式(7-25)计算,双轴双轮时按式(7-26)、式(7-28)计算;

K_2——拟换算飞机的修正系数,主起落架为单轮时取1,双轮时按式(7-25)计算,双轴双轮时按式(7-26)、式(7-28)计算。

4. 设计飞机的第j年计算重复作用次数

设计飞机第j年的计算重复作用次数N_{cj}按式(7-16)计算:

$$N_{cj} = N_{sj} + \sum_{i=1}^{n} N_{dij} \tag{7-16}$$

式中:N_{sj}——设计飞机第j年重复作用次数;

n——其他飞机的种类数。

当设计飞机的年计算重复作用次数N_{cj}少于3700次时,应按3700次计算设计使用年限内设计飞机的累计重复作用次数。

5. 设计基准期和累计重复作用次数N_e

由于军用机场作战任务和人为因素变化比较大,其设计基准期可以按使用要求确定。在没有明确要求的情况下,可按表7-9采用。

设计基准期内设计飞机的累计重复作用次数N_e,应按式(7-17)确定:

$$N_e = \sum_{j=1}^{t} N_{cj} \tag{7-17}$$

式中:t——设计基准期;

N_{cj}——设计飞机第j年的计算重复作用次数。

6. 接缝传荷系数

水泥混凝土道面的纵、横向接缝不仅具有减少道面板内温度应力的作用,而且还有一定的传荷能力。接缝的传荷能力与接缝的形式有关。接缝的传荷能力,可用传荷系数来表示。它以接缝两侧相邻板的弯沉(即挠度)、应力或荷载量的比值来定义,可分别表示为如下形式:

(1)以挠度表示的传荷系数

$$t_w = \frac{w_2}{w_1} \tag{7-18}$$

或

$$t_w = \frac{2w_2}{w_1 + w_2} \tag{7-19}$$

(2)以应力表示的传荷系数

$$t_0 = \frac{\sigma_2}{\sigma_1} \tag{7-20}$$

或

$$k_j = \frac{\sigma_{sj}}{\sigma_c} \tag{7-21}$$

式中:w_1、σ_1——受荷板的挠度、应力;

w_2、σ_2——未受荷板的挠度、应力;

t_w、t_0、k_j——接缝传荷系数。

军用机场水泥混凝土道面设计规范采用以挠度表示的传荷系数,即式(7-18)的形式。影响接缝传荷能力的因素很多,包括接缝形式、道面结构的相对刚度、环境(温度和湿度等)和飞机荷载的大小及作用次数。根据道面接缝传荷能力的实测结果,不同接缝形式的接缝传荷系数可按表7-10选取。按表7-10确定接缝传荷系数时,应考虑接缝类型、起落架构型、基层强弱和使用年限长短等因素。

各种类型接缝的传荷系数 表7-10

接缝类型	传力杆缝	企口缝	假缝	拉杆平缝	拉杆企口缝
传荷系数	0.80 ~ 0.90	0.65 ~ 0.75	0.55 ~ 0.65	0.50 ~ 0.55	0.65 ~ 0.75

7. 基层顶面的当量回弹模量和计算回弹模量

基层顶面的当量回弹模量 E_t,可通过现场试验段承载板试验确定。当条件不具备或有困难时,可根据土基状态和所拟定的基层材料及厚度,参考附录三确定土基回弹模量建议值和按照相关规范确定基层材料回弹模量建议值,查图7-12确定。E_t确定后,应按式(7-22)计算基层顶面的计算回弹模量 E_s。

$$E_s = nE_t \tag{7-22}$$

式中:n——模量增大系数,可按式(7-23)确定。

$$n = 10^{-1.04} \left(\frac{hE_c}{E_t} \right)^{0.8} K_1 K_2 \tag{7-23}$$

式中:E_c——水泥混凝土弯拉弹性模量(MPa);

h——水泥混凝土板厚(m);

K_1——一个主起落架上的轮载接地面积当量圆直径 D(m)修正系数,$K_1 = 0.705D^{-0.29}$;

K_2——轮距 x 与轴距 y 修正系数,$K_2 = 1 + 0.07x + 0.1y$;

x、y——主起落架的轮距和轴距(m)。

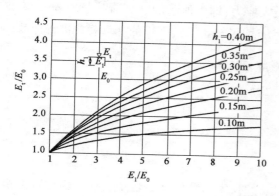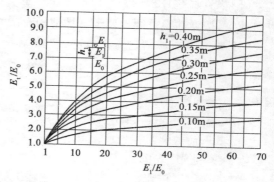

图 7-12　当量回弹模量 E_t 计算图

8. 水泥混凝土设计弯拉强度和弯拉弹性模量

机场道面用的水泥混凝土设计弯拉强度,采用 28d 龄期的弯拉强度。各级机场要求的混凝土弯拉强度标准值不得低于表 7-11 的规定。

水泥混凝土弯拉强度标准值　　　　　　　　　　表 7-11

机场等级	一	二、三、四
水泥混凝土弯拉强度标准值(MPa)	4.5	5.0

水泥混凝土弯拉弹性模量标准值 E_c 以试验实测为宜。无条件实测时,可按水泥混凝土设计弯拉强度参照表 7-12 选用。

水泥混凝土弯拉弹性模量标准值　　　　　　　　表 7-12

弯拉强度标准值(MPa)	4.5	5.0	5.5	6.0
弯拉弹性模量标准值($\times 10^4$ MPa)	3.5	3.6	3.7	3.8

四、素混凝土板厚计算

1. 临界荷位

最大荷载应力的临界荷位在板的纵缝或横缝的边缘中部。当主起落架为单轮、双轮或双轴双轮时,其临界荷位的机轮布置如图 7-13 所示。当主起落架为复合式时,其临界荷位的机轮布置应通过计算来确定。

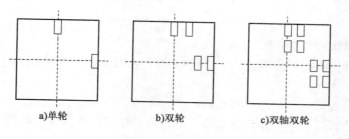

a)单轮　　　　b)双轮　　　　c)双轴双轮

图 7-13　临界荷位

2. 荷载疲劳应力计算

(1)设计荷载在板的临界荷位处所产生的最大应力,即为所求的计算荷载应力 σ_p。荷载应力 σ_p 可按弹性半空间地基上弹性薄板有限元方法计算,也可按下面的计算公式进行计算。

①荷载作用在纵缝边缘中点产生的最大应力计算公式:

$$\sigma_p = (5.2059 - 2.0984T_w)\left(\frac{E_c}{E_t}\right)^{0.0715}(K_{r1}r)^{1.7114}qh^{-1.3692} \tag{7-24}$$

式中:σ_p——最大荷载应力(MPa);

    h——面层板厚度(m);

    r——荷载圆半径(m);

    q——胎压(MPa);

    T_w——接缝传荷系数,当荷载作用在纵缝边缘时,为纵缝传荷系数 T_{wx},当荷载作用在横缝边缘时,为横缝传荷系数 T_{wy};

    E_c——水泥混凝土弹性模量(MPa);

    E_t——基层顶面当量回弹模量(MPa)。

单轮起落架时,$K_{r1} = 1$;

双轮起落架时

$$K_{r1} = 1 + 0.1236\left(\frac{E_c}{E_t}\right)^{-0.0235}h^{0.2664}R_1^{-1.1291}r^{-0.0454} \tag{7-25}$$

式中:R_1——双轮荷载的轮距(m)。

双轴双轮起落架时

$$K_{r1} = 1 + 0.0073\left(\frac{E_c}{E_t}\right)^{-0.0271}h^{0.2290}R_1^{-0.5565}r^{-2.0625} - 0.0845\left(\frac{E_c}{E_t}\right)^{0.0067}h^{-0.0147}R_1^{0.3109}R_2^{0.4165}$$

$$\tag{7-26}$$

式中:R_2——双轴双轮荷载的轴距(m)。

②荷载作用在横缝边缘中点产生的最大应力计算公式:

$$\sigma_p = (4.5479 - 1.8304T_w)\left(\frac{E_c}{E_t}\right)^{0.0712}(K_{r2}r)^{1.6591}qh^{-1.3692} \tag{7-27}$$

当为单轮起落架时

$$K_{r2} = 1$$

当为双轴双轮起落架时

$$K_{r2} = 1 + 0.3221\left(\frac{E_c}{E_t}\right)^{0.0063}h^{0.7039}R_1^{-1.4338}r^{0.1208} - 0.0583\left(\frac{E_c}{E_t}\right)^{0.0002}h^{0.1135}R_1^{-0.4730}R_2^{1.6310}$$

$$\tag{7-28}$$

式中:R_2——双轴双轮荷载的轴距(m)。

(2)设计荷载在板的临界荷位处产生荷载疲劳应力按式(7-29)确定。

$$\sigma_{pr} = k_f\sigma_p \tag{7-29}$$

式中:σ_{pr}——设计荷载在板的临界荷位处产生的荷载疲劳应力(MPa);

    k_f——考虑设计使用年限内荷载应力累计疲劳作用的疲劳应力系数,按式(7-30)计算。

$$k_f = 0.8N_e^v \tag{7-30}$$

式中:v——与混合料性质有关的指数,素混凝土、钢筋混凝土、连续配筋混凝土,$v = 0.024$。

3. 温度翘曲疲劳应力

(1)临界荷位处温度翘曲疲劳应力按式(7-31)确定。

$$\sigma_{tqr} = k_{tq}\sigma_{tqm}$$ (7-31)

式中:σ_{tqr}——临界荷位处的温度翘曲疲劳应力(MPa);

　　　σ_{tqm}——最大温度梯度时混凝土板的温度翘曲应力(MPa),按式(7-32)计算;

　　　k_{tq}——考虑温度翘曲应力累计疲劳作用的疲劳应力系数,式(7-34)确定。

(2)最大温度梯度时混凝土板的温度翘曲应力按式(7-32)计算。

$$\sigma_{tqm} = \frac{\alpha_c E_c h T_g}{2}B_x$$ (7-32)

式中:σ_{tqm}——最大温度梯度时混凝土板的温度翘曲应力(MPa);

　　　α_c——混凝土的线膨胀系数(1/℃),通常可取为 1×10^{-5}/℃;

　　　T_g——最大温度梯度,查表3-1确定;

　　　h——板厚(m);

　　　B_x——综合温度翘曲应力和内应力作用的温度应力系数,可按 l/r_0(b/r_0)和 h 查图 7-14确定;

　　　l——板长,即横缝间距(m);

　　　b——板宽,即纵缝间距(m)。

r_0 按式(7-33)计算:

$$r_0 = h\sqrt[3]{\frac{E_c(1 - \mu_0^2)}{6E_t(1 - \mu^2)}}$$ (7-33)

其中:E_c——水泥混凝土弹性模量(MPa);

　　　E_t——基层顶面当量回弹模量(MPa);

　　　μ——水泥混凝土泊松比;

　　　μ_0——土基泊松比。

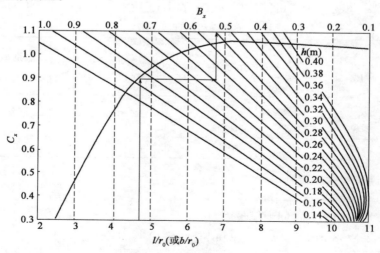

图 7-14　温度应力系数 B_x

（3）温度翘曲应力累计疲劳作用的疲劳应力系数按式(7-34)计算。

$$k_{tq} = \frac{f_r}{\sigma_{tqm}} \left[a \left(\frac{\sigma_{tqm}}{f_r} \right)^c - b \right] \tag{7-34}$$

式中：f_r——水泥混凝土弯拉强度标准值(MPa)；

a、b、c——回归系数,按所在地区的自然区划查表 7-13 确定。

回归系数 a、b 和 c 表 7-13

系 数	公路自然区划					
	II	III	IV	V	VI	VII
a	0.828	0.855	0.841	0.871	0.837	0.834
b	0.041	0.041	0.058	0.071	0.038	0.052
c	1.323	1.355	1.323	1.287	1.382	1.270

（4）水泥混凝土道面的最大温度梯度推荐值 T_g,应根据实测资料确定。当无实测资料时,可按机场所在地的公路自然区划,按表 7-14 选用。

最大温度梯度推荐值 T_g 表 7-14

公路自然区划	II、V	III	IV、VI	VIII
最大温度梯度(℃/m)	83~88	90~95	86~92	93~98

混凝土面板厚度计算示例：三级机场水泥混凝土道面板厚度设计。

【例 7-1】 公路自然区划 II 区拟建一个三级机场,主要供轰-6 飞机使用,其次是供歼-8 II 型飞机和歼轰-7 使用。以上三种飞机的年平均运行次数分别为 16500 次、4000 次、6000 次。道面设计使用年限为 30 年。土基回弹模量 $E_0 = 38MPa$,基层为级配碎石,厚度 $h_1 = 0.25m$,$E_1 = 255MPa$。混凝土 28d 龄期弯拉强度 $\sigma_s = 5.0MPa$,弯拉弹性模量 $E_c = 36000MPa$。道面板的平面尺寸为 5m×5m。道面板纵向为企口缝,接缝传荷系数 $T_{wx} = 0.65$;横向为假缝,接缝传荷系数 $T_{wy} = 0.65$。试计算该道面厚度。

解 查附录一可得各个飞机的计算参数如表 7-15 所示。

有关飞机的计算参数   表 7-15

机种	主起落架构型	胎压 q	一个主轮轮胎接地面积（cm²）	荷载圆半径 r（m）	轮距 R_{1i}（m）	轴距 R_{2i}（m）	年平均运行次数 n_i
轰-6	双轴双轮	0.88	1172.05	0.193	0.59	1.17	16500
歼-8 II	单轮	1.27	885.23	0.168	0	0	4000
歼轰-7	双轮	1.23	669.21	0.146	0.43	0	6000

以轰-6 飞机作为设计飞机：

（1）初估道面板厚度为 0.23m。

（2）确定基层顶面的当量回弹模量 E_t：

由 $E_1/E_0 = 255/38 = 6.7$ 及 $h_1 = 0.25m$,查图 7-12 得 $E_t/E_0 = 2.63$。

$$E_t = 2.63 \times 38 = 100MPa$$

（3）计算各个飞机的年重复作用次数 N_{cij}

由于有关飞机的年平均运行次数相等，则其年重复作用次数也相等，因此，不需要计算每年的重复作用次数。

对于轰-6 飞机：

$$N_{c1} = \frac{n_1 \eta N W_t}{1000T} = \frac{16500 \times 0.85 \times 4 \times 8.3 \times 1172.05^{0.5}}{1000 \times 5} = 3188$$

其中轮胎等效宽度 W_t 用 $B = 8.3A^{0.5}$ 确定。

对于歼-8 II 飞机：

$$N_{c2} = \frac{n_2 \eta N W_t}{1000T} = \frac{4000 \times 0.90 \times 1 \times 8.3 \times 885.33^{0.5}}{1000 \times 3.8} = 234$$

对于歼轰-7 飞机：

$$N_{c3} = \frac{n_3 \eta N W_t}{1000T} = \frac{6000 \times 0.90 \times 2 \times 8.3 \times 669.21^{0.5}}{1000 \times 5} = 464$$

（4）作用次数换算

计算各个飞机的荷载应力修正系数

$$K_1 = 1 + 0.0073\left(\frac{E_c}{E_t}\right)^{-0.0271} h^{0.2290} R_{11}^{-0.5565} r_1^{-2.0625} - 0.0845\left(\frac{E_c}{E_t}\right)^{0.0067} h^{-0.0147} R_{11}^{0.3109} R_{21}^{0.4165}$$

$$= 1 + 0.0073\left(\frac{36000}{100}\right)^{-0.0271} 0.23^{0.2290} 0.59^{-0.5565} 0.193^{-2.0625} -$$

$$0.0845\left(\frac{36000}{100}\right)^{0.0067} 0.23^{-0.0147} 0.59^{0.3109} 1.17^{0.4165} = 1.0957$$

$$K_2 = 1$$

$$K_3 = 1 + 0.1236\left(\frac{E_c}{E_t}\right)^{-0.0235} h^{0.2664} R_{13}^{-1.1291} r_3^{-0.0454}$$

$$= 1 + 0.1236\left(\frac{36000}{100}\right)^{-0.0235} 0.23^{0.2664} 0.43^{-1.1291} 0.146^{-0.0454} = 1.2059$$

以轰-6 飞机作为设计飞机，将其余两种飞机转化成轰-6 飞机的作用次数。

$$N_{d21} = \left(\frac{K_2}{K_1}\right)^{71.31} \left(\frac{r_2}{r_1}\right)^{71.31} \left(\frac{q_2}{q_1}\right)^{41.67} N_{c2}$$

$$= \left(\frac{1}{1.0957}\right)^{71.31} \times \left(\frac{0.168}{0.193}\right)^{71.31} \times \left(\frac{1.27}{0.88}\right)^{41.67} \times 234 = 76 \text{ 次}$$

$$N_{d31} = \left(\frac{K_3}{K_1}\right)^{71.31} \left(\frac{r_3}{r_1}\right)^{71.31} \left(\frac{q_3}{q_1}\right)^{41.67} N_{c3}$$

$$= \left(\frac{1.2059}{1.0957}\right)^{71.31} \times \left(\frac{0.146}{0.193}\right)^{71.31} \times \left(\frac{1.23}{0.88}\right)^{41.67} \times 438 = 1125 \text{ 次}$$

（5）计算在使用年限内设计飞机的累计重复作用次数 N_e

$$N_e = (N_{c1} + N_{d21} + N_{d31}) \times 30 = (3188 + 76 + 1125) \times 30 = 131670$$

（6）荷载疲劳应力

经计算，设计飞机荷载作用的临界荷位为纵缝中点，其在临界荷位处产生的荷载应力为：

$$\sigma_{\text{p}} = (5.2059 - 2.0984t_{wx})\left(\frac{E_{\text{c}}}{E_{\text{t}}}\right)^{0.0715}(K_1r_1)^{1.7114}q_1h^{-1.3692}$$

$$= (5.2059 - 2.0984 \times 0.65) \times \left(\frac{36000}{100}\right)^{0.0715} \times (1.0957 \times 0.193)^{1.7114} \times 0.88 \times 0.23^{-1.3692}$$

$$= 2.70\text{MPa}$$

考虑设计基准期内荷载应力累计疲劳作用的疲劳应力系数:

$$k_{\text{f}} = 0.8N_{\text{e}}^{0.024} = 0.8 \times 131670^{0.024} = 1.061$$

荷载疲劳应力为:

$$\sigma_{\text{pr}} = k_{\text{f}}\sigma_{\text{p}} = 1.061 \times 2.70 = 2.86\text{MPa}$$

(7)温度疲劳应力

Ⅱ区最大温度梯度取88℃/m。普通混凝土面层的相对刚度半径按式(7-33)计算:

$$r_0 = h\sqrt[3]{\frac{E_{\text{c}}(1-\mu_0^2)}{6E_{\text{t}}(1-\mu^2)}} = 0.23\sqrt[3]{\frac{36000(1-0.35^2)}{6 \times 100(1-0.15^2)}} = 0.531 \times 0.23\left(\frac{36000}{100}\right)^{1/3} = 0.869\text{m}$$

板长5m,$l/r_0 = 5/0.869 = 5.75$,由图7-14可查普通混凝土板厚$h = 0.23$m,$B_x = 0.63$。最大温度梯度时混凝土板的温度翘曲应力计算:

$$\sigma_{\text{tqm}} = \frac{\alpha_{\text{c}}E_{\text{c}}hT_g}{2}B_x = \frac{1 \times 10^{-5} \times 36000 \times 0.23 \times 88}{2} \times 0.63 = 2.30\text{MPa}$$

查表7-13得,$a = 0.828$,$b = 0.041$,$c = 1.323$,温度疲劳应力系数k_{tq}:

$$k_{\text{tq}} = \frac{f_{\text{r}}}{\sigma_{\text{tqm}}}\left[a\left(\frac{\sigma_{\text{tqm}}}{f_{\text{r}}}\right)^c - b\right] = \frac{5.0}{2.30}\left[0.828 \times \left(\frac{2.30}{5.0}\right)^{1.323} - 0.041\right] = 0.555$$

计算温度疲劳应力为:

$$\sigma_{\text{tqr}} = k_{\text{tq}}\sigma_{\text{tqm}} = 0.555 \times 2.30 = 1.28\text{MPa}$$

三级机场的安全等级为一级,相应于一级安全等级的变异水平等级为低级,目标可靠度为95%。再据查得的目标可靠度和变异水平等级,查表7-8确定可靠度系数为$\gamma_{\text{r}} = 1.20$。

$$\gamma_{\text{r}}(\sigma_{\text{pr}} + \sigma_{\text{tqr}}) = 1.20 \times (2.86 + 1.28) = 4.97\text{MPa} \leq f_{\text{r}} = 5.0\text{MPa}$$

因而,所选普通混凝土面层厚度($h = 0.23$m)可以承受设计基准期内荷载应力和温度应力的综合疲劳作用。

当以其他两种飞机作为设计飞机分别进行设计时,其计算结果如表7-16所示。

其他两种飞机作为设计时的设计结果　　　　　　　　　　表7-16

设计飞机 / 换算成设计飞机的年平均当量作用次数	轰-6	歼-8Ⅱ	歼轰-7	$\sum N_{ci} \times 30$	设计飞机应力(MPa)	设计板厚(m)
轰-6	3188	76	1125	131670	2.70	0.230
歼-8Ⅱ	10966	234	3370	437100	2.62	0.230
歼轰-7	1425	30	438	56790	2.75	0.230

从表7-16可以看到,以不同飞机进行设计时,其计算出的设计板厚是一样的,说明所建立的交通量换算关系是正确的。

154

第四节 影响图法进行道面板荷载应力分析

在刚性道面荷载应力分析中,有时会遇到一些复杂的荷载情况,如不规则的轮迹形状、不规则的多轮组合等。为了使计算得以简化,满足道面板荷载应力的计算,已制成一些弯矩、挠度及反力的影响图。由于影响图使用方便,适用于不同的荷载作用位置(如板边、靠近板边和板中等)和不同的复杂轮组,计算精度满足工程要求,显示了明显的优势,因而得到广泛应用。

纽马克(N. M. Newmark)于1942年最先提出用影响图法计算弹性地基板内应力及挠度的方法。1951年,皮克特(G. . Pikett)和雷(G. . K. Ray)根据纽马克影响图的基本原理,绘制了刚性道面在不同荷载条件下弯矩与挠度影响图。1967年,波特兰水泥协会的潘卡德(R. G. . Packard)等人编制计算程序,精确计算荷载引起的影响图,计算结果与皮克特和雷的影响图没有明显差别,误差在1.2%左右。

皮克特和雷影响图包括弹性半空间体地基和文克勒地基上不同荷载位置的弯矩、挠度及反力影响图,共24张(表7-17)。

影 响 图 目 录

表7-17

图 号	影响图给予的值	荷 载 位 置	地基模型
无限大板			
1	挠度	板内部	液体地基
2	弯矩	板内部	液体地基
3	挠度	板内部	弹性半空间地基($t = \infty$)
4	弯矩	板内部	弹性半空间地基($t = \infty$)
5	板边挠度	靠近板边	液体地基
6	板边弯矩	靠近板边	液体地基
7	距板边$0.5l$处的挠度	靠近板边	液体地基
8	距板边$0.5l$处的弯矩	靠近板边	液体地基
9	反力	板内部	弹性半空间地基($t = \infty$)
10	挠度	板内部	弹性层地基($t = l$)
11	挠度	板内部	弹性层地基($t = 2l$)
12	挠度	板内部	弹性层地基($t = 5l$)
13	弯矩	板内部	弹性层地基($t = l$)
14	弯矩	板内部	弹性层地基($t = 2l$)
15	弯矩	板内部	弹性层地基($t = 5l$)
16	反力	板内部	弹性层地基($t = l$)
17	反力	板内部	弹性层地基($t = 2l$)
18	反力	板内部	弹性层地基($t = 5l$)

图　　号	影响图给予的值	荷　载　位　置	地基模型
矩形板			
19	板边挠度	靠近板边	弹性半空间地基($t = \infty$)
20	距板边 0.5l 处的挠度	靠近板边	弹性半空间地基($t = \infty$)
21	板中挠度	靠近板边	弹性半空间地基($t = \infty$)
22	板边弯矩	靠近板边	弹性半空间地基($t = \infty$)
23	距板边 0.5l 处的弯矩	靠近板边	弹性半空间地基($t = \infty$)
24	板中弯矩	靠近板中	弹性半空间地基($t = \infty$)

注:l 为弹性地基板的相对刚度半径;t 为弹性地基层的厚度。

一、影响图的基本原理

弯矩、挠度及反力的影响图制作原理都相同,都是根据轮迹覆盖的影响块数目进行计算的。现以文克勒地基刚性道面板中心挠度影响图为例,说明其制作的基本原理。

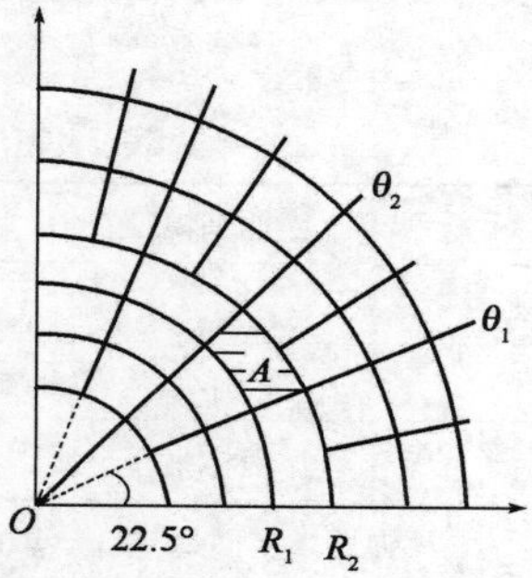

图 7-15 为挠度影响图的示意图。圆心 O 为板中心的位置,中心角分成 16 等分,每一个角为 22.5°,以 R/l 表示径向相对距离。若能求出引起 O 点的挠度相等的每一个扇形块面积,则影响图制作即告完成。这样,只要将轮印放置在一定位置,统计它覆盖的扇形块个数,就能计算整个轮载引起的 O 点的挠度。

图 7-15　影响图原理计算图

扇形块面积大小的求解推导如下。

文克勒地基无限大弹性薄板,在垂直荷载 P 作用下的挠度为:

$$W(\xi) = \frac{Pl^2}{D} \frac{f_0(\xi)}{4} \tag{7-35}$$

$$\xi = \frac{R}{l}$$

$$l = \left(\frac{D}{K}\right)^{1/4} = \left[\frac{Eh^3}{12(1-\mu^2)K}\right]^{1/4}$$

式中:K——地基反应模量($\mathrm{MN/m^3}$);

E、h——混凝土板弯拉弹性模量(MPa)和板厚(cm)。

设扇形块 A 为一均布荷载,荷载密度为 q,则由式(7-35)得:

$$W(\xi) = \frac{l^2}{D} \int_{\theta_1}^{\theta_2} \int_{R_1}^{R_2} \frac{f_0(\xi)}{4} qR\mathrm{d}\theta\mathrm{d}R \tag{7-36}$$

由于 $R = l\xi$,$\mathrm{d}R = l\mathrm{d}\xi$,所以:

$$W(\xi) = \frac{ql^4}{D} \int_{\theta_1}^{\theta_2} \int_{R_1}^{R_2} \frac{f_0(\xi)}{4} \xi\mathrm{d}\theta\mathrm{d}\xi \tag{7-37}$$

令

$$C = \int_{\theta_1}^{\theta_2} \int_{R_1}^{R_2} 2000 \frac{f_0(\xi)}{4} \xi\mathrm{d}\theta\mathrm{d}\xi = 1 \tag{7-38}$$

若要使每一块扇形荷载引起的 O 点的挠度都相同,C 必须为一常数。当 $C = 1$ 时,则每一块荷载引起的 O 点的挠度为:

$$W_{(1)} = \frac{0.0005ql^4}{D} \qquad (7\text{-}39)$$

而 N 块荷载引起 O 点的挠度为:

$$W_{(N)} = \frac{0.0005ql^4 N}{D} \qquad (7\text{-}40)$$

由式(7-38)可得:

$$\int_{\theta_1}^{\theta_2} \int_{R_1}^{R_2} \frac{f_0(\xi)}{4} \xi d\theta d\xi = 0.0005 \qquad (7\text{-}41)$$

在式(7-41)中,由于圆心角是等分的,所以 θ_1、θ_2 均为已知数。从圆心 O 开始,$\xi_1 = 0$,只有 ξ_2 为未知数,可以求解式(7-41),即可得相对半径 $\xi_2 = R_1/l$。计算第二个同心圆时,$\xi_2 = R_1/l$ 为已知,再次运用式(7-41),即可求得第二个同心圆的相对半径 $\xi_2 = R_2/l$。逐个计算,即可求得每一个同心圆的相对半径。

图7-16 和图7-17 是根据上述原理制作的板中心荷载作用下的挠度影响图与弯矩影响图。由于对每一点的弯矩有相互垂直两个方向的弯矩值,即径向弯矩 M_r 和切向弯矩 M_θ,而影响图只能计算沿 n 方向的弯矩。若要计算同 n 方向垂直的另一个方向的弯矩,可以将轮印图转动 90°即可。

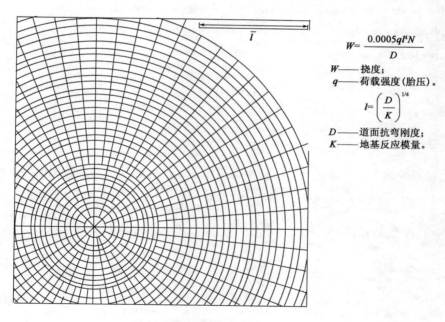

$$W = \frac{0.0005ql^4 N}{D}$$

W——挠度;
q——荷载强度(胎压)。

$$l = \left(\frac{D}{K}\right)^{1/4}$$

D——道面抗弯刚度;
K——地基反应模量。

图 7-16 板中受载的挠度影响图(液体地基)

二、影响图的使用方法

用影响图计算刚性道面的挠度和弯矩,按以下步骤进行。

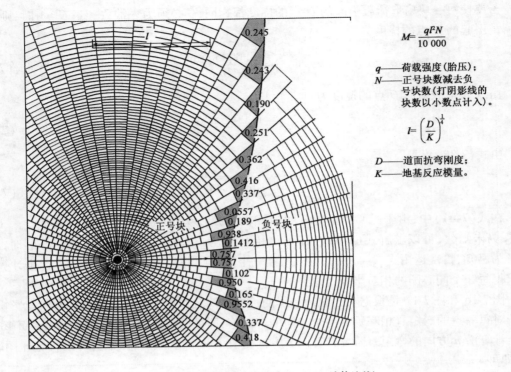

$$M = \frac{ql^2 N}{10\,000}$$

q——荷载强度(胎压);

N——正号块数减去负号块数(打阴影线的块数以小数点计入)。

$$l = \left(\frac{D}{K}\right)^{\frac{1}{4}}$$

D——道面抗弯刚度;

K——地基反应模量。

图7-17 板中受载的弯矩影响图($\mu = 0.15$,液体地基)

（1）计算相对刚度半径。

文克勒地基

$$l = \left[\frac{Eh^3}{12(1-\mu^2)K}\right]^{1/4} \qquad (7\text{-}42)$$

弹性半空间地基

$$l = \left[\frac{Eh^3(1-\mu_0^2)}{6E_0(1-\mu^2)}\right]^{1/3} \qquad (7\text{-}43)$$

（2）按照影响图上的标准比例尺（$\bar{l}$），在透明纸上绘出轮印的形状及轮组的分布位置:

$$透明纸上的轮印尺寸 = \frac{轮印实际尺寸 \times 影响图上的 \bar{l} 值}{道面的实际 l 值} \qquad (7\text{-}44)$$

关于轮印形状,假设中间为矩形、两边各为半圆,其形状如图7-18所示。轮印的长和宽的关系为:

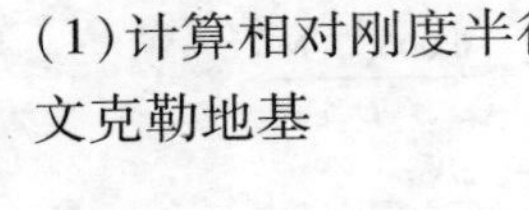

$$W_t = 0.6L \qquad (7\text{-}45)$$

$$L = \sqrt{\frac{A}{0.5227}} \qquad (7\text{-}46)$$

图7-18 轮印形状图

式中:W_t——轮印宽度;

L——轮印长度;

A——轮印面积。

（3）在透明纸上确定计算点的位置,并将透明纸覆盖在影响图上,计算点对准影响图的

158

中心。

（4）统计所有轮迹覆盖的块数 N。

（5）按照影响图上给出的公式，算出计算点的弯矩或挠度。

运用影响图计算挠度和弯矩的有关公式如下：

计算挠度公式

$$W = \frac{0.0005ql^4N}{D} \tag{7-47}$$

计算弯矩公式

$$M = \frac{ql^2N}{10000} \tag{7-48}$$

计算板中应力公式

$$\sigma = 0.0006\frac{ql^2}{h^2}N \tag{7-49}$$

【例 7-2】　已知双轴双轮起落架如图 7-19 所示，承受的总质量 $Q = 34000\text{kg}$，轮胎压力 $q = 0.9\text{MPa}$；水泥混凝土道面板厚度 $h = 24\text{cm}$，弹性模量 $E = 28000\text{MPa}$，泊松比 $\mu = 0.15$；地基反应模量 $K = 78.5\text{MN/m}^3$；求荷载位于板中时的最大弯拉应力。

解　（1）计算相对刚度半径：

$$l = \left[\frac{Eh^3}{12(1-\mu^2)K}\right]^{1/4}$$

$$= \left(\frac{28000 \times 24^3}{12(1-0.15^2) \times 78.5}\right)^{1/4} = 80.52\text{cm}$$

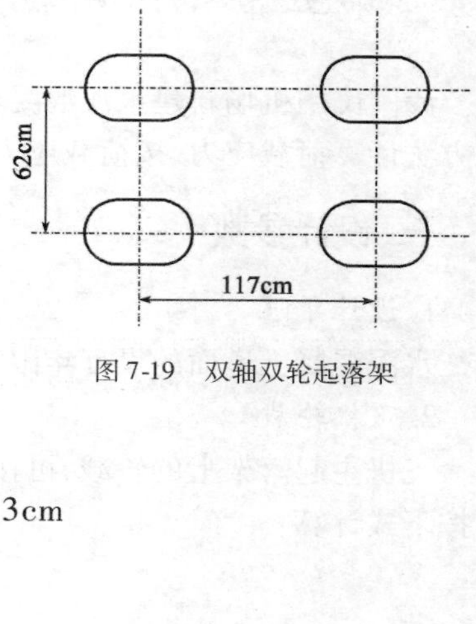

（2）求轮印面积 A、轮印长 L 和宽 W：

$$A = \frac{Q}{4q} = \frac{34000 \times 9.81 \times 10^{-6}}{4 \times 0.9} = 0.09265\text{m}^2 = 926.5\text{cm}^2$$

$$L = \sqrt{\frac{A}{0.5227}} = \sqrt{\frac{926.5}{0.5227}} = 42.1\text{cm}$$

$$W = 0.6L = 0.6 \times 42.1 = 25.3\text{cm}$$

图 7-19　双轴双轮起落架

（3）计算透明纸上的轮印尺寸：

查图 7-17，图上相对刚度半径 $\bar{l} = 5.3\text{cm}$，则有：

透明纸上轮印长 $\bar{L} = \frac{42.1 \times 5.3}{80.52} = 2.8\text{cm}$

透明纸上轮印宽 $\bar{W}_t = 0.6\bar{L} = 1.7\text{cm}$

透明纸上前后轴距 $= \frac{117 \times 5.3}{80.52} = 7.7\text{cm}$

透明纸上左右轮距 $= \frac{62 \times 5.3}{80.52} = 4.1\text{cm}$

（4）按计算出的尺寸将四个轮印画在透明纸上，以一个轮中心为计算点，将透明纸覆盖于图 7-17 上，计算点与影响图中心重合，统计轮印内的块数 N：

$$N = 312 + 45 + 19 + 19 - 1 = 394$$

（5）计算板中应力：

$$\sigma = 0.0006 \frac{ql^2}{h^2}N = 0.0006 \times \frac{0.9 \times 80.52^2}{24^2} \times 394 = 2.4\text{MPa}$$

求得板内应力后，即可进行强度校核。

当已知飞机的主起落架质量、机轮布置形式、轮胎压力、混凝土的容许应力和土基模量等，欲求道面厚度时，影响图的使用步骤与上述基本相似。但是，由于板厚未知，应采用试算法。先假设板厚 h'，按上述步骤求得轮印范围内最多的块数，按式(7-50)计算 h。当 $h = h'$，或两者相差不超过 ±2% 时，h' 即为所求板之厚度，否则应重新假设板厚，计算至满足要求为止。

$$h = 3 \times 10^{-8} \frac{E}{(1 - \mu^2)K} \left(\frac{qN}{[\sigma]}\right)^2 \qquad (7\text{-}50)$$

式中：$[\sigma]$——混凝土的容许应力，$[\sigma] = R_w/K_a$；

R_w——混凝土的弯拉强度；

K_a——安全系数，停机坪、滑行道和跑道 $K_a = 1.7 \sim 2.0$；跑道中部及高速出口滑行道 $K_a = 1.4 \sim 1.7$。

第五节 民用机场水泥混凝土道面板厚度设计方法

我国民用机场新建水泥混凝土道面板厚度计算方法采用的是文克勒地基模型，用影响图的方法计算荷载应力，按荷载应力不超过水泥混凝土在使用末期的疲劳强度确定。

一、设计参数

1. 设计年限

水泥混凝土道面的设计年限宜采用 30 年，也可按特定使用要求确定。

2. 飞机轮载

飞机主起落架上的轮载，可按飞机参数计算确定。当飞机各主起落架构形与荷载相同时，可按下式计算：

$$P_i = \frac{Gp}{n_c n_w}$$

式中：P_i——飞机主起落架上的轮载(kN)；

G——飞机重量(kN)；

p——主起落架荷载分配系数；

n_c——主起落架个数；

n_w——一个主起落架的轮子数。

3. 累计作用次数

设计年限内，飞机累计作用次数按式(7-51)确定。

$$n_e = \frac{0.75 n_w W_t}{1000T} N_s t \qquad (7\text{-}51)$$

式中:n_e——设计年限内飞机累计作用次数;

W_t——飞机主起落架一个轮印的宽度(mm),按图7-18确定;

T——通行宽度(m),可取2.3m;

N_s——设计年限内该飞机年平均运行次数,可根据调查和预测确定;

t——设计年限。

4. 土基反应模量

土基反应模量 k_0 值应在现场用承载板试验确定,测试方法见《民用机场水泥混凝土道面设计规范》(MH/T 5004—2010)中的附录 B;在无测试条件时,可根据现场土基情况和经验确定。

5. 基层顶面反应模量

基层顶面反应模量 k_j 值可根据土基反应模量 k_0 值和基层当量厚度 h_{je} 值,查图7-20确定,其中基层当量厚度 h_{je} 值由基层各材料层的厚度乘以其相应的当量系数相加而得,各种基层材料的当量系数值可参照表7-18选用。

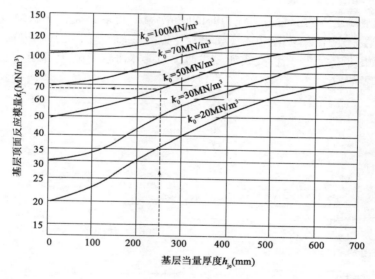

图 7-20 基层顶面反应模量

基层材料的当量系数　　　　　　　　　　　　　　　　表 7-18

材 料 名 称	当 量 系 数	材 料 名 称	当 量 系 数
天然砂砾	0.6 ~ 0.9	石灰粉煤灰碎(砾)石	1.2 ~ 1.4
混石	0.6 ~ 0.8	水泥砂砾	1.2 ~ 1.4
级配碎(砾)石	0.8 ~ 1.0	水泥碎石	1.3 ~ 1.5
干压碎石(填隙碎石)	0.9 ~ 1.1	沥青碎石	1.3 ~ 1.5
石灰土	0.9 ~ 1.3	沥青混凝土	1.6 ~ 1.8
二灰土	1.0 ~ 1.3	贫混凝土	1.6 ~ 1.8
石灰碎(砾)石土	1.1 ~ 1.3	碾压混凝土	1.8 ~ 2.0

6. 水泥混凝土设计强度

道面水泥混凝土的设计强度,应采用28d龄期弯拉强度。飞行区指标Ⅱ为A、B的机场,其水泥混凝土设计强度不应低于4.5MPa;飞行区指标Ⅱ为C、D、E、F的机场,其水泥混凝土设计强度不应低于5.0MPa。

7. 水泥混凝土弯拉弹性模量和泊松比

水泥混凝土弯拉弹性模量可参照表7-19选用。

水泥混凝土弯拉弹性模量 表7-19

设计强度f_{cm}(MPa)	4.5	5.0	5.5
弯拉弹性模量E_c(MPa)	36000	37000	38000

水泥混凝土泊松比μ_c可采用0.15。

二、板厚计算

1. 临界荷位

飞机荷载在混凝土板内产生最大应力时的临界荷位,可取机轮位于板缝处且与板缝相切或垂直的位置。主起落架为单轮、双轮、双轴双轮以及三轴双轮时,其临界荷位如图7-21所示。图中0点为板边应力计算点,实线和虚线荷位为计算比较荷位,应取其中应力计算结果较大的荷位作为临界荷位。

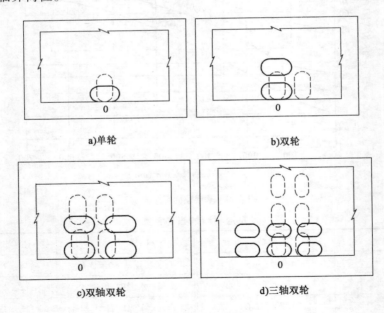

a)单轮 b)双轮

c)双轴双轮 d)三轴双轮

图7-21 临界荷位

2. 板边应力计算

按下列步骤计算板边应力:

(1)按式(7-45)、式(7-46)确定飞机主起落架一个轮印的长度L_t(mm)和宽度W_t(mm)。飞机轮印形状如图7-18所示。

（2）计算混凝土道面的刚度半径。

①初估所需要的混凝土板厚度 $h(\text{mm})$。

②道面刚度半径按下式计算：

$$l_{\text{p}} = \sqrt[4]{\frac{E_c h^3}{0.12(1 - \mu_c^2) k_{\text{j}}}}$$ （7-52）

式中：l_{p}——混凝土道面刚度半径（cm）；

μ_c——混凝土的泊松比；

其余符号意义同前。

（3）确定影响图上的块数。

将飞机的一个主起落架的轮印，覆盖在板边弯矩影响图上，并求出轮印范围内的小格数量。

①描绘透明纸上的轮印尺寸为：

$$L_{\text{t}}' = \frac{l_{\text{p}}' L_{\text{t}}}{l_{\text{p}}}$$ （7-53）

式中：L_{t}'——透明纸上的轮印尺寸（mm）；

l_{p}'——影响图上的刚度半径长度（mm）。

$$W_{\text{t}}' = 0.6 L_{\text{t}}'$$ （7-54）

式中：W_{t}'——透明纸上的轮印宽度（cm）。

②一个轮印的尺寸确定后，将一个主起落架的各轮轮距按比例折算后绘在透明纸上（单轮无此项），然后将画好的起落架轮印图，按临界荷位覆盖在板边弯矩影响图（图 7-22）上，求出在轮印范围内的小格数之和。

（4）板边弯矩计算。

板边弯矩计算按式（7-55）计算。

$$M_{\text{e}} = q l_{\text{p}}^2 N_{\text{b}} \times 10^{-8}$$ （7-55）

式中：M_{e}——板边弯矩（MN·m/m）；

N_{b}——影响图上轮印范围内的小格数。

（5）板边计算应力。

板边应力计算按式（7-56）计算。

$$\sigma_{\text{e}} = \frac{6 M_{\text{e}}}{h^2} \times 10^4$$ （7-56）

板边计算应力是考虑接缝影响的板边应力，按式（7-57）计算。

$$\sigma_{\text{p}} = (1 - \beta) \sigma_{\text{e}}$$ （7-57）

式中：σ_{p}——板边计算应力（MPa）；

β——应力折减率，企口缝、假缝及传力杆平缝可采用 0.25。

3. 飞机的容许作用次数

飞机的容许作用次数，按式（7-58）计算：

$$N_e = 10^{(14.048-15.117\sigma_p/f_{cm})} \tag{7-58}$$

式中：N_e——飞机的容许作用次数。

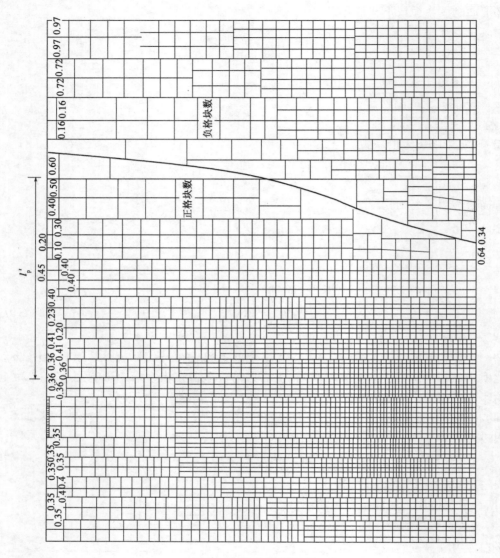

图 7-22　板边弯矩影响图

4. 板厚计算

当有多种(m种)飞机作用时,应分别计算出每种飞机的累计作用次数与容许作用次数,并代入式(7-59)。如所估混凝土板厚度 h 满足式(7-59)的要求,则可将此初估厚度 h 作为设计板厚,否则,应重估混凝土板厚度进行计算,直至符合要求。

$$\sum_{i=1}^{m} \frac{n_{ei}}{N_{ei}} = 0.8 \sim 1.1 \tag{7-59}$$

式中：n_{ei}——某种(第 i 种)飞机的累计作用次数；

　　　N_{ei}——某种(第 i 种)飞机的容许作用次数。

第六节 水泥混凝土道面分块设计

所谓的水泥混凝土道面分块(或称分仓)设计,是指将水泥混凝土道面分割成一个个有限尺寸板,以减少混凝土内部的温度应力,防止混凝土道面出现断裂。在水泥混凝土最初用于修筑路面时,由于没有将路面分割成一个个有限的尺寸板,结果路面出现了断裂。到了夏季,则容易引起拱胀和挤碎破坏。为了避免混凝土道面出现破坏,混凝土道面板的尺寸不能太大,必须有一个合理的尺寸。机场水泥混凝土道面板平面形状可分为矩形板和六角形板,目前常用的是矩形板。矩形板的平面尺寸一般在 4~6m,通常取 4m×4m、4m×5m、5m×5m、5m×6m 等规格。

一、分块设计的原则

机场水泥混凝土道面由于机械化施工,一般采用矩形板。矩形板具有平整性好、便于施工等特点,在进行矩形板分块设计时,应遵循下列原则:

(1)尽可能将板划分为正方形或接近正方形,这样的板的受力条件好,强度高。矩形板的长宽比采用 1.25:1~1:1 为宜。

(2)同一机场道面板的平面尺寸种类不宜过多,以减少模板种类,便于施工。数量较多的规格板的尺寸,应与机械作业宽度相一致,常用宽度为 4~5m。在机械化程度低或手工操作的情况下,板的尺寸不宜过大,以免一块板的摊铺时间过长,影响混凝土施工质量。

(3)规格板的尺寸应与跑道、滑行道、集体停机坪等道坪尺寸相协调,最好只用一种基本尺寸,并成倍数关系。尽量减少非规格板的数目,以简化施工。规格板的最小边长为 3m,最大边长为 6m;非规格板的最短边长不小于 1m,板角应避免出现小于 90°的锐角,防止因受力条件差而产生板角断裂(图 7-23)。

(4)双面坡跑道的中心线应与纵缝重合,切忌将跑道中心线位于板中(该板浇筑成"人"字形折线板)如山东某机场跑道加长 800m,60m 宽的跑道分为 15 块板,每块板分为 4m×4m;跑道中心线恰好位于中间一块板的板中,结果沿中心线 800m 长全部贯通断裂,裂缝最宽处达 2cm。

(5)滑行道、联络道上的板,分块设计应保证使用该机场主要飞机的主轮位于板的中部,使板处于最佳受力状态(图 7-28)。

(6)分块接缝宜采用"井"字形。即道面板间应通缝连接,不宜错缝连接(图 7-24)。经验表明,错缝布置,道面板易产生延伸裂缝。

错缝布置引起延伸裂缝的主要原因,不外乎下列几种:

(1)在纵横缝交点处,表面水易渗入基层,使基层强度降低,面板受挠折而断裂。

(2)当轮载分别通过纵缝两侧的面板时,由

图 7-23 锐角板的断裂

于板角一侧刚度较小,发生较大弯沉,结果发生轮载重新分配,无缝一侧的板承受较大的轮载,产生较大的应力;这样,经过多次重复超载之后,板即断裂。

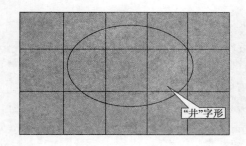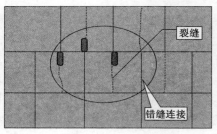

图 7-24　分块连接

(3)当气温降低时,在纵缝两侧的面板,即沿纵向朝当中收缩;由于纵缝一般做成企口缝或平缝,相邻的板相互牵连摩擦,使板中部产生较大拉应力而断裂。

二、矩形板分块设计

矩形板分块设计,通常分为规则部分道面(跑道、滑行道、联络道和集体停机坪等)和不规则部分(弯道、接合部等)道面两种情况。

规则部分道面的分块设计一般按大区(如跑道、滑行道、联络道和集体停机坪等)独立进行。大区之间以胀缝分开。跑道中心线与纵缝重合,以此为起点向两侧以规格板尺寸推移,使非规格板位于两侧边缘,并使其最短边尺寸不小于1m。跑道与联络道相接处的分块设计,可以采用通缝连接(图7-25),也可以采用错缝连接(图7-26)。错缝设计的优点是保证跑道上的规格板尺寸一致,简化了施工;缺点是带来错缝可能产生的危害。通缝设计避免了错缝带来的危害,但不得不在跑道上设置数块过渡板。

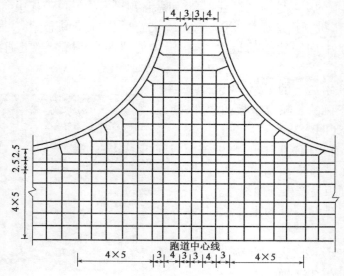

图 7-25　跑道与联络道垂直交叉处通缝连接(尺寸单位:m)

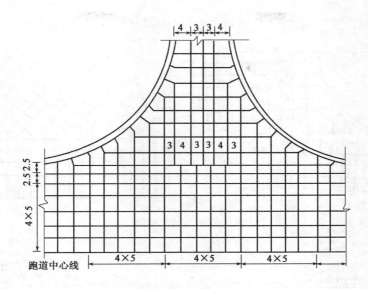

图 7-26 跑道与联络道垂直交叉处错缝连接(尺寸单位:m)

在道面板厚度变化处,应设置过渡仓,不能搞台阶设计(图 7-27)。

在滑行道上,为了保证使主要机种的主轮位于板中,通常是根据主轮间距调整滑行道中心线两侧板。图 7-28 为按轰-6 飞机使用而设计的主滑行道分块图。显然,图 7-28b)方案最好,主轮位于板中;图 7-28a)方案板的受力状态次于图 7-28b)方案,但板块一致是其优点;图 7-28c)方案则不可取。

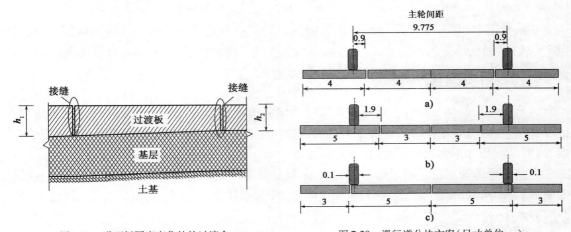

图 7-27 道面板厚度变化处的过渡仓

图 7-28 滑行道分块方案(尺寸单位:m)

集体停机坪上板的分块设计与跑道大同小异。由于停机坪形状规则,通常只采用规格板即可。若有非规格板,应布置在外侧边缘。

不规则部分道面的分块设计,通常是从两相邻区域推向交接处,以胀缝隔开。注意尽量减少非规则板的数量,使最短边尺寸不小于 1m,应使接缝垂直于弯道外廓线的自由边,以避免产生锐角板块。图 7-29 ~ 图 7-31 为不规则部分道面分块设计示例。

图 7-30 为有 3 条弧线的斜交处分块设计。设计者在弧线部分的处理手法巧妙,非规格板没

有一块出现锐角;板块尺寸也比较均匀,最大板块不超过规格块的两倍,最小边长在1m以上。

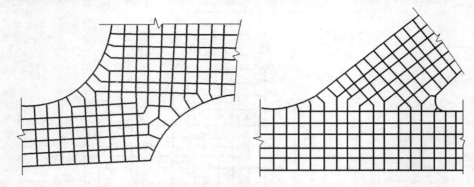

图7-29　斜交处分块设计

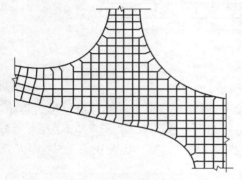

图7-30　三条弧线斜交处分块设计

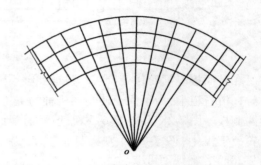

图7-31　推机道弯道处辐射式分块设计

在推机道上,常因地形及建筑物限制需设计弯道。在弯道部分可采用辐射式分块设计(图7-31)。弧线部分的板边可以为直线,亦可为弧线。前者施工方便,后者外观美观。

三、六角形板分块设计

六角形板是我国20世纪70年代曾推广采用的道面板。由于其受力条件较矩形板好、板体不易断裂;能有效地消除温度和干湿应力的影响。同时,由于六角形板面积小,采用平缝连接,战时受敌轰炸不会成片拱起,便于局部抢修。

六角形板的缺点也是明显的。如板块小,接缝数量多,施工复杂,平整度较矩形板差;接缝为平缝,表面水易沿缝下渗,导致土基强度降低,使板在轮载作用下失稳;错台及"跷跷板"现象时有发生;不便于机械化施工。

常用的六角形板的基本尺寸为边长1.20m、1.25m、1.33m、1.50m和2.0m的六边形。机轮荷载大及土基体积变化大时(软弱地基和不均匀冻胀),采用较大尺寸;地基强度高、机轮荷载小时,可选用较小边长。

在跑道上六角形的分块线应与跑道中心线一致,跑道端部的零碎板尺寸要适当,以便于凑整桩号,方便施工放线。零碎板的最短边尺寸应不小于1m(图7-32)。

跑道与其他部位道面的相互连接有两种处理方法。一是平推法,即以跑道分块为基础,一块一块地向联络道、滑行道及停机坪平推过去,这种方法适用于跑道与联络道相互垂直的

"目"字形机场道面。二是分片独立进行分块设计,即将跑道、滑行道、联络道及集体停机坪等用胀缝分隔开,在区内使飞机滑行方向与六角板的分块线一致;由于有胀缝隔开,大区之间可以错缝设计;这种方法适用于"菱"形机场道面和有斜交部位的道面。

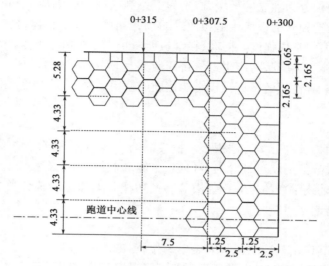

图 7-32　跑道端部六角板分块设计(尺寸单位:m)

图 7-33 为直交弯道处六角形板的分块设计方案。此处跑道与联络道是用胀缝分开,独立进行分块设计。

在推机道的转弯处,也可以采用辐射式分块设计。图 7-34 为 14m 宽推机道在弯道处的分块设计方案。这里曲线和直线部分是连在一起设计的,外观美观,主滑行方向与中心线一致,使用方便。缺点是靠内侧的板块尺寸偏小,使用中易失去稳定。

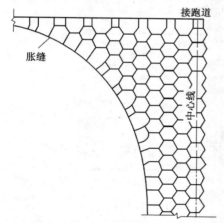

图 7-33　圆弧拐弯处六角形板分块设计

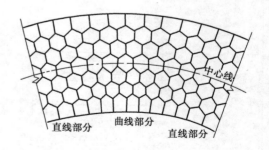

图 7-34　六角形板在弯道处分块设计

四、道肩的分块设计

用水泥混凝土作道肩时,其分块设计应视板的厚度和相邻板的尺寸而定。通常道肩分块采用与相邻道面板通缝连接。为避免道肩板过于狭长,可将长条板一分为二。

169

第七节 水泥混凝土道面接缝设计

分块设计把道面板分为独立的板块,这是为了控制板内的收缩应力和翘曲应力所引起的裂缝。接缝设计则是把独立的板块用适当形式的接缝连接为一个整体,提供板间足够的传递荷载的能力,提高道面的整体强度。同时,接缝应能防止表面水沿缝下渗,影响土基稳定;防止杂物落入缝内,使板体受热膨胀时产生过量挤压应力,引起板的边角损坏。因此,接缝设计是一项不容忽视的工作,其性能的好坏直接影响道面的使用品质、整体强度和使用寿命。

一、接缝设计

水泥混凝土道面接缝的分类方法很多。按接缝的功能划分,可分为缩缝、胀缝、传力杆缝和拉杆接缝等。按接缝的形状可划分为企口缝、平缝和假缝等;也有按方向划分的,与轴线方向一致称为纵缝,与轴线垂直的接缝称为横缝。按功能分类和按形状分类应用较为普遍。下面将这两种方法结合起来进行分类。

1. 缩缝

缩缝即收缩缝,其作用是控制板收缩裂缝的位置,减少板内温度应力。此外,由于混凝土硬化后都要发生收缩,因此,缩缝也可以为板的膨胀提供一些空间,使膨胀力得到一定的减弱。

缩缝的形式很多,常用的有平缝型缩缝、企口型缩缝、波纹缝和假缝。六角形板或厚度小于20cm以下的矩形板采用平缝型缩缝(图7-35和图7-36)。

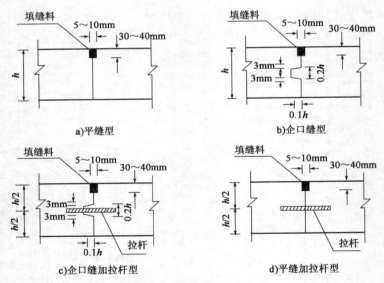

图7-35　纵向缩缝(施工缝)构造

注:当填缝料为硅酮时,灌缝深度应按宽深比 1.0 ~ 2.0 控制

企口型缩缝一般用于矩形板的纵缝。摊铺混凝土时,沿摊铺带两侧设置企口模板,沿摊铺方向连续浇筑。企口缝有梯形企口和圆企口(图7-36)。木模板采用梯形企口;钢模板采用圆形企口。

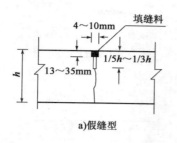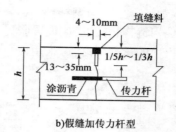

a)假缝型

b)假缝加传力杆型

图7-36 横向缩缝构造

假缝(弱断缝)是近年来采用较多的一种缩缝形式,其构造如图7-36a)所示。分两次锯缝:第一次缝宽0.3mm,深$h/3$;第二次缝宽0.8~1.0mm,深为3~4cm。由于板在切缝断面受到削弱,当受到温度应力作用时,板就在此处断裂,形成不规则贯通断裂面,依靠嵌锁作用传递荷载。此种缩缝施工简单,道面整齐美观,有一定传荷能力,在机场道面中应用广泛。

2.胀缝

胀缝的设置是为道面板的受热膨胀提供一定的空间,防止造成过大的挤压应力,引起板边、角碎裂,严重者还会引起道面板的拱起。同时,胀缝也能起缩缝作用,有的文献中称为伸缩缝。

胀缝的形式有平缝型胀缝、企口胀缝及传力杆胀缝等。由于胀缝施工复杂,维护困难,在胀缝处道面板错台、碎裂和拱起等病害常有发生,影响道面的使用品质和飞行安全。因此,规范规定宜尽少设或不设胀缝。但在邻近固定构筑物处,在跑道、滑行道和联络道分块设计分区的交接处,均应设置胀缝。

在上述位置以外的胀缝,可根据板厚、当地最高气温、施工时气温、混凝土集料的膨胀性和当地经验等因素综合确定。夏季施工,板厚不小于20cm,可不设胀缝;其他季节施工或采用膨胀性大的集料(如砂岩或硅酸质集料)时宜设胀缝。

平缝型胀缝多用于六角形道面或厚度小于20cm的矩形分块道面,其构造如图7-37所示。由于这种接缝基本上不能传递荷载,所以不能用于飞机活动频繁的部位。

企口胀缝用于厚度大于20cm以上的矩形板,通常用于条形摊铺的纵缝上。企口胀缝传递荷载能力较好。因其施工复杂,维护困难,企口损坏现象很多,其构造如图7-38所示。

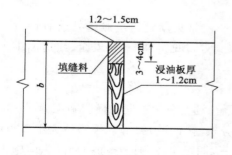

图7-37 平缝型胀缝

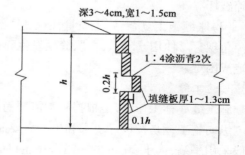

图7-38 企口胀缝

传力杆胀缝是在平缝型胀缝的基础上改进的。这种胀缝的传荷能力强,应用广泛。由于传力杆的存在,克服了平缝型胀缝传递荷载能力差的缺点,具有较高的传荷能力。传力杆胀缝

171

的构造见图7-39a)。

道面与其他构造物相接处,应设置胀缝。因无法加设传力杆,而采用平缝型胀缝。为了保证临近胀缝处道面的承载强度,可采用边缘钢筋加强(图7-39b)或厚边型板(图7-39c)。

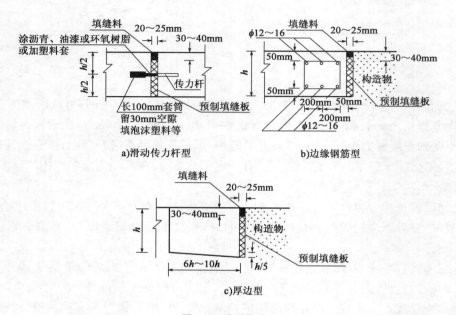

图7-39 胀缝构造

在机场水泥混凝土道面中,应尽量采用长间距胀缝,以减少胀缝的数量,避免因胀缝给道面带来的病害。工程实践表明,胀缝给道面带来以下主要病害。

(1)胀缝宽度一般为2.0～2.5cm,表面水很容易沿缝下渗。在机轮荷载作用下,造成唧泥、错台等病害,严重时使道面脱空,进而使板边角断裂。

(2)胀缝过多为道面的推移提供条件,推移过大,使缩缝张开量过大。当假缝张开量超过1mm时,靠集料嵌锁作用的板间传荷能力即丧失,增大了板边角部位的应力。雨水的渗入使土基湿软,又加速了板的损坏,砂石等杂物进入缝隙内,道面板膨胀时产生局部挤压应力,造成挤碎破坏。

(3)胀缝施工复杂,施工质量往往达不到设计要求。常见新建机场胀缝处就有错台及啃边掉角现象。使用一年后,在胀缝处发生碎裂的现象到处可见,影响飞行安全,给道面维护工作造成困难。

3.施工缝

施工缝亦称工作缝,是根据施工需要而设置的接缝,通常分为纵向和横向施工缝。

纵向施工缝是按设计要求和施工需要而设置的分条(摊铺道)接缝。板厚不大于20cm的一般采用平缝,大于20cm的一般采用企口缝。军用三、四级机场跑道道面中部的纵向施工缝宜在板中央设置拉杆,防止纵缝拉开。纵向施工缝的类型主要有平缝型、企口缝型、平缝加拉杆型和企口缝加拉杆型等。纵向施工的构造如图7-35所示。

横向施工缝是根据施工情况设置的分段接缝。当每个作业班工作结束或混凝土浇筑工作中断时间较长时,都应设置横向施工缝,其位置应设在胀缝、缩缝处,一般采用平缝、企口缝和平缝、企口缝加传力杆型接缝。平缝、企口缝的构造见图7-35a)、b);平缝、企口缝加传力杆型接缝的构造见图7-40。

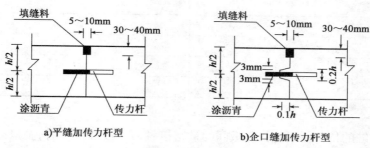

a)平缝加传力杆型　　　　　　　b)企口缝加传力杆型

图7-40　横向施工缝构造

4.传力杆缝

无论是缩缝、胀缝和施工缝,为了提高相邻板间传荷能力,都可以在板中设置传力杆,作为传递荷载的装置。传力杆缩缝构造见图7-35和图7-40。传力杆胀缝构造如图7-39所示。传力杆施工缝构造如图7-40所示。

传力杆应采用光圆钢筋,其长度的一半以上涂以沥青,使此端可以滑动。胀缝处的传力杆,尚应在涂沥青的一端加一套筒,内留空隙,填以泡沫塑料、橡胶粉等弹性材料,使此端可以胀缩滑动(图7-39和图7-40)。滑动传力杆套筒的构造如图7-41所示。套筒可用硬聚氯乙烯管制作,其内径应比传力杆大4～6mm。为使传力杆接缝两侧的道面板受力均匀,传力杆的固定端与滑动端应交错布置,如图7-42所示。靠近板边的传力杆距板边应有10～15cm的距离,以保证传力杆与混凝土的黏结与适当的保护层。

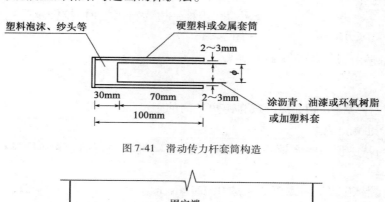

图7-41　滑动传力杆套筒构造

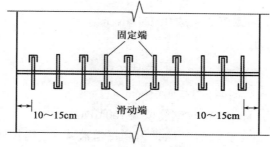

图7-42　传力杆平面布置示意图

173

目前,我国常用的传力杆尺寸和间距,可按表 7-20 选用。

传力杆尺寸及间距 表 7-20

板厚(mm)	直径(mm)	最小长度(mm)	最大间距(mm)
≤200	20	400	300
210~250	25	450	300
260~300	30	500	300
310~350	32	500	350
360~400	35	500	350

5. 拉杆

企口缝和假缝的传荷作用都依靠板间的紧密接触。当接缝拉开时,企口缝的传荷效能降低,在轮载作用下甚至可能发生企口断裂;假缝则会完全失去传荷能力。因此,为了使板间保持紧密接触,需在相邻板间埋设螺纹钢筋,将两板紧紧拉束在一起,这就是拉杆接缝。

拉杆的作用仅是拉束相邻板使之不过分张开,并不起传递荷载的作用。因此,拉杆直径比传力杆小,两端均固定在相邻板中。为防止因板缝的张开,雨水的浸入,导致拉杆的锈蚀,应对拉杆中部 10cm 范围内进行防锈处理,如涂刷沥青等。企口拉杆接缝的构造和平缝拉杆接缝的构造见图 7-35。

拉杆的数量通过计算确定。其基本思路是:拉杆本身并没有当作荷载传递装置来设计,主要是在板间起拉束作用。荷载的传递是通过使板间保持紧密接触状态的企口(企口缝)或集料嵌锁作用(假缝)来完成的。当道面板收缩时,板与板之间呈拉开趋势,此时拉杆所能提供的最大拉力等于混凝土道面板下基层对板的移动摩阻力。当板一边为自由端时,拉杆承受的力为最不利状态(图 7-43)。

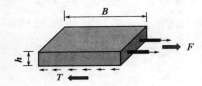

图 7-43 拉杆受力分析图

单位板长基层对板的移动摩阻力 T 为:

$$T = BhWf \tag{7-60}$$

式中:B——设拉杆纵缝到相邻纵缝或自由边之间的距离(m);

h——水泥混凝土板厚度(cm);

f——板与基层顶面的摩擦系数,同板下的基层类型、板的位移情况等有关,一般采用 1~2。

W——水泥混凝土的重度,通常可取 0.024MN/m^3。

拉杆能承受的最大拉力为:

$$F = A_s \sigma_a \tag{7-61}$$

式中:A_s——每延米纵缝长所需拉杆的截面积(cm^2);

σ_a——钢筋容许应力(MPa),螺纹钢筋可取 160MPa。

根据拉杆设置的目的和要求,则 $T = F$,即得到每延米纵缝所需拉杆钢筋截面面积。

$$BhWf = A_s \sigma_a$$

$$A_s = \frac{BhWf}{\sigma_a} \qquad (7\text{-}62)$$

取 $W = 0.024\text{MN/m}^3$，将 $f = 1.5$ 代入式（7-62），则：

$$A_s = \frac{3.6Bh}{\sigma_a} \qquad (7\text{-}63)$$

拉杆的长度应使锚固在水泥混凝土板内的拉杆能发挥其抗拉能力。此外，还要考虑拉杆的位置不一定能安放准确，而应留有一定余量（如 5cm）。拉杆的长度即：

$$A_s \sigma_a = \frac{1}{4}\pi\phi^2\sigma_a = \frac{1}{2}L_a\pi\phi Z_a$$

$$L_a = \frac{\phi\sigma_a}{2Z_a} + 5 \qquad (7\text{-}64)$$

式中：L_a——拉杆长度（cm）；

ϕ——拉杆直径（cm）；

Z_a——钢筋同水泥混凝土的容许黏结应力（MPa）；28d 龄期的道面水泥混凝土与螺纹钢筋的黏结力可取 1.8MPa。

拉杆应采用螺纹钢筋并设在板厚的中央。拉杆尺寸及间距可按表 7-21 选用。

拉杆尺寸及间距

表 7-21

板宽 B（cm）	板厚 h（cm）	直径（mm）	最小长度（cm）	最大间距（cm）
4.00	≤20	12/14	60/70	65/85
	21～25	14/16	70/80	70/90
	26～30	16/18	80/90	75/100
	31～35	18/20	90/100	80/100
	36～40	20/22	100/110	85/100
4.50	≤20	12/14	60/70	55/75
	21～25	14/16	70/80	60/80
	26～30	16/18	80/90	65/90
	31～35	18/20	90/100	70/95
	36～40	20/22	100/110	75/100
5.00	≤20	12/14	60/70	50/65
	21～25	14/16	70/80	55/70
	26～30	16/18	80/90	60/80
	31～35	18/20	90/100	65/85
	36～40	20/22	100/110	70/90

注：拉杆尺寸建议值，系采用钢筋容许应力 $\sigma_a = 160\text{MPa}$，钢筋同混凝土的容许黏结应力 $Z_a = 1.8\text{MPa}$ 计算而得。

二、填缝料

由于温度的作用，水泥混凝土道面必须分块；道面的分块导致了接缝设计。任何形式的接缝如不采取措施,则会导致雨水的渗入,使土基湿软,导致道面结构强度的降低,引起板角、边的损坏;还有接缝处易落入砂、石等硬物,当混凝土板膨胀时,接缝处易于挤坏,引起掉边、掉角等损坏现象。所以,在接缝内应填以防水且耐嵌入的材料将其密封,减少其病害。

接缝材料按其使用性能可分为填缝板和填缝料两大类。

1. 填缝板

填缝板主要用于胀缝,设置在胀缝的下部。填缝板应具有一定的压缩及回弹变形性能,要求能适应混凝土面板的膨胀与收缩,且施工时不变形、耐久性良好。应选用优质的高弹性、可压缩、抗挤凸、耐腐蚀的胀缝填缝材料(如海绵橡胶板、闭孔泡沫塑料板等),保证能持续封填胀缝,不宜使用压缩回弹能力差的油浸木板,不得使用无回弹能力的聚氯乙烯泡沫板。机场水泥混凝土道面对填缝板的技术要求见表7-22。

机场混凝土道面胀缝填缝材料技术要求　　　　　　　　表7-22

序号	性能	要　　　　求	试　验　方　法
1	压缩性	厚度压缩至50%,0.35MPa≤压缩应力	GJB 1112A—2004 附录 B
2	恢复率	厚度压缩至50%,卸载后30min内,恢复到原厚度的90%	
3	挤凸性	三面位移受限下,厚度压缩至50%,自由面位移小于3mm	
4	吸水性	试件浸在23℃的水中,24h后,质量增加≤5%	
5	密度	不小于100kg/m³	

注:胀缝填缝料的类型主要有海绵橡胶类、闭孔泡沫塑料类等。

2. 填缝料

填缝料要求与混凝土板壁黏结力强,且材料的回弹好,能适应混凝土面板的膨胀与收缩,不溶于水,不渗水,高温时不溢出,低温时不脆裂和耐冲击,耐磨耗,耐老化等。填缝料按施工方法分可分为加热施工式填缝料和常温施工式填缝料。机场水泥混凝土道面对填缝料的技术要求见表7-23。加热施工式填缝料主要有沥青玛蹄脂类、聚氯乙烯胶泥类、改性沥青类等。常温施工式填缝料主要有聚(氨)酯、硅树脂类、氯丁橡胶、沥青橡胶类等。

机场混凝土道面封缝材料技术要求　　　　　　　　表7-23

序　号	技术性能		25LM	20LM	试　验　方　法
1	流平性		光滑平整	光滑平整	GB/T 13477.6
2	弹性恢复率(%)		定伸100%×24h≥75	定伸60%×24h≥75	GB/T 13477.17
3	拉伸模量(MPa)	23℃	≤0.4(拉伸100%)和	≤0.4(拉伸60%)和	GB/T 13477.8
		−20℃	≤0.6(拉伸100%)	≤0.6(拉伸60%)	
4	浸水后定伸黏结性(23℃×4d)		定伸100%×24h无破坏	定伸60%×24h无破坏	GB/T 13477.11
5	浸油后定伸黏结性(50℃×24h)		定伸100%×24h无破坏	定伸60%×24h无破坏	GJB 1112A—2004附录B
6	冷拉(−20℃×24h)热压(+70℃×24h)后黏结性		拉伸压缩±25%无破坏	拉伸压缩±20%无破坏	GB/T 13477.13

序　号	技 术 性 能	25LM	20LM	试 验 方 法
7	质量损失率(%)(70℃×7d)	≤5		GB/T 13477.19
8	抗燃性 (260℃×120s)	不应着燃、流动、开裂、变硬		GJB 1112A—2004 附录B

注:1.25LM 适用于严寒地区、寒冷地区的机场道面,20LM 适用于其他地区的机场道面。

2. 第2、3、4、5、6、8项试件制备时,被黏基材若需要涂底涂料,应按生产厂家要求进行。

3. 适用期和表干时间指标由供需双方商定,试验方法按 GB/T 13477—2002 执行。

三、连接设计

机场水泥混凝土道面与其他构筑物相接时,应设胀缝与构筑物边缘相连接。如在连接部位经常有飞机通过时,胀缝中应加传力杆(图7-44b,无法设置传力杆时,可用边缘钢筋加强或采用厚边式设计(图7-39)。

水泥混凝土道面同柔性道面相接时,为避免接合部产生错台、沉陷,或柔性道面受顶推而拥起,可采用下埋混凝土梯形断面(现浇)板的方式连接,如图7-44 所示。图7-44a)为缩缝传力杆形式;图7-44b)为胀缝传力杆形式。

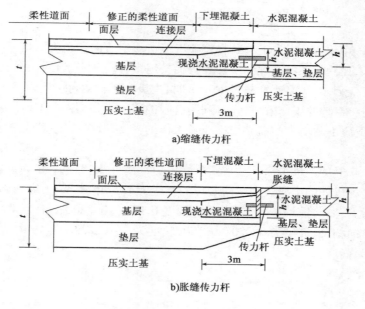

图 7-44　水泥混凝土道面与柔性道面连接

第八节　道肩、防吹屏与系机环

一、道肩

跑道、滑行道、联络道和停机坪等水泥混凝土道面的边缘,通常都铺筑道肩。军用机场跑道的道肩宽度为 2.0～2.5m,其余部分道面的道肩宽度一般为 1m。民用机场道面的道肩要宽得多,例如,大型飞机使用的跑道,其两侧道肩宽度为 7.5m。

道肩是道面与土质部分的过渡带,对道面的侧面起支护作用。防止道面上排出的水冲刷土质表面,冲刷或渗入道基。此外,道肩增加了道面的有效宽度。防止飞机万一冲出跑道发生事故;改善了道面的受力状态,减少道面边板的损坏。

道肩的厚度可按道面设计荷载的 50% 进行计算。对土道肩则要碾压密实并种植草,道肩坡度与坡向与道面一致。道肩外侧的土质表面高程应比道肩低 3~5cm,防止植草后土质表面高出道肩,影响道肩排水。

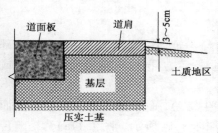

图 7-45 混凝土道面的道肩

道肩可以是水泥混凝土道面,也可采用沥青类道面,当采用水泥混凝土道肩时,其厚度一般为 12~16cm。可按 C18 级混凝土强度等级设计和检验。若用柔性面层,Ⅱ级以上机场宜选用沥青混凝土、热拌沥青碎石或沥青贯入式道肩。

道肩下面的基层与相邻道面下基层相同。道肩下土基应与道面下土基坡度相同,以利于基层排水,如图 7-45 所示。

二、防吹屏

防吹屏又称导流屏,是用人工构筑物将喷气流按一定方向和角度导出,防止或减轻喷气流对未铺道面地区的侵蚀;在停机坪和维修坪等拥挤地区,减轻喷气流对人员和设施可能造成的危害。国际民航规定,喷气流速度超过 15m/s 时,人员和车辆运行应当避免。

为提高大型航空港的工作效率,充分利用有限的道面面积,各国都在港内设置了高效能防吹导流设施,以适应不断增大的航站设施业务工作的密度,减少占地,降低工程造价。

1. 防吹坪

防吹坪是防吹屏的一种最简单的形式。在停机坪的外侧,铺筑一定宽度的人工道面,使喷气流不致吹坏道坪以外的土质表面。防吹坪的宽度为 12~15m。一般做成两个坡段。靠近停机坪的第一坡段,坡向与道坪坡度方向相同,坡度 0.015~0.020,长度为 4~6m;第二坡段坡向与第一坡段方向相反,坡度为 0.020~0.150,长度为 8~9m。图 7-46 的防吹坪是为歼击机设计的,使用效果尚好。

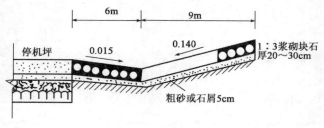

图 7-46 防吹坪构造

图 7-47 为改进的防吹坪,其正面宽度为 8~10m,能将喷气流导向后上方约 45°角,防吹效果较好。

图 7-48 所示的防吹坪是在坡顶上面加装导流屏。导流屏墙体为现浇水泥混凝土,百叶窗

式导流板为预制的钢丝网细石混凝土板。一端固定在墙体内,另一端涂刷沥青,可以滑动,这种形式的防吹屏防吹效果好。

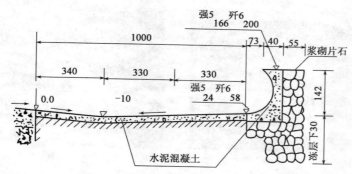

图 7-47　弧形防吹坪结构图(尺寸单位:cm)

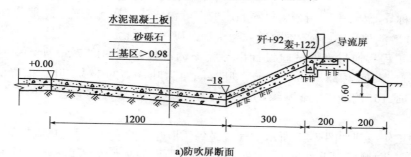

a)防吹屏断面

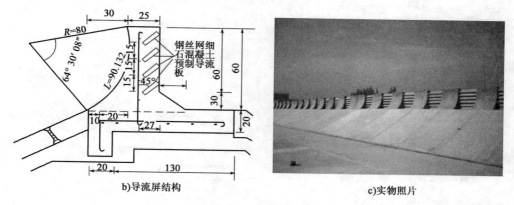

b)导流屏结构　　　　　　　　c)实物照片

图 7-48　百叶窗式导流屏结构图(尺寸单位:cm)

百叶窗式导流屏虽然可以将大部分的飞机喷气流改变运动方向,大大减小了气流对地面人员和建筑物的影响,还有一部分气流会通过百叶窗的间隙,对导流屏后面的人员和建筑物产生影响。为了彻底消除飞机喷气流对导流屏后面的人员和建筑物产生影响,可以设置全封闭的导流设施,将全部飞机喷气流改变方向,保证了导流屏后面的人员和建筑物的安全。目前,机场常用的封闭式导流设施见图7-49。

2. 防吹栅(导流栅)

上述形式的防吹坪,结构简单,施工容易,造价低廉,在军用机场中应用比较普遍,其缺点是防吹效果不够理想;固定式使用不方便;占地较多等。

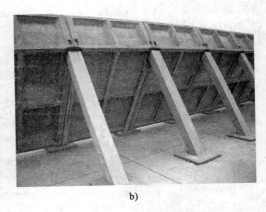

图 7-49　封闭式导流设施

防吹栅亦称导流栅,是利用金属材料制成的百叶窗式防吹导流装置。一般为移动式,组装拆卸方便,防吹效能很高,在许多国家的大型机场上应用广泛。

美国陆军工程兵通过模型试验设计出导流栅的最佳结构如图 7-50 所示。这种导流栅上有 9 片弧形叶片,间隔 38.1cm(15in)。叶片间距为叶片高的 1/3。叶片前缘的切线方向与水平基准面成 15°俯角,气流流缘的切线方向与水平基准面垂直。叶片框架与地面成 135°角。

导流栅的工作原理如图 7-51 所示。气流碰到弧形叶片的光滑表面,总流量的大约 2/3 被栅截住,其余部分向栅后斜上方流出。调整导流栅与地面的倾角 θ,可以得到不同倾向 α 的偏流。试验表明,当 $\theta = 60°$时,可得到 $\alpha = 85°$的偏流。

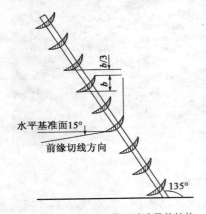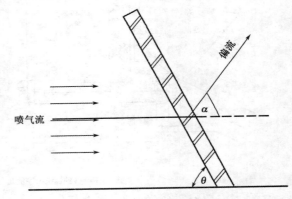

图 7-50　导流栅模型试验最佳结构　　　　　图 7-51　导流栅工作原理

碰到叶片而发生偏转的气流,能使从栅的上部通过的气流也产生偏转,导出的气流和地面之间形成一个净空空间。周围的静态空气流到这块区域内,不会形成低压区,从而达到防吹导流效果。如果导出的气流太接近地面,则在栅后容易形成低气压区,使导出的气流被吸附在地面上,并沿地面流动,导流栅失去作用。

导流栅的高度一般为 1.7 ~ 2.5m,B747 型飞机的导流栅高度为 3.5 ~ 4.5m。东京成田国际机场在飞机试车区域安装了高度为 9m 的超大型导流栅。

这种百叶窗式弧形叶片导流栅,每个长2.5m左右,可根据现场情况进行组装。移动方便,不阻挡视线,现场工作人员便于观察;提高有限地域的利用率,在欧、美、日等国应用广泛。

图7-52为3.5m型导流栅的构造图。每个栅的宽度为2.5m,长度为2.0m。

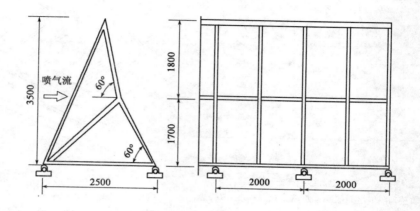

图7-52　3.5m型导流栅构造(尺寸单位:mm)

图7-53为B747型飞机在4m栅上试验的风速分布图。由图可见,在栅后5m处距地面4m以下范围内的气流速度已降到12m/s以下。

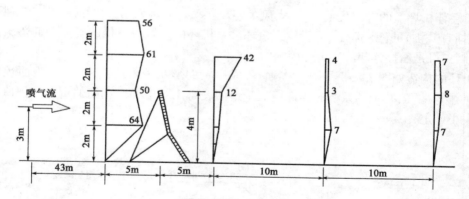

图7-53　B747型飞机风速分布图(单位:m/s)

图7-54为导流栅布置平面图。总长47.5m的栅墙,由并排19个2.5m的单个导流栅组成。导流栅之间可能出现开缝,可用2mm厚钢板封堵。单个导流栅的固定采用如下的办法:横挡的两端放上200mm×110mm×12mm的水平垫板,并用16mm锚固螺杆、螺母及垫圈,锚固在长度为2.5m的两根钢筋混凝土纵挡上。纵挡的截面为370mm×170mm,其重量还不足以抵抗喷气流使其移动和翻倒的力矩,又用长度为1280mm,截面积为300mm×150mm的钢筋混凝土横压板,压住导流栅的纵挡。在纵挡上开半边槽,压板两端变薄,相互吻合在一起。8块压板并排放在两根纵挡之间,两端的压板用两根销钉就位,销钉固定在纵挡的两个端部(图7-55)。

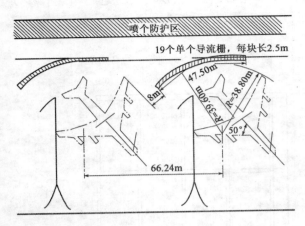

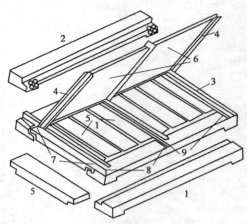

图 7-54　停机轨迹和导流栅平面图

注:1.机翼轨迹与隔屏之间的安全距离 3.0m;2. 供 B707 或 DC-8 使用

图 7-55　导流栅的活动底座

1-飞机一侧的纵档;2-航空站一侧的纵档;3-横档;4-槽钢;5-压板;6-波纹板;7-销钉;8-垫板;9-锚固螺杆

三、系机环

停放在停机坪上的轻型飞机,遇有大风可能被吹动。为避免飞机相互碰撞发生损坏,停放飞机(包括直升机)的停机坪上,应设置系机环。系机环的位置按飞机的类型和起落架配置情况确定,因飞机是通过其起落架进行固定的。

系机环的构造如图 7-56 所示。将钢筋弯成一定的形状埋入道面板中,在表面预留直径150mm 的半球圆孔,孔中的系机环顶部应低于道面表面 5~10mm。钢筋的直径应视所固定的飞机的大小而定,一般不小于 18cm。

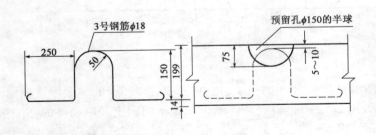

图 7-56　停机坪系机环结构(尺寸单位:mm)

在试车坪上,系机环主要固定飞机试车。由于飞机试车时会产生很大的水平推力,因此,系机环的钢筋直径应根据飞机发动机所产生的推力验算确定。此时,由于系机环不会影响飞机的滑行,可以高出道面表面 15~20cm(图 7-57),以便方便固定飞机。

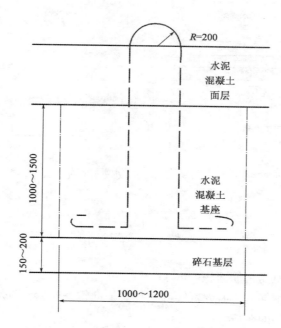

图 7-57　试车坪系机环示意图(尺寸单位:mm)
注:水泥混凝土基座宽度可为 600～800mm

第九节　加筋配筋混凝土道面

由于素水泥混凝土道面为了防止因温度变化而产生的裂缝,需要进行道面分块设计和接缝设计。接缝的存在使道面在接缝处易产生损坏,并使滑跑的舒适性下降,影响道面的耐久性。为了克服上述缺陷,通过在水泥混凝土道面板中加入钢筋,消除和减少道面的接缝,提高道面的耐久性和舒适性。

水泥混凝土道面板在轮荷载的多次重复作用和周围介质的温度、湿度变化时,将产生裂缝。为了防止因裂缝张开而使道面板的结构强度降低,在板内配置一定数量的纵、横向钢筋或钢丝网。设置钢筋的主要目的,并不是增加板的抗弯强度,而是把开裂的板拉束在一起,使裂缝密合,从而依靠断裂面上集料的嵌锁作用传递荷载。这种道面与其他混凝土道面相比有如下优点:

(1)耐久性好,维护费用较低,与无筋混凝土道面相比,其经济性较好。

(2)配筋数量比连续配筋道面和钢筋混凝土道面少,施工程序简单。

(3)由于钢筋的存在,减少了裂缝的数量,并使裂缝不能张开,从而可以增大板的长度和相应地减少温度接缝的数量,改善了道面的使用品质,板长可达 10～30m。

加筋混凝土道面板的厚度与无筋混凝土板相同。而配筋数量按混凝土收缩时将板块拉结在一起所需的拉力确定。最大拉力出现的开裂发生在板中央时,它等于由该处到最近的板边缘范围内板与基层之间的摩阻力(图 7-58)。

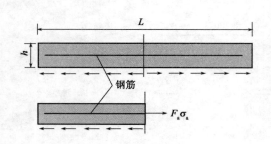

图 7-58 加筋混凝土钢筋受力示意图

$$F_a \sigma_a = \frac{1}{2} LBhWf \qquad (7\text{-}65)$$

$$F_a = \frac{1}{2\sigma_a} LBhWf$$

每延米板所需要的钢筋量为:

$$F_a = \frac{1}{2\sigma_a} LhWf \qquad (7\text{-}66)$$

取水泥混凝土的重度 $W = 0.025\,\mathrm{MN/m^3}$,水泥混凝土板与基层顶面的摩擦系数 $f = 1.5$,则有:

$$F_a = \frac{1.875Lh}{\sigma_a} \qquad (7\text{-}67)$$

式中:F_a——每延米板所需钢筋面积($\mathrm{cm^2}$);

L——计算纵向钢筋时,为横缝的间距;计算横向钢筋时,为不设拉杆的纵缝间距或纵缝与自由边的间距(m);

h——板的厚度(cm);

σ_a——钢筋的容许应力(MPa),按表 7-24 选用。

钢筋容许应力　　　　　　　　　　　　　　　表 7-24

钢 筋 等 级	容许应力(MPa)	钢 筋 等 级	容许应力(MPa)
Ⅰ级钢筋(3 号钢)	135	Ⅲ级钢筋(25 锰硅,25 锰钛,25 硅钒)	210
Ⅱ级钢筋(16 锰,16 锰钛,15 硅钒)	185		

　　加筋混凝土道面中的纵、横向钢筋宜采用相同直径。若取不同直径时,相差一般不大于4mm,并且钢筋直径应尽量取小值,使板的内力得以分散。钢筋的最小直径和最大间距见表 7-25。钢筋的最小间距为集料最大粒径的 2 倍。钢筋应有足够的搭接长度。螺纹钢筋纵向搭接长度不小于 30 倍直径,横向搭接长度不小于 15 倍直径;光圆钢筋在纵、横方向的搭接长度均不得小于 30 倍直径。

钢筋最小直径和最大间距　　　　　　　　　　表 7-25

钢筋类型	光圆钢筋	螺纹钢筋
最小直径(mm)	8	12
纵向最大间距(cm)	15	35
横向最大间距(cm)	30	75

　　加筋混凝土板的钢筋含量,一般为 0.1% ~ 0.2%。最低为 0.05%,最高达 0.25%。表 7-26为苏联加筋混凝土板的钢筋用量。由表可见,钢筋用量与板的平面尺寸和气候条件有关。

加筋混凝土板的尺寸与钢筋含量　　　　表 7-26

钢筋含量(%)　　　板长(m)　气候条件	10	15	20
严寒地区(Δt≤60℃)	0.20	0.25	—
中部地区(Δt≤45℃)	0.15	0.25	—
温和地区(Δt≤30℃)		0.15	0.20

　　注:1. 板厚超过 24cm 时,板的尺寸应大于 15m。

　　　　2. Δt 为板截面最大年平均温差。

　　每延米加筋混凝土板的钢筋面积 F_a 求出后,即可选择钢筋的根数和间距。由于钢筋的主要作用是使板的裂缝密合,因此,它在板中的垂直位置并不太重要,只要有足够的保护层以防锈蚀即可。通常设在板顶面以下 1/3～1/2 板厚的范围内。外侧钢筋中心距接缝或自由边的距离一般为 10cm。钢筋保护层的最小厚度应不小于 5cm。

　　加筋混凝土板钢筋网构造见图 7-59。

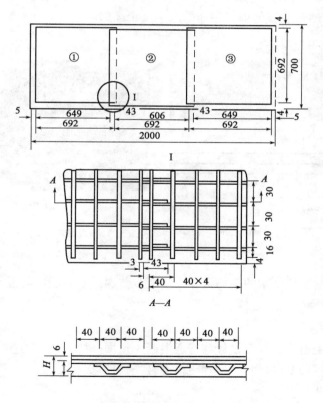

图 7-59　加筋混凝土板钢筋网构造(尺寸单位:cm)

　　加筋混凝土道面板的尺寸一般较大,板的宽度应与施工机械的作业宽度相适应。板长依据板厚和气候区域变化在 10～30m 的范围内。这种道面缩缝缝隙的张开宽度较无筋混凝土的大,假缝断裂面上集料的嵌锁作用极微弱。因而,为保证接缝具有传荷能力,所有缩缝均需设置滑动传力杆。其他接缝设计,与无筋混凝土道面的情形一样。加筋混凝土道面存在的问题是,水易从接缝和裂缝处渗入板内,使钢筋和传力杆锈蚀,发生断裂破坏。与无筋混凝土板相比,耗用钢材多、造价高,对减小薄板厚以及减少接缝和裂缝均无显著效果。故近年来采用加筋混凝土道面的国家越来越少。

第十节　连续配筋混凝土道面

一、连续配筋混凝土道面

连续配筋混凝土道面(Continuously Reinforced Concrete Pavement,简称 CRCP)是在水泥混凝土道面中设置纵向钢筋,没有横向缩缝的道面。连续配筋混凝土道面含有 5% ~ 10% 纵向含筋量。连续配筋混凝土道面的主要优点是消除了结构费用高,易损坏且需要定期维护的横缝。连续配筋混凝土道面能提供平坦的表面。连续配筋混凝土道面的特点是产生 0.6 ~ 3m 间距的裂缝。道面由一系列靠嵌锁和钢筋联接的具有铰接的短板组成(图 7-60)。由于裂缝是紧密结合在一起,通过裂缝的剪切传递的效率是很高的。

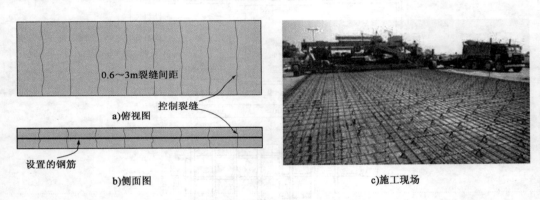

图 7-60　连续配筋水泥混凝土道面示意图

1. 基础支撑

在连续配筋混凝土道面中的钢筋提供连续荷载传递。基础的均匀性是获得满意结果的基础,与普通混凝土道面的要求一样。

2. 厚度设计

连续配筋混凝土道面的厚度设计与普通混凝土道面一样。设计的参数包括同样的混凝土抗弯拉强度,土基模量,基层材料特性和飞机混合交通信息。

3. 纵向钢筋设计

连续配筋混凝土道面的中钢筋设置准则是提供满意的道面。钢筋的含筋量的选择提供最优的裂缝间距和裂缝宽度。裂缝宽度保证裂缝处的传荷能力和防止水的侵入。纵向钢筋的设置必须满足三个条件。最大钢筋含量根据下面三个要求来选择,任何情况下纵向钢筋的含量不小于 0.5% 。

（1）钢筋抵抗基层阻力

纵向钢筋要求抵抗由下式确定的连续配筋混凝土道面与基层间产生的摩擦力：

$$P_S(\%) = (1.3 - 0.2F)\frac{f_t}{f_s} \tag{7-68}$$

式中：P_S——含筋量（%）；

　　f_t——混凝土的抗拉强度（in psi）；

　　F——基层顶面摩擦系数；

　　f_s——钢筋的允许工作应力（in psi）。

使用上述公式需要三个参数：钢筋的允许工作应力、混凝土的抗拉强度和基层顶面摩擦系数。钢筋推荐的工作应力是 75% 最小屈服强度。混凝土的抗拉强度可以评估为 67% 的弯曲强度，被推荐稳定基层的摩擦系数是 1.8，虽然不被推荐作为连续配筋混凝土道面，非稳定的细砂和粒粒土通常采用 1.0 和 1.5。

（2）钢筋抵抗温度效应

纵向钢筋必须有能力抵抗由于温度变化引起的道面膨胀和收缩的力。下面的公式被用来计算温度条件下钢筋的含筋量。

$$P_S(\%) = \frac{50f_t}{f_s - 195T} \tag{7-69}$$

式中：P_S——含筋量（%）；

　　f_t——混凝土的抗拉强度（in psi），可采用 67% 的混凝土弯曲强度；

　　f_s——钢筋的允许工作应力，通常采用 75% 最小屈服强度（in psi）；

　　T——道面最大季节性温度变化（华氏温度）。

钢筋必须给出最小屈服强度，钢筋的连接和焊接符合相关规范规定。

（3）混凝土与钢筋强度比

选择纵向钢筋含筋量的第三个条件是混凝土抗拉强度与钢筋最小屈服强度比。钢筋含筋量可由混凝土强度与钢筋强度之比乘以 100 得到。

$$P_S(\%) = 100 \times \frac{f_t}{f_y} \tag{7-70}$$

式中：P_S——含筋量（%）；

　　f_t——混凝土的抗拉强度（in psi）；

　　f_y——最小钢筋屈服强度（in psi）。

4. 横向钢筋设计

连续配筋混凝土道面中采用的横向钢筋，能控制"偶然"产生的纵向裂缝。有助于支承和保持纵向钢筋的间距。下面的公式用来确定横向钢筋：

$$P_S(\%) = 100 \times \frac{W_s F}{2f_s} \tag{7-71}$$

式中:P_s——含筋量(%);

$\quad\quad W_s$——混凝土板宽度(ft,1ft=0.3048m);

$\quad\quad F$——基层顶面摩擦系数;

$\quad\quad f_s$——钢筋的允许工作应力,通常采用75%最小屈服强度(in psi)。

5.钢筋详细设计

纵向钢筋要求放在板的厚度中间或稍微往上(图7-61)。横向钢筋固定在纵向钢筋上面或下面。最小的混凝土覆盖厚度为76mm才能保护所有的钢筋,纵向钢筋的间距为152～305mm,横向钢筋的间距为305mm或更大。钢筋的搭接长度为25倍钢筋直径或406mm,取二者大者。不规则处的钢筋的焊接钢丝网长度是32倍钢筋直径或406mm,取二者大者。纵向钢筋的搭接部位要求从中心线60°倾斜,可交错布置,保证在同一横断面上不能超过三分之一的搭接钢筋。

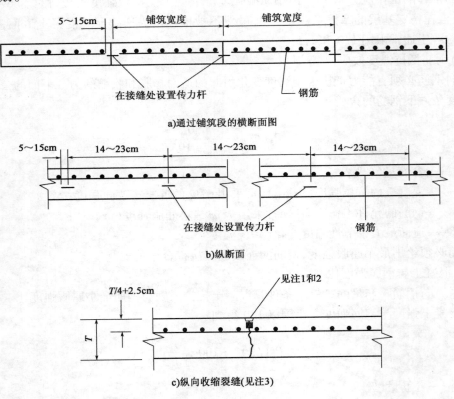

a)通过铺筑段的横断面图

b)纵断面

c)纵向收缩裂缝(见注3)

图7-61 带钢筋的刚性道面接缝

注:1.见本章第七节接缝设计;2.接缝除添加钢筋外与本章第七节接缝设计相同;3.当板厚是25cm并且板宽超过4m时使用该接缝

二、连续配筋混凝土道面接缝

即使缝在连续配筋混凝土道面中不需要横向收缩接缝,施工缝和控制翘曲应力的缝是需要的,下面讨论这两种接缝。

1.施工缝

对连续配筋混凝土道面,需要两种类型施工缝。因为道面是多条施工的,两条之间的纵向控制缝是必需的。在道面铺筑结束和开始时需要横向接缝,下面讨论这两种类型接缝,如当天施工结束和第二天开始施工。典型的施工缝详见图 7-62、图 7-63。

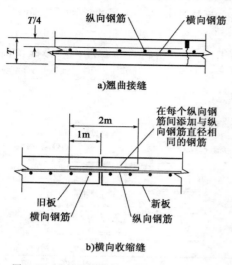

图 7-62　连续配筋混凝土道面——接缝详图

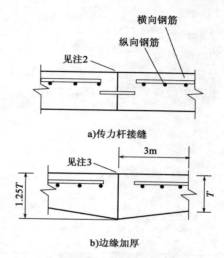

图 7-63　连续配筋混凝土道面—接缝详图
注:1.所有接缝需密封;2.详见图 7-35;3.详见图 7-37

2.翘曲接缝

当铺筑宽度超过表 7-27 中的最大纵向接缝间距时,必须设置翘曲接缝或铰链接缝。横向钢筋穿过裂缝保证接缝两侧的集料的互锁。因为穿过接缝的钢筋消除了任何膨胀或收缩的能力,但约束的宽度最大不能超过 23m。典型的翘曲接缝见图 7-62a)。

有稳定或无稳定基层的刚性道面推荐的最大接缝间距　　　　表 7-27

无稳定基层			
板厚		接缝间距	
Inches(英寸)	Millimeters(mm)	Feet(ft)	Meters(m)
6	152	12.5	3.8
6.5～9	165～229	15	4.6
>9	>229	20	6.1
有稳定基层			
板厚		接缝间距	
Inches(英寸)	Millimeters(mm)	Feet(ft)	Meters(m)
8～10	203～254	12.5	3.8
10.5～13	267～330	15	4.6
13.5～16	343～406	17.52	5.32
>16	>406	20	6.1

三、连续配筋混凝土道面终点处理

既然连续配筋混凝土道面无须横向接缝,当连续配筋混凝土道面与其他道面或构筑物相接时,必须抑制和适应端部的移动。由于温度的膨胀或收缩,连续配筋混凝土道面端部的移动可达51mm。除连续配筋混凝土道面与其他道面或构筑物相接外,端部的移动不是问题。公路的经验表明,限制端部的移动是不可能成功的。更多的赞成意见表明适应比限制更好。连续配筋混凝土道面与其他道面相交或另一个构筑物相连,要求进行大位移的接缝设计,否则会对续配筋混凝土道面、其他道面或构筑物产生破坏。宽翼梁或指状形接缝能适应这种移动。宽翼梁因相对成本较低被推荐采用。宽翼梁的略图见图7-64。

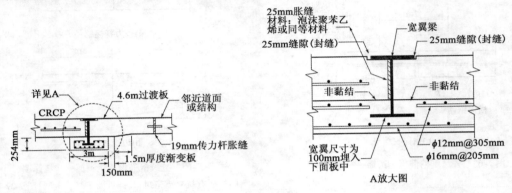

图 7-64　宽翼梁式胀缝结构

四、设计举例

下面给出了 CRCP 的设计例子。假设 CRCP 设计满足下面条件:

(1)混合飞机满足下面假设见表7-28。

对 CRCP 飞机混合数据　　　　　　　　　　　　表 7-28

机　型	通过重量(lb)	年起飞次数(次)	年增长(%)
B737-800	174700	10000	0
A320-100	150796	750	0
B777-200ER	657000	8760	0

(2)土基 E 值等于 172MPa(25000psi)。

(3)底基层是碎石基层,203mm(8inchs)厚;上基层是稳定基层,152mm(6inchs)厚。

(4)混凝土弯曲强度 4.5MPa(650psi)。

(5)钢筋最小屈服强度 414MPa(60000psi)(纵向和横向钢筋)。

(6)道面铺筑宽度 7.6m(25feet),水泥稳定基层。

(7)季节性温度变化 $-100°F(38℃)$。

1. **板厚**

在 FAARFIELD 中输入(1)~(4)的数据。图7-65 显示计算板厚为 15.61inches,以 0.5 取整,为 15.5inches(394mm)。

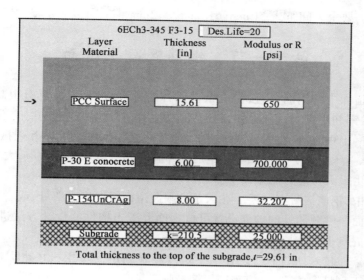

图 7-65　计算板厚，RCRCP 算例

2. 钢筋设计

用公式（7-68），输入下面数据：

$$工作应力 = 75\% \times 414(60000\text{psi}) = 310\text{MPa}(45000\text{psi})$$

$$摩擦系数 = 1.8$$

$$混凝土抗拉强度 = 67\% \times 4.5(650\text{psi}) = 3.0\text{MPa}(436\text{psi})$$

（1）抵抗基层摩擦力的纵向钢筋

$$P_\text{S}(\%) = (1.3 - 0.2F)\frac{f_\text{t}}{f_\text{s}} = (1.3 - 0.2 \times 1.8) \times \frac{3.0}{310} = 0.91\%$$

（2）温度效应

纵向钢筋必须有能力抵抗由于季节温度变化引起的力，按式（7-69）计算。

$$P_\text{S}(\%) = \frac{50f_\text{t}}{f_\text{s} - 195T} = \frac{50 \times 436}{45000 - 195 \times 100} = 0.86\%$$

（3）混凝土与钢筋强度之比

混凝土与钢筋强度之比按式（7-70）计算。

$$P_\text{S}(\%) = 100 \times \frac{f_\text{t}}{f_\text{y}} = 100 \times \frac{436}{6000} = 0.736\%$$

（4）横向钢筋

横向钢筋的百分数由式（7-71）确定

$$P_\text{S}(\%) = 100 \times \frac{W_\text{s}F}{2f_\text{s}} = 100 \times \frac{25 \times 1.8}{2 \times 45000} = 0.05\%$$

横向钢筋为 0.05%。

（5）最终设计

最终设计是 15.5inch（394mm）的混凝土板。由于抵抗基层摩擦力的纵向钢筋含量为最大，其值为 0.91%，作为设计值。横向钢筋要求 0.05%。间距为 4inches（102mm）ϕ22mm 钢筋可以满足纵向钢筋要求。间距为24inch(610mm)φ12mm钢筋可以满足横向钢筋要求。

第十一节　钢筋混凝土道面

钢筋混凝土道面中的钢筋,是按受力条件设计的,因此这种道面具有很高的强度和耐久性,由于这种道面钢筋用量大,钢筋网的制造又较复杂,在机场道面中应用的不多。

设计钢筋混凝土板时,在使用荷载作用下,通常在受拉区开裂。在开裂截面,由钢筋承受拉力,混凝土仅承受压应力。上层和下层钢筋的布置应与计算弯矩相适应,大量的钢筋应布置在道面中那些产生最大拉应力的截面上。

在机场道面中,钢筋混凝土主要用在因条件限制道面板厚度减薄处,或者是在道面板受力条件较差处。道面厚度减薄处的钢筋设置可按钢筋混凝土构件的设计方法进行,设置钢筋的目的是提高钢筋混凝土的抗拉强度。

道面板受力条件较差处的钢筋设置主要是按经验确定;《军用机场水泥混凝土道面设计规范》规定:遇有下列情况之一时,应采用钢筋补强。

(1)道面交接处及曲线部分含锐角的非规格板。

(2)相邻板的接缝布置不一致,沿接缝方向有可能产生裂缝的板。

(3)板中设有各种井、灯座等设施的板。

(4)板边角下的基层有可能产生较大塑性变形或脱空的板。

一、局部补强

局部补强系针对板中设有各种井等设施而需补强的板。宜选用4根直径为12～14mm的螺纹钢筋,沿局部补强边缘上下各2根,设置在板的上、下部,距板顶和板底以50～70mm为宜,距板边缘一般为50～100mm,钢筋间距一般为200mm,如图7-66所示。钢筋保护层的最小厚度不应小于50mm。

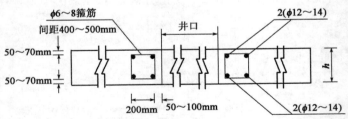

图7-66　局部补强钢筋布置示意图

板中孔口处的补强钢筋,主筋直径可采用12～14mm的螺纹钢筋,箍筋直径可采用6～8mm,钢筋保护层厚度不应小于50mm,钢筋布置如图7-67所示。

二、板边补强

板边缘部分的补强,宜选用4根直径为12～16mm的螺纹钢筋,沿板边缘上下各2根设置在板的上、下部,距板顶和板底以50～70mm为宜,距板边一般为50～100mm,钢筋间距一般为200mm,如图7-68所示。钢筋保护层的最小厚度不应小于50mm。

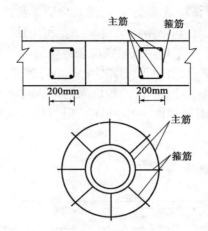

图 7-67　孔口补强钢筋布置

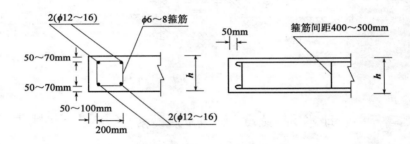

图 7-68　板边补强钢筋布置示意图

三、角隅补强

板角隅部分的补强,宜选用 4 根直径为 12～14mm 的螺纹钢筋,设置在板角隅处的上、下部,距板顶和板底以 50～70mm 为宜,距板边一般为 100mm,如图 7-69 所示。钢筋保护层的最小厚度不应小于 50mm。

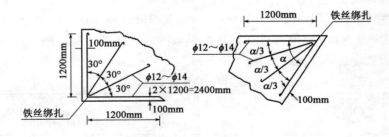

图 7-69　角隅补强钢筋布置示意图

四、道面板的加强

遇有下列情况之一时,道面板应采用钢筋进行加强:

（1）构筑物（涵洞、管线等）横穿道面土基时，构筑物顶部及其两侧一定范围的板。

（2）不良地质条件（如河流改道、喀斯特地貌等）地段内的板。

（3）预计土基或基层可能产生不均匀沉陷或冻胀部位的板。

构筑物（涵洞、管线等）横穿道面，对于可能产生不均匀沉陷，或板内可能产生应力集中而遭破坏时，构筑物顶部及其两侧适当范围内的板应采用钢筋混凝土板。如构筑物横穿基层、垫层时，应采用钢筋混凝土板，其配筋如图 7-70 所示。但当横穿的管线直径小于 300mm 时，道面板可不配置钢筋。

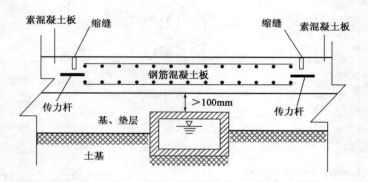

图 7-70　构筑物埋入基、垫层层内示意图

第十二节　旧水泥混凝土道面上素混凝土加铺层设计

当旧混凝土道面的使用寿命已到，道面发生严重损坏，或者由于机型变化，使用荷载增大，原有道面已不适应新机种的使用要求时，就需要对道面进行加厚。加厚道面由于材料的不同可分为素混凝土加铺层、钢筋混凝土加铺层和沥青混凝土加铺层等。本节讨论素混凝土加铺层设计。

一、旧水泥混凝土道面参数

在对旧水泥混凝土道面进行全面评定的基础上，确定旧道面的状况分级，提供板厚、弯拉强度和弯拉弹性模量，基层顶面的当量回弹模量以及旧道面板接缝类型、构造和传荷系数等。

（1）旧水泥混凝土板的计算厚度应取现场钻取的圆柱体试件高度的平均值，并根据旧道面状况评定等级确定其厚度折减系数 C（表 7-29）。

旧道面板厚折减系数 C 建议值　　　　　　　　　　　　　　　　表 7-29

道面状况	优	良	中	可	差
厚度折减系数 C	1.0 ~ 0.95	0.95 ~ 0.90	0.90 ~ 0.85	0.85 ~ 0.75	0.75 ~ 0.65

（2）旧水泥混凝土弯拉强度标准值 R_W，应根据现场钻取圆柱体试件的劈裂抗拉强度标准值，按式（7-72）和式（7-73）确定。

$$R_W = 0.621 R_P + 2.64 \qquad (7-72)$$

$$R_P = \overline{R}_P - 1.04s \qquad (7-73)$$

式中：R_W——旧水泥混凝土弯拉强度标准值（MPa）；

$\quad\quad R_P$——旧水泥混凝土圆柱体劈裂抗拉强度标准值（MPa）；

$\quad\quad \overline{R}_P$——旧水泥混凝土圆柱体劈裂抗拉强度测定值的均值（MPa）；

$\quad\quad s$——旧水泥混凝土圆柱体劈裂抗拉强度测定值的标准差（MPa）。

（3）旧水泥混凝土弯拉弹性模量 E_c 的取值，可按式（7-74）确定，或根据混凝土弯拉强度，按表 7-19 选用。

$$E_c = \frac{1 \times 10^4}{0.0915 + \dfrac{0.9634}{R_W}} \tag{7-74}$$

（4）基层顶面的当量回弹模量 E_t 是一个条件变量，它不仅与土基和基层的性状有关，而且还受水泥混凝土板厚 h、弯拉弹性模量 E_c 及季节等诸多因素有关，目前尚没有简单的确定方法。可采用在不同道面分区进行板顶加载实测回弹弯沉值进行反算的方法，求出 E_t 值。

基层顶面的计算回弹模量 E_s，按式（7-75）确定。

$$E_s = nE_t \tag{7-75}$$

式中：n——考虑加铺层引起模量增大的系数，取值范围为 1.5~2.0。

二、加铺层结构形式选择

按照加铺层与旧水泥混凝土道面之间结合程度的不同，加铺层可分为隔离式、直接式和结合式三种结构形式。

1. 隔离式加铺层

在旧水泥混凝土道面铺设隔离层后再铺筑加厚道面。在进行隔离式加铺层的应力分析时，假定上下两板之间为光滑接触，上下板都可以发挥其承载作用。

如果旧道面结构损坏比较严重，道面的状况分级为"可""差"时；或者旧道面的接缝布置不规则，分块不合理时；或者新、旧道面坡度线不一致需要进行调整时，均应采用隔离式加铺层。

隔离层材料应采用油毡、沥青砂、细粒式沥青混凝土等劲度系数大，稳定性较高的沥青类材料，不宜采用砂、石屑等松散型粒状材料作隔离层。

计算表明，随着隔离层材料劲度系数 λ_n 的增加，加铺层厚度减小（图 7-71）。因此，在荷载相同的条件下，增大隔离层材料的劲度系数，可以减薄加铺层的厚度。

当使用松散的粒状材料作隔离层时，在上下板之间形成一个软弱夹层。实测表明，上层与下板的应变之比 $\varepsilon_{\text{上}}/\varepsilon_{\text{下}}$ 随软弱夹层厚度的增大而增大。图 7-72 用砂作隔离层时实测上板与下板的变形情况。可见，当砂层厚度达 5cm 时，上下板的应变之比达 5 倍以上，计算表明，此时加铺层的厚度比按单层板计算厚度还大 0.5~2.0cm。可见，用砂作隔离层的双层道面按隔离式计算是偏于不安全的，上板会过早损坏。

规范规定隔离式加铺层的最小厚度为 16cm。

2. 直接式（部分结合式）加铺层

加铺层直接铺筑在洁净的旧水泥混凝土道面上。此时上下两层道面板之间既有一定的黏结力和摩阻力作用，而又不完全结合，上下板具有部分整体强度。因此，直接式加铺层的厚度比隔离式薄,其最小厚度为 12cm。

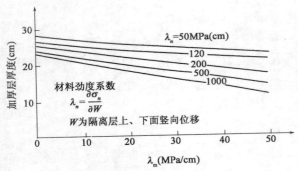

图 7-71　材料劲度系数对加铺层的影响

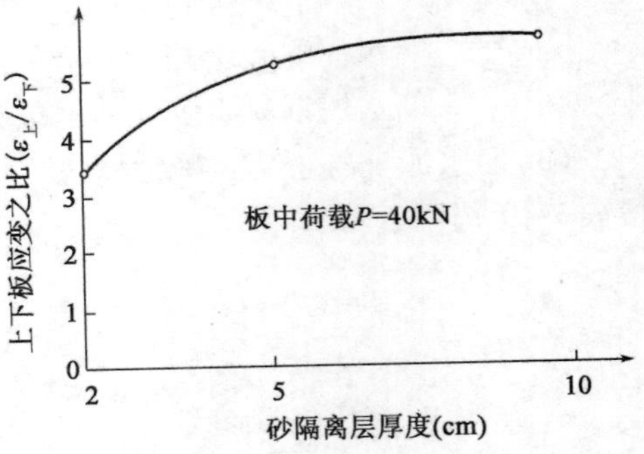

图 7-72　砂隔离层厚度与上下板变形的关系

计算条件:单轮荷载 $P = 20\text{kN}$;轮胎压力 $q = 1.0\text{MPa}$;板的平面
尺寸 5m×5m; $h_1 = 20\text{cm}$; $E_1 = E_2 = 30000\text{MPa}$; $R_\text{W} = 4.5\text{MPa}$;
安全系数 $K = 1.8$

如果旧水泥混凝土道面状况分级为"良"、"中",虽有结构缺陷但可修复,旧道面板分块尺寸和接缝布置合理,可以采用直接式加铺层。加铺层铺筑前应对旧道面表面进行仔细清洗,清除污垢、橡胶沉淀物和边角剥落的碎块,清理接缝内的杂物并予以封缝。新旧水泥混凝土板的分块尺寸接缝位置完全一致。并注意及时切缝,防止早期断裂。

3. 结合式加铺层

加铺层和旧水泥混凝土道面结合成一个整体,上下两块板共同发挥整体强度作用。

如果旧道面的状况分级为"优",虽然有结构缺陷但可以修复;新旧道面坡度一致,旧水泥混凝土板分块尺寸和接缝布置合理,宜采用结合式加铺层。为保证上下板的充分黏结应对旧道面表面进行凿毛并仔细清洗干净,涂以水泥净浆、水泥砂浆或环氧树脂砂浆等黏结剂,随即铺筑水泥混凝土加铺层。新旧水泥混凝土板的分块尺寸和接缝位置应完全一致。

三、双层水泥混凝土道面的荷载应力分析

1. 结合式加铺层应力分析

结合式加铺层同原有道面完全黏结成整体。在垂直轴对称荷载作用下双层道面的计算,可以按弹性层状体系理论求解。通常假定双层道面间不能相对滑动,应力和变形连续;在上下板的接触面上既作用垂直荷载,又作用水平荷载;在下层板与土基之间为光滑接触,即只有垂直载荷,水平载荷为零。结合式双层道面,由于上、下板完全结合在一起,形成一个整体,其应变分布与一块板是一致的,但上、下板的弯拉弹性模量是不相等的,在结合面会产生应力突变,其应力分布如图 7-73 所示。

弹性薄板弯曲时的应力计算公式见式(7-6)。这套公式对双层板也是适用的。其中性面的位置可根据截面上的合力为零来求得。由图 7-73 有:

$$\int_1 \sigma_{x1} \mathrm{d}A + \int_2 \sigma_{X2} \mathrm{d}A = 0 \tag{7-76}$$

或

$$\int_{-(h_0-h_2)}^{h_1-(h_0-h_2)} E_1 Z \mathrm{d}Z + \int_{-h_0}^{-(h_0-h_2)} E_2 Z \mathrm{d}Z = 0 \tag{7-77}$$

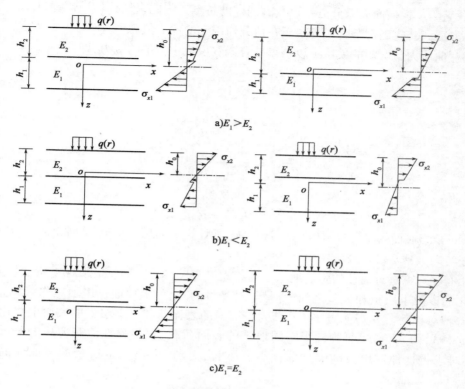

图 7-73　结合式加铺层应力分布图式

上式积分后得：

$$h_0 = \frac{E_1 h_1^2 + 2E_1 h_1 h_2 + E_2 h_2^2}{2(E_1 h_1 + E_2 h_2)} \tag{7-78}$$

结合式双层板所承受的弯矩，通过对截面应力的积分求得：

$$M_x = \int_{-(h_0 - h_2)}^{h_1 - (h_0 - h_2)} \sigma_{x1} Z \mathrm{d}Z + \int_{-h_0}^{-(h_0 - h_2)} \sigma_{x2} Z \mathrm{d}Z$$

以式(7-6)代入，解得：

$$M_x = -D_b \left(\frac{\partial^2 \omega}{\partial x^2} + \mu \frac{\partial^2 \omega}{\partial y^2} \right) \tag{7-79}$$

式中

$$D_b = \frac{E_1 \left[(h_1 + h_2 - h_0)^3 - (h_2 - h_0)^3 \right] + E_2 \left[(h_2 - h_0)^3 + h_0^3 \right]}{3(1 - \mu^2)} \tag{7-80}$$

同理有：

$$M_y = -D_b \left(\frac{\partial^2 \omega}{\partial y^2} + \mu \frac{\partial^2 \omega}{\partial x^2} \right) \tag{7-81}$$

$$M_{xy} = -D_b \frac{\partial^2 \omega}{\partial x \partial y} \tag{7-82}$$

结合式双层板的公式，M_x、M_y、M_{xy} 与单层板的公式形式相同，唯一的差别是其中的弯曲刚

197

度以 D_b 代替 D。板挠曲面微分方程也具有同样的特点。因此,只要以 D_b 代替 D,即可按单层板的计算方法和公式确定结合式双层板在荷载作用下的弯矩值。

利用弯曲应力与弯矩的关系可以求得结合式双层板中各层的应力,即:

$$\begin{cases} \sigma_{x1} = \dfrac{E_1 Z}{D_b(1-\mu^2)} M_x \\[3mm] \sigma_{x2} = \dfrac{E_2 Z}{D_b(1-\mu^2)} M_x \end{cases} \tag{7-83}$$

$$\begin{cases} \sigma_{y1} = \dfrac{E_1 Z}{D_b(1-\mu^2)} M_y \\[3mm] \sigma_{y2} = \dfrac{E_2 Z}{D_b(1-\mu^2)} M_y \end{cases} \tag{7-84}$$

计算下层板底面的应力时,取 $Z = h_1 + h_2 - h_0$,而计算上层板底面的应力时,$Z = -(h_0 - h_2)$。

2. 分离式加铺层应力分析

作用有轴对称垂直荷载的弹性地基上隔离式双层板,其计算式如图 7-74 所示。假设上、下层板之间以及下层板和地基之间,都是绝对光滑的,上层板顶面作用轴对称荷载 $q(r)$,板底作用着轴对称反力 $p_2(r)$,此 $p_2(r)$ 即为下层板的表面荷载。下层板的底面上作用着轴对称反力 $p_1(r)$,而 $p_1(r)$ 也是弹性半空间地基的表面荷载,按照弹性地基薄板的假设与解题方法,不难求得这种双层板的弹性曲面微分方程,由图 7-74b),上层板的挠曲面的微分方程为:

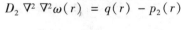

$$D_2 \nabla^2 \nabla^2 \omega(r) = q(r) - p_2(r)$$

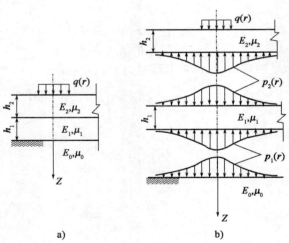

图 7-74 隔离式双层板计算图式

对下层板则有:

$$D_1 \nabla^2 \nabla^2 \omega(r) = p_2(r) - p_1(r)$$

将两个方程左右两端分别相加得:

$$(D_1 + D_2) \nabla^2 \nabla^2 \omega(r) = q(r) - p_1(r)$$

或 $$D_S \nabla^2 \nabla^2 \omega(r) = q(r) - p_1(r) \tag{7-85}$$

式中：$D_1 = \dfrac{E_1 h_1^3}{12(1-\mu_1^2)}$ ——下层板的弯曲刚度；

　　　$D_2 = \dfrac{E_2 h_2^3}{12(1-\mu_2^2)}$ ——上层板的弯曲刚度。

$$D_S = D_1 + D_2 = \frac{E_1 h_1^3 + E_2 h_2^3}{12(1-\mu^2)} \tag{7-86}$$

式(7-85)与式(6-16)的形式完全一样。因此，只要以 D_S 代替 D 即可按单层板的各种计算方法和公式确定双层板在各种荷载作用下的总弯矩 M_x、M_y 和 M_{xy}。计算时，假设上下两层板的曲率相同，则双层板所承受的总弯矩为上下两层板所受总弯矩之和，设两层板的泊松比相同，$\mu_1 = \mu_2 = \mu$，由式(6-7)可得：

$$
\begin{aligned}
M_x = M_{x1} + M_{x2} &= -(D_1 + D_2)\left(\frac{\partial^2 \omega}{\partial x^2} + \mu \frac{\partial^2 \omega}{\partial y^2}\right) \\
&= -D_S\left(\frac{\partial^2 \omega}{\partial x^2} + \mu \frac{\partial^2 \omega}{\partial y^2}\right) \\
M_y = M_{y1} + M_{y2} &= -(D_1 + D_2)\left(\mu \frac{\partial^2 \omega}{\partial x^2} + \frac{\partial^2 \omega}{\partial y^2}\right) \\
&= -D_S\left(\mu \frac{\partial^2 \omega}{\partial x^2} + \frac{\partial^2 \omega}{\partial y^2}\right) \\
M_{xy} = M_{xy1} + M_{xy2} &= -(D_1 + D_2)(1-\mu) \frac{\partial^2 \omega}{\partial x \partial y} \\
&= -D_S(1-\mu) \frac{\partial^2 \omega}{\partial x \partial y}
\end{aligned}
\tag{7-87}
$$

上下两层的弯矩为：

$$
\begin{cases}
M_{x1} = \dfrac{E_1 h_1^3}{E_1 h_1^3 + E_2 h_2^3} M_x \\[3mm]
M_{x2} = \dfrac{E_2 h_2^3}{E_1 h_1^3 + E_2 h_2^3} M_x
\end{cases}
\tag{7-88}
$$

而应力：

$$
\begin{cases}
\sigma_{x1} = \dfrac{6M_{x1}}{h_1^2} \\[3mm]
\sigma_{x2} = \dfrac{6M_{x2}}{h_2^2}
\end{cases}
\tag{7-89}
$$

M_y 和 M_{xy} 以及 σ_y、τ_{xy} 都可以同样方法求得。
分离式上、下层应力分布见图7-75。

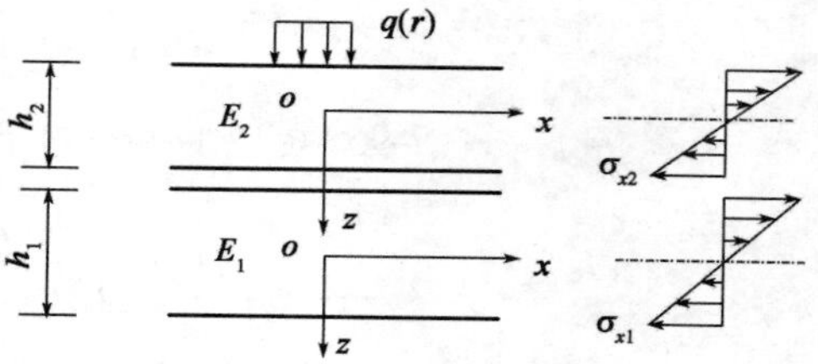

图7-75　分离式道面应力分布图

四、我国军用机场水泥混凝土加铺层厚度计算方法

1. 等刚度原理

双层板的荷载应力的计算按等抗弯刚度原理换算成当量单层板的厚度(图7-76)。即将

199

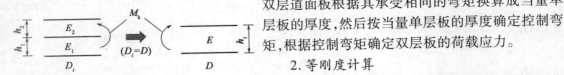

图 7-76　等抗弯刚度原理图

双层道面板根据其承受相同的弯矩换算成当量单层板的厚度,然后按当量单层板的厚度确定控制弯矩,根据控制弯矩确定双层板的荷载应力。

2. 等刚度计算

以角标 1、2 分别表示下层板和上层板,以 K 表示结合系数。三种结构形式双层板的总抗弯刚度:

(1)隔离式

$$D_f = D_1 + D_2 = \frac{E_1 h_1^3 + E_2 h_2^3}{12(1 - \mu^2)} \tag{7-90}$$

(2)结合式

$$D_j = \frac{E_1\left[(h_1 + h_2 - h_0)^3 - (h_2 - h_0)^3\right] + E_2\left[(h_2 - h_0)^3 + h_0^3\right]}{3(1 - \mu^2)} \tag{7-91}$$

(3)直接式

$$D_p = \frac{E_1 h_1^3}{12(1 - \mu^2)} + \frac{E_2 h_2^3}{12(1 - \mu^2)} + \frac{E_1 h_1 E_2 h_2 (h_1 + h_2)^2}{4(1 - \mu^2)(E_1 h_1 + E_2 h_2)} K \tag{7-92}$$

设 $\alpha = E_1/E_2, \beta = h_1/h_2$,则根据上式可以推得以上三种结构形式双层板的总抗弯刚度:

(1)隔离式

$$D_f = \frac{E_2 h_2^3}{12(1 - \mu^2)}(1 + \alpha\beta^3) \tag{7-93}$$

(2)结合式

$$D_j = \frac{E_2 h_2^3}{12(1 - \mu^2)}\left[1 + \alpha\beta^3 + \frac{3\alpha\beta(1 + \beta)^2}{1 + \alpha\beta}\right] \tag{7-94}$$

(3)直接式(部分结合式)

$$D_p = \frac{E_2 h_2^3}{12(1 - \mu^2)}\left[1 + \alpha\beta^3 + \frac{3\alpha\beta(1 + \beta)^2 K}{1 + \alpha\beta}\right] \tag{7-95}$$

式(7-93)~式(7-95)可以变换成以下统一的形式:

$$D_i = \frac{E_2(h_2 r_i)}{12(1 - \mu^2)} \qquad (i = f,j,p) \tag{7-96}$$

式中: $r_f^3 = 1 + \alpha\beta^3$

$r_j^3 = 1 + \alpha\beta^3 + \dfrac{3\alpha\beta(1 + \beta)^2}{1 + \alpha\beta}$

$r_p^3 = 1 + \alpha\beta^3 + \dfrac{3\alpha\beta(1 + \beta)^2 K}{1 + \alpha\beta}$

显见,式(7-96)就是单层板的抗弯刚度表达式。因而,隔离式、结合式、直接式(部分结合

式)双层板的当量单层板厚度 $h_i(i=f,j,p)$ 分别为:

$$h_f = h_2 r_f \qquad (7\text{-}97)$$

$$h_j = h_2 r_j \qquad (7\text{-}98)$$

$$h_p = h_2 r_p \qquad (7\text{-}99)$$

3. 应力计算

双层板上下层板分担的内力,可利用弯曲应力与弯矩的关系得到。设双层板的总弯矩为 M_x、M_y,可以求出双层板各层板底的应力计算公式:

(1)隔离式:

下层板底应力

$$\sigma_{x1} = \frac{\alpha\beta^3}{r_f^3} \times \frac{6M_x}{h_1^2} \qquad (7\text{-}100)$$

$$\sigma_{y1} = \frac{\alpha\beta^3}{r_f^3} \times \frac{6M_y}{h_1^2} \qquad (7\text{-}101)$$

上层板底应力

$$\sigma_{x2} = \frac{1}{r_f^3} \times \frac{6M_x}{h_2^2} \qquad (7\text{-}102)$$

$$\sigma_{y2} = \frac{1}{r_f^3} \times \frac{6M_y}{h_2^2} \qquad (7\text{-}103)$$

(2)结合式:

下层板底应力

$$\sigma_{x1} = \frac{\alpha\beta^2(1+2\beta+\alpha\beta^2)}{(1+\alpha\beta)r_j^3} \times \frac{6M_x}{h_1^2} \qquad (7\text{-}104)$$

$$\sigma_{y1} = \frac{\alpha\beta^2(1+2\beta+\alpha\beta^2)}{(1+\alpha\beta)r_j^3} \times \frac{6M_y}{h_1^2} \qquad (7\text{-}105)$$

上层板底应力

$$\sigma_{x2} = \frac{1-\alpha\beta^2}{(1+\alpha\beta)r_j^3} \times \frac{6M_x}{h_2^2} \qquad (7\text{-}106)$$

$$\sigma_{y2} = \frac{1-\alpha\beta^2}{(1+\alpha\beta)r_j^3} \times \frac{6M_y}{h_2^2} \qquad (7\text{-}107)$$

(3)直接式:

下层板底应力

$$\sigma_{x1} = \frac{\alpha\beta^2\{[K+(1+K)]\beta+\alpha\beta^2\}}{(1+\alpha\beta)r_p^3} \times \frac{6M_x}{h_1^2} \qquad (7\text{-}108)$$

$$\sigma_{y1} = \frac{\alpha\beta^2\{[K+(1+K)]\beta+\alpha\beta^2\}}{(1+\alpha\beta)r_p^3} \times \frac{6M_y}{h_1^2} \qquad (7\text{-}109)$$

上层板底应力

$$\sigma_{x2} = \frac{1+(1-K-K\beta)\alpha\beta}{(1+\alpha\beta)r_p^3} \times \frac{6M_x}{h_2^2} \qquad (7\text{-}110)$$

$$\sigma_{y2} = \frac{1 + (1 - K - K\beta)\alpha\beta}{(1 + \alpha\beta)r_p^3} \times \frac{6M_y}{h_2^2} \tag{7-111}$$

4.加铺层厚度计算方法

据分析,当隔离式双层板的上层厚度和隔离层厚度之和大于140mm时,传到下层板内的温度梯度较小,相应的温度翘曲应力也就很小。《军用机场水泥混凝土道面设计规范》(GJB 5766—2006)规定的加铺层最小厚度为160mm(普通混凝土),沥青混合料隔离层的最小厚度为25mm。贫混凝土或碾压混凝土基层上的混凝土面层厚度也不会小于200mm。因而,可不必计算下层的最大温度翘曲应力 σ_{tqm1},也可不必考虑下层的温度疲劳应力 σ_{tr1}。

结合式双层板的上层,在荷载作用于临界荷位时处于受压状态(或产生的弯拉应力很小),在正温度梯度(板顶温度大于板底)作用下也处于受压状态,而负温度梯度产生的应力较小。因而,可不必考虑上层的温度翘曲应力。

直接式双层道面板的温度疲劳应力计算是借用结合式和隔离式双层板的计算方法。主要是按上、下板的控制应力来决定是按结合式还是隔离式双层板进行温度疲劳应力计算。

(1)结合式加铺层厚度计算

①荷载疲劳应力计算公式。

与结合式双层板抗弯刚度相等的当量单层板(弹性模量为 E_2)的厚度 h_j 可按式(7-112)和式(7-113)计算:

$$h_j = \gamma_j h_2 \tag{7-112}$$

$$\gamma_j^3 = 1 + \alpha\beta^3 + \frac{3\alpha\beta(1 + \beta)^2}{1 + \alpha\beta} \tag{7-113}$$

式中: h_2——上层板的厚度(m);

结合式双层板的荷载应力应按(7-114)式计算:

$$\sigma_{p1} = \frac{\alpha\beta^2(1 + 2\beta + \alpha\beta^2) \times 6M_k}{(1 + \alpha\beta)\gamma_j^3 h_1^2} \tag{7-114}$$

式中: σ_{p1}——下层板底弯拉应力(MPa);

　　 M_k——双层板的控制总弯矩(MN·m/m);

　　 h_1——下层板的厚度(m)。

荷载疲劳应力按式(7-115)计算:

$$\sigma_{pr1} = k_f \sigma_{p1} \tag{7-115}$$

式中: σ_{pr1}——下层板的荷载疲劳应力(MPa)。

②温度疲劳应力计算。

结合式双层水泥混凝土道面板,只需计算下层板的温度疲劳应力 σ_{tr1},按式(7-116)计算:

$$\sigma_{tr1} = k_{tq}\sigma_{tqm1} \tag{7-116}$$

式中: σ_{tqm1}——结合式双层水泥混凝土道面下层板的最大温度翘曲应力(MPa);

　　 k_{tq}——下层板的温度疲劳应力系数,其确定方法与单层水泥混凝土道面板完全相同,按式(7-34)计算。

结合式双层水泥混凝土板下层板的最大温度应力按式(7-117)计算：

$$\sigma_{tqm1} = \frac{\alpha E_1 (h_1 + h_2) T_g}{2} B_{x1} \tag{7-117}$$

$$B_{x1} = \xi_1 B_x \tag{7-118}$$

$$\xi_1 = 1.77 - 0.27\ln\left(\frac{h_2 E_2}{h_1 E_1} + 18 \times \frac{E_2}{E_1} - 2 \times \frac{h_2}{h_1}\right) \tag{7-119}$$

式中：B_{x1}——结合式双层水泥混凝土道面板的温度应力系数；

B_x——水泥混凝土板的温度应力系数，按 l/r_j(b/r_j) 和 $(h_1 + h_2)$ 查图7-14确定。

结合式双层水泥混凝土道面的总弯曲刚度为：

$$D_j = \frac{E_2 h_2^3}{12(1 - \mu^2)}\gamma_j^3 \tag{7-120}$$

式中：D_j——结合式双层水泥混凝土道面的总抗弯刚度(MN·m)。

当量单层板的相对刚度半径 r_j 按式(7-121)计算：

$$r_j = 1.22 \times \left(\frac{D_j}{E_t}\right)^{1/3} \tag{7-121}$$

③厚度计算步骤。

先假设加铺层厚度 h_2，按式(7-112)算出当量单层板厚度 h_j。按上层板接缝类型的传荷系数，根据板厚 h_j，上层板混凝土的弯拉弹性模量 E_2，基层顶面当量回弹模量 E_t，设计荷载 P，按式(7-24)或式(7-27)计算，求得最大应力 σ_p，按式(7-122)求得双层板的控制总弯矩：

$$M_k = \frac{1}{6}h_j^2 \sigma_p \tag{7-122}$$

再根据 M_k 按式(7-114)和式(7-115)计算 σ_{pr1}。

再假设上层板的平面尺寸，然后按式(7-116)计算下层板的温度疲劳应力 σ_{tr1}。当计算的应力 $\sigma_{pr1} + \sigma_{tr1}$ 满足式(7-8)的要求时，则初估板厚 h_2 即为设计板厚，初估板的尺寸即为设计板的尺寸。否则，应再估板厚或板的尺寸，重新计算，直至符合要求。

(2)隔离式加铺层厚度计算

①荷载疲劳应力计算公式。

与隔离式双层板抗弯刚度相等的当量单层板(弹性模量为 E_2)的厚度 h_f 按式(7-123)和式(7-124)计算。

$$h_f = \gamma_f h_2 \tag{7-123}$$

$$\gamma_f^3 = 1 + \alpha\beta^3 \tag{7-124}$$

隔离式双层水泥混凝土道面的下层板的荷载应力按式(7-125)，上层板的荷载应力按式(7-126)计算。

$$\sigma_{p1} = \frac{\alpha\beta^3}{\gamma_f^3} \times \frac{6M_k}{h_1^2} \tag{7-125}$$

$$\sigma_{p2} = \frac{1}{\gamma_f^3} \times \frac{6M_k}{h_2^2} \tag{7-126}$$

式中：σ_{p2}——上层板底弯拉应力(MPa)。

下、上层板的荷载疲劳应力分别按式(7-127)和式(7-128)计算：

$$\sigma_{pr1} = k_f\sigma_{p1} \tag{7-127}$$

$$\sigma_{pr2} = k_f\sigma_{p2} \tag{7-128}$$

式中：σ_{pr1}——下层板的荷载疲劳应力(MPa)；

σ_{pr2}——上层板的荷载疲劳应力(MPa)。

②温度疲劳应力计算。

隔离式双层水泥混凝土道面板只需计算上层板的温度疲劳应力 σ_{tr2}，按式(7-129)计算：

$$\sigma_{tr2} = k_{tq}\sigma_{tqm2} \tag{7-129}$$

式中：σ_{tqm2}——隔离式双层水泥混凝土道面上层板的最大温度翘曲应力(MPa)；

k_{tq}——上层板的温度疲劳应力系数，其确定方法与单层水泥混凝土道面板完全相同，按式(7-34)计算。

隔离式双层水泥混凝土上层板的最大温度应力按式(7-130)计算：

$$\sigma_{tqm2} = \frac{\alpha E_2 h_2 T_g}{2}B_{x2} \tag{7-130}$$

$$B_{x2} = \xi_2 B_x \tag{7-131}$$

$$\xi_2 = C_x^{0.32-0.81\ln\left(\frac{h_2 E_2}{h_1 E_1}+2.5\times\frac{h_2}{h_1}\right)} \tag{7-132}$$

式中：B_{x2}——隔离式双层水泥混凝土道面板的温度应力系数；

B_x——水泥混凝土板的温度应力系数，按 $l/r_f(b/r_f)$ 和 h_2 查图7-14确定；

C_x——温度翘曲应力系数，按 $l/r_f(b/r_f)$ 查图7-14确定。

隔离式双层水泥混凝土道面的总抗弯刚度为：

$$D_f = \frac{E_1 h_1^3 + E_2 h_2^3}{12(1-\mu^2)} \tag{7-133}$$

式中：D_f——隔离式双层水泥混凝土道面的总抗弯刚度(MN·m)。

当量单层板的相对刚度半径 r_f 按式(7-134)计算：

$$r_f = 1.22 \times \left(\frac{D_f}{E_t}\right)^{1/3} \tag{7-134}$$

③厚度计算步骤。

厚度计算步骤同结合式双层道面。所不同的是在对上、下层板进行强度校核时，要使上层板底的荷载疲劳应力与温度疲劳应力之和 $\sigma_{pr2}+\sigma_{tr2}$ 及下层板底的荷载疲劳应力 σ_{pr1} 都要满足式(7-8)的要求。

(3)直接(部分结合)式加铺层厚度计算。

①荷载应力计算公式。

与直接式(部分结合式)双层板抗弯刚度相等的当量单层板(弹性模量为 E_2)的厚度 h_p 可按式(7-135)和式(7-136)计算：

$$h_p = \gamma_p h_2 \tag{7-135}$$

$$\gamma_p^3 = 1 + \alpha\beta^3 + \frac{3\alpha\beta(1+\beta)^2 K}{1+\alpha\beta} \tag{7-136}$$

式中：K——结合系数，表面光滑的旧水泥混凝土道面，取 0.40~0.50；表面粗糙的旧水泥混凝土道面,取 $0.60 \sim 0.70$。

直接式(部分结合式)双层板在荷载作用下的应力,按式(7-137)和式(7-138)计算:

$$\sigma_{\text{p1}} = \frac{\alpha\beta^2 \left[K + (1 + K)\beta + \alpha\beta^2 \right]}{(1 + \alpha\beta)\gamma_{\text{p}}^3} \times \frac{6M_{\text{k}}}{h_1^2} \tag{7-137}$$

$$\sigma_{\text{p2}} = \frac{1 + (1 - K - K\beta)\alpha\beta}{(1 + \alpha\beta)\gamma_{\text{p}}^3} \times \frac{6M_{\text{k}}}{h_2^2} \tag{7-138}$$

②温度疲劳应力计算。

当部分结合式双层水泥混凝土道面板以下层板控制进行加铺层设计时,可按结合式双层水泥混凝土道面板计算温度疲劳应力[按式(7-116)]。当部分结合式双层水泥混凝土道面板,以上、下层板控制进行加铺层设计时,可按隔离式双层水泥混凝土道面板计算温度疲劳应力。

直接式双层水泥混凝土道面的总抗弯刚度为:

$$D_{\text{p}} = \frac{E_2 h_2^3}{12(1 - \mu^2)} \left[1 + \alpha\beta^3 + \frac{3\alpha\beta(1 + \beta)^2 K}{1 + \alpha\beta} \right] \tag{7-139}$$

式中:D_{p}——直接式双层水泥混凝土道面的总抗弯刚度(MN·m)。

当量单层板的相对刚度半径 r_{p} 按式(7-140)计算:

$$r_{\text{p}} = 1.22 \times \left(\frac{D_{\text{p}}}{E_{\text{t}}} \right)^{1/3} \tag{7-140}$$

③厚度计算步骤。

厚度计算步骤同隔离式加铺层。

水泥混凝土面板加铺层厚度计算示例:三级机场水泥混凝土面板道面加铺层厚度计算。

【**例7-3**】　位于公路自然区划Ⅱ的某机场旧水泥混凝土计算厚度 $h_1 = 0.15$m,水泥混凝土设计弯拉强度 $R_{\text{w}} = 5.0$MPa,弹性模量 $E_1 = 3.5 \times 10^4$MPa,基层顶面当量回弹模量 $E_{\text{t}} = 165$MPa。道面状况为"优"。由于使用机型的变化,欲对该道面采用隔离式加厚。加铺层水泥混凝土弯拉设计强度为 $\sigma_{\text{s}} = 5.0$MPa,弯拉弹性模量 $E_2 = 3.6 \times 10^4$MPa。道面板纵缝为企口缝,横缝为假缝,接缝传荷系数 $T_{\text{w}} = 0.65$。加厚道面板的尺寸为 5m×5m。设计飞机为轰-6,设计飞机的累计重复作用次数 $N_{\text{e}} = 160090$ 次。试求隔离式加铺层厚度 h_2。

解　(1)初步假定 $h_2 = 0.16$m

(2)计算等抗弯刚度的当量单层板厚度 h_{f}

$$\alpha = \frac{E_1}{E_2} = \frac{3.5 \times 10^4}{3.6 \times 10^4} = 0.9722$$

$$\beta = \frac{h_1}{h_2} = \frac{0.15}{0.16} = 0.9375$$

$$\gamma_{\text{f}}^3 = 1 + \alpha\beta^3 = 1 + 0.9722 \times 0.9375^3 = 1.8011$$

$$\gamma_{\text{f}} = 1.2167$$

$$h_{\text{f}} = \gamma_{\text{f}} \cdot h_2 = 0.1947\text{m}$$

(3)计算最大拉应力 σ_{p}

根据 $h = h_{\text{f}} = 0.1947$m,$T_{\text{w}} = 0.65$,$E_{\text{c}} = 36000$MPa,$E_{\text{t}} = 165$MPa,$q = 0.88$MPa,$r = 0.1932$m,$R_1 = 0.59$m,$R_2 = 1.17$m,按式(7-24),经计算可得临界荷位为纵缝板边中点,设计飞机在临界

205

荷位产生的荷载应力为

$$K_{r2} = 1 + 0.0073\left(\frac{E_c}{E_t}\right)^{-0.0271} h^{0.2290} R_1^{-0.5565} r^{-2.0625} - 0.0845\left(\frac{E_c}{E_t}\right)^{0.0067} h^{-0.0147} R_1^{0.3109} R_2^{0.4165} = 1.0915$$

$$\sigma_p = (5.2059 - 2.0984 T_w)\left(\frac{E_c}{E_t}\right)^{0.0715} (K_{r2}r)^{1.7114} qh^{-1.3692} = 3.2532\text{MPa}$$

(4)计算双层板的控制弯矩 M_k

按式(7-122)可得, $M_k = \dfrac{1}{6} \times (0.1947)^2 \times 3.2532 = 0.0205\text{MN} \cdot \text{m/m}$

(5)荷载疲劳应力

按式(7-125)可得下层板的荷载应力:

$$\sigma_{p1} = \frac{\alpha\beta^3}{\gamma_f^3} \times \frac{6M_k}{h_1^2} = \frac{0.9722 \times 0.9375^3 \times 6 \times 0.0205}{1.2167^3 \times 0.15^2} = 2.4371\text{MPa}$$

按式(7-126)可得上层板的荷载应力:

$$\sigma_{p2} = \frac{1}{\gamma_f^3} \times \frac{6M_k}{h_2^2} = \frac{1 \times 6 \times 0.0205}{1.2167^3 \times 0.16^2} = 2.6738\text{MPa}$$

考虑设计基准期内荷载应力累计疲劳作用的疲劳应力系数 $k_f = 0.8 N_e^{0.024} = 1.0666$。

按式(7-127),下层板的荷载疲劳应力 $\sigma_{pr1} = k_f \sigma_{p1} = 1.0666 \times 2.4371 = 2.5993\text{MPa}$

按式(7-128),上层板的荷载疲劳应力 $\sigma_{pr2} = k_f \sigma_{p2} = 1.0666 \times 2.6738 = 2.8518\text{MPa}$

(6)温度疲劳应力

普通混凝土面层与旧水泥混凝土道面组成隔离式双层水泥混凝土面层。双层道面的总抗弯刚度,按式(7-133)计算:

$$D_f = \frac{E_1 h_1^3 + E_2 h_2^3}{12(1 - \mu^2)} = \frac{3.5 \times 10^4 \times 0.15^3 + 3.6 \times 10^4 \times 0.16^3}{12 \times (1 - 0.15^2)} = 22.6412\text{MN} \cdot \text{m}$$

当量单层板的相对刚度半径: $r_f = 1.22 \times \left(\dfrac{D_f}{E_t}\right)^{1/3} = 1.22 \times \left(\dfrac{22.6412}{165}\right)^{1/3} = 0.6293\text{m}$

按表3-1,Ⅱ区最大温度梯度取88(℃/m)。板长5m, $l/r_f = 5/0.6293 = 7.9453$。

由图7-14可查水泥混凝土板厚 $h_2 = 0.16\text{m}$, $B_x = 0.9210$, $C_x = 1.0570$。按式(7-130)~式(7-132),最大温度梯度时普通混凝土上面层的温度翘曲应力计算为:

$$\xi_2 = C_x^{0.32 - 0.81\ln\left(\frac{h_2 E_2}{h_1 E_1} + 2.5 \times \frac{h_2}{h_1}\right)} = 1.0570^{0.32 - 0.81\ln\left(\frac{0.16}{0.15} \times \frac{36000}{35000} + 2.5 \times \frac{0.16}{0.15}\right)} = 0.9591$$

$$B_{x2} = \xi_2 B_x = 0.9591 \times 0.9210 = 0.8833$$

$$\sigma_{tqm2} = \frac{\alpha E_2 h_2 T_g}{2} B_{x2} = \frac{1 \times 10^{-5} \times 36000 \times 0.16 \times 88}{2} \times 0.8833 = 2.2387\text{MPa}$$

查表7-13得, $a = 0.828$, $b = 0.041$, $c = 1.323$,求水泥混凝土面层的温度疲劳应力系数 k_{tq},按式(7-129)计算为:

$$k_{tq} = \frac{f_r}{\sigma_{tqm2}}\left[a\left(\frac{\sigma_{tqm2}}{f_r}\right)^c - b\right] = \frac{5.0}{2.2387}\left[0.828 \times \left(\frac{2.2387}{5.0}\right)^{1.323} - 0.041\right] = 0.5471$$

再按式(7-129)计算温度疲劳应力为:

$$\sigma_{tr2} = k_{tq}\sigma_{tqm2} = 0.5471 \times 2.2387 = 1.2249\text{MPa}$$

隔离式加厚道面中旧道面混凝土的温度翘曲应力可忽略不计。

查表7-9,三级机场的安全等级为一级,相应于一级安全等级的变异水平等级为低级,目标可靠度为95%。再据目标可靠度和变异水平等级,查表7-8,确定可靠度系数为 $\gamma_r = 1.20$。

按式(7-8),旧混凝土道面:

$$\gamma_r(\sigma_{pr1} + \sigma_{tr1}) = 1.20 \times (2.5993 + 0) = 3.1192\text{MPa} \leqslant f_r = 5.0\text{MPa}$$

加铺层道面面层:

$$\gamma_r(\sigma_{pr2} + \sigma_{tr2}) = 1.20 \times (2.8518 + 1.2249) = 4.8920\text{MPa} \leqslant f_r = 5.0\text{MPa}$$

因而,拟定厚度为0.16m的水泥混凝土面层和旧道面组成的隔离式道面,可以承受设计基准期内荷载应力和温度应力的综合疲劳作用。

五、我国民用机场水泥混凝土加铺层厚度计算方法

我国民用机场水泥混凝土加铺层厚度计算方法是利用新建道面厚度的计算方法实现加铺层厚度的计算。即按旧道面的基础结构进行新建道面厚度计算,将旧道面考虑损坏状况进行折减后,在考虑新、旧道面结合的状况基础上予以减少,得到了加铺道面的计算厚度。具体步骤如下:

(1)旧道面上加铺设计前,应搜集现有道面设计、施工、竣工和维护等有关资料,调查或者检测道面结构、土基和基层顶面的反应模量、水泥混凝土弯拉强度、板接缝类型和平整度、道面水泥混凝土板脱空情况等,对旧水泥混凝土板,应逐块查看并记录损坏情况,分析损坏原因。

(2)旧道面状况等级和旧水泥混凝土板厚度折减系数 C,可根据旧道面水泥混凝土板的损坏情况,按表7-30采用。

旧道面状况等级和旧水泥混凝土板厚度折减系数 C　　　　表7-30

旧道面混凝土板的损坏情况	旧道面状况系数	C
道面混凝土板完整、无构造裂缝,PCI≥85	优	1.0
板面、板角或接缝处有初期裂缝,并处于不发展状态,可修复,70≤PCI<85	良	0.75
板面、板角或接缝处有破坏状态,并有发展趋势,但板大部分处于良好状态,55≤PCI<70	中	0.5
大部分板出现结构性破坏,难以继续使用,PCI<55	差	0.35

注:PCI为道面状况指数,根据道面检测成果确定。

(3)加铺层结构形式和厚度计算。

加铺层结构形式,采用部分结合式和隔离式两种。两种加铺形式,均应对旧道面进行处理。

①部分结合式。

当旧水泥混凝土道面的状况等级为优,且加铺层的接缝与旧道面一致时,可采用部分结合式加铺层。部分结合式加铺层按式(7-141)计算确定,但其最小厚度,当飞行指标Ⅱ为C、D、E、F时,不宜小于200mm。

$$h_c = \sqrt[1.4]{h_f^{1.4} - Ch_e^{1.4}}$$ (7-141)

式中：h_c——加铺层厚度（mm）；

$\quad h_f$——在原有基础（土基连同基层）上，与加铺层设计强度相同的当量单层混凝土板厚
（mm）；

$\quad h_e$——旧水泥混凝土板厚（mm）；

$\quad C$——旧水泥混凝土板厚度折减系数，按表7-30选用。

②隔离式。

当旧水泥混凝土道面的状况等级为良、中、差级，或接缝布置、道面坡度与加铺层不一致时，应采用隔离式加铺层。

隔离式加铺层的厚度按式（7-142）计算确定，但其最小厚度，当飞行指标Ⅱ为C、D时，不宜小于220mm；当飞行指标Ⅱ为E、F时，不宜小于240mm。

$$h_c = \sqrt{h_f^2 - Ch_e^2}$$ (7-142)

思考题与习题

1. 水泥混凝土道面损坏有几种形态，结构损坏和非结构损坏与道面设计的关系？

2. 水泥混凝土道面结构设计的一般原则是什么？

3. 简述水泥混凝土的疲劳特性。

4. 已知水泥混凝土道面板厚度 $h = 28\text{cm}$，弹性模量 $E_c = 36000\text{MPa}$，泊松比 $\mu = 0.15$；地基反应模量 $K = 92\text{MN/m}^3$；试用影响图法计算歼轰-7和苏-27飞机位于板中时的最大弯拉应力。

5. 机场水泥混凝土道面的可靠度如何定义？

6. 可靠度系数的含义？

7. 军用机场水泥混凝土道面在板厚计算时，其设计荷载是如何确定的？

8. 民用机场水泥混凝土道面在板厚计算时，其设计荷载是如何确定的？

9. 什么是基层顶面的综合回弹模量和计算回弹模量，如何确定？

10. 试比较民用机场和军用机场水泥混凝土道面的设计方法。

11. 在华东地区某地修建供轰-6飞机使用的机场。当地土质为黏性土，雨季地下水位距表面1m。当地由砂砾石及碎石供应，试确定道面结构组成和水泥混凝土面层厚度。有关飞机参数见表7-31。碎石回弹模量为 $E_1 = 250\text{MPa}$，砂砾石回弹模量 $E_2 = 200\text{MPa}$；道面板的纵缝为企口缝，接缝传荷系数为 $T_w = 0.65$；横缝为假缝，接缝传荷系数为 $T_w = 0.55$。

飞 机 参 数   表7-31

机　　型	年平均运行次数	机　　型	年平均运行次数
轰-6	20000	歼-8Ⅱ	9000
B737-200	500		

12. 军用机场水泥混凝土道面结构参数的变异水平等级如何划分？

13. 某民用机场水泥混凝土道面设计条件：设计使用年限 $t = 30$ 年；预测飞机年平均运行

次数 B737-800 为 2572 次,B757-200 为 132 次;基层顶层反应模量 120MN/m³;混凝土设计弯拉强度 $f_{cm}=5.0$ MPa;混凝土弯拉弹性模量 $E_c=36000$ MPa;混凝土泊松比 $\mu=0.15$;试进行水泥混凝土道面厚度计算。

14. 水泥混凝土道面为什么要进行分块设计? 分块设计时,需注意哪些原则?

15. 作图 7-77 所示的道面的分块设计图。

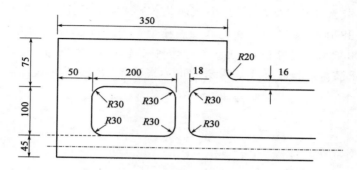

图 7-77 道面平面图(尺寸单位:m)

16. 作图 7-78 所示的道面的分块设计图。

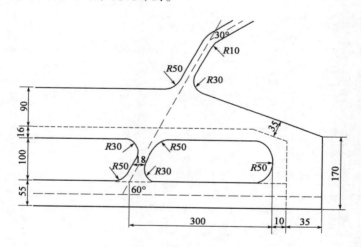

图 7-78 道面平面图(尺寸单位:m)

17. 接缝可分为哪几类? 各类接缝的功能是什么?

18. 目前各国对水泥混凝土道面设置胀缝的发展趋势如何? 试说明不设或少设胀缝的原因。

19. 简述填缝料的技术指标和试验方法。

20. 简述道肩的作用。

21. 简述防吹屏的作用。

22. 在加筋混凝土道面中设置钢筋的目的是什么? 其道面板厚度如何确定?

23. 简述连续配筋混凝土道面的特点。

24. 在机场水泥混凝土道面中,通常哪些部位需要用钢筋进行加强?

25. 在公路自然区划Ⅲ区拟修建供 Su-27 飞机使用的道面。旧水泥混凝土道面厚度 h_1 = 23cm；试测试水泥混凝土的抗弯拉强度 R_{w1} = 4.75MPa，弯拉弹性模量 E_{c1} = 34700MPa，基层顶面综合回弹模量 E_t = 190MPa；旧水泥混凝土道面评定为"中"；Su-27 飞机年设计重复作用次数 N_{ej} = 8900 次。要求加铺层道面采用隔离式，设计基准期为 30 年。试进行水泥混凝土加铺层设计。

26. 旧水泥混凝土道面厚度 h_1 = 32cm；试测试水泥混凝土的抗弯拉强度 f_{cm1} = 4.90MPa，弯拉弹性模量 E_{c1} = 38700MPa，基层顶面综合反应模量 k_j = 1300MN/m³；旧水泥混凝土道面评定为"中"；B-747-400 飞机设计年限内，飞机累计作用次数 n_e = 328900 次；设计年限为 30 年。要求加铺层道面采用隔离式和部分结合式，试进行水泥混凝土加铺层厚度计算。

第八章 机场沥青混凝土道面设计

与水泥混凝土道面相比,沥青混凝土道面无接缝、平整度好,飞机滑行平稳、舒适;具有足够的强度和耐久性,能够满足各种飞机的使用要求;便于分期修建;施工机械化程度高,施工进度快,便于维护,不需要养护期,完工后即可投入使用。

第一节 沥青的技术要求

由于机场道面所使用的飞机具有荷载大,对道面表面性能要求高等特点,对沥青混凝土道面结构组成材料,特别是对沥青和沥青混凝土提出了更高的要求。下面分别介绍沥青和沥青混凝土的技术要求。

一、沥青的组分

沥青是由极其复杂的高分子碳氢化合物及其非金属(氧、硫、氮等)衍生物所组成的有机胶凝材料,分为地沥青(天然沥青和石油沥青)和焦油沥青(煤沥青等)。目前,生产最多和使用最广泛的是石油沥青,此外还有少量的煤沥青。

目前,广泛采用四组分分析方法对石油沥青进行分析。四组分包括沥青质、饱和分、芳香分和胶质,此外,还有少量的沥青酸和沥青酐,碳沥青和碳化物等。有的多蜡沥青还增加一个组分——蜡。

沥青质对沥青中的油分虽有憎液性,而对胶质呈亲液性。因此,沥青是胶质包裹沥青质而成胶团悬浮在油分之中,形成胶体溶液。这样,沥青质含量多少对胶体体系的性质有很大的影响。当沥青中的沥青质含量增加时,沥青稠度提高、软化点上升。沥青质的存在,对沥青的黏度、黏结力、温度稳定性都有很大的影响。所以,优质沥青必须含有一定数量的沥青质。

胶质是沥青的扩散剂或胶溶剂,胶质与沥青质的比例在一定程度上决定沥青是溶胶或是凝胶的特性,胶质溶于石油醚、汽油、苯等有机溶剂。胶质赋予沥青以可塑性、流动性和黏结性,对沥青的延性、黏结力有很大的影响。

芳香分和饱和分都作为油分,在沥青中起着润滑和柔软作用。油分含量越多,沥青的软化点越低,针入度越大,稠度降低。

蜡质能够引起沥青的一系列不良性能。含蜡量高时,沥青的软化点高,针入度小,耐热稳定性差,易流淌,黏结力差,低温塑性亦差。

二、评价沥青性能的指标

公路和机场工程对沥青性能的评价主要采用以下八个指标。

1. 针入度

针入度是沥青稠度指标,反映沥青在一定条件下的软硬程度,也可以用来评价沥青的感温性和黏弹性。沥青的标号就是根据针入度的大小来划分的,使用时又根据沥青的标号确定使用的场所。一般认为单纯以25℃时的针入度的大小评价沥青的软硬程度是不全面的,必须与其他指标(如针入度指数)联系起来才较为全面。

2. 延度

延度反映了沥青的延伸性能,反映了沥青抵抗开裂的能力。延度随温度不同而不同,不能单凭某一温度下的延度来评价沥青的延伸性能。许多国家规定了两个温度下沥青的延度指标。我国公路石油沥青技术标准规定了15℃和10℃两个温度下的延度指标。针入度相同的沥青,由于组分和针入度指数不同,其延度也不同。此外,蜡质含量对沥青的延度影响很大。

3. 软化点

沥青材料是非结晶体,所以并无一定熔点。当温度升高时,沥青由脆硬状态变为柔软以至稀薄的液体,其软化时的温度即为沥青的软化点。各国都采用环球法测定软化点。软化点的高低常用来评定沥青的高温稳定性。软化点高意味着沥青的高温稳定性好。软化点与脆点的差值常被作为塑性温度范围来评价沥青的使用性能。

4. 薄膜烘箱试验

薄膜烘箱试验主要是测定沥青的耐老化性能。这一特性关系到沥青道面使用寿命的重要指标之一。许多国家都有此项规定。我国公路石油沥青技术标准对此也有规定。该项试验虽然与沥青道面的实际老化情况有一定的差距,但仍然是目前广泛采用的方法。

5. 溶解度

溶解度主要是测定沥青筑路有效成分的含量。沥青中不溶于某些有机溶剂的有害杂质含量过多,会降低其技术品质。除特殊目的外,通常均不作沥青的化学组分分析,而是检验其在三氯乙烯、三氯乙烷、苯等有机溶剂中的溶解度,借以确定沥青中有害杂质的含量。

6. 针入度指数(PI)

针入度指数是用来评价沥青感温性的方法之一。针入度指数是根据沥青在25℃时的针入度(1/10mm)和软化点(℃)来表达沥青感温性的一种方法。PI 值大表示沥青感温性小。

沥青的针入度 P(以对数坐标表示,$\lg P$)和相应的温度 T(以普通坐标表示)在半对数坐标图上为一直线,可用式(8-1)表示。

$$\lg P = AT + K \tag{8-1}$$

式中:P——针入度指数(0.1mm);

A——针入度对温度的敏感系数;

K——常数。

通常用两个不同温度(T_1 和 T_2)时的针入度(P_1 和 P_2),按式(8-2)计算 A 值。

$$A = \frac{1}{T_1 - T_2} \lg \frac{P_1}{P_2} \tag{8-2}$$

经对许多沥青的测试,发现由关系式推算,当温度为沥青软化点时,其针入度基本上等于800(0.1mm)。由此,斜率 A 可用下式表示:

$$A = \frac{\lg 800 - \lg P_{(25℃,100g,5s)}}{T_{R\&B} - 25} \qquad (8\text{-}3)$$

式中：$\lg P_{(25℃,100g,5s)}$——在 25℃，100g，5s 条件下测定的针入度值（1/10mm）的对数；

$\quad\quad T_{R\&B}$——环球法测定的软化点。

费弗和范·杜马尔假定感温性最小的沥青，其针入度指数 PI 为 20，感温性最大的沥青为 -10，在图中将软化点坐标 25 与针入度坐标 800 连成一线，将斜线划分成 30 等分，软化点与针入连线同斜线交点定为 PI 值。此 PI 值将斜线分成两段，根据上式长度比，即为斜率 A。由于 A 值很小，为使 PI 值在 $-10 \sim +20$ 之间，A 值乘以 50，得：

$$\frac{20 - PI}{10 + PI} = 50A \qquad (8\text{-}4)$$

由此可计算，得出针入度指数：

$$PI = \frac{30}{1 + 50A} - 10 \qquad (8\text{-}5)$$

针入度指数 PI 值越大，表示沥青的感温性越低。通常，按 PI 来评价沥青的感温性时，要求 $PI = -1 \sim +1$。

7. 黏度

沥青的黏度是一个重要的性质。沥青的黏度常用绝对黏度（又称动力黏度）η 表示，其单位为 Pa·s 或 N·s/m²，即在流体内每米长度上，在 1m/s 的速度梯度时，与该速度梯度方向相垂直的面上，在速度方向上产生 0.1N/m² 应力时的黏度。

8. 含蜡量

由石蜡基石油炼制出来的沥青中蜡的含量较多。试验研究及工程实践都证明了含蜡量对沥青和沥青混合料的性质有重大影响。图 8-1 所示为含蜡量对沥青性质的影响。由图可见，当含蜡量在 3.5% 时，沥青性质会发生剧变。

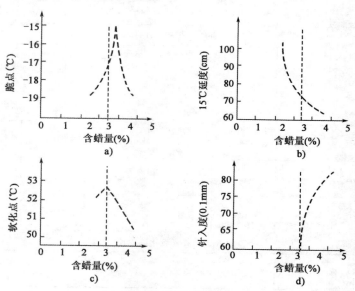

图 8-1　含蜡量对沥青性质的影响

三、沥青的技术要求

机场沥青道面与沥青路面相比,承受的荷载大,机轮胎压高,飞机的尾喷气流对沥青道面的稳定性和耐久性有较大的影响;同时,机场道面承受的荷载重复作用次数比公路路面要少得多。要求用于机场道面的沥青具有良好的黏结性、耐久性、水稳性和耐高温稳定性。目前,机场所使用的沥青采用我国公路沥青路面技术标准中的 A 级沥青(表8-1)。

基质沥青技术要求 表8-1

项　目	单位	沥青标号					试验方法
		A-130	A-110	A-90	A-70	A-50	
针入度(25℃,5s,100g)	0.1mm	120~140	100~120	80~100	60~80	40~60	JTG E20 T 0604
针入度指数 PI	—	−1.5~+1.0					JTG E20 T 0604
软化点,不小于	℃	40	43	45	46	49	JTG E20 T 0606
15℃延度,不小于	cm	100				80	JTG E20 T 0605
60℃动力黏度,不小于	Pa·s	60	120	160	180	200	JTG E20 T 0620
蜡含量(蒸馏法),不大于	%	2.2					JTG E20 T 0615
闪点,不小于	℃	230		245	260		JTG E20 T 0611
溶解度,不小于	%	99.0					JTG E20 T 0607
TFOT(或 RTFOT)							
质量变化,不大于	%	±0.8					JTG E20 T 0610 / JTG E20 T 0609
残留针入度比,不小于	%	54	55	57	61	63	JTG E20 T 0604
残留延度(15℃),不小于	cm	35	30	20	15	10	JTG E20 T 0605
残留延度(10℃),不小于	cm	12	10	8	6	4	TG E20 T 0605
URA(紫外光老化试验)							
残留延度比(15℃),不小于	%	45					JTG E20 T 0605

注:沥青材料紫外光老化试验方法见《民用机场沥青道面设计规范》(MH 5010—2016)附录 G.2。

四、改性沥青

所谓改性沥青,也称改性沥青混合料,是指掺加橡胶、树脂、高分子聚合物、磨细的橡胶粉或其他填料等外掺剂(改性剂)或采取对沥青轻度氧化加工等措施,使沥青或沥青混合料的性能得以改善而制成的沥青结合料。改性剂是指在沥青或沥青混合料中加入天然的或人工的有机或无机材料,可熔融、分散在沥青中,改善或提高沥青道面性能(与沥青发生反应或裹覆在集料表面上)的材料。

机场聚合物改性沥青的技术要求见表8-2。

机场道面聚合物改性沥青技术要求

表8-2

项　　　目	单位	SBS 类（Ⅰ类）				SBR 类（Ⅱ类）			EVA、PE 类（Ⅲ类）				试验方法
		Ⅰ-A	Ⅰ-B	Ⅰ-C	Ⅰ-D	Ⅱ-A	Ⅱ-B	Ⅱ-C	Ⅲ-A	Ⅲ-B	Ⅲ-C	Ⅲ-D	
针入度（25℃,100g,5s）	0.1mm	>100	80~100	60~80	40~60	>100	80~100	60~80	>80	60~80	40~60	30~40	JTG E20 T 0604
延度（5℃,5cm/min）,不小于	cm	45	35	25	20	60	50	40	—				JTG E20 T 0605
软化点,不小于	℃	55	60	65	70	45	48	52	50	52	56	60	JTG E20 T 0606
135℃运动黏度,不大于	Pa·s	3											JTG E20 T 0625 / JTG E20 T 0619
闪点,不小于	℃	230											JTG E20 T 0611
弹性恢复（25℃）,不小于	%	60	65	70	75	—			—				JTG E20 T 0662
黏韧性,不小于	N·m	实测				5							JTG E20 T 0624
韧性,不小于	N·m	实测				2.5							JTG E20 T 0624
储存稳定性48h软化点差,不大于	℃	2				—			无改性剂明显析出凝聚				JTG E20 T 0661
TFOT(或 RTFOT)后残留物													
质量变化,不大于	%	±0.8											JTG E20 T 0610 / JTG E20 T 0609
针入度比（25℃）,不小于	%	50	55	60	65	50	55	60	50	55	58	60	JTG E20 T 0604

项　　目	单位	SBS 类（Ⅰ类）				SBR 类（Ⅱ类）			EVA、PE 类（Ⅲ类）				试验方法
		Ⅰ-A	Ⅰ-B	Ⅰ-C	Ⅰ-D	Ⅱ-A	Ⅱ-B	Ⅱ-C	Ⅲ-A	Ⅲ-B	Ⅲ-C	Ⅲ-D	
延度(5℃)，不小于	cm	30	25	20	15	30	20	10	—				JTG E20 T 0605
URA（紫外光老化试验）													
残留延度比(15℃)，不小于	%	60											JTG E20 T 0605

注：沥青材料紫外光老化试验方法见《民用机场沥青道面设计规范》(MH 5010—2016)附录 G.2。

第二节　沥青混凝土面层

一、对沥青道面的要求

对采用沥青面层的机场道面来说，应满足以下几方面的技术要求。

（一）高温稳定性

在飞机高温、高速喷气流的作用下，道面表面的温度会迅速升高，引起沥青道面的破坏。把沥青道面耐受飞机尾喷气流的能力，称为沥青道面的高温稳定性。这是机场沥青道面设计和施工时必须考虑的。

由第二章的分析可知，沥青道面在 150℃ 的高温作用下可保持其强度和稳定性达 3min。在正常使用情况下，飞机在滑行道、联络道及跑道上停留的时间很短，高温气流不会构成对沥青道面的威胁，完全能够满足各种飞机的使用要求，这已为国内外的工程实践所证实。

（二）热稳定性

在炎热季节，沥青道面上的温度可达到 60℃ 以上，此时沥青道面出现泛油、拥包和车辙，这是沥青混合料热稳定性不好造成的。热稳定性是指沥青混合料在炎热季节保持颗粒的黏结力，保持强度和抵抗变形的能力，是表明沥青道面在炎热季节使用性能的重要指标。

国内外广泛采用马歇尔试验方法评定沥青混合料的热稳定性。影响沥青道面热稳定性的主要因素有：

1. 沥青性质和用量

使用耐热性较好的沥青，是提高沥青混凝土热稳定性的主要措施之一。高温稳定性沥青在常温范围内，其黏稠度和内聚力变化较小，这就要求沥青具有较低的脆点和较高的软化点。由于软化点高时，其脆点一般也高，这又限制了软化点不能太高。

沥青用量少时，沥青不足以形成薄膜黏结矿料颗粒；当沥青用量增大到足以形成薄膜并充分黏结集料时，沥青混合料具有最大的黏结力，达到最佳沥青用量时马歇尔稳定度最大，热稳定性最好；沥青用量过多时，沥青混合料颗粒之间形成了较厚的沥青薄膜，沥青混合料的黏结力下降。

2. 填料

填料对热稳定性的影响,主要是从它和沥青之间的相互作用来反映的。能与沥青起化学吸附作用的填料利于提高沥青混凝土的抗剪强度的抗变形能力。由于填料有很大的比表面积,就相应地增大了填料与沥青的分界面。填料与沥青接触后,沥青在填料表面形成沥青薄膜,称为结构沥青。如果集料是通过结构沥青相互黏结的,则颗粒间的黏结最牢固。

3. 集料

碱性集料易与沥青黏结,热稳定性好。使用酸性石料时,要经过碱化处理,以提高集料与沥青的黏附性。

适宜的矿料级配可以形成骨架密实结构。这种结构既有一定数量的粗集料形成骨架,又有一定数量的细料填充空隙形成较高的密实度。这种结构在最佳沥青用量时,混合料的黏结力和内摩擦阻力都较大,形成最高的马歇尔稳定度。

此外,选用的集料强度高,表面粗糙,几何形状为多棱角,经过充分压实后具有较高的强度和热稳定性。

(三)低温抗裂性

沥青混凝土在温度降低时将产生体积收缩,如果收缩受阻,沥青混凝土内部将产生拉应力。当拉应力超过沥青混凝土的极限抗拉强度时,道面就会产生开裂。造成沥青道面开裂的主要原因是沥青混凝土缺乏足够的低温塑性变形能力。

影响沥青混凝土低温性能的因素很多,这些因素之间又相互影响,主要有:

(1)低温延度:低温延度大的沥青具有较好的抗裂性。

(2)劲度模量:在给定的温度(T)和加荷时间(t)条件下,应力(σ)和应变(ε)的比值越大,则易产生开裂。因此,设计劲度模量低的沥青混凝土,是防止低温收缩开裂的主要手段。

(3)感温性:沥青的感温性大,易产生裂缝。

(4)沥青质含量:沥青质含量少,易产生裂缝,因为沥青质含量少时,沥青感温性变大。

(5)空隙率:沥青混凝土空隙小,易产生裂缝,因为空隙率小时沥青混凝土收缩内部受阻严重,并且在一定范围内,空隙率小时劲度模量就大。

(6)填料:填料用量少,则产生裂缝就多,因为填料少的沥青混合料感温性大。此外,填料少,透水性就大,沥青混凝土易老化,也是低温裂缝增加的原因。

(7)厚度:沥青混凝土铺筑厚度越小,产生低温开裂的可能性就越大。

(四)水稳性

沥青道面的水稳性是指在水侵蚀作用下保持其性能的能力。由于水比沥青更容易浸润石料,石料表面的沥青就可能被水所取代,沥青从石料表面剥离下来。当集料失去沥青的黏结作用,道面就出现松散。因此,机场沥青混凝土道面应具有良好的水稳性。沥青混凝土的不稳性指标,除通常采用浸水马歇尔试验和沥青与矿料的黏附性试验,以检验沥青混合料受水侵害时的抗剥落性能外,对年最低气温低于 $-21.5℃$ 的寒冷地区,还应增加沥青混合料冻融劈裂残留试验。试验测试劈裂强度比作为年最低气温低于 $-21.5℃$ 的寒冷地区沥青混合料水稳性指标。

(五)耐久性

耐久性是沥青混凝土道面的重要指标之一。沥青混凝土的耐久性主要取决于沥青的耐久性。沥青的耐久性包括三个方面:一是沥青混合料在拌和过程中引起的沥青老化;二是沥青道面在使用过程中由于阳光、空气、温度和湿度变化引起的自然老化;三是荷载重复作用的疲劳老化。此外,喷气发动机的高温、高速喷气流对沥青道面也有老化作用。

(六)表面抗滑性

用作机场沥青道面的表面层的沥青混凝土应有足够的粗糙度,以保证飞机的制动距离符合安全飞行的要求,有效地防止飞机滑跑时产生水上漂滑现象。对于抗滑性,沥青质量和用量,集料的强度、形状和级配,都是重要的影响因素,可采用以下途径提高沥青混凝土的抗滑性能。

(1)选用合适的沥青。

根据机场所处的地理环境、机场等级和所承受的飞机荷载和交通量,选择合适的沥青标号。

(2)选用磨光值、磨耗值和冲击值(或压碎值)都符合有关规范规定要求的集料。

(3)选择合适的级配。

集料的级配是形成沥青面层宏观构造的关键因素之一。要根据不同的宏观构造要求和不同地区气候特点选用不同的级配。

(4)确定合理的油石比。

根据试验室确定的配合比,通过试拌、试铺和试压进行对比,以确定合理的油石比。

(5)防止抗滑表层下的沥青层油石比过大,油石比过大易造成道面泛油。

(七)抗航油侵蚀性

航油是沥青的溶剂,机场沥青道面在航油侵蚀下会引起破坏,目前尚无经济而有效的方法防止航油的侵蚀。在航油侵蚀较严重的停机坪上,宜采用水泥混凝土面层。

二、对原材料的要求

1. 沥青材料

对于机场沥青混凝土道面应采用石油沥青,其技术标准应符合表8-1的规定。

机场沥青道面所采用的沥青标号可根据机场所在的地理位置和气候条件按表8-3选用。

机场道面沥青的适用范围   表8-3

气 候 分 区	交通量等级	沥 青 类 型		
		质沥青	改性沥青	
			改性沥青等级要求	用于改性的基质沥青
夏炎热冬严寒 夏炎热冬寒 夏热冬严寒 夏热冬寒	特重 重	A-90,A-70	热塑性橡胶类 (Ⅰ-B;Ⅰ-C)	A-110,A-90
	轻	A-110,A-90		

续上表

气 候 分 区	交通量等级	沥 青 类 型		
		质沥青	改性沥青	
			改性沥青等级要求	用于改性的基质沥青
夏炎热冬冷 夏炎热冬温 夏热冬冷 夏热冬温	特重 重	A-70，A-50	热塑性橡胶类 （Ⅰ-C；Ⅰ-D）	A-90，A-70
	轻	A-90，A-70		
夏凉冬寒	特重 重	A-110，A-90	热塑性橡胶类 （Ⅰ-B；Ⅰ-C）	A-130，A-110
	轻	A-130，A-110	热塑性橡胶类 （Ⅰ-A；Ⅰ-B）	

注：沥青道面也可采用以橡胶粉、EVA、PE、SBR 等材料作为改性剂的改性沥青；对于沥青道面使用的沥青，也可采用沥青 PG 分级指标进行验证。

2. 粗集料

沥青道面所用的粗集料有碎石、筛选砾石、破碎砾石等。碎石系由各种坚硬岩石轧制而成。沥青道面所用的碎石应具有足够的强度和耐磨性能；根据道面的类型和使用条件选定石料的等级。沥青道面对石料等级的要求列于表 8-4。

沥青混合料用粗集料规格　　　　　　　　　　表 8-4

指　　标	单位	上面层	其他层	试 验 方 法
石料压碎值，不大于	%	20	23	JTG E20　T 0316
洛杉矶磨耗值，不大于	%	28	30	JTG E20　T 0317
坚固性，不大于	%	10	12	JTG E20　T 0304
表观相对密度，不小于	—	2.60	2.50	JTG E20　T 0304
吸水率，不大于	%	2.0	2.0	JTG E20　T 0314
针片状颗粒含量（混合料），不大于 　其中粒径大于 9.5mm 的含量，不大于 　其中粒径小于 9.5mm 的含量，不大于	%	12 10 15	15 12 18	JTG E20　T 0312
水洗法 <0.075mm 颗粒含量，不大于	%	1	1	JTG E20　T 0310
软石含量，不大于	%	2	3	JTG E20　T 0320
磨光值（PSV），不小于	—	43	—	JTG E20　T 0321
集料与沥青的黏附性，不小于	级	5	5	JTG E20　T 0616

注：1. 坚固性试验可根据需要进行。

2. 表观相对密度试验对 S9 即 3~5mm 规格的粗集料，针片状颗粒含量可不予要求。

3. 黏附性试验所用沥青应以工程采用的沥青胶结料为标准进行评价。

碎石应是匀质、洁净、坚硬、无风化的，并应不含过量小于 0.075mm 的颗粒（小于 2%），吸水率小于 2%~3%。颗粒形状接近立方体并有多棱角，细长或扁平的颗粒（长边与短边或长边与厚度比大于 3）含量应小于 15%，压碎值应不大于 20%~30%。

　　碎石与沥青材料的黏附性大小,对沥青混合料的强度和耐久性有极大影响,应优先选用同沥青材料有良好黏附性的碱性碎石。碎石与沥青材料的黏附性用水煮法测定时,不能小于规定值。

　　筛选砾石由天然砾石筛选而得。由于天然砾石是各种岩石经自然风化而成不同尺寸的粒料,强度极不均匀,而且多是圆滑形状,因此,筛选砾石仅适用于等级低的道面面层下层、基层或联结层的沥青混合料中使用,不宜用于防滑面层。

　　轧制砾石是由天然砾石轧制并经筛选而得,要求大于 5mm 颗粒中 40%(按重量计)以上至少有一个破碎面。用于沥青贯入式面层时,主层矿料中要有 30% ~40%(按重量计)以上颗粒至少有两个破碎面。

　　道面抗滑表层粗集料应选用坚硬、耐磨、抗冲击性好的碎石,不得使用筛选砾石及软质集料。用于机场沥青道面表面层及各类抗滑表层的粗集料应符合规定的石料磨光值要求。为了保证石料与沥青之间有较好的黏结性能,经检验属于酸性岩石的石料,必要时可在沥青中掺加抗剥离剂,或用干燥的磨细消石灰或生石灰粉、水泥作为填料的一部分,其用量宜为矿料总量的 1% ~2%。将粗集料用石灰浆处理后使用也可以有效地提高石料与沥青之间的黏结力。

　　3. 细集料

　　沥青面层的细集料应洁净、干燥、无风化、无杂质,并有适当的颗粒级配,其质量应符合表 8-5 要求。热拌沥青混合料的细集料宜采用优质的天然砂或机制砂,在缺砂地区也可以用石屑。一般情况下石屑的含泥量高,强度不高,用于机场道面沥青混凝土面层及抗滑表层的石屑用量不宜超过天然砂及机制砂的用量。细集料应与沥青有良好的黏结能力,与沥青黏结性能很差的天然砂及用花岗岩、石英岩等酸性石料破碎的机制砂或石屑不宜用于机场道面沥青面层。必须使用时,应有抗剥落措施。细集料的洁净程度,天然砂以小于 0.075mm 含量的百分数表示,石屑和机制砂以砂当量(适用于 0 ~4.75mm)或亚甲蓝值(适用于 0 ~2.36mm 或 0 ~0.15mm)表示。

沥青道面用细集料质量要求　　　　　　　　　　　　　　表 8-5

项　　　目	单位	技术要求	试 验 方 法
表观相对密度,不小于	—	2.5	JTG E42 T 0328
坚固性(>0.3mm 部分),不大于	%	12	JTG E42 T 0340
砂当量,不小于	%	60	JTG E42 T 0334
棱角性(流动时间),不小于	s	30	JTG E42 T 0345
塑性指数,不大于	—	4	JTG E42 T 0354
亚甲蓝	g/kg	2.5	JTG E42 T 0349
含泥量(小于 0.075mm 的颗粒含量),不大于	%	3	—

　　细集料颗粒尺寸规格应符合表 8-6 的规定。

沥青道面用细集料规格　　　　　　　　　　　　　　表 8-6

规格名称	筛孔规格（mm）	9.5	4.75	2.36	1.18	0.6	0.3	0.15	0.075
S10	0 ~5	100	90 ~100	60 ~90	40 ~75	20 ~55	7 ~40	2 ~20	0 ~10
S11	0 ~3		100	80 ~100	50 ~80	25 ~60	8 ~45	0 ~25	0 ~15

4. 填料

沥青混合料的填料宜采用石灰岩或岩浆岩中的强基性岩石等憎水性石料经磨细得到的填料，原石料中的泥土杂质应除净。填料要求干燥、洁净，其质量应符合表 8-7 的技术要求。当采用水泥、石灰、粉煤灰作填料时，其用量不宜超过矿料总量的 2%。

沥青面层用填料质量要求 　　表 8-7

指　　标	单位	民用机场	军 用 机 场		试 验 方 法
			四、三、二级	一级	
表观密度，不小于	t/m³	2.50	2.50	2.45	JTG E42　T 0352
含水率，不大于	%	1	1	1	JTG E40 T 0103-烘干法
级配范围 <0.6mm 　　　　<0.15mm 　　　　<0.075mm	% % %	100 90~100 80~100	100 90~100 75~100	100 90~100 70~100	JTG E42　T 0351
外观	—	无团粒结块	无团粒结块		
亲水系数，不大于	—	1	1		JTG E42　T 0353
塑限性指数，不大于	—	4		—	JTG E42　T 0354

5. 外加剂

在沥青道面中掺加的纤维稳定剂宜选用聚丙烯腈纤维、木质素纤维、聚酯纤维等，其质量技术要求应满足表 8-8 ~ 表 8-10 要求。

聚丙烯腈纤维质量技术要求 　　表 8-8

项　　目	单位	指　　标	试 验 方 法
密度，不小于	g/cm³	1.18	—
纤维长度	mm	6±1.5	水溶液用显微镜观测
纤维平均直径	0.001mm	18.5	纤维直径测定仪
弹性模量	GPa	17.1	纤维强伸度仪
熔点，不小于	℃	220	
耐热性	—	颜色、体积基本无变化	210℃烘箱烘 2h

木质素纤维质量技术要求 　　表 8-9

项　　目	单位	指　　标	试 验 方 法
纤维长度，不大于	mm	6	水溶液用显微镜观测
灰分含量	%	18±5	高温 590~600℃燃烧后测定残留物
pH 值	—	7.5±1.0	水溶液用 pH 试纸或 pH 计测定
吸油率，不小于	—	纤维质量的 5 倍	用煤油浸泡后放在筛上经振敲后称量
含水率(以质量计)，不大于	%	5	105℃2h 后冷却称量
耐热性	—	颜色、体积基本无变化	210℃烘箱烘 2h

聚酯纤维质量技术要求　　　　表 8-10

项　　目	单　　位	指　　标	试 验 方 法
纤维长度	mm	6 ± 1.5	水溶液用显微镜观测
纤维直径	0.001mm	$14 \sim 20$	纤维直径测定仪
抗拉强度,不小于	MPa	900	纤维强伸度仪
最大拉伸率	%	$8 \sim 12$	纤维强伸度仪
耐热性	—	颜色、体积基本无变化	210℃烘箱烘 2h

三、沥青混合料的组成结构

沥青混合料是一种复合材料,它由沥青、粗集料、细集料、填料及外掺剂组成,这些组成材料在混合料中,由于组成材料质量的差异和数量的不同,可形成不同的组成结构,并表现出不同的力学性能。

沥青混合料通常可按其组成结构分为下列三类:

(1)悬浮—密实结构。当采用连续型密级配矿质混合料与沥青组成混合料时,前级集料间必须留出比次级集料粒径稍大的空隙,由次级集料填充。按此组成的沥青混合料可以获得很大的密实度,但各级集料被次级集料所分隔,各级集料均悬浮于次级集料及沥青胶浆之间,不能直接靠拢形成骨架,其结构组成如图 8-2a)所示。三轴试验表明,这种结构虽具有较高的黏聚力 c,但内摩擦角 φ 较低,高温稳定性较差。

(2)骨架—空隙结构。当采用连续型开级配矿质混合料与沥青组成混合料时,其粗集料所占比例较大,细集料则很少甚至没有。按此组成的沥青混合料,粗集料间可相互靠拢形成骨架;但细集料过少不足以填满粗集料之间的空隙,而形成骨架—空隙结构,如图 8-2b)所示。三轴试验表明,这种结构的沥青混合料虽具有较高的内摩擦角 φ,但黏聚力 c 较低。

(3)密实—骨架结构。当采用间断型密级配矿质混合料与沥青组成沥青混合料时,断去了中间尺寸粒径的集料,使其既有较多数量的粗集料可形成空间骨架,同时又有相当数量的细集料填充骨架间的空隙,而形成密实—骨架结构,如图 8-2c)所示。这种结构的沥青混合料不仅具有较高的黏聚力 c,还具有较高的内摩擦角 φ。

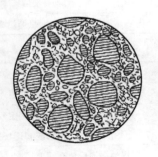 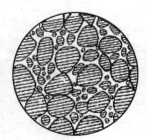 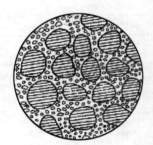

a)悬浮—密实结构　　　　b)骨架—空隙结构　　　　c)密实—骨架结构

图 8-2　三种典型沥青混合料结构组成示意图

四、SMA 沥青混合料

SMA 是一种新型沥青混合料,在欧洲被称为 Split Mastic Asphalt,美国则称之为 Stone Mastic Asphalt,我国《公路沥青路面设计规范》将其正式命名为"沥青玛蹄脂碎石混合料",其意义为用沥青玛蹄脂填充碎石骨架而形成的混合料。

SMA 是通过采用木质素纤维或矿物纤维稳定剂、增加填料用量、沥青改性等技术手段,组成沥青玛蹄脂,沥青玛蹄脂可以使沥青的感温性变小,沥青用量增加,由它填充间断级配碎石集料中的空隙,从而使混合料既能保持间断级配沥青混合料表面性能好的优点,又能克服其耐久性差的缺点,尤其是能使混合料的高温抗车辙能力、低温抗裂性能、耐疲劳性能和水稳定性等各种路用性能大幅度提高。

(一)SMA 的组成特点

SMA 是由沥青稳定添加剂、填料及少量细集料组成的沥青玛蹄脂填充间断级配的碎石骨架组成的骨架嵌挤型密实结构混合料,它的最基本组成是碎石骨架和沥青玛蹄脂两部分(图8-3),其结构组成有如下特点:

(1)SMA 是一种间断级配的沥青混合料。图 8-4 反映了密级配沥青混凝土、排水沥青混凝土及 SMA 的剖面图,从中可以看出它们结构组成的不同之处。

(2)SMA 增加了填料用量,使其能在混合料中加入较多的沥青,同时还使用了稳定添加剂。

(3)SMA 的沥青用量比普通沥青混合料要高出 1% 以上,并要求其具有较高的黏结力,通常选用针入度小、软化点高、温度稳定性好的沥青,如能采用改性沥青,可进一步改善高低温变形性能及与矿料的黏附性。

图 8-3　沥青玛蹄脂碎石混合料的构成

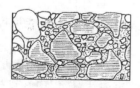

a)传统密级配沥青混凝土　　b)排水式开级配沥青混凝土　　c)SMA

图 8-4　密级配沥青混凝土、排水沥青混凝土与 SMA 组成结构比较

(二)SMA 的基本特征

SMA 的特征主要表现在两个方面:其一,大粒径集料互相嵌锁而形成高稳定性(抗变形能

力)的结构骨料;其二,由细集料、沥青结合料及稳定添加剂组成的具有足够数量的沥青玛蹄脂,除满足将骨架胶结在一起的要求外,还使混合料具有较好的柔性和耐久性。

SMA采用间断级配集料形成碎石骨架,其中有低百分率的细集料和较高比例的填料。由于大粒径集料的含量高,矿料间具有较高的空隙率,使其能容纳较多的沥青,从而减少氧化、老化变硬和低温裂缝产生的可能性。而细集料则起着填充空隙的作用,纤维添加剂增加了矿料的比表面积,从而增加了沥青的稠度和沥青玛蹄脂的稳定性,并可避免沥青混合料在运输和摊铺过程中产生离析现象,还可改善混合料的稳定性。

与传统的密级配沥青混凝土相比较,SMA具有如下特点:

(1)较高的稳定性。SMA具有比密级配沥青混凝土更高的抗车辙能力。采用相同的粗集料分别制成密级配沥青混凝土和SMA混合料,经轮辙试验机在不同温度下分别进行800次加载试验后,所得试验结果列于表8-11。

轮辙试验结果

表8-11

试验温度 (℃)	辙槽深度(mm)		试验温度 (℃)	辙槽深度(mm)	
	密级配	SMA		密级配	SMA
20	3.81	1.75	40	2.73	1.51
50	4.40	3.11	60	7.61	4.70

(2)较高的疲劳寿命。影响沥青路面疲劳寿命的主要因素有沥青品种和含量、空隙率、温度、试验频率及荷载作用方式等。混合料的空隙率和沥青用量与疲劳寿命的关系极大,而空隙率小、沥青含量高正是SMA混合料的显著特点。SMA中碎石所包裹的沥青膜较厚,有效地减小了混合料的空隙率。此外,高沥青含量的SMA混合料所产生的疲劳破坏,在夏季行车作用下具有自动愈合的能力。在以上两方面因素的综合作用下,使得SMA混合料的抗疲劳能力大大高于密级配沥青混凝土。

(3)较好的耐久性。实践证明SMA耐久性非常好,不易松散,抵抗温度裂缝和荷载裂缝的性能好。其优异的耐久性来源于沥青玛蹄脂的不透水性,由于其渗透性小,空气及水的渗入量小,从而减缓了沥青的氧化过程,提高了耐久性。

(4)较好的抗磨耗及抗滑能力。SMA含有高比例、高品质的粗集料,使其具有较大的表面构造深度和抗磨耗能力。

(5)良好的平整度和能见度。SMA的高温稳定性使路面稳定,具有良好的平整度和行车舒适性。SMA还能减少灯光的反射,减小雨中行车的水雾,从而提高了路面能见度和行车安全。

(6)较好的经济效益。SMA混合料采用高品质的矿质集料,较高含量的优质沥青,并加入添加剂,增加拌和时间,使得SMA的单位价格比传统密级配沥青混凝土高,但由其较高的稳定性及较高的疲劳寿命,使SMA的使用寿命比传统密级配沥青混凝土高出30%~40%,若考虑到有效使用年限、维修费用及使用者费用,折算成年平均成本时,SMA比传统密级配沥青混凝土更经济,特别是在高温重载、大交通量的条件下,SMA更具有较高的经济效益。

从以上分析可知,SMA对沥青路面的各种性能都有所改善,尤其以抗车辙性能及耐久性的改善效果最为显著。欧洲沥青路面协会(EAPA)1998年曾对SMA路面的应用情况做过总结和归纳，EAPA 认为，归纳 SMA 的优点，首先是具有良好的表面功能，抗滑，车辙小，平整度高，噪声小，能见度好；其次是增加了路面抗变形能力，不透水，使用寿命长，维修养护工作量小。同时，它可以减薄表面层厚度，易于施工和重建，维修重建对交通的影响小。

（三）填料

SMA 混合料中的填料对混合料的空隙率及劲度有明显影响，填料在沥青混合料中的作用至关重要，沥青只有吸附在填料表面形成薄膜，才能对其他粗、细集料产生黏附作用，所以沥青填料混合料才能称之为真正的沥青混合料。由于 SMA 混合料中的纤维添加剂能起到分散填料沥青胶团的作用，因此，需要有足够的填料以形成 SMA 结构。足够数量的填料是 SMA 的一个先决条件，其所需要的填料数量比传统密级配沥青混凝土要多一倍左右，一般达到传统密级配沥青混凝土填料用量的 1.8 ~ 2.0 倍，并最好采用磨细石灰粉，还应符合一定的技术要求（表8-7）。若掺加一定量的回收粉尘，其用量不得超过填料总质量的 50%。

（四）纤维稳定剂

沥青玛蹄脂碎石混合料，必须采用纤维稳定剂。混合料中加入纤维后，可有效地提高混合料的高温稳定性并降低轮胎的磨耗。SMA 中采用的纤维种类主要有木质素纤维、矿物纤维和有机纤维三大类。纤维的主要作用为：

（1）加筋作用。SMA 中的纤维，以三维分散相在混合料中存在，可起到加筋的作用。

（2）分散作用。SMA 中用量较大的沥青填料在没有纤维的情况下，可能成为胶团，不均匀地分散在集料之间，而纤维则可以使胶团适当均匀地在集料中分散。

（3）吸附及吸收沥青的作用。SMA 混合料中的纤维稳定剂可充分吸附表面沥青，吸收内部沥青，从而使沥青用量增加，沥青油膜变厚，从而提高了混合料的耐久性。

（4）稳定作用。纤维可使沥青膜处于比较稳定的状态，尤其是夏季高温季节，沥青受热膨胀，纤维内部的空隙将容纳这些膨胀的沥青，使其不致成为自由沥青而泛油。

（5）增黏作用。SMA 中的纤维将增加沥青与矿料间的黏附性，通过油膜的黏结，提高集料之间的黏结力。

1. 木质素纤维

木质素纤维又称纤维素纤维，是由天然木材经化学处理后得到的有机纤维，通常在各种条件下均是化学非常稳定的物质，不会被一般的溶剂及酸、碱所腐蚀，且对人体无害，不影响环境。SMA 中加入纤维素纤维后，混合料将具有良好的保温性能，冷却后则具有良好的伸缩性，并有较好的施工和易性。纤维素纤维的用量通常为混合料质量的 0.3%。

2. 矿物纤维

矿物纤维是一种微细纤维，我国目前常用的矿物纤维多为石棉纤维。矿物纤维在混合料拌和时加入可有效地吸附沥青，以防止沥青胶砂高温时出现流淌的现象，微细纤维的比表面积大，其用量一般为混合料质量的 0.4%。

3. 聚合物有机纤维

在有机化学纤维中，聚酯纤维和丙烯酸纤维是最常用的纤维品种，用量为混合料质量的0.15% ~ 0.30%。由于纤维的作用，沥青用量将增加 0.2% ~ 0.3%。研究和应用实践表明，聚合物有机纤维使混合料性能得到普遍提高，疲劳寿命可提高 25% ~ 45%，车辙减少 45% ~ 53%。

第三节　沥青混凝土的配合比设计

沥青混合料主要是指未经摊铺、压实的沥青混凝土混合料和沥青碎石混合料。沥青混合料是由适当比例的粗集料、细集料及填料组成的符合规定级配的矿料,与沥青拌和而成的符合技术标准的混合料。

机场道面常用沥青混合料类型有 SMA、AC、ATB 三种,其 SMA、AC 代号和符号按表 8-15、表 8-16 的规定确定。

沥青混合料的类型应根据不同区域、道面结构、厚度、层位以及当地气候条件,按表 8-12 的规定确定。各层位最佳压实厚度应不小于选定沥青混合料集料公称最大粒径的 2.5 倍。不同沥青混合料组成的沥青道面应满足使用要求,具有良好的抗车辙、抗裂、抗水损害以及抗滑性能。

道面各层适宜的沥青混合料类型 表 8-12

层　位	混合料类型	层　位	混合料类型
上面层	SMA-13、SMA-16、AC-16	下面层	SMA-20、AC-20、AC-25
中面层	SMA-16、SMA-20、AC-16、AC-20、AC-25	基层	ATB-25、ATB-30

热拌沥青混合料的配合比设计包括目标配合比设计阶段、生产配合比设计阶段及生产配合比验证阶段。通过配合比设计决定沥青混合料的材料品种、矿料级配及沥青用量。沥青混合料的配合比设计采用马歇尔试验设计方法,并对设计的沥青混合料进行浸水马歇尔试验、水稳定性检验及车辙试验,进行抗车辙、水稳定性等的检验。配合比设计各阶段都必须进行马歇尔试验,经配合比设计得到的沥青混合料应符合表 8-13 或表 8-14 所规定的马歇尔试验设计技术标准。矿料级配应符合表 8-15 ～ 表 8-17 的要求。

热拌沥青混合料马歇尔试验技术指标(军用机场) 表 8-13

试验项目	沥青混合料类型	四、三、二级机场	一级机场
击实次数(次)	沥青混凝土	两面各75	两面各50
	沥青碎石、抗滑表层	两面各50	两面各50
稳定度(kN)	Ⅰ型沥青混凝土	>8.5	>7.5
	Ⅱ型沥青混凝土、抗滑表层	>8.0	>7.0
流值(0.1mm)	Ⅰ型沥青混凝土	20～40	20～40
	Ⅱ型沥青混凝土、抗滑表层	20～40	20～45
空隙率(%)	Ⅰ型沥青混凝土	3～6	3～6
	Ⅱ型沥青混凝土、抗滑表层	4～10	4～10
	沥青碎石	>10	>10
沥青饱和度(%)	Ⅰ型沥青混凝土	70～85	70～85
	Ⅱ型沥青混凝土、抗滑表层	60～75	60～75
	沥青碎石	40～60	40～60
残留稳定度(%)	Ⅰ型沥青混凝土	>75	>75
	Ⅱ型沥青混凝土、抗滑表层	>70	>70

注:1. 粗粒式沥青混凝土稳定度可降低 1kN。

2. Ⅰ型细粒式及砂粒式沥青混凝土的空隙率为 2% ～6% 。

3. 残留稳定度可根据需要采用浸水马歇尔试验或真空饱和后浸水马歇尔试验进行测定。

沥青混凝土马歇尔试验技术标准（民用机场） 表 8-14

指 标	单 位	标 准		测 试 方 法
击实次数	次	两面各 75		JTG E20 T 0702
试件尺寸	mm	$\phi 101.6 \times 63.5$		JTG E20 T 0702
稳定度	kN	>9.0		JTG E20 T 0709
流值	0.1mm	20 ~ 40		JTG E20 T 0709
空隙率 VV	%	3 ~ 6		JTG E20 T 0705
沥青饱和度	%	AC-10, AC-13, AC-16	70 ~ 85	JTG E20 T 0709
		AC-20	65 ~ 80	
		AC-25	55 ~ 70	

密级配沥青混凝土混合料矿料级配范围 表 8-15

级配类型		通过下列筛孔（mm）的质量百分率（%）												
		31.5	26.5	19	16	13.2	9.5	4.75	2.36	1.18	0.6	0.3	0.15	0.075
粗粒式	AC-25	100	90 ~ 100	75 ~ 90	65 ~ 83	57 ~ 76	45 ~ 65	24 ~ 52	16 ~ 42	12 ~ 33	8 ~ 24	5 ~ 17	4 ~ 13	3 ~ 7
中粒式	AC-20		100	90 ~ 100	78 ~ 92	62 ~ 80	50 ~ 72	26 ~ 56	16 ~ 44	12 ~ 33	8 ~ 24	5 ~ 17	4 ~ 13	3 ~ 7
	AC-16			100	90 ~ 100	76 ~ 92	60 ~ 80	34 ~ 62	20 ~ 48	13 ~ 36	8 ~ 26	7 ~ 18	5 ~ 14	4 ~ 8
细粒式	AC-13				100	90 ~ 100	68 ~ 85	38 ~ 68	24 ~ 50	15 ~ 38	10 ~ 28	7 ~ 20	5 ~ 15	4 ~ 8
	AC-10					100	90 ~ 100	45 ~ 75	30 ~ 58	20 ~ 44	13 ~ 32	8 ~ 23	6 ~ 16	4 ~ 8
砂粒式	AC-5						100	90 ~ 100	55 ~ 75	35 ~ 55	20 ~ 40	12 ~ 28	7 ~ 18	5 ~ 10

沥青玛蹄脂碎石混合料矿料级配范围 表 8-16

级配类型		通过下列筛孔（mm）的质量百分率（%）											
		26.5	19	16	13.2	9.5	4.75	2.36	1.18	0.6	0.3	0.15	0.075
中粒式	SMA-20	100	90 ~ 100	72 ~ 92	62 ~ 82	40 ~ 55	18 ~ 30	13 ~ 22	12 ~ 20	10 ~ 16	9 ~ 14	8 ~ 13	8 ~ 12
	SMA-16		100	90 ~ 100	65 ~ 85	45 ~ 65	20 ~ 32	15 ~ 24	14 ~ 22	12 ~ 18	10 ~ 15	9 ~ 14	8 ~ 12
细粒式	SMA-13			100	90 ~ 100	50 ~ 75	20 ~ 34	15 ~ 26	14 ~ 24	12 ~ 20	10 ~ 16	9 ~ 15	8 ~ 12
	SMA-10				100	90 ~ 100	28 ~ 60	20 ~ 32	14 ~ 26	12 ~ 22	10 ~ 18	9 ~ 16	8 ~ 13

密级配沥青碎石混合料矿料级配范围 表 8-17

级配类型		通过下列筛孔（mm）的质量百分率（%）													
		53	37.5	31.5	26.5	19	16	13.2	9.5	4.75	2.36	1.18	0.6	0.3	0.15	0.075
特粗式	ATB-40	100	90 ~ 100	75 ~ 92	65 ~ 85	49 ~ 71	43 ~ 63	37 ~ 57	30 ~ 50	20 ~ 40	15 ~ 32	10 ~ 25	8 ~ 18	5 ~ 14	3 ~ 10	2 ~ 6
	ATB-30		100	90 ~ 100	70 ~ 90	53 ~ 72	44 ~ 66	39 ~ 60	31 ~ 52	20 ~ 40	15 ~ 32	10 ~ 25	8 ~ 18	5 ~ 14	3 ~ 10	2 ~ 6
粗粒式	ATB-25			100	90 ~ 100	60 ~ 80	48 ~ 68	42 ~ 62	32 ~ 52	20 ~ 40	15 ~ 32	10 ~ 25	8 ~ 18	5 ~ 14	3 ~ 10	2 ~ 6

沥青混合料集料的间隙（VMA）应符合表 8-18 的规定。

沥青混凝土混合料的矿料间隙率(VMA)要求 表 8-18

设计空隙率 (%)	相应于以下公称最大粒径(mm)的最小 VMA 及 VFA 技术要求(%)					
矿料间隙率 VMA (%),不小于	26.5	19	16	13.2	9.5	4.75
2	10	11	11.5	12	13	15
3	11	12	12.5	13	14	16
4	12	13	13.5	14	15	17
5	13	14	14.5	15	16	18
6	14	15	15.5	16	17	19

（1）目标配合比设计阶段。用工程实际使用的材料计算各种材料的用量比例配合成表 8-15～表 8-17 规定的矿料级配,进行马歇尔试验,确定最佳沥青用量。以此矿料级配及沥青用量作为目标配合比,供拌和机确定各冷料仓的供料比例、进料速度及试拌使用。

（2）生产配合比设计阶段。对间歇式拌和机,必须从二次筛分后进入各热料仓的材料取样进行筛分,以确定各热料仓的材料比例,供拌和机控制室使用。同时反复调整冷料仓进料比例以达到供料均衡,并取目标配合比设计的最佳沥青用量、最佳沥青用量±0.3% 三个沥青用量进行马歇尔试验,确定生产配合比的最佳沥青用量。

（3）生产配合比验证阶段。拌和机采用生产配合比进行试拌、铺筑试验段,并用拌和的沥青混合料及道面上钻取的芯样进行马歇尔试验检验,由此确定生产用的标准配合比。标准配合比应作为生产上控制的依据和质量检验的标准。标准配合比的矿料级配至少应包括 0.075mm、2.36mm、4.75mm(圆孔筛 0.074mm、2.5mm、5mm),三档的筛孔通过率接近要求级配的中值。经设计确定的标准配合比在施工过程中不得随意变更。生产过程中,当进场材料发生变化,沥青混合料的矿料级配、马歇尔试验技术指标不符合要求时,应及时调整配合比,使沥青混合料质量符合要求并保持相对稳定,必要时重新进行配合比设计。

沥青混合料的沥青最佳用量,通常以马歇尔稳定度试验来确定。其方法是根据当地的实践经验选择适宜的沥青用量,以 0.5% 间隔变化沥青用量拌制成混合料,分别制备不同沥青用量的马歇尔试验试件。然后用马歇尔试验仪测定其稳定度和流值,并测其密度和计算其空隙率。根据试验和计算的结果分别绘出沥青用量与密度、沥青用量与稳定度、沥青用量与流值、沥青用量与空隙率的关系曲线图(图 8-5),并在后三个图内求出满足各项技术指标的沥青用量范围。其中满足所有技术指标的沥青用量范围即为共同范围。通常采用共同范围的中间值作为最佳的沥青用量。有时,亦可根据本地区的具体情况,在共同用量范围内选用适当的沥青用量。下面以图 8-5 为例详细说明沥青最佳含量的确定方法。

从图 8-5 中求取相应于密度最大值的沥青用量为 a_1,相应于稳定度最大值的沥青用量 a_2 以及相应于规定空隙率范围的中值(或要求的目标空隙率)的沥青用量 a_3,按式(8-6)求取三者的平均值作为最佳沥青用量的初始值 OAC_1。

$$OAC_1 = \frac{a_1 + a_2 + a_3}{3} \tag{8-6}$$

求出各项指标均符合表 8-13 或表 8-14 沥青混合料技术标准的沥青用量范围 OAC_{min} ～ OAC_{max}(图中所示结果为 4.4%～5.5%),按式(8-7)求取中值 OAC_2。

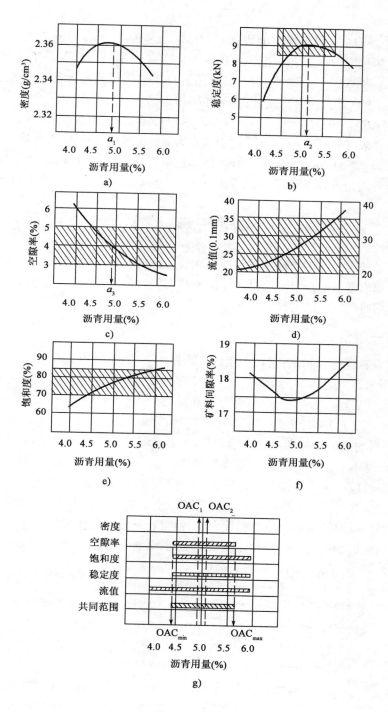

图 8-5 马歇尔试验结果示例

注:图中阴影范围为设计要求范围

$$OAC_2 = \frac{OAC_{min} + OAC_{max}}{2} \tag{8-7}$$

根据 OAC_1 及 OAC_2 综合确定沥青用量(OAC)。按最佳沥青用量初始值 OAC_1 在图 8-5 中求取相应的各项指标值,当各项指标均符合表 8-13 或表 8-14 规定的马歇尔设计配合比技术标准时,由 OAC_1 及 OAC_2 综合决定最佳沥青用量 OAC。当不能符合表 8-13 或表 8-14 的规定时,应调整级配,重新进行配合比设计,直至各项指标均能符合要求为止。

由 OAC_1 及 OAC_2 综合决定最佳沥青用量 OAC 时,宜根据实践经验和机场等级、气候条件按下列步骤进行:一般可取 OAC_1 及 OAC_2 的中值作为最佳沥青用量 OAC;对热区机场以及Ⅱ级以上机场,可在 OAC_2 与下限 OAC_{min} 范围内决定,但不宜小于 OAC_2 的 0.5% ;对寒区机场以及其他等级机场,最佳沥青用量可以在 OAC_2 与上限值 OAC_{max} 范围内决定,但不宜大于 OAC_2 的 0.3% 。

第四节　沥青混凝土的力学特性

沥青混合料的应力—应变特性与黏性土和颗粒材料有很大的差别。由于沥青混合料中所含沥青具有依赖温度和加荷时间的黏—弹性性状,沥青混合料在荷载作用下的变形也具有随温度和荷载作用时间而变的特性。

一、应力—应变关系

对沥青混合料进行三轴试验,在固定的应力作用下,可得到应变和应力作用时间的关系曲线,如图 8-6 所示。其中图 8-6a) 为施加应力相当小的情况。一部分应变(ε_0)在施加荷载后立即产生,而卸荷后这部分应变又立即消失,这是混合料的弹性应变,应力与应变成正比例关系。另一部分应变(ε_v)随加荷时间的增加而增加,卸载后随时间增长而逐渐消失(或基本消失),这是混合料的黏弹性应变。这一现象说明,沥青混合料在受力较小时,特别是受荷时间短促时,处于或基本处于弹性状态并兼有黏弹性性质。图 8-6b) 表示应力足够大的情况。这时,除有瞬时弹性应变和滞后弹性应变外,还存在着随时间而发展的近似直线变化的黏性和塑性流动,卸载后这部分应变不再恢复而成为塑性应变。这说明沥青混合料受荷达到一定值后,特别是受荷时间又较长时,不仅出现弹性应变,而且还有随时间而发展的塑性应变。对比左右两图可以看出,随施加应力的级位和作用时间不同,沥青混合料的应力—应变关系分别呈现出弹性、弹—黏性和弹—黏—塑性等不同性状。

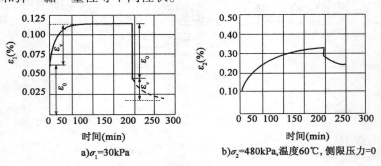

a)σ_1=30kPa   b)σ_2=480kPa,温度60℃,侧限压力=0

图 8-6　沥青混合料压缩蠕变试验

沥青材料的黏滞度受温度影响很大,因而温度对沥青混合料的性状也有较大的影响。其他条件相同时,同一混合料在高温和低温时的应变量(反映在模量上)可相差几十倍。在低温时,混合料基本上属于弹性体,而在常温和高温时,则可能相应地变为弹—黏性和弹—黏—塑性体。

二、劲度

反映沥青和沥青混合料在给定温度和加荷时间条件下的应力 σ—应变 ε 关系参数,称作劲度 S,即

$$S_{t,T} = \left(\frac{\sigma}{\varepsilon}\right)_{t,T} \qquad (8-8)$$

式中:t、T——加荷时间和温度。

加荷时间和温度对沥青劲度 S 的影响情况,可由图8-7所示的试验曲线看出。加荷时间短时,曲线接近水平,表明材料处于弹性性状;加荷时间很长时,便出现为黏滞性性状;处于二者之间时则兼有弹—黏性性状。各种温度下的 S-t 关系曲线具有相似的形状,如果将曲线作水平移动,则可将它们重合在一起。这意味着温度对劲度模量的影响同一定量的加荷时间对劲度的影响效果相当。温度和加荷时间对劲度影响的这一互换性,是沥青材料的一个重要性质。利用这一性质,可以通过采用变换试验温度的方法,把有限时间范围内得到试验结果扩大到很长的时段。

三、泊松比

沥青混合料的泊松比受温度影响较大,见图8-8。这是根据实测结果归纳出的 μ 值随温度的变化情况,当温度低时(E 值高),μ 值低;温度升高,μ 值随之增大。平均处于 $0.25 \sim 0.50$ 之间,可根据面层的温度条件取用。

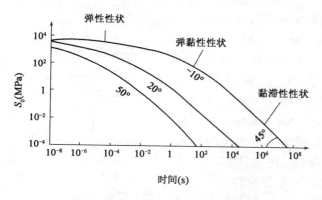

图8-7　沥青劲度随时间和温度的变化

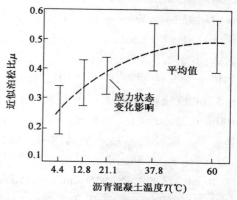

图8-8　沥青混凝土温度对泊松比的影响

四、强度特性

沥青混合料具有较高的抗压强度,而抗剪强度和抗拉强度则较低。因此,沥青道面的损坏往往是由拉裂或滑移开始而逐渐扩展。

1. 抗剪强度

沥青混合料的剪切破坏可按摩尔—库仑原理进行分析。如材料在外力作用下不产生破坏,则应具备下列条件:

$$\tau_{\max} < \sigma\tan\varphi + c \tag{8-9}$$

式中:$\tau_{\max}$——在外荷载作用下某一点所产生最大的剪应力(MPa);

σ——在外荷载作用下在同一剪切面上的正应力(MPa);

c——材料的黏结力(MPa);

φ——材料的内摩擦角(°)。

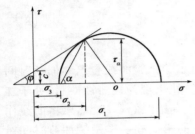

图 8-9　单元体应力状况的摩尔图

在沥青道面的最不利位置取一个单元体,设其三个方向的主应力为 σ_1、σ_2 和 σ_3,且 $\sigma_1 > \sigma_2 > \sigma_3$。由于单元体中最不利的剪切条件取决于 σ_1 和 σ_3,故仅根据 σ_1 和 σ_3 即可分析单元体的应力状况。图 8-9 为单元体应力状况的摩尔图。

c 和 φ 可通过三轴剪切试验确定;也可根据无侧限抗压和轴向拉伸试验取得的抗压强度和抗拉强度来计算。沥青混合料的抗剪强度主要取决于沥青与集料相互作用而产生的黏结力以及集料在沥青混合料中相互嵌挤而产生的内摩擦角。

2. 抗拉强度

在气候寒冷地区,冬季气温下降特别是急骤降温时,沥青混合料发生收缩。如果收缩受阻就会产生拉应力。该拉应力超过沥青混合料的抗拉强度,道面就会产生开裂。

沥青混合料的抗拉强度可用直接拉伸试验或间接拉伸试验测定。直接拉伸试验(图 8-10)是将沥青混合料制成圆柱形试件,试件两端固定在球形黏结的金属盖帽上,试件上安置变形传感器。在给定温度下,以一定加荷速度拉伸,记录各荷载应力下的变形值。应力—应变曲线中的最大应力值即为极限抗拉强度。

间接拉伸试验(即劈裂试验,见图 8-11)将沥青混合料用马歇尔标准击实法制成直径为 101.6mm ± 0.25mm、高为 63.5mm ± 1.3mm,或从轮碾机成型的板块试件或从道路现场钻取直径为 100mm ± 2mm 或直径 150mm ± 0.25mm、高为 40mm ± 5mm 的圆柱体试件。试件两侧垫上金属压条。试件直径为 100mm ± 2mm 或 101.6mm ± 0.25mm 时,压条宽度为 12.7mm,内侧曲率半径为 50.8mm。试件直径为 150mm ± 0.25mm 时,压条宽度为 19mm,内侧曲率半径为 75mm。压条两端均应磨圆。在给定温度下,沿试件直径方向通过试件两侧压条按一定加荷速度施加压力,直到试件劈裂破坏。

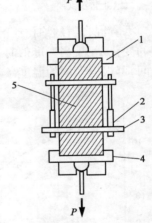

图 8-10　直接拉伸试验示意图
1-上盖帽;2-变形传感器;3-金属帽;4-下盖帽;5-试件

沥青混合料施加荷载时大都是沿竖向直径的平面产生拉应力劈裂而开始破坏。因此,沥青混合料抗拉强度 S_t 由下式计算:

$$S_t = \frac{2P}{\pi hd} \tag{8-10}$$

式中:P——总荷载(MN);

　　　h——试件的高度(m);

　　　d——试件的直径(m)。

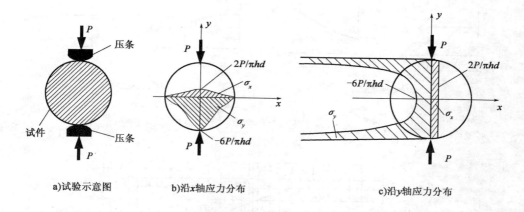

a)试验示意图　　　b)沿x轴应力分布　　　c)沿y轴应力分布

图 8-11　间接拉伸试验示意图

沥青混合料在低温下的抗拉强度同沥青的性质、沥青含量、矿质混合料的级配、测试时的温度等因素有关。试验表明,沥青的黏滞度大,或沥青含量较大,沥青混合料具有较高的抗拉强度。密级配混合料的抗拉强度比开级配混合料的抗拉强度高。在低温下沥青混合料的抗拉强度随温度降低而提高,形成一个峰值,低于峰值后强度下降。

五、疲劳特性

1. 试验方法和疲劳方程

沥青混合料的疲劳特性的室内研究,是在简支梁、梯形悬臂式或旋转弯曲试件上施加正弦或脉冲变化的反复应力进行的。由于沥青混合料的弹性模量(劲度)较低,应力反复施加过程中,试件的实际应力状态和应变不断发生变化。为此,常采用两种试验方法,控制应力或控制应变。

控制应力试验是在试验过程中保持荷载或应力值始终不变。这时,由于试件内的微裂缝逐步扩展,材料的劲度也不断地下降,因而荷载或应力保持不变,而应变量的增长速率却不断地增大,见图 8-12a)。控制应变是在试验过程中不断调节所施加的荷载或应力,使应变量始终保持不变。由于试验中材料的劲度也不断地下降,维持相同应变量所需要的应力值不断地减少,见图 8-12b)。因而,在前一种试验中材料的疲劳破坏往往以试件出现断裂为标志,而后一种试验并不出现明显的疲劳破坏现象,只能主观地以劲度下降到初始劲度的某个百分率(例如 50% 或 40%)作为疲劳破坏的统一标准。同时,在采用同样初始应力和应变条件下,控制应变法所得到的材料的疲劳寿命要比控制应力法的大得多。

采用控制应力试验方法得到的一组应力 σ_r 和疲劳破坏时作用次数 N_r 的数据,在双对数坐标上可以相当满意地回归成直线方程,见图 8-13。也可以用下述方程来估计材料的疲劳寿命:

$$N_r = K_1 \left(\frac{1}{\sigma_r} \right)^{C_1} \tag{8-11}$$

式中：K_1、C_1——由试验得到的回归常数，取决于材料性质、温度和其他试验条件。

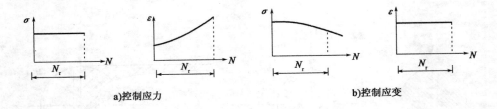

a)控制应力　　　　　　　　　　b)控制应变

图 8-12　控制应力和控制应变疲劳方程

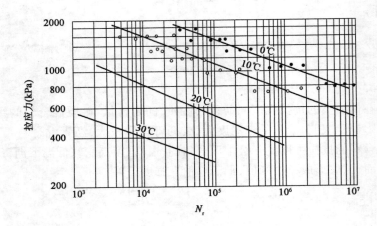

图 8-13　控制应力条件下热碾压沥青混凝土的疲劳试验结果

图 8-13 中显示了同一种材料在不同试验温度下得到的几条疲劳曲线。可以看出，随着温度的增加（也即随劲度的降低），材料的疲劳寿命不断下降。然而，Pell 等人研究发现，在混合料的应力—应变性状保持为线性（温度在 25℃ 以下）的范围内，如果把控制应力值 σ_r 通过劲度 S_m 转换成初始应变 ε_r，以此来代替应力坐标，则不同试验温度（或者不同加荷速度）下得到的疲劳曲线可以重合在一起。由此，可以把温度和加荷速度的影响统一在一个单一的用应变表示的疲劳方程内。

$$N_f = K_2 \left(\frac{1}{\varepsilon_r} \right)^{C_2} \tag{8-12}$$

式中：K_2、C_2——由试验得到的回归常数，仅随材料类型和性质而变，C_2 值一般变动在 2.5 ~ 5.9 之间。

采用控制应变的试验方法，也可以得到与式（8-11）相似的疲劳方程，见图 8-14。但从图 8-14 中几条不同试验温度下的疲劳曲线可以看出，它们具有同控制应力试验法相反的规律，即随着温度的升高（劲度降低），材料的疲劳寿命反而增加。

两种试验方法得到沥青混合料的不同疲劳特性，其原因可以用破坏机理的差异来说明。

应力集中点产生微裂缝后,在应力控制试验中,随材料劲度的降低,裂缝迅速扩展,导致疲劳寿命下降。而在应变控制试验过程中,应力不断减少,裂缝扩展便延续很长时间。材料的劲度越低,延续的时间越长,于是劲度低的材料,疲劳寿命长。

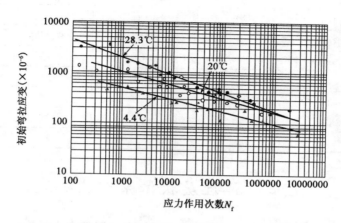

图 8-14　控制应变条件下密级配沥青混凝土的疲劳试验结果

飞机荷载是以机轮的接触压力施于道面上,而不是变形。从这个意义上说,整个道面结构是受到应力控制的加荷体系。因而,对于厚的道面,其结构强度在整个道面体系中起主要作用,应采用应力控制试验方法;而对于较薄有面层,本身结构强度不大,基本上是跟着下面各结构层一起位移,宜采用控制应变试验方法。C. L. Monismith 等人提出厚面层的下限约为 15cm,薄面层的上限为 5cm,处于两者之间的厚度,可取用两种试验方法之间的某一加荷形式。

室内试验的条件同道面在野外的工作状况有很大的差别,因而所得到的疲劳方程在定量上会同实际情况有出入。例如,作用在道面上的飞机荷载不会像在试验室中加载那样连续重复作用,而实际间隔时间增大,将会延长材料的疲劳寿命(据观测分析,可为室内试验的 5 倍)。同时,室内试验是以试件底面出现裂缝作为疲劳破坏的标准,而在道面上,从结构层底面出现裂缝到它沿厚度扩展到面层,还可经受机轮多次重复作用(据估计,约可增多 7 倍)。此外,考虑到轮迹在道面上的横向分布,所能承受的重复次数又要比室内多 1~2 倍。因此,应在考虑上述情况后,对室内试验的结果给予适当调整,对回归常数 K_2、C_2 经过现场验证后进行修正,以减少可能造成的误差。

2. 混合料组成对疲劳性状的影响

从疲劳方程式(8-12)可以看出,决定沥青道面寿命长短的关键因素是所承受的最大主拉应变值。主拉应变越大,出现疲劳破坏时所能经受反复作用次数就越少。在相同荷载级位下,材料的劲度大小对于所产生的主拉应变值往往有决定性影响。因而,混合料的劲度对于材料的疲劳性状也有关键性作用,任何影响混合料劲度的因素也同样会影响到材料的疲劳性状。表 8-19 汇总了影响沥青混合料劲度的各方面的因素(如混合料的组成、施荷条件和环境等)对疲劳性状的影响。

一般说来,沥青含量多、针入度低的密实型沥青混合料,其劲度高,对疲劳开裂的抵抗能力强,使用寿命长;而空隙含量多、沥青含量少的沥青混合料,疲劳寿命低。

因　　素		因素变化	劲　度	疲劳寿命	
				应力控制	应变控制
荷载	加荷速度	增	增	增	减
	加荷时间	增	减	减	增
材料组成	沥青含量	增	有最佳值	有最佳值	增
	沥青针入度	增	减	减	增
	集料类型	增粗糙和棱角	增	增	减
	集料级配	由开式到密式	增	增	影响可忽略
	空隙率	增	减	减	减
环境	温度	增	减	减	增

第五节　弹性层状体系理论概述

道面结构一般由支撑在压实土基上的面层、基层、底基层等多个层次构成,组成沥青道面各层材料,其应力—应变关系大多都呈非线性,在机轮荷载作用下,会产生弹—黏—塑性变形。因此,沥青道面结构具有弹黏塑性性质。弹性性质说明道面结构产生可恢复的变形;黏性性质表示变形随时间发生变化;塑性性质表示荷载卸除后仍有残余变形。由于机场道面具有较高的结构强度,在飞机荷载作用下产生的塑性变形很小;加之飞机荷载作用的瞬时性。因此,可以把沥青道面结构视作弹性体系,将道面结构用弹性多层体系表示,采用弹性层状体系理论分析沥青道面各结构层的应力和位移。

弹性层状体系是指在弹性半空间体上有一层或多层厚度有限的弹性层,其力学计算模型如图 8-15 所示。

应用弹性力学方法求解弹性层状体系的应力、应变和位移等分量时,做出如下假设:

(1)各结构层内部是连续的,材料是均质的、各向同性的,是完全连续的弹性体,其弹性特征用弹性模量和泊松比表征。

(2)道面各层有确定的厚度,土基在水平和深度方向都是无限大的,其上各层在水平方向是无限延伸的,但垂直方向具有一定厚度。

(3)道面结构在受机轮荷载作用以前,初应力为零,不考虑道面自重对应力的影响。

(4)道面和土基水平方向无限远处,应力、应变和位移等于零;土基无限深处,应力、应变和位移等于零。

(5)层与层之间的接触面假定为完全连续,或部分连续,或完全滑动。完全连续是指各层界面上的应变和位移完全

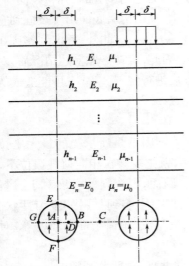

图 8-15　弹性层状体系结构计算模型

连续;完全滑动时,仅竖向的应力和位移连续,面层间的剪应力等于零。

道面表面承受着机轮的垂直荷载以及飞机起飞、着陆、滑跑和制动过程中产生的水平荷载。对每一机轮采用圆形均布荷载表示,其表达式如下:

$$\begin{cases} p(r) = p & r \leq a \\ p(r) = 0 & r > a \end{cases} \tag{8-13}$$

求解时,将机轮荷载简化为圆形均布荷载(垂直荷载与水平荷载),并在圆柱坐标体系中分析各分量。在图 8-16 的圆柱坐标$(r、\theta、z)$中,在弹性层状体系内微分单元体上,应力分量有三个法向应力σ_r、σ_θ 和 σ_z,及三对剪应力 $\tau_{rz} = \tau_{zr}$、$\tau_{r\theta} = \tau_{\theta r}$ 和 $\tau_{z\theta} = \tau_{\theta z}$。

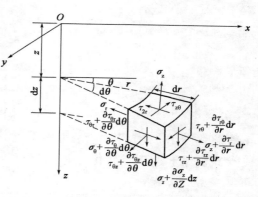

图 8-16　圆柱坐标系中微分单元体受力分析图

当层状体系表面作用着轴对称荷载(如圆形垂直均匀荷载)时,各应力、应变和位移分量也对称于对称轴,即它们仅是 r 和 z 的函数。因而,$\tau_{r\theta} = \tau_{\theta r} = 0$,$\tau_{z\theta} = \tau_{\theta z} = 0$。三对剪应力只剩下一对 $\tau_{rz} = \tau_{zr}$。可采用如下方法求解。

由弹性力学得知,对于以圆柱坐标表示的轴对称课题,其平衡方程(不计体积力)为:

$$\begin{cases} \dfrac{\partial \sigma_r}{\partial r} + \dfrac{\partial \tau_{zr}}{\partial z} + \dfrac{\sigma_r - \sigma_\theta}{r} = 0 \\[2mm] \dfrac{\partial \sigma_{zr}}{\partial z} + \dfrac{\partial \tau_{zr}}{\partial r} + \dfrac{\tau_{zr}}{r} = 0 \end{cases} \tag{8-14}$$

应力应变关系为:

$$\begin{cases} \varepsilon_r = \dfrac{1}{E}[\sigma_r - \mu(\sigma_\theta + \sigma_z)] \\[2mm] \varepsilon_\theta = \dfrac{1}{E}[\sigma_\theta - \mu(\sigma_r + \sigma_z)] \\[2mm] \varepsilon_z = \dfrac{1}{E}[\sigma_z - \mu(\sigma_\theta + \sigma_r)] \end{cases} \tag{8-15}$$

几何方程:

$$\varepsilon_r = \dfrac{\partial u}{\partial r}; \varepsilon_\theta = \dfrac{u}{r}; \varepsilon_z = \dfrac{\partial w}{\partial z}; \gamma_{zr} = \dfrac{\partial u}{\partial z} + \dfrac{\partial w}{\partial r} \tag{8-16}$$

变形连续方程为:

$$\begin{cases} \nabla^2 \sigma_r - \dfrac{2}{r^2}(\sigma_r - \sigma_\theta) + \dfrac{1}{1+\mu} \dfrac{\partial^2 \Theta}{\partial r^2} = 0 \\[2mm] \nabla^2 \sigma_\theta - \dfrac{2}{r^2}(\sigma_r - \sigma_\theta) + \dfrac{1}{1+\mu} \dfrac{1}{r} \dfrac{\partial \Theta}{\partial r} = 0 \\[2mm] \nabla^2 \sigma_r + \dfrac{1}{1+\mu} \dfrac{\partial^2 \Theta}{\partial z^2} = 0 \\[2mm] \nabla^2 \tau_{zr} - \dfrac{\tau_{zr}}{r^2} + \dfrac{1}{1+\mu} \dfrac{\partial^2 \Theta}{\partial r \partial z} = 0 \end{cases} \tag{8-17}$$

式中:Θ——第一应力变量,$\Theta = \sigma_r + \sigma_\theta + \sigma_z$;

∇^2——$\nabla^2 = \dfrac{\partial^2}{\partial r^2} + \dfrac{1}{r}\dfrac{\partial}{\partial r} + \dfrac{\partial^2}{\partial z^2}$。

如果引用应力函数 $\varphi = \varphi(r,z)$,并将应力函数表示成:

$$\begin{cases} \sigma_r = \dfrac{\partial}{\partial z}\left(\mu\,\nabla^2\varphi - \dfrac{\partial^2\varphi}{\partial r^2}\right) \\[2mm] \sigma_\theta = \dfrac{\partial}{\partial z}\left(\mu\,\nabla^2\varphi - \dfrac{1}{r}\dfrac{\partial\varphi}{\partial r}\right) \\[2mm] \sigma_z = \dfrac{\partial}{\partial z}\left[(2-\mu)\,\nabla^2\varphi - \dfrac{\partial^2\varphi}{\partial z^2}\right] \\[2mm] \tau_{zr} = \dfrac{\partial}{\partial r}\left[(1-\mu)\,\nabla^2\varphi - \dfrac{\partial^2\varphi}{\partial z^2}\right] \end{cases} \tag{8-18}$$

将式(8-18)代入平衡微分方程式(8-14)和变形连续方程式(8-17)。式(8-14)方程中的第一个式恒等于零,其他转化为重调和方程:

$$\nabla^2\,\nabla^2\varphi = 0 \tag{8-19}$$

如果能从式(8-18)中解得应力函数 φ,代入式(8-18)即得到各应力分量,如将各应力分量代入式(8-15)中,则得应变分量。

由式(8-17)、式(8-15)及式(8-16)可得以应力函数表示的位移分量,即:

$$\begin{cases} u = -\dfrac{1+\mu}{E}\dfrac{\partial^2\varphi}{\partial r\partial z} \\[2mm] w = \dfrac{1+\mu}{E}\left[2(1-\mu)\,\nabla^2\varphi - \dfrac{\partial^2\varphi}{\partial z^2}\right] \end{cases} \tag{8-20}$$

对于重调和方程式(8-19)的求解可采用分离变量法或亨格尔积分变换法进行求解。习惯上多采用亨格尔积分变换法。由亨格尔积分变换法求得解为:

$$\varphi(r,z) = \int_0^\infty \xi\left[(A_\xi + B_\xi z)\mathrm{e}^{-\xi z} + (C_\xi + D_\xi z)\mathrm{e}^{\xi z}\right]J_0(\xi r)\,\mathrm{d}\xi \tag{8-21}$$

式中:$J_0(\xi r)$——第一类零阶贝塞尔函数;

ξ——积分变量;A_ξ、B_ξ、C_ξ 和 D_ξ 均为 ξ 的函数,其值由边界条件和层间结合条件来确定。

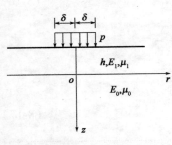

图 8-17 双层体系受圆形均布荷载计算图式

将式(8-21)代入式(8-18)和式(8-20)中可得各应力分量和位移分量表达式。对于某种特定的荷载、体系层数与层间连续条件,式中的待定系数就可以确定。例如表面作用圆形均布垂直荷载的双层连续体系(图 8-17),体系表面荷载作用轴线上的垂直位移(即弯沉)为:

$$w = \frac{2(1-\mu_1^2)p\delta}{E_1}\int_0^\infty \frac{2\mathrm{e}^{-\xi h} - 4\xi h - M\mathrm{e}^{2\xi h}}{1 + 4\xi^2 h^2 + ML - M\mathrm{e}^{2\xi h} - L\mathrm{e}^{-2\xi h}} \times$$
$$\frac{J_1(\xi h)}{\xi}\,\mathrm{d}\xi \tag{8-22}$$

式中： L——$L = \dfrac{(3 - 4\mu_0) - m(3 - 4\mu_1)}{3 - 4\mu_0 + m}$；

M——$M = \dfrac{m(3 - 4\mu_1) + 1}{1 - m}$；

m——$m = \dfrac{E_0(1 + \mu_1)}{E_1(1 + \mu_0)}$；

E_1、μ_1、E_0、μ_0——上层和半空间体的弹性模量和泊松比。

式(8-22)为含有贝塞尔函数和指数函数的广义积分。须借助计算机进行计算。

为了使用方便，将式(8-22)改写为：

$$w = \frac{2p\delta}{E_0}\overline{w} \tag{8-23}$$

式中： $\overline{w} = \dfrac{(1 - \mu_1^2)E_0}{E_1}\displaystyle\int_0^\infty \dfrac{2\mathrm{e}^{-2\xi h} - 4\xi h - M\mathrm{e}^{2\xi h}}{1 + 4\xi^2 h^2 + ML - M\mathrm{e}^{2\xi h} - L\mathrm{e}^{-2\xi h}} \times \dfrac{J_1(\xi h)}{\xi}\mathrm{d}\xi$

$\overline{w}$ 称为垂直位移系数，其计算结果绘成诺谟图，如图8-18所示。计算时取 $\mu_0 = 0.35$，$\mu_1 = 0.25$。

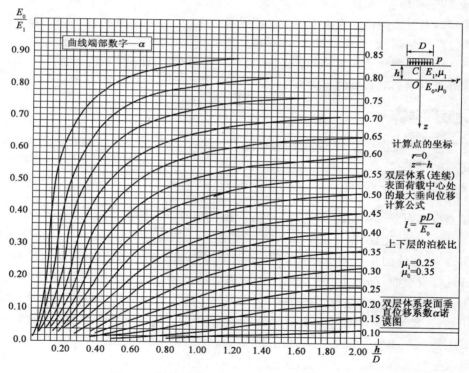

图8-18 弹性双层体系单圆均布荷载弯沉计算诺谟图

对于水平荷载作用时，属非轴对称课题，其求解较轴对称课题复杂。

在沥青道面结构设计中，通常要验算道面结构层的强度，为此需要计算弹性层状体系在荷载作用下产生的主应力。弹性体内任意点的三个主应力均可由下列一元三次方程求解：

$$\sigma^3 - \Theta_1\sigma^2 + \Theta_2\sigma - \Theta_3 = 0 \tag{8-24}$$

式中： $\Theta_1 = \sigma_r + \sigma_\theta + \sigma_z$ 称为第一应力状态不变量；

239

$\Theta_2 = \sigma_r\sigma_\theta + \sigma_\theta\sigma_z + \sigma_z\sigma_r - \tau_{r\theta}^2 - \tau_{z\theta}^2 - \tau_{zr}^2$ 称为第二应力状态不变量;

$\Theta_3 = \sigma_r\sigma_\theta\sigma_z + 2\tau_{r\theta}\tau_{z\theta}\tau_{zr} - \sigma_r\tau_{z\theta}^2 - \sigma_\theta\tau_{zr}^2 - \sigma_z\tau_{r\theta}^2$ 称为第三应力状态不变量。

求得式(8-24)方程的根,即三个主应力 σ_1、σ_2、σ_3。由最大主应力 σ_1 和最小主应力 σ_3 可求得最大剪应力 $\tau_{\max}$,即:

$$\tau_{\max} = \frac{1}{2}(\sigma_1 - \sigma_3) \tag{8-25}$$

当弹性层状体系上有多个荷载作用时,需先应用叠加原理求出相应的各个应力分量,然后由式(8-24)解算主应力。

第六节　沥青道面的损坏形式及设计标准

由于环境、材料组成、结构层组合、荷载、施工和养护的差异,沥青道面的损坏是多种多样的。从表面上看,有各式各样的裂缝,如横向裂缝、纵向裂缝、网状裂缝、发裂等;也有各种类型的变形,如凹陷和隆起、车辙、搓板、推移和拥起等,有时可能还有各种露骨、松散、剥落、坑槽、油料腐蚀和高温气流烧伤等现象出现。这些损坏现象,有时单独出现,有时则几种同时出现,显得错综复杂。然而,如果透过现象,进一步分析造成损坏的原因,便可发现其中存在一定的规律性。各种损坏现象的产生,都是飞机荷载和自然因素同道面相互作用的结果,随着道面工作特性和外界因素影响程度的不同而变化。

一、损坏形式

根据这些损坏现象的原因、危害性和对使用性能的影响,可以把沥青道面常见的损坏划分为下列几种主要模式:

(一)裂缝

这是沥青道面变形和损坏的最主要类型。据机场管理部门的观察,一般道面竣工交付使用1~2年后,即可能出现宽约0.5mm的发丝细裂缝。随着使用时间的延长,裂缝不断增深、加宽、变长。机场使用6~7年后,不论是半刚性基层上修筑的沥青道面,还是水泥混凝土旧道面上加铺的沥青道面,都可能出现分布于整个道面的裂缝。如兰州榆中机场,1984年夏天在原沥青旧道面上加铺3cm橡胶沥青罩面,竣工第三年开始出现沿跑道纵向和横向的裂缝。沈阳东塔机场1978年8月加铺6cm沥青表处道面,两年后出现下层水泥混凝土板接缝的反射裂缝。随着裂缝宽度和深度的发展,雨水不断渗入缝隙,冬季水分冻结,使裂缝壁遭到严重损坏,新的裂缝又不断产生。低温季节宽裂缝受到飞机机轮的碾压或撞击后,裂缝侧的沥青混凝土易断裂,于是该处道面逐渐形成凹坑。

根据对沥青道面的观察,沥青道面裂缝基本可分为以下四种:

1. 横向裂缝

就沥青道面而言,横向裂缝多数为收缩裂缝(图8-19)。这种裂缝具有下列特点:

(1)隔一定距离一条(视材料情况而异,一般开始时缝距为20~30m,以后逐年缩短至5~6m,1~2m),较有规则,且与基层材料类型关系密切,如半刚性基层,缝距较之柔性基层材料要短。

（2）交通量大小关系不大，无论是跑道横断面中部还是边缘都出现，裂缝往往从道面边缘开始。

（3）与气温关系密切，特别是与温度骤降程度有关。一般当气温在正负交替的初冬季节及初春解冻季节更明显。

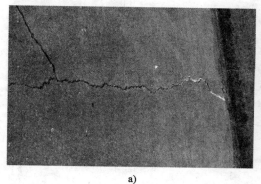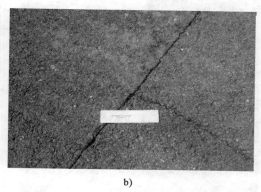

a)　　　　　　　　　　　　　　　　b)

图 8-19　横向裂缝

缝出现的位置，首先发生在道面薄弱断面处，如交叉处口、转角处及施工接缝处。

2. 纵向裂缝

沥青道面纵向裂缝形成原因是多方面的（图 8-20）。首先是面层或基层底面由于荷载重复作用而产生的拉应力（或拉应变）超过材料的疲劳强度（或允许应变）或由于荷载过大而引起并扩展到表面，由半刚性材料修建的基层也会因其底面疲劳开裂而反射到表面，使面层损坏；其次是冻胀及土基沉陷所造成；第三是摊铺机摊铺时工作缝过长，在施工结合处由于混合料温度过低或碾压不密实，结合不良，致使裂缝产生。这种裂缝宽度大，一般沿整个断面断裂，且常延续至整个道面的纵向，对道面危害极大。

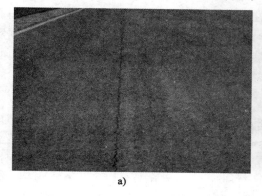

a)　　　　　　　　　　　　　　　　b)

图 8-20　纵向裂缝

3. 网裂及龟裂

从设计角度来说，沥青道面的龟裂主要是疲劳开裂（图 8-21）。从静力观点来看，只要拉应力不超过材料的抗拉强度，道面就不会破坏。因此，关于疲劳开裂的原因，不能用静力观点来解释，而只能用动力观点，从荷载的瞬时性和重复性的影响来解释。实际上对某一固定的观测点而言,每通过一架飞机,在短短的一瞬间,道面就经受一次交替的拉压作用,经受这种作用的次数足够多以后,沥青混合料就发生质变,疲劳强度随之降低,直至低于荷载引起的拉应力时,道面就开裂。

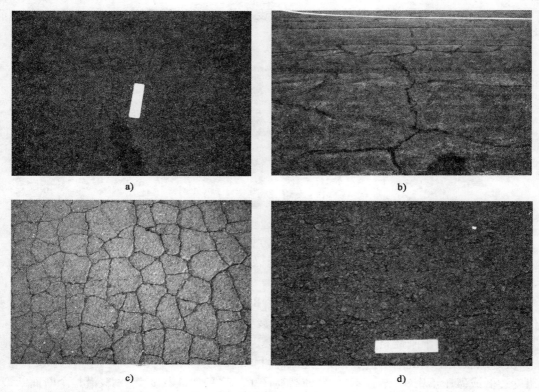

图 8-21　网裂及龟裂

疲劳开裂并不伴有塑性变形积累,而是在弹性限度内由性质交替变化的应力重复作用而引起的。开裂一般先从沥青面层或基层底面开始,然后扩展到表面,并逐渐蔓延开来。根据实践,盲目地加厚道面不会有效地延长道面结构的疲劳寿命,一味追求面层高劲度也不行,而必须对道面结构组合及材料组成进行合理的设计才能奏效。

(二)局部沉陷、凹坑

道面沉陷、凹坑是由于土基土体积压缩造成的。土体压缩的常见原因是压实不充分,即设计荷载通过道面传至土基表面的垂直应力超过土基施工时承受的碾压应力,土基在飞机轮载作用下逐渐压实,道面因此下沉。即使土基压实充分,竣工后若土基水文条件很差或翻浆而过于湿软,通过道面传给土基的轮载应力超过土基的抗剪强度,则在机轮轮带处也会出现较大的凹陷变形,并在轮带两侧伴随出现隆起现象。凹坑也经常出现于质量差的道面处,如因使用酸性骨料而导致沥青混合料黏结性能差的部位。沥青混合料过冷成团也可造成凹坑。

(三)搓板

沥青混凝土搓板变形,多数出现在飞机活动频繁的地段,特别是在刹车地带。这是由于高温季节飞机启动和制动所引起的垂直荷载和水平荷载综合作用产生的剪应力超过面层材料的抗剪强度所致。掺有少量碎石的小颗粒骨料沥青道面,在沥青含量较多的情况下,也会因塑性过大和高温性能不良而产生搓板(图8-22)。

(四)车辙

在飞机荷载作用下道面并未出现很大的凹陷和隆起变形,但轮带处(特别在渠化交通的情况下)出现相对其两侧来说较大的变形(10~20mm以内),在纵向形成车辙(图8-23)。车辙的出现,是飞机荷载多次重复作用下土基和道面塑性变形(包括压密和剪切变形)逐步累积的结果。车辙的出现,在后期常常伴随有裂缝产生;另一方面,出现裂缝的道面,其车辙形成的速率将大大加快。

图8-22　搓板(严重)

a)

b)

图8-23　车辙

(五)推移和拥起

在飞机经常启动和制动或飞机转弯处的地段上,道面受到较大的水平荷载的作用。沥青道面材料在温度较高时,抗剪强度下降。当荷载(包括垂直力和水平力)产生的剪应力或拉应力大于材料的抗剪或抗拉强度时,面层材料沿飞机滑行方向发生剪切或拉裂破坏而出现推移和拥起(图8-24)。

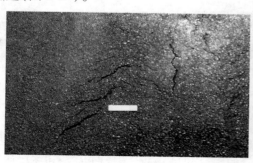

a)推移

b)拥起

图8-24　推移和拥起

243

(六)反射裂缝和低温开裂

采用水泥(或石灰)等稳定类基层时,由于湿度或温度变化而产生的收缩裂缝会反映到面层上来,使面层也相应出现横向裂缝,称为反射裂缝(图8-25)。在寒冷地区,面层材料本身在低温时因收缩受阻而产生较大的拉应力,当拉应力超过材料的抗拉强度时,便会产生横向裂缝。这些横向裂缝在初现时并不影响飞机的滑行,但在水分不断侵蚀下,使面层疲劳开裂加快,逐步发展成网状裂缝。

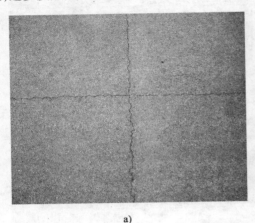 

a)   b)

图8-25　反射裂缝

(七)松散和坑槽

由于面层材料组合不当或施工质量差,结合料含量太少或黏结力不足,使面层混合料的集料间失去黏结而成片散开,称为松散(图8-26a)。松散的材料被机轮后的真空吸力以及风和雨水等带离道面,便形成大小不等的坑槽。网裂的后期,碎块被飞机荷载继续碾碎,并被带离道面,也会形成坑槽(图8-26b)。

(八)油料腐蚀与高温气流烧伤

从飞机洒落下来的燃油,会使沥青混凝土中的沥青溶解,导致沥青与集料之间的黏结力丧失,在道面表面形成坑洞,最后引起道面结构的损坏(图8-27)。

飞机发动机喷出的高温、高速气流,喷到道面表面时,其温度可达120℃以上。这样的温度在道面表面作用一段时间后,可以使沥青混凝土中的沥青软化,并产生流动,使沥青的黏结力丧失(图8-28)。在高速气流的作用下,将道面表面的沥青和集料吹走,在道面表面形成凹凸不平,导致道面结构损坏和表面功能的丧失。

(九)橡胶痕迹

橡胶痕迹是由飞机的机轮在道面上留下的橡胶累积而成的,主要在跑道起降带。橡胶累积的数量取决于环境温度,跑道表面的纹理,机轮的数量和尺寸、胎压,刹车系统和飞机运行的次数。橡胶覆盖了跑道表面的纹理,减小了在潮湿条件的刹车阻力,模糊了地面标志(图8-29)。

a)松散

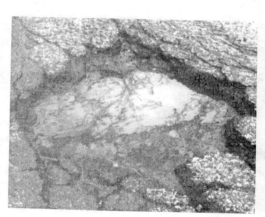

b)坑槽

图 8-26　松散和坑槽

图 8-27　油料腐蚀

图 8-28　高温气流烧蚀

图 8-29　橡胶痕迹

二、设计标准

鉴于损坏模式的多样化,沥青道面设计不能像其他结构物的设计那样,仅选用一种损坏模式作为临界状态(选用一个单一的指标作为设计标准),而必须是多种临界状态,多种设计标准。目前,许多人认为,开裂和车辙(永久变形)是导致路面结构破坏的两种最主要的损坏模式,在设计中应着重考虑。

(一)疲劳开裂

道面材料在出现疲劳开裂前所能承受的荷载重复作用次数,称为疲劳寿命。疲劳寿命的大小,除了同组成材料的特性有关外,主要取决于道面所受到的重复应变(或应力)级位的大小。因而,根据所规定的道面使用年限(或相应的疲劳寿命),可以由疲劳特性曲线确定该材料所容许的重复应变(或应力)的级位。

以疲劳开裂作为临界状态的设计,选择沥青层底面的拉应变(或拉应力)作为指标,以最大拉应变(或拉应力)小于或等于该层材料的容许拉应变(或拉应力)作为标准,即:

$$\begin{cases} \varepsilon_{t1} \leqslant [\varepsilon_r] \\ \sigma_{t1} \leqslant [\sigma_r] \end{cases} \tag{8-26}$$

水泥(或石灰)等稳定类基层,由于相对刚度很大而易出现较大的径向拉应变(拉应力),应控制其底面的最大拉应变(或拉应力)小于等于该层材料的容许疲劳拉应变(或拉应力),即:

$$\begin{cases} \varepsilon_{t2} \leqslant [\varepsilon_r] \\ \sigma_{t2} \leqslant [\sigma_r] \end{cases} \tag{8-27}$$

(二)车辙(永久变形)

车辙是各结构层的塑性变形累积的总和,车辙深度同重复应力的大小、荷载作用次数和道面结构层的刚度的大小有关。车辙的出现,使道面平整度变坏从而影响行驶质量,同时也会促使道面开裂。

根据使用要求所容许的车辙深度和预期使用年限内的荷载重复作用次数,可以限定一次荷载作用下所容许出现的塑性变形量。以车辙作为临界状态的设计方法,是以荷载作用下,土基和道面结构层内塑性应变的总和小于等于容许塑性变形量作为设计指标,即:

$$l_p \leqslant [l_p] \tag{8-28}$$

有些设计方法,采用土基顶面的竖向压缩应变作为指标以控制路面的车辙深度。根据土基顶面的竖向应变同其塑性变形和道面车辙深度之间的经验关系,提出土基顶面的容许压缩应变值,因而,设计标准为:

$$\varepsilon_z \leqslant [\varepsilon_z] \tag{8-29}$$

(三)表面回弹弯沉

道面在一次荷载作用下的回弹弯沉量,反映了道面结构的整体刚度。观测资料表明,它同道面的使用状态(开裂和塑性变形量)之间存在着一定的内在关系。根据道面使用状态和使用年限的要求,可以确定一次荷载作用下道面的容许回弹弯沉量。道面以回弹弯沉作为指标的设计方法,是以荷载作用下的道面回弹弯沉量小于容许回弹弯沉量作为设计标准,即:

$$l_e \leqslant l_R \tag{8-30}$$

(四)面层剪切

在垂直和水平荷载(如制动时)共同作用下,面层结构中的最大剪应力小于等于特定环境(主要是温度)下材料的抗剪强度,即:

$$\tau_{\max} \leqslant [\tau_s] \tag{8-31}$$

(五)面层断裂

路面受到紧急制动所产生的水平力作用时,面层将受到很大的径向拉应力和水平位移,从而使面层断裂并产生推移。由此,可提出一项设计指标,此径向应力小于等于面层材料的抗拉强度,即:

$$\sigma_r \leqslant [\sigma_{rs}] \tag{8-32}$$

(六)低温缩裂

这是一项同荷载因素无关的设计指标。低温时,面层材料因收缩受阻而产生的温度应力小于等于该温度时材料的抗拉强度,即:

$$\sigma \leqslant [\sigma_{rt}] \tag{8-33}$$

第七节　结构组合设计

沥青道面是多层次结构。作为道面结构设计的第一步,是结合当地的具体要求,选择各结构层次和组成材料,按就地取材和经济适用的原则,组合成既能经受飞机荷载和自然因素的作用,又能充分发挥结构层最大效能的沥青道面结构体系。

沥青道面是由不同材料组成的多层结构,结构设计时应根据使用要求及当地自然环境条件,结合当地实践经验进行沥青道面结构的综合设计。按合理选材、方便施工、利于维护的原则,合理选择道面结构组合,并进行方案对比,选出最佳方案。为确保工程质量,应尽量选用便于机械化施工、工厂化生产的结构设计方案。

结构组合设计时，应考虑机场等级、飞机荷载和交通量及环境因素对道面结构和材料的影响，土基与道面各结构层之间的相互关系，以及施工要求和工作特性，在对以上各因素进行综合分析的基础上进行道面的结构设计。

1. 按荷载特点和各结构层的功能选择结构层次

面层直接承受飞机荷载和自然因素的直接作用，要求沥青面层应具有坚实、耐久、平整、抗滑、抗油蚀的品质，同时，还应具有高温抗车辙、低温抗开裂、抗水损害以及防止雨水渗入基层的功能。因而通常选用黏结力强的结合料和高强耐磨的集料。在大交通量的机场道面上，应在面层下层加设联结层（由沥青类材料组成），以抵抗水平力在层间产生的剪应力。对于交通量大、机场等级高的沥青道面，应选用强度高的半刚性材料基层，必要时，可分为上、下基层。基层是沥青道面主要承重层，要求它具有足够的强度、刚度和水稳定性。在季节性冰冻地区还应具有一定的抗冻性。半刚性基层应具有较小的收缩（温缩及干缩）变形和较强的抗冲刷能力。

基层、底基层结构设计应贯彻就地取材的原则。设计时应认真做好当地材料的调查，根据不同机场等级对基层、底基层的技术要求，选择技术可靠、经济合理的基层、底基层结构。基层宽度每侧宜比面层宽出 50cm，底基层每侧应比基层宽出 30cm。

基层可分为有结合料稳定类（有机结合料、无机结合料）和无结合料的粒料类（嵌锁型、级配型）。底基层可分为无机结合料稳定类和无结合料的粒料类。

有机结合料稳定类：包括热拌沥青碎石或乳化沥青碎石混合料、沥青贯入式碎石等。无机结合料稳定类（也称半刚性类型）：包括水泥稳定类、石灰稳定类及工业废渣稳定类。

水泥稳定类：包括水泥稳定砂砾、砂砾土、碎石土、未筛分碎石、石屑、土等，以及水泥稳定经加工、性能稳定的钢渣、矿渣等。

石灰稳定类：包括石灰稳定土（石灰土）、天然砂粒土（石灰砂粒土）、天然碎石土（石灰碎石土），以及用石灰土稳定级配砂砾（砂砾中无土）、级配碎石和矿渣等。

工业废渣稳定类：包括石灰粉煤灰（二灰）、石灰粉煤灰土（二灰土）、石灰粉煤灰砂（二灰砂）、石灰粉煤灰砂砾（二灰砂砾）、石灰粉煤灰碎石（二灰碎石）、石灰粉煤灰矿渣（二灰矿渣）；水泥粉煤灰砂、水泥粉煤灰碎石、水泥粉煤灰砂砾；石灰煤渣、石灰煤渣土、石灰煤渣碎石、石灰煤渣砂砾、石灰煤渣矿渣、石灰煤渣碎石土等。

水泥稳定类、石灰粉煤灰稳定类材料适用于各级机场沥青道面的基层和底基层，但水泥或石灰、粉煤灰稳定细粒土不能用做高级道面的基层。石灰稳定类材料适用于各级机场道面的底基层。

粒料类：其中嵌锁型包括泥结碎石、泥灰结碎石、填隙碎石等；级配型包括级配碎石、级配砾石、符合级配的天然砂砾、经轧制掺配的级配碎、砾石等。

级配碎石适用于一级机场道面的基层及其他各级机场道面的底基层。级配砾石、级配碎砾石以及符合级配、塑性指数技术要求的天然砂砾，可用做一级机场道面的基层，也可用做各级机场道面的底基层。填隙碎石适用于各级机场道面的底基层。

土基是道面结构的最下层，承受飞机的全部荷载和上部结构的自重。土基必须密实、均匀、稳定。土基的稳定性对保证道面的整体使用寿命有十分重要的作用，设计时单纯靠加强、增厚面层和基层来提高道面的承载力，并不能收到良好的效果，同时也不经济。稳定的土基的基本措施是保证达到要求的密实度和搞好排水设计，防止土基过湿。土基设计应根据当地土质、气候情况,因地制宜,结合地势和排水设计,尽量减少或消除地面水、地下水及冰冻作用对土基强度和稳定性的危害。在土基水文条件较差的地段,应加设垫层以疏干或隔离土基上层的水分,扩散由面层传下来的应力,并便于其他层的修筑。垫层可选用天然砂、砂砾石、碎石、工业废渣及稳定类材料。应使土基处于干燥或中湿状态。

2. 按应力和应变沿深度的分布与各结构层的刚度和强度相适应的规律组合

机轮作用在道面上,主要是竖向荷载和水平荷载。在竖向荷载作用下,道面结构中的应力和应变随深度的增加而减小;在水平荷载作用下,道面结构产生的应力和应变则随深度的增加而很快消失。因此,各层材料的强度和刚度的要求必须与这种应力和应变沿深度的分布规律相适应。即道面结构层按强度和刚度自上而下递减的方式组合,这样做既能发挥各结构层材料的承载能力,又能充分利用当地材料充当基层或垫层,以降低工程造价。

按上述规律组合道面结构层次时,应注意各相邻结构层之间的刚度不能相差过大。当上、下两层的刚度相差过大时,上层底面将出现较大的拉应力(或拉应变),容易产生疲劳开裂。为使刚度不同的结构层平缓过渡到下层和土基,改善层间接触面的应力,必须注意相邻两层刚度的递减规律。根据经验和应力分析,面层与相邻基层的回弹模量比保持在 4 以内;基层与垫层的回弹模量比保持在 2～4 以内;基层或底基层与土基的回弹模量比保持在 3～12 以内;则所组成的道面结构在一般情况下不会出现过大的拉应力(或拉应变)。当然,上述的比例只是一个大致的参考值,它随各结构层材料的抗拉强度而变。当采用水泥等稳定类材料做基层时,由于刚度大,抗拉强度较高,就可以不受上述比例的约束。

3. 要顾及各结构层本身的结构特性

在结构层组合时,除应考虑结构层材料所具有的不同特性外,还应注意相邻层次互相影响。如在半刚性基层上铺筑薄沥青混凝土面层时,由于基层出现干缩裂缝,会导致面层相应地出现反射裂缝。在手摆块(卵)石基层上,必须设碎石整平层,而不能直接在其上铺筑沥青面层,以免块(卵)石层的不平整现象反映给面层。在潮湿的粉土或黏土土基上,不宜直接铺筑碎(砾)石等松散粒基层,以防止泥土的污染使基层质量降低,或导致过大的变形而使面层损坏。另外,沥青混凝土或热拌沥青碎石之类的高级面层与粒料基层或稳定土基层间应设沥青碎石或沥青贯入式中间层。

为了保证结构整体性和结构层之间的应力传递的连续性,要求层间的结合紧密稳定。因为不同的接触条件产生的应力分布是不一样的,将直接影响到面层的使用寿命。理论分析计算表明,沥青面层层底的拉应力随层间接触条件不同而有较大差别,一般可达 50%,最大可相差 10 倍。为保证层间联结坚固,对非沥青类基层应浇洒透层油。

4. 良好的稳定性

保证道面结构的稳定性是道面结构层选择与组合需要解决的重要问题。为保证沥青道面结构的稳定性,对结构层的选择与组合总的要求是:

(1)不因潮湿而使道面结构强度大幅度降低,但也不因干燥而松散。

(2)不因高温而失去强度稳定性,也不致因低温冻胀而开裂翻浆。

进行结构组合设计时,对不同类型的地区,应有不同的考虑。如中湿地区,进行结构组合设计时重点是保证水稳定性良好,应慎重选择基层材料;冰冻地区进行结构组合设计时,重点是保证道面结构具有足够的冰冻稳定性,在措施上可采用设置隔离层;军用机场规范对防冻层要求提出了最小厚度要求,见表8-20。民用机场对防冻层要求提出了最小厚度要求,见表8-21。对于湿热多雨地区,则必须做好地表排水和地下水处理,以防止修建沥青面层后,由于水分不能蒸发,使基层和土基的稳定性发生变化;对于干旱地区,则应注意防止材料松散,并要求保持一定的湿度。

最小防冻厚度(cm)　　　　　　　　　　　　表8-20

土基类型	土质 基、垫层类型 冻深(cm)	黏性土、细亚黏土			粉性土		
		砂石类	稳定土类	工业废渣类	砂石类	稳定土类	工业废渣类
中湿	50～100	40～45	35～40	30～35	45～50	40～45	30～40
	100～150	45～50	40～45	35～40	50～60	45～50	40～45
	150～200	50～60	45～55	40～50	60～70	50～60	45～50
	>200	60～70	55～65	50～55	70～75	60～70	50～65
潮湿	50～100	45～55	40～50	35～45	50～60	45～55	40～50
	100～150	55～60	50～55	45～50	60～70	55～65	50～60
	150～200	60～70	55～65	50～55	70～80	65～70	60～65
	>200	70～80	65～75	55～70	80～100	70～90	65～80

注:1. 在《公路自然区划标准》中,对潮湿系数小于0.5的地区,Ⅱ、Ⅲ、Ⅳ等干旱地区的防冻厚度应比表中值减少15%～20%。
　　2. 对Ⅱ区砂性土土基防冻厚度应减少5%～10%。

沥青道面结构最小防冻厚度(mm)　　　　　　　　表8-21

土基干湿类型	土 基 土 质	道面多年最大冻深			
		500～1000	1000～1500	1500～2000	>2000
中湿	黏质土	300～450	350～500	400～600	500～700
	粉质土	300～450	400～600	450～700	500～750
潮湿	黏质土	350～550	450～600	500～700	550～800
	粉质土	400～600	500～700	600～800	650～1000

5. 适当的结构层数和层厚

道面结构层数越多,则越能体现强度和刚度随深度递减的变化规律,但过多的层数将使施工和材料选择更复杂。因此,在满足强度要求的前提下,层数不宜过多;同时,各结构层所选用的材料应符合规格和施工工艺要求,各结构层的适宜厚度应按压实机具所能达到的最佳压实效果选定。为了保证各结构层的稳定性,各结构层的最小厚度和适宜厚度见表8-22。

沥青混合料的压实最小厚度与适宜厚度　　　　　　表8-22

沥青混合料类型		最大粒径(mm)	公称最大粒径(mm)	符号	压实最小厚度(mm)	适宜厚度(mm)
密级配沥青混合料(AC)	砂粒式	9.5	4.75	AC-5	15	15～30
	细粒式	13.2	9.5	AC-10	20	25～40
		16	13.2	AC-13	35	40～60

续上表

沥青混合料类型		最大粒径（mm）	公称最大粒径（mm）	符号	压实最小厚度（mm）	适宜厚度（mm）
密级配沥青混合料（AC）	中粒式	19	16	AC-16	40	50～80
		26.5	19	AC-20	50	60～100
	粗粒式	31.5	26.5	AC-25	70	80～120
密级配沥青碎石（ATB）	粗粒式	31.5	26.5	ATB-25	70	80～120
		37.5	31.5	ATB-30	90	90～150
	特粗式	53	37.5	ATB-40	120	120～150
开级配沥青碎石（AFPB）	粗粒式	31.5	26.5	ATPB-25	80	80～120
		37.5	31.5	ATPB-30	90	90～150
	特粗式	53	37.5	ATPB-40	120	120～150
半开级配沥青碎石（AM）	细粒式	16	13.2	AM-13	35	40～60
	中粒式	19	16	AM-16	40	50～70
		26.5	19	AM-20	50	60～80
	粗粒式	31.5	26.5	AM-25	80	80～120
	特粗式	53	37.5	AM-40	120	120～150
沥青玛蹄脂碎石混合料（SMA）	细粒式	13.2	9.5	SMA-10	25	25～50
		16	13.2	SMA-13	30	35～60
	中粒式	19	16	SMA-16	40	40～70
		26.5	19	SMA-20	50	50～80
开级配沥青磨耗层（OGFC）	细粒式	13.2	9.5	OGFC-10	20	20～30
		16	13.2	OGFC-13	30	30～40

第八节　我国军用机场沥青混凝土道面结构层厚度计算方法

军用机场沥青混凝土道面设计方法是 20 世纪末才建立起来的，它的理论基础是弹性层状体系理论；以沥青面层、基层底部的拉应力作为设计标准；根据飞机主起落架的形式，建立起交通量的换算关系；并提出了土基、基层的技术要求和防冻层的设计要求。

一、设计荷载

在预计使用的飞机中，以运行次数最多和主起落架轮载较大的飞机作为设计飞机，其主起落架上一个机轮的静荷载 P 即为设计荷载，按式（8-34）求算。

$$P = \frac{GK_z}{MN} \tag{8-34}$$

式中：G——设计飞机的最大起飞重量（MN）；

K_z——主起落架荷载分配系数,可从附录一或飞机手册中查取,一般取值 $0.90 \sim 0.95$;

M——主起落架个数;

N——一个主起落架上的轮数。

二、当量运行次数

机场道面供多种飞机混合使用时,应将其他飞机的年平均运行次数按式(8-35)换算为设计飞机的年平均当量运行次数:

$$\frac{N_1}{N_2} = \left[\alpha \frac{q_1}{q_2} \left(\frac{r_1}{r_2} \right)^d \right]^{-4.26} \tag{8-35}$$

式中:N_1——设计飞机的年平均当量运行次数;

N_2——拟换算飞机的年平均运行次数;

q_1、r_1——设计飞机一个主轮上的胎压(MPa)和荷载圆半径(m);

q_2、r_2——拟换算飞机一个主轮上的胎压(MPa)和荷载圆半径(m);

α、d——起落架构型换算系数,按表 8-23 和表 8-24 选用。

各型起落架的换算参数   表 8-23

起落架构型	α	d	式(8-35)说明
单轮与单轮		1.92	
双轮与双轮		1.67	
Ⅰ型双轴双轮之间	1.0	1.1	
Ⅱ型双轴双轮之间		1.01	
Ⅲ型双轴双轮之间		1.146	
单轮与双轮	1.73		下标1为双轮参数; 下标2为单轮参数
单轮与Ⅰ型双轴双轮	0.486		
单轮与Ⅱ型双轴双轮	0.55		下标1为单轮参数; 下标2为双轴双轮参数
单轮与Ⅲ型双轴双轮	0.607		
双轮与Ⅰ型双轴双轮	0.84	1.67	
双轮与Ⅱ型双轴双轮	0.95		下标1为双轮参数; 下标2为双轴双轮参数
双轮与Ⅲ型双轴双轮	1.05		
Ⅰ型与Ⅱ型双轴双轮	1.134		下标1为Ⅰ型参数; 下标2为Ⅱ型参数
Ⅰ型与Ⅲ型双轴双轮	1.25		下标1为Ⅰ型参数; 下标2为Ⅲ型参数
Ⅱ型与Ⅲ型双轴双轮	1.105		下标1为Ⅱ型参数; 下标2为Ⅲ型参数

双轴双轮起落架三类轮径比的代表范围

表 8-24

类　型	代表轮径比	代表轴径比	实际轮径比
I	3.4	6.7	<4.0
II	4.4	6.7	4.0~5.0
III	5.6	6.7	>5.0

三、年平均运行次数

一个机场飞机的年平均运行次数 N_j，按式(8-36)确定：

$$N_j = N_s + \sum N_{di} \tag{8-36}$$

式中：N_s——设计飞机的年平均运行次数；

$\sum N_{di}$——除设计飞机以外的各种飞机年平均运行次数换算为设计飞机的年平均当量运行次数之和。

四、设计飞机的年重复作用次数

重复作用次数 N_c 是指道面通行宽度内每一点都承受一次轮载作用的次数，按式(8-37)确定。

$$N_c = \frac{N_j \eta N W_t}{100T} \tag{8-37}$$

式中：η——设计飞机在通行宽度内的通行百分率，歼击机、强击机取 0.90，轰炸机、运输机取 0.85；

W_t——一个机轮的宽度(cm)；

T——通行宽度(m)，歼击机、强击机在跑道上取 3.8m，在滑行道上取 1.2m；轰炸机、运输机在跑道上取 4.4m(当主起落架间距小于 7m 时)和 5.0m(当主起落架间距大于 7m 时)，在滑行道上取 1.5m。

当 N_c 小于 3700 次时，应按 3700 次计。

五、设计飞机的累计重复作用次数

设计年限内设计飞机的累计重复作用次数 N_e 按式(8-38)确定：

$$N_e = N_c t \tag{8-38}$$

式中：t——设计年限(年)。

六、结构层材料的设计参数

现行规范规定，在计算各层的层底拉应力时，各层材料的模量均采用抗压回弹模量，沥青混凝土和半刚性材料的抗拉强度采用劈裂试验测得的劈裂强度。半刚性材料的抗压回弹模量采用顶面法测定。沥青混合料的抗压回弹模量的试验温度为 15℃，不浸水，在加载板上采用逐级加载卸载法测试各级压强与相应的回弹变形，施加的压强为 0.5~0.7kN，并取压强为 0.7kN时的回弹变形计算回弹模量。沥青混合料的劈裂强度的试验温度为 15℃。

土基的回弹模量值除与所处的应力状态有关外,还与土的性质、密实度、含水率及土基所处的干湿状态有关。在进行机场道面设计时,应在最不利季节用现场承载板试验确定土基回弹模量,在土基尚未修建完工的情况下,通过有关参考资料估计土基的回弹模量。

七、层间接触条件

调查发现,半刚性基层上浇洒透层油或作沥青封层进行处理,钻孔取样时,沥青层与半刚性基层结合很紧密,面层与基层无脱离现象;若在半刚性基层上不浇洒透层油、黏层油,或不作封层时,往往出现上下层结合不好而出现分离现象。这说明通过技术措施,精心施工,可以使沥青层与沥青层或沥青层与半刚性基层之间结合紧密形成一个整体,以减少沥青层底部拉应力,从而减小道面厚度。因此,现行规范规定,道面厚度是根据弹性层状体系理论、层间接触条件为完全连续体系时计算确定的。

八、新建道面厚度计算

新建沥青道面厚度计算时,结构层数可按实际道面结构层数选用;再按设计飞机主起落架轮数(每轮为圆形均布荷载)作用下计算面层底拉应力和半刚性基层、底基层底的拉应力,其力学计算图式如图 8-30 所示,计算结果应满足式(8-39)要求:

$$\sigma_m \leqslant \sigma_R \tag{8-39}$$

式中:σ_m——计算拉应力(MPa);

σ_R——容许拉应力(MPa)。

同时,在跑道端部(处于飞机起飞段的沥青道面)还要计算在设计飞机的竖向荷载和水平荷载共同作用下面层的剪应力,使其满足式(8-40)要求:

$$\tau_m \leqslant \tau_R \tag{8-40}$$

式中:τ_m——计算剪应力(MPa);

τ_R——容许剪应力(MPa),可根据室内试验求得 c、φ 值及理论计算所得计算点的有效法向应力 σ_α,由库仑定律求得。

$$\tau = c + \sigma_\alpha \tan\varphi \tag{8-41}$$

跑道端部的水平荷载系指飞机等待起飞时发动机达到最大状态时的水平推力。面层剪应力的计算图式如图 8-31 所示。

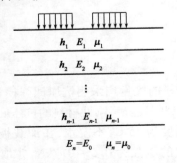

图 8-30　沥青道面结构拉应力计算图式

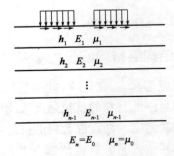

图 8-31　沥青道面结构剪应力计算图式

　　沥青道面厚度设计时,应选定某一层作为设计层,拟定面层和其他层的厚度。当采用半刚性基层、底基层时,可任选一层作为设计层;当采用半刚性基层、粒料类材料为底基层时,应拟定面层、底基层厚度,以半刚性基层为设计层才能得到合理的结构;当采用柔性基层、底基层的沥青道面结构时,宜拟定面层、底基层的厚度,当求得基层厚度太厚时,可考虑选用沥青碎石或乳化沥青碎石作上基层,以减薄道面总厚度,增加结构强度和稳定性。

　　容许应力是指道面结构在机轮荷载重复作用下达到疲劳临界状态时容许的最大应力。按式(8-42)计算:

$$\sigma_R = \frac{\sigma_{sp}}{K_s} \tag{8-42}$$

式中:σ_R——道面结构层材料的容许拉应力(MPa);

　　　σ_{sp}——沥青混凝土或半刚性材料的劈裂强度(MPa);对沥青混凝土系指15℃时的劈裂强度,对水泥稳定类材料为龄期90d的劈裂强度,对二灰稳定类、石灰稳定类的材料为龄期180d的劈裂强度;

　　　K_s——抗拉强度结构系数。

　　容许剪应力τ_R按下式计算:

$$\tau_R = \frac{\tau_{sp}}{K_v} \tag{8-43}$$

式中:τ_R——道面结构层材料的容许剪应力(MPa);

　　　τ_{sp}——沥青混凝土抗剪强度(MPa);

　　　K_v——抗剪强度结构系数。

　　结构抗拉强度系数K_s是结构材料的劈裂抗拉强度σ_{sp}与容许拉应力σ_R的比值;结构抗剪强度系数K_v是结构可能破坏面上的抗剪强度τ_k与容许剪应力τ_R的比值。

　　(1)沥青面层抗拉强度系数K_s

$$K_s = 0.186 k_1 k_2 N_e^{0.22} \tag{8-44}$$

式中:k_1——机场等级系数;对于一级机场$k_1 = 1.0$,二级机场$k_1 = 1.1$,三、四级机场$k_1 = 1.2$;

　　　k_2——沥青混凝土级配类型系数;对细、中粒式沥青混凝土$k_2 = 1.0$,对粗粒式沥青混凝土$k_2 = 0.9$。

　　(2)半刚性结构层抗拉强度系数K_s

　　半刚性结构层的抗拉强度系数K_s与重复作用次数N之间存在下列关系:

$$K_s = BN_e^C \tag{8-45}$$

式中:B、C——待定系数,对特定结构它们是定值。

　　对于无机结合料稳定集料

$$K_s = 0.126 k_1 N_e^{0.235} \tag{8-46}$$

　　对于无机结合料稳定细粒土

$$K_s = 0.145 k_1 N_e^{0.235} \tag{8-47}$$

　　(3)面层抗剪强度系数K_v

　　沥青面层抗剪强度系数K_v可用式(8-48)计算:

$$K_v = 0.385 k_1 N_e^{0.15} \tag{8-48}$$

九、改建道面设计

沥青道面随着使用年限的延长,其使用性能和承载力不断下降,直到不能满足正常的使用要求;或者飞机的使用机型发生变化,原有的道面承载力不能满足使用飞机的要求时,就需要对原有沥青道面进行改建。道面改建的设计工作包括原有道面结构状况的调查、原有道面结构强度的评定和补强层的厚度计算。

1. 改建设计的原则

当原有机场道面承载能力不能满足新机种的需要时,应对原有道面进行改建。改建时,应充分利用原道面结构的承载强度,将原道面的面层作为改建道面的基层或底基层,在其上再加铺新的沥青面层。若原道面坡度需要调整或防冻厚度不足时,可采用沥青碎石、沥青贯入式、乳化沥青碎石整平层。原道面需要加长或增加新的道坪时,应按新建道面设计。

2. 原有道面结构的调查

对原有道面结构状况进行调查。调查内容包括道面尺寸,纵横坡度,收集原道面的设计、修建和维修资料;水文状况调查,确定土基的干湿类型,地下水位等,必要时,可采用钻孔取样确定土基含水量及地下水位;原有道面结构和外观调查,了解原有道面结构层、各层次的厚度、材料组成及道面结构损坏状况。

3. 原有道面结构强度评定

根据机场道面的结构状况,对道面进行适当区域划分,将道面结构状况相近的划为一个区域。对每一个区域测定原道面的当量回弹模量。当量回弹模量的测定采用承载板试验,按式(8-49)计算:

$$E_t = \frac{\pi}{4} \times \frac{pD}{L}(1 - \mu^2)m_2 \tag{8-49}$$

式中:p——承载板单位压力(MPa);

D——承载板直径(cm);

L——承载板下的弯沉(0.01mm);

μ——泊松比,取0.3;

m_2——原道面当量回弹模量扩大系数,计算与原有道面接触的补强层层底拉应力时,m_2按式(8-50)计算;计算其他补强层层底拉应力时m_2取1.0。

$$m_2 = 1.12\left(\frac{h'E_{n-1}^{0.25}}{E_t}\right)^{0.8} K_1 K_2 \tag{8-50}$$

式中:E_{n-1}——原道面接触层材料的抗压回弹模量(MPa);

h'——各补强层等效为与原道面接触层 E_{n-1} 相当的等效总厚度(cm),按式(8-51)计算。

$$h' = \sum_{i=1}^{n-1} h_i \left(\frac{E_i}{E_{n-1}}\right)^{0.25} \tag{8-51}$$

式中:E_i——第 i 层补强层材料抗压回弹模量(MPa);

h_i——第 i 层补强层的厚度(cm);

$n-1$——补强层层数;

K_1——主起落架机轮接地面积当量圆直径 $D(\text{cm})$ 修正系数；

$$K_1 = 2.68 D^{-0.29} \tag{8-52}$$

K_2——轮距 $x(\text{m})$ 与轴距 $y(\text{m})$ 修正系数。

$$K_2 = 1 + 0.07x + 0.1y \tag{8-53}$$

4. 道面结构层的拟定和设计参数确定

根据原道面的状况，结合当地材料和设计飞机，拟定几种可能的道面结构组合，并确定各补强层的材料参数。补强层的材料参数的确定方法同新建道面材料参数的确定方法相同。

5. 加铺层厚度计算

当加铺层为单层时，以双层体系为设计计算力学模型（即将原道面视为弹性半空间体，以原道面的当量回弹模量 E_1 来表示）；当加铺层为 n 层时，以 $n+1$ 层弹性体系为力学模型计算。

加铺层厚度计算时，以加铺层层底拉应力和面层剪应力作为控制指标。各加铺层层底的拉应力和容许拉应力、面层剪应力和容许剪应力的计算方法、加铺层材料参数的确定与新建道面设计时的各项规定相同。

沥青道面因整体强度不足需补强时，原有沥青面层一般可不铲除，但应对局部的松散、坑槽进行修补，裂缝严重地段应采取防止反射裂缝的措施后再进行补强。

沥青道面整体强度符合要求，但平整度差，或道面有轮辙、推移、拥包等，或沥青老化道面开裂，可加铺沥青面层进行罩面，改善使用功能；当道面表面光滑、摩擦力不足，影响飞机滑行安全时，可通过加铺抗滑表层等措施，恢复和改善道面的使用性能。

【例 8-1】　某地新建军用一级机场，拟采用沥青混凝土道面。设计年限 15 年，土基回弹模量 $E_0 = 50\text{MPa}$，该地区有丰富的碎石和石灰料源供应。试分别以轰-6 和 MD-82 为设计飞机设计该机场跑道端部的道面结构。交通量组成如表 8-25 所示，试进行道面结构设计并计算结构层厚度。

交 通 量 组 成　　　　　　　　　　　　　　表 8-25

飞 机 型 号	预计年平均运行次数	飞 机 型 号	预计年平均运行次数
轰-6	20000	B727-100	1000
MD-82	13000		

解　（1）结构层次确定

根据飞机荷载和当地材料来源供应特点，以基层为设计层，拟定以下结构方案见表 8-26。

拟定的道面结构层　　　　　　　　　　表 8-26

结 构 层 次	厚度（cm）	拟 用 材 料	抗压回弹模量（MPa）	劈裂强度（MPa）
上面层	9	中粒式沥青混凝土	1800	1.4
下面层	9	粗粒式沥青混凝土	1600	1.0
上基层	20	二灰碎石	1500	0.7
下基层	?	石灰水泥碎石	1200	0.42
底基层	50	碎石灰土	700	0.3

（2）交通量换算

根据式(8-37)计算各种飞机的年重复作用次数,分别以轰-6和MD-82为设计飞机,按式(8-35)和表(8-23)将其他飞机的交通量换算为设计飞机的交通量,见表8-27。

交通量换算表   表 8-27

设 计 飞 机	使 用 飞 机	年运行次数	年重复作用次数	换算成设计飞机的年重复作用次数
	轰-6	20000	3524	3524
轰-6	MD-82	13000	1277	6251
	B727-100	1000	110	726
	重复作用次数求和			10231

按设计年限15年计算设计飞机的累计重复作用次数:

轰-6 飞机 $10231 \times 15 = 153465$

（3）结构抗拉（剪）强度系数

按式(8-44)、式(8-45)、式(8-47)计算各层的抗拉(剪)强度系数,列于表8-28。

结构抗拉（剪）强度系数   表 8-28

设 计 飞 机	面 层 K_s	面 层 K_v	基层、底基层 K_s
轰-6	3.088	2.77	2.502

（4）计算各层容许应力

根据 $\sigma_R = \sigma_{sp}/K_s$ 计算各层的容许拉应力。

（5）厚度计算

初拟设计层厚度为20cm。

根据程序的计算结果,以轰-6为设计飞机,沥青道面结构的下基层设计厚度为34cm。以MD-82为设计飞机的设计厚度为32cm,两者十分接近,相对误差仅5.88%。

第九节　我国民用机场沥青道面结构层厚度计算方法

一、设计参数的确定

（一）飞机荷载参数

以飞机主起落架上的荷载作为道面结构的设计荷载,按式(8-54)计算:

$$P_s = \frac{G\rho}{n_c n_w} \tag{8-54}$$

式中:P_s——飞机起落架上的机轮荷载(kN);

G——飞机重量(kN);

ρ——主起落架荷载分配系数;

n_c——飞机主起落架个数;

n_w——一个主起落架上的轮子数。

将主起落架上的机轮荷载面积按面积等效原则用圆形均匀荷载来表示,其荷载圆半径按式(8-55)计算:

$$r_0 = 1000 \times \sqrt{\frac{P_t}{1000 \pi q}}$$

(8-55)

式中:r_0——轮印半径(mm);

　　q——飞机主起落架轮胎压力(MPa)。

(二)交通量计算

根据机场设计要求,对设计年限内的道面所使用的飞机运行情况进行分析,确定各类飞机年运行架次,并计算设计年限内的运行次数。设计年限应采用20年,也可根据特定使用要求确定。

民用机场沥青道面航空交通量等级根据单条跑道设计年限内C类及以上机型的平均年起飞架次划分为3个等级,航空交通量分级标准参照表8-29。

航空交通量等级划分标准

表8-29

交通量等级	特重	重	轻
单条跑道设计年限内C类及以上机型的平均年起飞架次	≥50000	15000～50000	≤15000

注:两条近距平行跑道的交通量按照单一跑道予以考虑。

(三)土基回弹模量

(1)初步设计阶段可采用类似工程调查方法、室内试验法,经过综合分析、论证,确定场区内不同道基状况下的回弹模量取值,也可根据附录三采用查表法估计道基回弹模量。

(2)施工图阶段应通过现场测定道基回弹模量与压实度、道基稠度 B_m,或者室内试验测定道基土回弹模量值与室内道基土 CBR 值等资料,建立可靠的换算关系,并根据换算关系确定现场道基顶面的设计回弹模量取值。

(3)道基完成后,应在不利季节现场实测道基回弹模量代表值,以检验是否符合设计值的要求。现场实测方法宜采用承载板法,也可采用贝克曼梁弯沉仪法。在非不利季节测试时应进行修正。

(4)如果现场实测道基回弹模量代表值小于设计值,应采用道基浅层处治措施,或者根据实测道基回弹代表值调整沥青道面的结构厚度。

(四)基层结构设计参数

初步设计阶段可根据基层材料的类型,参考《民用机场沥青道面设计规范》附录 D 估计基层的抗压回弹模量和弯拉强度。

施工图阶段应采用单轴压缩试验确定基层材料的抗压回弹模量,计算抗压回弹模量设计值。

(1)无机结合料稳定类基层应采用规定龄期试件进行试验。

①水泥稳定类基层抗压回弹模量的测试龄期为90d。

②二灰稳定、石灰稳定类基层抗压回弹模量的测试龄期为180d。

③水泥粉煤灰稳定类基层抗压回弹模量的测定龄期为120d。

（2）粒料类基层材料应制备试件进行试验。

$$E_{0D} = \bar{E} - Z_a \sigma \qquad (8\text{-}56)$$

式中：E_{0D}——基层回弹模量设计值（MPa）；

$\bar{E}$——各试件抗压回弹模量实测结果的平均值（MPa）；

σ——各试件抗压回弹模量实测结果的均方差（MPa）；

Z_a——保证率系数，取2.0。

（3）无机结合料基层材料，施工图阶段宜制备试件实测抗拉强度，作为基层材料的结构设计参数。

（五）面层结构设计参数

1.设计参数确定

沥青结合类材料的设计参数应根据机场等级（飞行区指标Ⅱ）和设计阶段的要求确定。

机场飞行区指标Ⅱ为C、D、E、F的工程可行性研究阶段及机场飞行区指标Ⅱ为A、B的可行性设计阶段和工程可行性研究阶段，可参照《民用机场沥青道面设计规范》附录D.2，根据项目情况选用设计参数。

机场飞行区指标Ⅱ为C、D、E、F的初步设计阶段及机场飞行区指标Ⅱ为A、B的施工图设计阶段，可借鉴本地区已有的试验资料，利用经验关系式确定设计参数。

机场飞行区指标Ⅱ为C、D、E、F的施工图设计阶段，应按照标准试验方法，选取工程用道面材料，实测材料设计参数。

2.沥青结合类材料的抗压回弹模量、抗剪强度和泊松比

（1）沥青结合类材料的抗压回弹模量测试参照《公路工程沥青及沥青混合料试验规程》（JTG E20—2011）的"沥青混合料单轴压缩试验（圆柱体法）"确定。

（2）抗剪强度参照《公路工程沥青及沥青混合料试验规程》（JTG E20—2011）的"沥青混合料抗剪强度（三轴压缩法）"确定。在条件受限时，亦可采用单轴贯入剪切试验确定，试验方法见《民用机场沥青道面设计规范》附录G.3。

（3）泊松比参照《公路工程沥青及沥青混合料试验规程》（JTG E20—2011）的"沥青混合料劈裂试验"确定。

（4）试验条件受限时，抗压回弹模量、抗剪强度或参照《民用机场沥青道面设计规范》附录D.2.2选取。

3.抗压回弹模量设计值选取

进行道面结构沥青层疲劳开裂预估时，模型中输入及计算沥青层层底最大水平拉应变所需的模量参数采用20℃静态加载抗压回弹模量；进行道面结构轮辙预估时，计算土基顶面最大竖向压应变及沥青内部最大剪应力所需的模量参数亦采用20℃静态加载抗压回弹模量。抗压回弹模量设计值E应按式（8-57）计算：

$$E = \bar{E} - \alpha S \qquad (8\text{-}57)$$

式中：$\bar{E}$——各试件模量的平均值（MPa）；

S——各试件模量的标准差；

α——保证率系数,取 2.0。

进行道面结构半刚性基层疲劳开裂预估时,计算半刚性基层层底最大拉应力所需的模量参数采用 15℃静态加载抗压回弹模量;计算基层层底拉应力时应考虑模量的最不利组合,计算层以下各层的模量应采用式(8-57)计算其模量设计值,计算层及以上各层模量应采用式(8-58)计算其模量设计值 E。

$$E = \overline{E} + \alpha S \tag{8-58}$$

二、新建沥青道面结构厚度计算

新建沥青道面结构厚度计算包括标准道面结构厚度计算和非关键部位道面结构厚度的修正。标准道面结构厚度计算按下面方法进行。

(一)初拟道面结构

根据道面所使用的机型和交通量的大小,参照类似工程,初步拟定沥青道面的结构层次和确定材料的设计参数。

(二)沥青道面结构的计算模型

将沥青道面结构视为弹性层状体系(图 8-15),层间结合为连续接触,飞机主起落架上机轮荷载简化为作用在圆形轮印范围内的竖向均布荷载。

(三)荷载重复作用次数计算

1. 单轴起落架构型

以单轴双轮起落架(代表机型 A320)为例进行说明。假定在双轮起落架作用下,最不利位置(出现最大响应量的位置)处疲劳控制指标对应的力学响应量的横向分布曲线为 $f(x)$,该力学响应量曲线为 A320 飞机全部主起落架作用下所产生。假定飞机的轮迹横向呈正态分布(图 8-32)。

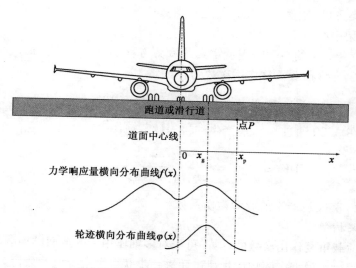

图 8-32 不同模量下面层底面的水平拉应变

考察道面上的任意一点 P，假定该点离道面中心的距离为 x_p。在起落架荷载的作用下，在 P 点会产生力学响应，起落架的横向位置不同，产生力学响应的大小也不同。当飞机的中心线与道面的中心线重合时，记 A320 的双轮起落架中心离道面中心的距离为 x_g（右侧）。把右侧起落架的中心为 x_g 时飞机对道面产生的力学响应量曲线记为 $f_{c=x_g}(x)$。把飞机右侧起落架中心位于其他任意位置 x_i 时的道面力学响应量曲线记为 $f_{c=x_i}(x)$。则对于道面上的任意一点 P（$x = x_p$），某一起落架位置在该点产生的力学响应量为 $f_{c=x_i}(x_p)$。假定起落架在任何位置对道面会产生相同规律的结构响应，即力学响应量的横向分布曲线的形状相同。则在 $f_{c=x_g}(x)$ 上必然存在一点 Q，使得 $f_{c=x_g}(x_q) = f_{c=x_i}(x_p)$，由图 8-33 可知 $x_q = x_g + x_p - x_i$。因此，当起落架中心位于 x_i 时对道面 P 点产生的力学响应量等价于飞机中心线与道面中线重合时，在坐标为 $(x_g + x_p - x_i)$ 的 Q 点产生的力学响应量，即：

$$f_{c=x_i}(x_p) = f_{c=x_g}(x_g + x_p - x_i) = f(x_g + x_p - x_i) \tag{8-59}$$

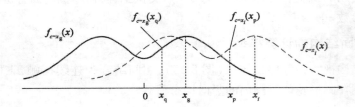

图 8-33　力学响应量的等效

记轮迹的横向分布曲线为 $\varphi(x)$，则起落架的中心位于 x_i 的概率为 $\varphi(x)$。假定 A320 飞机的通行次数为 n_j，则在 P 点产生大小为 $f(x_g + x_p - x_i)$ 的力学响应量的次数为：

$$n_{ji} = n_j \cdot \varphi(x_i) \tag{8-60}$$

式中：n_{ji}——第 j 类飞机（本例为 A320）的起落架中心位于 x_i 时的荷载重复作用次数；

$\quad\ n_j$——第 j 类飞机（本例为 A320）的通行次数；

$\quad\ \varphi(x_i)$——起落架中心位于 x_i 时的概率。

若记以控制疲劳开裂的力学响应量定义的疲劳方程为 $N_f(\xi)$，则当力学响应量大小等于 $f(x_g + x_p - x_i)$ 时的允许荷载重复作用次数为：

$$N_{ji} = N_f(\xi = f(x_g + x_p - x_i)) \tag{8-61}$$

则道面某一点 P 在 A320 通过 n_j 次后产生的累积疲劳损伤为：

$$\mathrm{CDF}_j = \int \frac{n_{ji}}{N_{ji}} = \int \frac{n_j \cdot \varphi(x_i)}{N_f(\xi = f(x_g + x_p - x_i))} \tag{8-62}$$

式中：CDF_j——第 j 类飞机产生的疲劳损伤系数。

2. 多轴起落架构型

多轴的情况荷载重复作用次数的计算，可先对多轴作用下的道面结构响应进行分析，获得道面的空间响应规律。根据空间响应规律进而进一步获得纵向峰值的数目。在多轴对称的情况下（非对称情况按照复杂起落架进行计算），可考察 1/4 起落架的覆盖范围内（如图 8-34 的阴影部分所示),获得所考察力学响应量最大值所在位置(最不利位置)。

通过最不利位置作纵向剖面,获得响应量的纵向分布曲线,记为 $g(y)$。根据 $g(y)$ 分别获得曲线上的相邻峰值以及峰值之间的波谷值,分别记为 $g(y_{\max})$ 和 $g(y_{\min})$,若 $g(y_{\min})$ 存在或者式(8-63)成立,则认为应该考虑多轴的影响。当纵向 $g(y)$ 上的峰值数等于 m 时,计算累计损伤系数的式(8-62)可改写为式(8-64)和式(8-65)的形式。双轴起落架由于前后轴的对称,也可简单地按照单轴计算的结果乘以轴数 2 进行考虑。

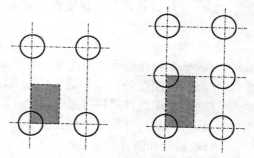

图 8-34 多轴起落架的最不利位置考察范围

$$\left| \frac{g(y_{\min})}{g(y_{\max})} \right| < 0.90 \tag{8-63}$$

$$\mathrm{CDF}_{jm} = \int \frac{n_i}{N_{mi}} = \int \frac{n_j \cdot \varphi(x_i)}{N_f(\xi = f_m(x_g + x_p - x_i))} \tag{8-64}$$

$$\mathrm{CDF}_j = \sum_m \mathrm{CDF}_{jm} \tag{8-65}$$

以上式中: $g(y)$ ——通过最不利位置处的道面结构响应纵向分布曲线函数,式(8-63)中 y 包括 $y_{\min}$ 和 $y_{\max}$;

m ——结构响应的纵向峰值数;

N_{mi} ——当起落架中心位于 x_i 时,第 m 个峰值作用下的允许重复次数;

$f_m(x)$ ——第 m 个峰值所在位置处的道面结构响应横向分布曲线函数,式(8-64)中, x 为 $x_y + x_p - x_i$;

CDF_{jm} ——第 j 类飞机第 m 个峰值所产生的疲劳损伤系数;

CDF_j ——第 j 类飞机产生的疲劳损伤系数。

3. 复杂起落架构型

复杂起落架需要对各个轴分别进行考虑。在分析时,应先获得全起落架作用下的道面结构响应,进而获得各个起落架下的力学响应量峰值位置和大小,然后对每个起落架按照独立方式进行考虑,分别计算后进行叠加。由于复杂起落架单侧往往不具有对称性,应该考察起落架下的所有覆盖区域,通过横向峰值轴线作横向断面获得横向分布曲线 $f_m(x)$,以及通过纵向峰值轴线获得力学响应量纵向分布曲线 $g_t(y)$,采用这些曲线按照式(8-63)~式(8-65)计算复杂起落架作用对道面的累积损伤。其中, m 为单侧所有起落架的横向峰值轴数。

(四)允许荷载重复作用次数

沥青道面结构的设计指标分别为:①沥青面层的疲劳开裂,以最大拉应变确定;②半刚性基层的疲劳开裂,以最大拉应力控制;③沥青面层的轮辙,分别按基层为粒料和沥青稳定类,无机结合料稳定类进行控制。

(1)沥青层疲劳开裂控制按公式(8-66)计算:

$$\lg N_j = 2.68 - 5\lg\varepsilon_h - 2.665 \times (\lg E_A + 2.1617) \tag{8-66}$$

式中: N_j ——沥青层疲劳损坏控制的荷载重复作用次数;

ε_h ——沥青面层底面最大水平拉应变;

E_A——沥青混合料的回弹模量(MPa)。

(2)半刚性疲劳开裂控制按公式(8-67)计算:

$$\frac{\sigma_t}{f_r} = a - b\lg N_f \tag{8-67}$$

式中:N_f——半刚性疲劳开裂控制的荷载重复作用次数;

σ_t——半刚性(底)基层最大拉应力(MPa);

f_r——半刚性材料抗拉强度(MPa);

a、b——与材料性质相关的试验参数,在缺乏试验条件的情况下可采用 $a=1.0$,$b=0.11$。

(3)粒料类和沥青稳定类基层道面的轮辙控制按公式(8-68)、式(8-69)计算:

当 $N_j \leqslant 12100$ 时

$$N_j = \left(\frac{0.004}{\varepsilon_v}\right)^{8.1} \tag{8-68}$$

当 $N_j > 12100$ 时

$$N_j = \left(\frac{0.002428}{\varepsilon_v}\right)^{14.21} \tag{8-69}$$

式中:N_j——柔性道面轮辙控制的荷载重复作用次数;

ε_v——土基顶面的最大竖向压应变。

(4)无机结合料稳定类基层的沥青层轮辙控制按公式(8-70)计算:

$$RD = 1.769 \cdot \sum_{i=1}^{n} 10^{-5.542} T_i^{2.542} N_j^{0.752} \left(\frac{\tau_i}{[\tau_i]}\right)^{0.468} \tag{8-70}$$

式中:RD——沥青面层总轮辙量(mm);

n——沥青亚层总数;

T_i——沥青道面第 i 亚层温度(℃);

N_j——荷载重复作用次数;

τ_i——第 i 亚层沥青内部最大剪应力(MPa);

$[\tau_i]$——第 i 亚层沥青材料60℃抗剪强度(MPa)。

(五)设计标准

采用沥青道面结构组成材料的累积损伤系数 CDF 作为沥青道面结构层计算的设计标准。CDF 是表征在设计年限内飞机对道面结构损伤的程度,按式(8-71)计算。

$$\text{CDF} = \frac{\text{荷载重复作用次数}}{\text{允许的重复作用数次}} = \frac{\text{年起飞架次} \times \text{使用寿命}}{\text{通行覆盖率} \times \text{损坏时覆盖次数}} = \frac{\text{作用的覆盖次数}}{\text{允许的覆盖次数}} \tag{8-71}$$

当 CDF $=1$ 时,道面将在到达它预期的使用寿命时损坏。

当 CDF <1 时,道面在到达预期的设计使用寿命时,还有剩余的使用寿命。

当 CDF >1 时,道面将在预期的设计寿命前损坏。

在道面结构设计时,设计使用年限末的 CDF 应控制在 $0.95 \leqslant \text{CDF} \leqslant 1.05$。当满足要求时,初拟道面结构即设计道面结构,否则应调整基层或底基层厚度重新计算,至满足要求为止。

由于不同类型的飞机因重量和尺寸的不同,在道面上的分布特性和对道面作用产生的响应量也是不同的。为了便于计算不同类型飞机产生的 CDF,将道面横向划分为 200mm 条带,分别考察每一条带在不同飞机作用下的累积损伤系数,按最大的损伤系数确定混合交通作用下道面最不利作用位置,每个条带的累积损伤系数按式(8-72)和式(8-73)计算。

$$\text{CDF}_{ji} = \frac{n_{ji}}{N_{ji}} \tag{8-72}$$

$$\text{CDF}_i = \sum_j \text{CDF}_{ji} \tag{8-73}$$

$$\text{CDF} = \max\{\text{CDF}_i\} \tag{8-74}$$

式中:n_{ji}——第 j 类飞机在第 i 条带产生的荷载重复作用次数;

    N_{ji}——条带 i 处第 j 类飞机允许的荷载作用次数,根据设计指标分别按式(8-66)~式(6-70)计算;

    CDF_{ji}——第 j 类飞机在第 i 条带产生的累积损伤系数;

    CDF_i——各类飞机在第 i 条带产生的累积损伤系数。

(六)非标准道面结构厚度的确定

非标准道面结构的厚度由标准道面结构(Ⅰ区)确定,即:

Ⅰ区的道面结构厚度为 T,按上述计算得到。

Ⅱ区的道面结构厚度为 $0.9T$。

Ⅲ区的道面结构厚度为 $0.8T$,或由实际作用飞机荷载计算确定。

Ⅳ区防吹坪、跑道道肩的道面结构厚度一般为 $0.35T \sim 0.4T$,站坪、停机坪、滑行道的道肩结构厚度一般为 $0.3T$。

未设置平行滑行道的跑道,中部道面结构厚度应按Ⅰ区设计。

三、沥青加铺层设计

沥青加铺层可分为结构性补强和功能性加铺。结构性补强是指原有道面强度不适应现有机型使用要求,这是由两方面原因引起的,一是原有道面结构损坏和材料性能下降而使道面结构强度降低;二是使用的机型发生了变化,原有的道面结构不能满足新机的使用要求。通过对原有道面进行加铺达到提高道面结构强度的目的。

通过功能性加铺可以从功能方面实现道面表面状况、平整度、抗滑性能及纵横坡度等恢复,其加铺层满足最小厚度即可。①旧道面上面层为沥青道面时,最小加铺厚度应不小于 50mm;②既有道面为水泥混凝土道面时,最小加铺厚度应不小于 110mm,沥青加铺层层数不宜少于 2 层,主要是为了防止沥青加铺层的反射裂缝。

(一)旧道面检测与评价

旧道面的检测与评定主要包括:道面损坏类型调查,通过调查得到的数据计算 PCI(道面状况指数,Pavement Condition Index)和 SCI(结构状况指数,Structural Condition Index)。

通过落锤式弯沉仪测定原水泥混凝土道面基层顶面反应模量、沥青混凝土道面顶面回弹模量及结构层的弹性模量。

通过现场钻孔取样测定原道面结构层厚度,并进行相关试验得到原道面材料的强度。如通过原水泥混凝土道面的钻孔取芯样进行劈裂试验得到劈裂强度,计算出水泥混凝土的抗弯拉强度。对水泥混凝土道面不要进行接缝传荷能力和板底脱空状况的评定。

(二)加铺前旧道面的处治

1. 整体性处治

旧道面面层为沥青层,病害区域的整体性处治宜采用铣刨重铺方案。铣刨深度视旧道面病害的影响深度而定,铣刨后重新摊铺沥青混合料。是否采用整体性处治可参照表8-30的技术指标进行判断。

病害区域沥青道面整体性处治的技术判定指标 　　　　　表 8-30

指　　标	适 用 范 围	指　　标	适 用 范 围
SCI	<80	修补面积率(%)	≥30
PCI	<55	轮辙	轮辙面积比率≥30% 且轮辙平均深度≥10mm

注:各项技术指标中有一项满足,宜实施整体性处治方案。

当旧道面面层为沥青面层时,采用铣刨方案,铣刨深度视既有道面病害的影响深度而定,铣刨后重新摊铺沥青混凝土。

旧水泥混凝土道面的板底脱空对加铺结构的整体性影响较大,易使沥青加铺层产生反射裂缝,影响整体强度;嵌缝料的损坏易使降水通过板缝渗入到基础中,降低加铺层结构强度以及土基过湿,使细料土在飞机荷载作用下上升对沥青加铺层和旧水泥混凝土结合面产生作用,降低其结合程度。因此,要对旧水泥混凝土道面脱空和嵌缝料进行整体性处治,主要包括道面基础注浆和嵌缝材料整体更换。

2. 局部处治

加铺前沥青道面的局部维修应包括:

(1)中等或者严重程度的裂缝应进行灌缝处理。

(2)小面积的坑槽、松散、隆起等病害应采用沥青混合料补块进行维修。

(3)严重的泛油、喷气烧蚀等病害应采用沥青混合料补块进行维修。

加铺前水泥道面的局部维修应包括:

(1)更换破碎板。

(2)修补和填封裂缝。

(3)错台量大于10mm时应进行研磨。

(4)剔除接缝中失效的填缝材料和杂物,并重新灌缝。

(三)沥青加铺层结构组合

沥青加铺面层可采用一层或者多层结构,不停航施工条件下不宜超过三层。

(1)上面层沥青混合料宜采用 SMA-13、SMA-16、AC-13、AC-16,中面层沥青混合料宜采用 AC-16、AC-20、SMA-16,下面层沥青混合料宜采用 AC-20、AC-25、SMA-20。

(2)沥青加铺层在各个结构层之间应设置功能联结层:

①沥青结构层之间(包括既有面层与沥青加铺层之间)应喷洒热沥青或乳化沥青,洒布量宜为 $0.3 \sim 0.6 \text{kg/m}^2$。采用乳化沥青时,应充分考虑破乳时间对不停航施工的影响。

②在既有水泥道面上加铺沥青层时可采用以下几种方法消除或延缓反射裂缝。

a. 采用 APP 改性沥青油毡铺贴接缝、裂缝和切缝。

b. 采用土工合成材料满铺道面。

c. 设置应力吸收层(包括 AC-5 应力吸收层、碎石封层等)。

d. 以上两种或多种处治方式组合。

③设置 APP 改性沥青油毡、土工合成材料时,既有水泥道面应该平整、清洁、干燥,应确保油毡或者土工合成材料能够与水泥道面合成材料相结合。

(四)加铺层厚度计算

沥青加铺层结构厚度应采用厚度补差计算方法确定。

(1)既有水泥道面上的沥青加铺层结构厚度的计算公式如式(8-75)所示。

$$t_j = 2.5 \times (F \times h - C_b \times h_e) \tag{8-75}$$

式中:t_j——沥青加铺层厚度(cm);

F——控制既有水泥道面开裂程度的系数,是年起飞架次和土基反应模量 K_0 的函数,计算公式参见式(8-76);

h——既有水泥道面实际弯拉强度以及基层顶面反应模量条件下,根据加铺工程设计期以及设计航空交通量计算得到的新建水泥混凝土道面的结构厚度,厚度计算方法参见《民用机场水泥混凝土道面设计规范》(MH/T 5004—2010)(cm);

h_e——既有水泥混凝土道面厚度(cm);

C_b——既有水泥道面损坏折减系数,取值范围为 0.75~1.00,设计取值参考表 8-31。

既有水泥道面损坏折减系数 C_b 参考取值　　　　表 8-31

道 面 状 况	既有水泥道面损坏折减系数 C_b	道 面 状 况	既有水泥道面损坏折减系数 C_b
SCI≥85	1.00	SCI<75	0.75~0.95
75≤SCI<85	0.95		

$$F = \frac{0.08534 \times \dfrac{n_s}{100} - 0.3594 \times K_0 + 106.2946}{100} \tag{8-76}$$

式中:F——控制既有水泥道面开裂程度的系数;

n_s——机场各设计机型的年起飞总架次(不考虑 A 类和 B 类机型);

K_0——旧道面土基顶面反应模量(MN/m³)。

(2)既有沥青道面上的沥青加铺层结构厚度的计算公式如式(8-77)所示。

$$t_j = h - C_0 \times h_e \tag{8-77}$$

式中:t_j——沥青加铺层厚度(cm);

h——根据加铺工程设计期以及设计航空交通量计算得到的新建沥青道面的结构厚度(cm),厚度计算方法参见本节内容;

h_e——旧沥青道面厚度(cm);

C_0——既有沥青道面损坏折减系数,取值范围为 0.85~1.00,设计取值参考表 8-32。

既有沥青道面损坏折减系数 C_0 参考取值 表 8-32

道面状况	既有沥青道面损坏折减系数 C_0	道面状况	既有沥青道面损坏折减系数 C_0
PCI≥90	1.00	PCI<85	0.85~0.90
85≤PCI<90	0.90~1.00		

四、设计举例

(一)设计参数准备

设计年限:15 年。

所在地年平均温度 17℃。

轮迹横向分布采用 σ 为 1.55m 的表征正态分布。

道面设计宽度为 45m。

预测机型及交通量如表 8-33 所示。

预测机型及交通量 表 8-33

编号	机型	单轮荷载(kN)	胎压(MPa)	年均起飞架次
1	B737-800	187.63	1.413	77604
2	B767-300ER	221.92	1.310	9998
3	B747-400	230.42	1.379	6937

(二)柔性基层道面厚度计算

1. 初拟结构组合及材料参数

初拟结构组合及材料参数如表 8-34 所示。

初拟结构组合及材料参数 表 8-34

材料类型	层位	厚度(cm)	模量(MPa)	泊松比
沥青混合料	面层	16	1400	0.30
沥青稳定碎石	基层	30	800	0.30
粒料	底基层	40	300	0.35
土	土基	—	60	0.40

2. 荷载重复作用次数计算

以 20cm 为单位宽度对道面横断面进行条带划分,结合表 8-33 及轮迹横向分布模型计算各机型在各条带上的荷载重复作用次数。采用层状体系对各机型荷载作用下的力学响应量进行计算,并利用式(8-66)、式(8-68)或式(8-69)计算相应指标下的允许荷载重复作用次数。

3. CDF 计算

结合计算得出当飞机中心线与道面中心线重合时各条带的累积损伤,能够得到飞机中心线位于任一条带时各条带的累积损伤。通过累加飞机作用不同位置处的累积损伤确定总累积损伤。

经过试算,原拟定的结构组合合理,此时计算得到轮辙控制 CDF 值为 0.96,沥青层疲劳控制 CDF 值为 2.9×10^{-16},满足要求。

(三)半刚性基层道面厚度计算

1. 初拟结构组合及材料参数

初拟半刚性道面结构组合及材料参数见表 8-35。

初拟半刚性道面结构组合及材料参数　　　　表 8-35

材 料 类 型	层 位	厚度(cm)	模量(MPa)	泊 松 比
沥青混合料	面层	21	1400	0.30
水泥稳定碎石	基层	20	3500	0.20
水泥稳定碎石	底基层	25	3500	0.20
粒料	垫层	20	200	0.35
土	土基		60	0.40

2. 荷载重复作用次数计算

以 20cm 为单位宽度对道面横断面进行条带划分,结合表 8-33 及轮迹横向分布模型计算各机型在各条带上的荷载重复作用次数。采用层状体系对各机型荷载作用下的力学响应量进行计算,并利用式(8-66)、式(8-68)或式(8-69)计算相应指标下的允许荷载重复作用次数。

3. 半刚性基层疲劳开裂控制

(1)允许荷载作用次数

采用弹性层状体系计算半刚性道面的力学响应量,按要求提取底基层的水平应力,并利用式(8-67)计算半刚性底基层疲劳开裂控制时的允许荷载重复作用次数。式(8-67)中,$a = 1.0, b = 0.11, f_r = 1.6\text{MPa}$。

(2)CDF 计算

利用各类飞机作用于道面中心时对各条带造成的累积损伤,并求得各条带的总累积损伤。对于初拟半刚性道面结构而言,计算得基于底基层疲劳开裂控制的 CDF 值为 1.002。

4. 轮辙控制

计算过程与疲劳开裂计算类似,以 1cm 为单位对沥青层进行亚层划分,采用弹性层状体系计算不同机型作用于不同位置时各条带各亚层内最大竖向剪应力,并根据式(8-70)计算各亚层轮辙。

计算时,式(8-70)中沥青混合料 60℃抗剪强度取 $[\tau_i] = 0.7\text{MPa}$。各亚层内温度分布由式(8-78)计算得到。

$$T_z = \frac{9T_a \cdot z + 114.3T_a + 30z + 279.4}{9z + 91.44} \qquad (8-78)$$

式中:T_z——深度 z 处的道面温度(℃);

$\quad\ \ T_a$——月平均温度(℃);

$\quad\ \ z$——深度(cm)。

由初拟结构计算得到的总轮辙量为 7.31mm < 15mm,初拟结构满足设计要求。

思考题与习题

1. 沥青混合料的结构组成有何特点？在沥青混合料配合比设计中，确定设计沥青用量的指标是什么？

2. 简述沥青混凝土道面的技术要求。

3. 试论述沥青混凝土道面的疲劳特性和影响因素。

4. 沥青混凝土的应力应变关系有何特点？

5. 什么是劲度模量？

6. 控制应力疲劳试验方法时沥青混凝土疲劳特性有何特点？

7. 控制应变疲劳试验方法时沥青混凝土疲劳特性有何特点？

8. 影响沥青混凝土疲劳寿命的因素有哪些？

9. 论述沥青道面结构组合设计的原则。

10. 试阐述弹性层状体系的基本理论。有哪些基本假设？

11. 简述沥青道面的主要损坏形式。有哪些设计指标？

12. 什么是累积损伤系数？

13. 叙述我国军用机场沥青混凝土道面的设计指标。

14. 叙述我国民用机场沥青道面设计指标。

15. 不同飞机对沥青道面的作用在我国民用机场沥青道面设计中是如何考虑的？

16. 我国民用机场沥青混凝土道面结构补强设计中如何确定加铺层厚度？

第九章　机场道面的表面性能

现代飞机对机场道面的要求不仅应有足够的强度,而且还必须具有满足飞机高速滑跑的通行性能,即跑道道面应有合适的粗糙度(抗滑性)和良好的平整度。跑道道面只有同时满足强度、粗糙度和平整度三方面技术指标的要求,才能保障现代飞机的起飞、降落时的安全、舒适,才能延长飞机和道面的使用寿命。一个完整的机场道面设计应包括上述三个方面的设计内容。本章将对机场道面表面的粗糙度和平整度进行讨论。

第一节　道面表面摩擦性能

一、摩擦定义

道面摩擦是一种抵抗飞机与道面之间运动的力。这种抵抗力是由于机轮在道面上滚动或滑动而产生的,见图9-1。

这个抵抗力可以用一个无量纲摩擦系数 μ 来表示。摩擦系数 μ 是机轮橡胶面的切向力或水平力与垂直正交力或竖向力的比值,其计算公式如下:

$$\mu = \frac{F}{F_w} \tag{9-1}$$

式中:F——机轮橡胶面的切向力或水平力;

$\quad F_w$——垂直正交力或竖向力。

道面的摩擦系数对保证飞机的安全具有重要作用,它能保证驾驶员在道面上纵向和横向滑行的安全。

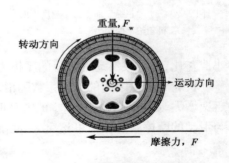

图9-1　机轮在道面上转动作用的力

二、纵向摩擦力

纵向摩擦力发生在一个保持自由滚动或刹车的轮胎在纵向与道面表面之间。在自由(无刹车)状态,机轮的圆周上的速度与道面表面的相对速度等于零。在恒定制动状态下,滑动速度从零增加到机轮可能的最大速度。滑动速度可以用式(9-2)计算。

$$S = V - V_P = V - \omega \times r \tag{9-2}$$

式中:S——滑动速度(m/s);

$\quad V$——飞机滑行速度(m/s);

$\quad V_P$——机轮的平均圆周上的速度(m/s);

$\quad \omega$——机轮的角速度(rad/s);

    r——机轮的半径(m)。

    在自由滚动时，V_P 等于飞机的滑行速度，则 $S=0$。对于一个锁定或完全刹住的机轮，$V_P=0$，滑动速度等于飞机滑行速度。一个锁定的机轮状态通常可以用滑动百分率表示，自由滚动时百分率为零。下面的数学关系式可以计算滑动百分率。

$$SR = \frac{V - V_P}{V} \times 100\% = \frac{S}{V} \times 100\% \tag{9-3}$$

式中:SR——滑动速率；

    V——飞机滑行速度(m/s)；

    V_P——机轮的平均圆周上的速度(m/s)；

    S——滑动速度(m/s)。

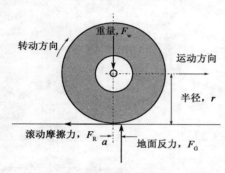

图9-2 在干燥粗糙道面上恒定速度下的
机轮滚动摩擦力

    同样,在自由滚动时,V_P 等于飞机的滑行速度,$S=0$,滑动速率 SR $=0$。一个锁定的机轮状态 $V_P=0$,S 等于飞机的滑行速度,所以 SR $=100\%$。图 9-2 表示了道面反力作用在自由滚动机轮上的状态。在这种状态下,道面反力作用在偏移机轮接触面的中心为 a 的位置。必须克服这个偏移量使机轮产生滚动。这个与滑行方向相反的力被称为滚动抵抗力 F_R。A 是飞机滑行速度的函数,并随着速度增大而增大,F_R 也随着速度增大而增大。

    在恒定制动状态(图9-3),增加了一个制动滑动力 (F_B),它与制动引起的扭矩(M_B)相反。它与制动的大小成正比,并导致滑动率。总的摩擦力就等于滚动抵抗力 F_R 与刹车滑动力 F_B 之和。

    机轮与道面之间的摩擦系数随滑动量改变的变化见图 9-4。随着滑动量的增加摩擦系数迅速增大,通常在 10% ~20% 的滑动时达到峰值。然后减小到 100% 滑动的摩擦系数。峰值与滑动的摩擦系数差值可达50% 的滑动的摩擦系数,并且潮湿道面远大于干燥道面。

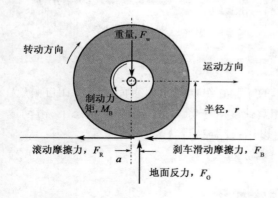

图9-3 在干燥粗糙道面上恒定刹车下的
力和力矩

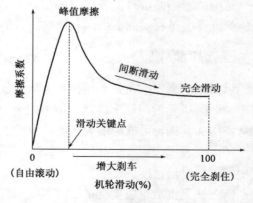

图9-4 道面摩擦随滑动的变化

三、侧向摩擦力

摩擦力的另一个重要方面是侧向摩擦力,当飞机滑行改变方向和弥补横向坡度和侧风的效果,就会发生侧向摩擦力。飞机沿着曲线滑行,改变方向和弥补侧向力引起的作用在机轮和道面表面力的关系如下:

$$\mu_s = \frac{v^2}{gR} - \tan\alpha \qquad (9\text{-}4)$$

式中:μ_s——侧向摩擦力系数;

v——飞机滑行速度(m/s);

R——飞机的轨迹的重力半径,或曲线的曲率半径(m);

g——重力加速度,$g = 9.8\text{m/s}^2$;

α——道面表面坡度角(°)。

这个方程是基于图9-5的操作和侧向反力建立起来的。侧向力是平衡由于横向运动产生的向心力。

图9-5 飞机以一定速度沿着恒定曲率半径时作用在转动机轮上的力

W-飞机重量;P-向心力;F_s-机轮与道面表面的摩擦力(平行于道面表面);α-道面表面坡度角($\tan\alpha = e$)

四、摩擦原理

道面摩擦是黏附和滞后两种摩擦原理复杂作用的结果(图9-6)。黏附摩擦是由机轮橡胶和道面表面相互接触时小尺寸的连接和连锁作用产生的摩擦,它是接触面剪切强度和接触面的函数。滞后摩擦是由机轮的大变形引起的能量损耗产生。变形普通取决于道面纹理周围的机轮状况。当机轮作用在道面上,压力分配将变形能储藏在橡胶中,一部分储藏能可能恢复,其余部分以热的形式消耗掉(滞后作用),这种状态是不可逆转的。这些损耗的能量的摩擦力有助于停止飞机前进。

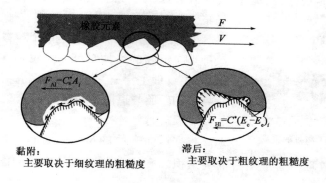

图9-6 道面机轮摩擦基本原理

虽然还有其他的道面摩擦分量(轮胎橡胶的剪切),但其与黏附和滞后的摩擦相比是微不足道的。可以认为摩擦力是黏附和滞后的摩擦力之和。

$$F = F_A + F_H \tag{9-5}$$

这两个摩擦分量取决于道面表面特性、机轮与道面的接触和轮胎特性。由于机轮的橡胶是黏弹性的,故摩擦主要受温度和滑动速度这两个因素影响。

因为黏附力是由道面与机轮接触面产生的,取决于集料表面的细纹理。与之相反,滞后力是在机轮内产生的,取决于经过混合料设计或施工技术措施在道面表面形成的粗纹理。根据其特点,在光滑和干燥的道面上均产生黏附力,在潮湿和粗糙的道面上滞后力是主要作用。

五、影响摩擦力的因素

影响道面的摩擦力的因素可以分为 4 个方面:道面表面特性、飞机滑行参数、机轮特性和环境因素。表 9-1 列出各种因素的组成。因为表中每一个因素在定义摩擦力中起到作用,必须认为摩擦是一个过程,而不是道面内存特性。只有所有的因素确定才可以明确摩擦值。

影响道面摩擦力的因素 表 9-1

道面表面特性	飞机状态参数	机 轮 特 性	环 境
细纹理 粗纹理 宏观纹理/不平整度 材料特性 温度	滑动速度 飞机速度 制动作用 机动驾驶 转弯 加速	足迹 纹理设计和条件 橡胶成分和硬度 膨胀力 荷载 温度	天气 风 温度 水(降雨、冷凝) 雪和冰 污染物 防滑材料(盐、砂) 污物、泥块、碎片

(一)道面表面特性

1. 表面纹理

道面表面纹理是现存道面粗糙表现出来的。这种粗糙从单个集料的点到几英尺范围的不平整。影响摩擦的纹理主要是细纹理和粗纹理。

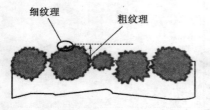

图9-7 细纹理与粗纹理的关系

如图 9-7 所示,细纹理是单个粒料的粗糙程度,然而粗纹理是粒料间的平均深度。细纹理在低速时起主要摩擦作用,粗纹理主要是减少飞机在高速滑行时,由于水的作用导致的轮胎与道面间的脱离。

2. 表面材料特性

根据道面表面的材料特性(如集料、配合式、纹理形式)定义道面表面纹理。通过集料抵抗累积的飞机和环境荷载作用的能力来表明纹理的耐久性。

(二)飞机状态参数

机轮与道面之间的摩擦系数随着滑动速度而发生变化。随着滑动速度的增长摩擦系数快速增长,当达到10%～20%滑动时达到峰值。然后减小到滑动摩擦系数,它是指发生100%滑动。

(三)机轮特性

1.纹理设计和条件

机轮表面设计(如类型、形状、深度)和条件对道面表面的积水排除非常重要。聚集在机轮和道面表面之间的水可以通过道面表面的纹理和机轮表面提供的通道排除。轮胎花纹的深度对在道面厚积水条件下的高速行驶是特别重要的。研究表明已磨损的轮胎在湿道面上的摩擦是新轮胎的45%～70%。

2.充气胎压

增大胎压可以减小高速时的摩擦力。增大胎压使轮胎中心变形增大出现凹面,压缩了轮胎表面的排水通道,减小了接触压力。结果使道面表面的水替换了通过轮胎表面流出的水,因此道面打滑的速度减小。

另一方面,增大胎压可以引起道面少量摩擦的损失。增大胎压减少了凹陷效应,高压力迫使水从轮胎下流出。增大胎压和减小面积可以导致高的打滑速度。

(四)环境

1.热力学特性

汽车轮胎是黏弹性材料,其性质受温度和热力学特性的影响,如热传导和比热。随着轮胎温度的增加,轮胎与道面间的摩擦系数减小,这种现象很难量化。

2.水

水,以降水和冷凝的形式,像润滑剂一样减小轮胎与道面之间的摩擦力。水膜厚度(WFT)在低速(<32km/h)时影响最小,而在高速(>64km/h)时则完全显现出来。如图9-8所示,在湿道面表面的滑动摩擦系数随着WFT的增加呈指数减小。摩擦系数变化的比率随着WFT的增加变得更小。另外,WFT的影响效果与轮胎的图案和形态有关,磨损的轮胎对WFT最敏感。

很小的水量就可以减小道面摩擦。从FHWA-sponsored study(Harwood,1987)试验结果指出,在道面表面0.05mm水可以减小摩擦系数为干燥道面的20%～30%。在某些情况下,0.025mm的水膜厚度可能有效地减小摩擦力。这样薄的水膜厚度可以在0.25mm的降雨量下,任何一个小时内形成。

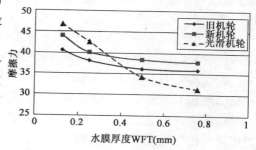

图9-8　水膜厚度对道面摩擦的影响

当存在厚的水层和水膜,车辆以高速行驶时会发生打滑。由于水的压力使轮胎与道面表面脱离也会发生打滑(Horne and Buhlmann,1983),并能使摩擦力下降到零的水平。这是由多种因素影响的复杂现象,包括水的深度、车辆速度、道面宏观纹理、轮胎的纹理深度、接触压力、接触面积。当降雨时排水不及时，或者是道面车辙和磨损形成的坑会形成厚的水膜。当水坑大约在 5mm 深、9m 长，以 62～72km/h 速度下会使轮胎与道面的接触直接丧失。

道面的宏观纹理和轮胎的表面纹理以两种方式影响着打滑的动态效果，第一，它们直接影响打滑的速度，因为它们直接提供轮胎与道面间的水的排出通道；第二，它们间接影响打滑速度，宏观纹理越大，需要更深的水引起打滑。然而，道面表面有适当的纹理形成适当的摩擦力。

3. 雪和冰

道面表面的雪和冰对车辆刹车是最危险的条件。道面表面与轮胎之间的摩擦力可能会突然丧失和失去方向，导致刹车时滑动和方向操控的移动性。NCHRP Web Document 53（Al Qadi et al.，2002）指出如果因为雪和冰，轮胎不能与道面接触，摩擦力会突然丧失。

4. 污染物

污染物会在道面上普遍存在，如泥土、砂、水、雪和冰。在轮胎与道面之间的污染物都会对摩擦力产生反作用。外来的材料像轴承中的滚球或发动机中的活塞与气缸中的润滑剂，在两个表面减小摩擦力。外来物越厚或越黏结，则轮胎与道面之间的摩擦力减小越大。像砂这样硬的污染物碾磨的效果会加速道面表面的磨损率。

六、道面表面的纹理

（一）定义

道面表面的纹理是道面表面对理想表面的背离程度。这种背离的水平以三种明显的尺寸水平发生。用波长（λ）和振幅（A）来定义。在 1987 年 the Permanent International Association of Road Congresses（PIARC），指出三种纹理的水平，如下：

细纹理（$\lambda < 0.5mm, A = 1～500\mu m$）——表面的粗糙性质可以在显微镜下观测到，它是由在沥青和水泥铺装材料中单个骨料的表面特性表现出来。

粗纹理（$\lambda = 0.5～50mm, A = 0.1～20mm$）——由沥青混合料的集料特性（形状、尺寸和级配）和水泥混凝土的表面纹理（拉毛、拉槽、刻槽；深度、宽度、间距和排水方向）决定的表面粗糙程度。

宏纹理（$\lambda = 50～500mm, A = 0.1～50mm$）——在道面与轮胎作用的表面具有同样波长的纹理。它大量用道面表面的病害、缺陷和"波纹"来描述。

宏纹理大于上限值（500mm）被定义为粗糙度和不平整度。图 9-9 描述了三种纹理和第四种粗糙度和不平整度——它表现的波长大于宏纹理的上限值（500mm）。

广泛地认为道面表面的纹理影响道面与轮胎的相互作用。图 9-10 表示了不同纹理波长对道面与机轮相互作用的影响，包括摩擦力、内部和外部噪声、溅水和喷雾、道面磨损和飞机损耗。可以看到，摩擦力主要是受细纹理和粗纹理的影响，分别对应黏附力和滞后力。

图 9-11 表示了细纹理、粗纹理和速度对道面摩擦力的影响。细纹理对轮胎摩擦力影响巨大，而粗纹理影响摩擦力与速度关系的梯度。在低速时，细纹理决定湿和干的摩擦力。在高速时，高的粗纹理容易形成排水通道使细纹理提供的黏附力在水上能够重新形成。滞后力随着速度呈指数增长，在速度超过 105km/h 时提供了超过 95% 的摩擦力。

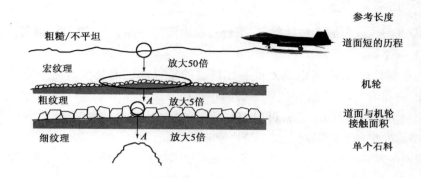

图 9-9 在给定的道面表面各种纹理的影响简图

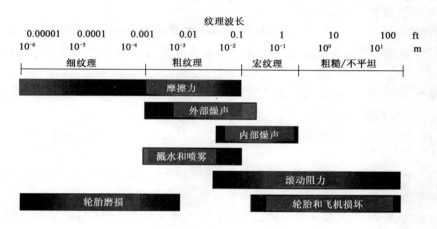

图 9-10 纹理波长对道面与机轮相互影响
注:黑色的阴影表明在这个范围内更多的影响力

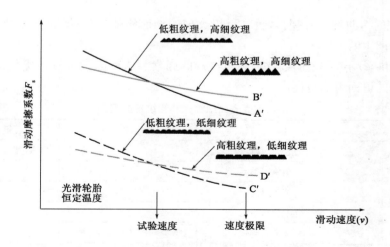

图 9-11 在不同滑动速度下粗纹理和细纹理对道面与机轮摩擦的影响

(二)纹理的影响因素

影响道面表面纹理的因素包括集料、结合料和表面材料混合料的特性,以及任何材料做成的纹理。如下所述:

(1)最大集料粒径:在沥青混凝土或者在裸露的集料水泥混凝土道面中的最大集料的尺寸如果是相近的和均匀地靠近,将提供主要的粗纹理波长。

(2)粗集料类型:选择粗糙集料可以控制集料的材料、棱角、形状和耐磨性。粗集料对沥青混凝土和裸露的集料水泥混凝土道面特别重要。

(3)细集料类型:可选择材料和是否压碎来控制细集料的类型的棱角和耐磨性。

(4)结合料的黏性的用量:低黏性的结合料比高黏性更容易引起流动。同样过多量的结合料也会引起同样的结果。流动会减小或丧失整个道面的细纹理和粗纹理。结合料是固定集料的位置,好的结合料对抗蚀很重要。

(5)混合料级配:混合料级配,特别是对于多孔性道面,将影响道面的稳定性和空隙。

(6)混合料空隙:增加空隙含量可以增加水的排泄来改善摩擦力和增加空气的流动来减少噪声。

(7)层的厚度:增加层的厚度对多孔性道面可以提供大量水分散的空间。另一方面,增加厚度减小吸收声音峰值的频率。

(8)纹理的尺寸:水泥混凝土道面的拉毛、拉槽、刻槽的纹理尺寸影响粗纹理,也影响摩擦力和噪声。

(9)纹理间距:水泥混凝土道面的横向刻槽间距和槽型不仅影响某些粗纹理的振幅,而且影响频谱噪声。

(10)纹理方向:水泥混凝土道面的纹理方向对行车方向可分为纵向、横向和斜向,纹理方向影响轮胎的振动和噪声。

(11)各向同性和各向异性:在所有方向保持纹理的一致性将使长波最小化,因而可以减小噪声。

(12)纹理的扭曲:正的扭曲多数是由粗纹理的剖面峰值产生的,负的扭曲多数是由粗纹理的剖面谷值产生的。

表9-2提供影响道面表面细纹理和粗纹理的因素。这些因素可以被优化,得到在给定设计条件下要求的道面表面特性。

影响道面表面细纹理和粗纹理的因素   表9-2

道面表面类型	因　　素	细　纹　理	粗　纹　理
沥青混凝土	最大集料粒径		√
	粗集料类型	√	√
	细集料类型		√
	混合料级配		√
	混合料空隙		√
	黏附性		√

续上表

道面表面类型	因　　素	细　纹　理	粗　纹　理
水泥混凝土	粗集料类型	√（水泥混凝土外露集料）	√（水泥混凝土外露集料）
	细集料类型	√	
	混合料级配		√（水泥混凝土外露集料）
	纹理的尺寸和间距		√
	纹理方向		√
	纹理的扭曲		√

七、摩擦系数的测试方法

在试验室和现场低速测定摩擦特性的两种普遍的设备是摆式摩擦仪 BPT（British Pendulum Tester）和动态摩擦试验仪 DFT（Dynamic Friction Tester）。这两种设备测定摩擦的方法是确定滑块或转盘接触道面表面的动能损失。这两种方法轻便和易于携带。DFT 还具有测量在不同速度下的道面摩擦的功能。

高速下道面摩擦力的测试是利用一个或两个全尺寸轮胎用下面四种方法之一进行道面摩擦特性测试：锁轮、侧向力、固定滑块和可变滑块。我国民用机场采用跑道摩阻测试车（Runway Friction Tester Vehicle）、表面摩阻测试车（Surface Friction Tester Vehicle）、抗滑测试仪拖车（Griptester Trailer）、抗滑测试仪拖车（Griptester Trailer）、μ 仪拖车（Mu-meter Trailer）和塔特拉摩阻测试车（TATRA Friction Tester Vehicle）进行道面摩擦系数的测定。

八、道面表面的纹理

道面表面的粗纹理目前广泛采用填砂法进行测试。对于沥青混凝土道面，细纹理是指集料表面的粗糙度，用磨光值表示。

作为表示道面抗滑性能的纹理深度和摩擦系数，两者之间存在着一定的关系。图 9-12 反映水泥混凝土道面的纹理深度与摩擦系数的关系。图中的 136 个测点是根据 9 个机场的水泥混凝土跑道现场测试值绘制的。纵坐标是道面湿润状态下的摆式摩擦系数测试值（μ），横坐标是用填砂法测定的对应点的表面纹理深度 H_s（mm）。可以看出，比较密集的点有一趋势，即随着道面纹理深度的增加道面摩擦系数 μ 随之增大。变化的规律可用直线来表示。图中测点离散的原因主要是测试时风速、温度、道面上的水膜厚度和污染程度，以及填砂摊铺的均匀程度等。图中所示的直线可用式（9-6）表示：

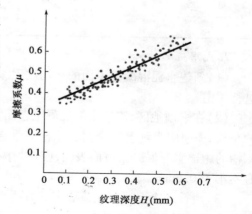

图 9-12　道面摩擦系数与纹理深度的关系

$$\mu = a + bH_s \tag{9-6}$$

式中:μ——道面湿润状态下摆式仪测定的摩擦系数;

H_s——填砂法测定的表面纹理深度(mm)。

利用最小二乘法可得到回归方程的参数 a、b,则式(9-6)变为:

$$\mu = 0.381 + 0.36H_s \tag{9-7}$$

为了提高水泥混凝土道面的抗滑性能,通常采取表面处理措施,增大其纹理深度。按照实施处理的时机分为两大类:一类是在新铺筑道面时采用的,在混凝土初凝后强度不高时进行处理,如拉毛、拉槽、压槽、裸石、嵌石等;另一类是在混凝土强度达到要求时采取,如刻槽、打毛(喷砂、喷丸)、酸蚀、冷黏摩擦层等。

九、道面表面的抗滑性能要求

1. 军用机场

(1)水泥混凝土道面。用填砂法量测的道面平均纹理深度应满足下列要求:跑道应大于0.6mm,滑行道和联络道应大于0.4mm,停机坪应不大于0.4mm。冰冻、寒冷地区的道面粗糙度可适当降低。对于刻槽的道面,除满足平均纹理深度要求外,还需用摆式摩擦仪测定摩擦系数,其使用初期应符合表9-3的规定。

道面表面摩擦系数要求　　　　　　　　　　　　　　表9-3

机 场 等 级	摩 擦 系 数	机 场 等 级	摩 擦 系 数
一级	≥0.50	二级、三级、四级	≥0.55

(2)沥青道面。机场沥青道面应具有良好的抗滑性能,其抗滑指标应符合表9-4的要求。

沥青道面抗滑标准　　　　　　　　　　　　　　表9-4

机 场 等 级	竣工验收值		
	摆值(BPN)	构造深度(mm)	横向力系数(SFC)
四级、三级	≥52	≥0.60	≥54
二级	≥50	≥0.55	≥54
一级	≥45	≥0.50	≥50

2. 民用机场

(1)新建水泥混凝土道面的平均纹理深度宜不小于1.0mm。平均纹理深度宜采用填砂法进行测定。

(2)在多雨地区,跑道水泥混凝土道面宜在表面进行刻槽。跑道刻槽范围,纵向应为跑道的全长,横向应为跑道的全宽。刻槽应垂直于跑道中线,刻槽的尺寸、形状应符合相关规定。刻槽的跑道水泥混凝土道面表面,应在刻槽前先对其表面进行拉毛,其拉毛后的平均纹理深度宜不小于0.6mm。

(3)滑行道水泥混凝土道面应具有适当的摩阻特性,除快速出口滑行道外,其他滑行道道面平均纹理深度应不小于0.4mm。

(4)新建快速出口滑行道水泥混凝土道面的平均纹理深度宜不小于1.0mm。

民用机场在评定跑道表面的摩阻特性时应使用有自湿装置的连续摩阻测试仪器进行测定。不同的摩阻测量仪对跑道表面的摩阻特性的评定标准参见表9-5。

新建或现有跑道的摩擦系数评价标准　　　　　　　　表 9-5

测试仪器	测试轮胎		测试速度 (km/h)	测试水深 (mm)	新表面的设计目标	维护规划值	最小的摩阻值
	类型	压力(kPa)					
(1)	(2)		(3)	(4)	(5)	(6)	(7)
Mu 仪拖车	A	70	65	1.0	0.72	0.52	0.42
	A	70	95	1.0	0.66	0.38	0.26
滑溜仪拖车	B	210	65	1.0	0.82	0.60	0.50
	B	210	95	1.0	0.74	0.47	0.34
表面摩阻测试车	B	210	65	1.0	0.82	0.60	0.50
	B	210	95	1.0	0.74	0.47	0.34
跑道摩阻测试车	B	210	65	1.0	0.82	0.60	0.50
	B	210	95	1.0	0.74	0.54	0.41
TATRA 摩阻测试车	B	210	65	1.0	0.76	0.57	0.48
	B	210	95	1.0	0.67	0.52	0.42
抗滑测试仪拖车	C	140	65	1.0	0.74	0.53	0.43
	C	140	95	1.0	0.64	0.36	0.24

第二节　道面的平整度

一、概述

机场道面表面的平整度是表征道面表面特性的一个重要指标。所谓道面平整度是指道面的表面对于理想平面的偏差,它对飞机在滑行中的动力性能、行驶质量和道面承受的动力荷载三者的数值特征起着决定性的作用。

无论是人为的或自然因素引起的道面上较大的隆起或凹陷,例如弹坑或由不均匀冻胀产生的道面突然隆起,均称为障碍。障碍对机场道面而言是绝对不允许的,它不属于道面平整度的范畴。

实践证明,机场道面不可能是一个理想的平面。机场道面的不平整度主要由下列诸因素引起:

首先是道面固有的不平整度。例如,道面设计中的纵向变坡、施工中道面板在接缝处允许的邻板高差和达不到设计高程的偏差等,即使这些偏差都在设计和施工规范规定的允许范围内,它们对道面不平整度的影响也是不容忽视的。

其次是道面在使用过程中由于受到荷载和自然因素的长期反复作用的影响,产生的新的不平整度,或使固有的不平整度增大。例如,由于飞机荷载的重复作用使道面在垂直方向产生的塑性累积变形;由于地下水位变化引起土基和基层的不均匀沉陷;由于冰冻引起的道面鼓胀;由于温度应力引起的道面板的翘曲、抬高;由于道面表层的磨耗、剥落、腐蚀、拥包形成的表面缺损等。

道面的平整度影响飞机滑跑的稳定性和舒适性。飞机滑过道面的不平整处将产生冲击和振动。随着道面平整度的变坏和恶化,不仅影响乘客的舒适、货物的完好,而且还会影响飞行员操纵飞机和判读仪表;引起机件的磨损,危及飞行安全。某机场跑道由于平整度恶化曾发生飞机空速管因振动过大而折断。

道面平整度的表示方法很多,可归纳为以下几种:

(1)用一定区间内的间隙表示。

(2)用跑道道面的实际高程表示(即用道面的纵剖面表示)。

(3)用读取标准线和实际道面上的高差值表示。

(4)用行驶车辆的累积颠簸值表示。

(5)用飞机在跑道上滑跑时的飞机的加速度振动速度响应表示。

(6)用跑道高程的功率频谱密度函数表示。

用一定区间内的间隙来表示道面的平整度,就是我们常用的直尺法。其测量工具是直尺。直尺有无支脚直尺和有支脚直尺(或称滚动直尺或滑动直规)。直尺的长度除 3m 外,尚有 4m 和 5m 尺。我国机场和公路上都采用无支脚 3m 直尺。

用跑道道面的实际高程表示和用道面高程的功率频谱密度函数表示平整度的方法,通常采用的量测仪器是水准仪、塔尺和卷尺。近年来已研制出新的量测仪器,在测试高程等数据的同时还能描绘出道面的纵断面。

读取标准线和实际道面上的高差值采用连续式平整度仪;平整度仪在检测标准差 σ 时,基准平面是八轮仪的车轮所在的动态平面,随着平整度仪的检测过程的进行,测量轮沿着道面纵断面曲线上下摆动,按一定采样间隔采集高程信息,最后用数学方法计算出所有高程信息的标准差。

行驶车辆的累积颠簸值采用车载式颠簸累积仪,它是通过测量该仪器的装载车在被测道面通过时,车后轴与车厢的单向位移累积(cm/km)来表征道面的平整度状况。在测试车的底板上安装位移传感器,用钢丝绳与后桥相连,另一与传感器的定量位移轮连接,当车辆测试行驶时,由于路表的凹凸不平使后桥与车厢间产生上下相对位移,钢丝绳带动定量位移轮转动输出脉冲信号,此信号经计算机数据采集处理判别换算成位移量并记下来。

用飞机在跑道上滑跑的振动和加速度响应表示,这是测试和研究道面平整度对飞机影响的最直接方法。测试仪器包括压力计、加速度计、位移传感器等,把这些仪器安装在飞机的重心、驾驶舱和起落架等相应部位,选定各种不同平整度的跑道以不同的速度滑跑、起飞和降落进行测试。各种测试仪器自动记录数据后再进行分析整理,或将各种测试数据直接输入微机进行整理和存储。这项测试工作必须由空勤、机务、指挥和测试人员协同配合才能完成。

二、国际平整度指数(IRI)

世界银行于 1982 提出了一种国际通用的平整度检测指标——国际平整度指数 IRI(International Roughness Index)。这是一种符合容易测量、时间稳定和便于转换等要求的平整度评价指标。

IRI 的定义是当四分之一车辆模型,如图 9-13 所示,以一定速度(80km/h),在一定行驶距离内车身悬挂系统的累积位移量与行驶距离的比值,其计量单位为 m/km 或 in/mi。它与其他平整度指标有良好的相互关系,且与乘车舒适性有直接关系,现已被世界各国广泛使用。我国规定公路路面平整度检测采用 IRI 指标,机场道面也开始采用 IRI 评定道面的平整度。

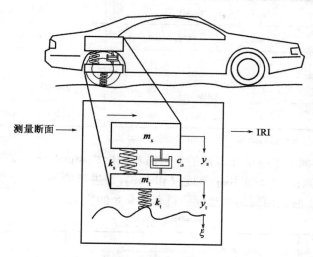

图 9-13　理想车模型

国际平整度指数是针对反应类平整度仪进行平整度测定的模拟。它应用力法模拟理想车辆(1/4 车,即单轮,见图 9-13)以一定速度沿路表面纵断面行驶时的反应,计算单位距离内系统的相对竖向位移累积值,以 m/km 表示。

我国民用机场道面平整度评价一般采用国际平整度指数(IRI)作为指标;不具备测试条件时,可采用 3m 直尺法进行评价。道面平整度测试与评价的范围包括跑道、平行滑行道或快速出口滑行道的轮迹带区域。国际平整度指数(IRI)通过激光平整度仪自动测试并计算,测试时应沿各区域的轮迹带布设多条测线(图 9-14)。道面平整度应以调查区域内 IRI 的算术平均值进行分段评价。平整度等级的评价标准如表 9-6 所示。新建道面要求跑道 IRI≤2.2m/km。

图 9-14　跑道 IRI 测试位置图

道面平整度等级评价标准(IRI 指标)　　　　　　　　　　　　　表 9-6

评价等级	好	中	差
IRI 平均值(m/km)	<2.0	2.0~4.0	>4.0

三、道面平整度要求

3m 直尺法以 3m 直尺下最大间隙(R)的平均值和最大间隙大于 5mm 所占百分比作为评价指标;对于水泥混凝土道面还应包括邻板差的平均值和邻板差大于 5mm 所占百分比。3m

直尺法评价道面平整度的标准如表9-7所示。

道面平整度状况等级评价标准(3m 直尺法)   表 9-7

评 价 等 级	3m 直尺下最大间隙(R)		水泥混凝土道面邻板差	
	平均值(mm)	大于 5mm(%)	平均值(mm)	大于 5mm(%)
好	<3.0	<10	<2.0	<5
中	3.0~4.5	10~20	2.0~3.5	5~20
差	>4.5	>20	>3.5	>20

注:"好"和"中"等级必须所有指标全部合格,否则应判属下一等级。

对水泥混凝土道面不平整度允许值的上限需要做出相应的规定。施工过程中的平整度可采用3m 直尺进行控制;竣工时采用平整度仪和3m 直尺进行检测。对水泥混凝土板还需要进行邻板差的控制,竣工后道面板的平整度应符合表9-8的要求。

道面板平整度要求   表 9-8

机场类型	检查项目	质量标准或允许偏差		检 查 频 度	检 验 方 法
军用机场	平整度(mm)	平均值:3 单尺最大值:5		每 500m² 检查一块板	用 3m 直尺和塞尺检查,在板中垂直板边交叉量 2 尺,在两角垂直板对角线各量 2 尺,取各尺最大值的平均值
		3m 平整度仪: $\sigma \leqslant 1.5$		沿纵向随机检测三个断面,每 100m 计算 σ	混凝土连片后用 3m 连续式平整度仪检测,测试车速不大于 20km/h
	邻板高差(mm)	纵缝	3	胀缝每 50m 范围内检查 1 点,缩缝每 50m 范围内检查 2 点	用 300mm 直尺与塞尺在板边缘检查
		横缝	2		
	高程(mm)	±5		每班按设计方格网点或每 40m 测一个断面,每个断面测 3~5 点	用水准仪测量检查
民用机场	平整度(mm)	≤3mm (合格率≥90%) ≤5mm(极值)		分块数 20%	用 3m 长直尺和塞尺测定,一块板量 3 次,纵、横、斜各测 1 次,取其中最大值
	邻板高差(mm)	≤2mm (合格率≥85%) ≤4mm(极值)		分块数 20%	纵、横缝,用塞尺量
	高程(mm)	±5mm (合格率≥85%) ±8mm(极值)		不大于 10m 间距测一横断面,相邻测点间距不大于两块板	用水准仪测量板角表面高程

思考题与习题

1. 叙述道面摩擦产生的原理。
2. 影响道面摩擦力的因素有哪些？
3. 如何表述道面表面纹理？
4. 我国军用机场道面摩擦性能测试方法有哪些及相关的技术要求有哪些？
5. 我国民用机场道面摩擦性能测试方法有哪些及相关的技术要求有哪些？
6. 提高水泥混凝土道面的摩擦力的措施有哪些？
7. 提高沥青混凝土道面的摩擦力的措施有哪些？
8. 试述引起道面不平整的因素及平整度的测试方法。
9. 国际平整度指数是如何定义的？有何特点？

第十章　机场土道面

利用当地土壤作为建筑材料,经平整碾压密实后建成的供飞机起飞着陆的道面,称为机场土道面。永备机场在跑道的外侧,都修筑了土跑道,宽度一般为80m;在平地区(指跑道、滑行道之间,两端联络道以内的土质地带)也都修筑了符合要求的土道面,在端保险道上也必须按要求修筑土道面。

土跑道的作用是:在战时一旦跑道被破坏,飞机可以利用土跑道起飞和着陆。当然土跑道也可能被破坏,但土跑道修复较人工道面容易。此外,土跑道还有一个功能,就是供飞机迫降用。当飞机在空中起落架发生故障时,就需要迫降,即用机身擦地着陆。在人工道面上迫降容易摩擦起火引起飞机爆炸,而在土跑道上迫降则相对安全些。平地区土道面和土跑道还是保证飞机着陆一旦偏出跑道的安全地带。端保险道则是保证飞机偶尔冲出跑道时的安全地带。

第一节　土道面的通行性

用土道面作为飞机起降跑道的土道面,是一种最简单、最易修建的机场。在战争时期,快速修建土道面,供航空兵执行战斗任务,具有重要意义。

由于土的承载能力比较低,且受气候因素影响较大,而现代飞机机轮荷载大、轮胎压力高,能否使用土道面? 如何保证飞机在土道面上起飞着陆时的滑行安全? 为此,需要研究土道面的通行性。

所谓土道面的通行性问题,是指飞机在过湿的土跑道上利用发动机的推力就地启动,并在规定的长度内达到离地速度的能力。同时,土跑道表面留下的轮辙深度应不致妨碍飞机的安全运动,而平整轮辙又不很困难。

土道面通行性的概念,主要用于春秋泥泞时期及夏季由于雨水过多土壤过湿的时候。此时机轮在土道面的滚动阻力大大增加。对不同的土壤条件,不同的飞机,土道面的通行性也不同。

潮湿及泥泞时期,飞机能否在土道面上起飞和着陆,取决于下列因素:

(1)飞机起落架的类型、机轮的尺寸及轮胎压力。

(2)飞机发动机的推力。

(3)土壤的性质及其潮湿程度。

第二次世界大战前的飞机,设计时就考虑在土道面上使用,机轮尺寸大,轮胎压力低。虽然当时飞机的起落架是后三点式的,滑行稳定性差,相对推力小($\Phi = 0.1 \sim 0.2$),但是能够使用土道面,并且几乎是全年可以使用。

现代飞机的起落架是前三点式的,滑行稳定性好,相对推力大($\Phi = 0.4 \sim 0.8$)。但是由于飞机的飞行速度大,机翼减薄,因而轮胎尺寸变小,轮胎压力增加,飞机使用土道面的情况反而变坏了,只有当土跑道具有较高强度时,飞机才能使用。

下面从研究飞机在土跑道上的运动阻力入手,提出保证土道面通行性的条件和保证土道面通行性的措施。

一、飞机机轮在土跑道上的滚动摩阻系数

飞机在土跑道上滑行时,机轮会产生较深的轮辙,受到较大的滚动阻力。轮辙深度过大,使飞机滑行不安全;滚动阻力过大,使飞机不能启动或滑行。因而,在研究土道面的通行性时,首先应研究轮辙的形成原理。

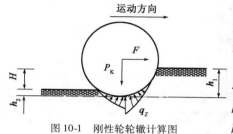

图 10-1 刚性轮轮辙计算图

当不变形的刚性轮在土道面的表面运动时,刚性轮与土表面的受力情况如图 10-1 所示,图中 P_K 为机轮荷载,F 为水平牵引力。

设机轮压入土中的深度为 h_1。由于土体具有弹性,因而一部分变形是可以恢复的,设可恢复的变形为 h_2。这样,轮子通过以后,土表面的轮辙深度为 $H = h_1 - h_2$。

机轮压入土中以后,土即在轮缘产生一定的径向反力 q_z。试验表明,径向反力 q_z 可以用下式表示:

$$q_Z = \sigma Z^{\mu} \tag{10-1}$$

式中:q_z——在深度 Z 处,土作用在轮缘单位面积上的径向反力(MPa);

σ——土的承载力系数,其值等于 $Z = 1\text{cm}$ 处的土作用在轮缘上的径向反力(MPa);

Z——计算点处的深度(cm);

μ——与土壤性质有关的参数,于 $0.34 \sim 0.98$ 之间变化,平均为 0.67。

机轮压入土中并产生一定的轮辙深度后,土对刚性轮的径向反力的竖向分力之和应与轮载 P_K 相平衡,径向反力的水平向分力之和应与牵引力 F 相平衡。据此可以求得 P_K 和 F 的表达式:

$$F = \sigma B \frac{h_1^{1+\mu} - h_2^{1+\mu}}{1+\mu} \tag{10-2}$$

$$P_K = \sigma B \sqrt{D} \left(1 - \frac{\mu}{3}\right)\left(h_1^{\frac{1}{2}+\mu} + h_2^{\frac{1}{2}+\mu}\right) \tag{10-3}$$

式中:B——刚性轮宽度(m);

D——刚性轮直径(m);

P_K——轮荷载(MN);

F——飞机牵引力(MN)。

由此得到滚动摩擦系数:

$$f = \frac{F}{P_K} = \frac{h_1^{1+\mu} - h_2^{1+\mu}}{(1+\mu)\left(1 - \frac{\mu}{3}\right)\sqrt{D}\left(h_1^{\frac{1}{2}+\mu} + h_2^{\frac{1}{2}+\mu}\right)} \tag{10-4}$$

对于塑态的土,可恢复的变形很小,可以认为 $h_2 = 0, H = h_1$。式(10-4)变为:

$$f = K_1 \sqrt{\frac{H}{D}} \qquad (10\text{-}5)$$

式中:

$$K_1 = \frac{1}{(1+\mu)\left(1-\dfrac{\mu}{3}\right)} \qquad (10\text{-}6)$$

滚动摩擦系数 f 及轮辙深度 H 也可以用轮荷载 P_K 来表示:

$$f = \frac{K_1}{\sqrt{D}}\left[\frac{P_K}{\sigma B\left(1-\dfrac{\mu}{3}\right)\sqrt{D}}\right]^{\frac{1}{1+2\mu}} \qquad (10\text{-}7)$$

$$H = \left[\frac{P_K}{\sigma B\left(1-\dfrac{\mu}{3}\right)\sqrt{D}}\right]^{\frac{1}{2+\mu}} \qquad (10\text{-}8)$$

飞机的机轮是充气轮胎。充气轮胎在土表面滚动时,轮胎本身要产生压缩。土的压缩可能性越小,轮胎变形就越大;反之,土的压缩可能性越大,轮胎变形就越小。

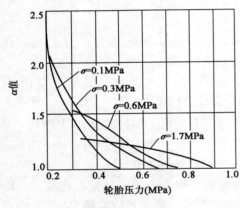

图 10-2 α 值图

B·Φ·巴布可夫认为直径为 D 的气胎轮在土表面上的滚动情况,可以用直径较大(D_1)的刚性轮来代替。D_1 和 D 之间有下列关系:

$$D_1 = \alpha D \qquad (10\text{-}9)$$

式中:α——换算系数,其值与轮胎压力及土壤的承载力系数 σ 有关,见图 10-2。

这样,利用刚性轮在土表面滚动时的滚动摩擦系数及轮辙深度公式,可以求得充气轮胎在土表面滚动时的滚动摩擦系数和轮辙深度的计算公式:

$$f = \frac{K_1}{\sqrt{\alpha D}}\left[\frac{P_K}{\sigma B\left(1-\dfrac{\mu}{3}\right)\sqrt{\alpha D}}\right]^{\frac{1}{1+2\mu}} \qquad (10\text{-}10)$$

$$H = \left[\frac{P_K}{\sigma B\left(1-\dfrac{\mu}{3}\right)\sqrt{\alpha D}}\right]^{\frac{1}{2+\mu}} \qquad (10\text{-}11)$$

试验表明,当土处于塑态及流态时 $\mu = 0$,上述公式变为:

$$f = \frac{P_K}{\alpha \sigma B D} \qquad (10\text{-}12)$$

$$H = \frac{P_K^2}{\alpha \sigma^2 B^2 D} \qquad (10\text{-}13)$$

土的承载力系数 σ 可以用如下方法确定：在试验场地上用汽车牵引飞机，使做匀速运动，用拉力计测得拉力 T（即牵引力）之值，按式（10-14）即可求得 σ 值：

$$\sigma = \frac{P_K}{\alpha BDf} = \frac{P_K^2}{\alpha BDT} \tag{10-14}$$

图 10-3 所示为 $B \cdot \Phi \cdot$ 巴布可夫等试验所得的土的承载力系数 σ 与土的相对含水率的关系曲线。

对双轮式起落架：

$$f = \frac{P}{2\alpha\sigma BD} \tag{10-15}$$

$$H = \frac{P^2}{4\alpha\sigma^2 B^2 D} \tag{10-16}$$

对四轮式起落架：

$$f = \frac{P}{2\alpha_1\sigma_1 BD} \times \frac{K^2 + C}{(K+1)^2} \tag{10-17}$$

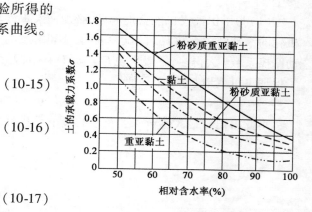

图 10-3 土的承载力系数与相对含水率的关系

$$H = \left(\frac{P}{2\sigma_1 B}\right)^2 \times \frac{K^2 + C^2\frac{\alpha_2}{\alpha_1}}{\alpha_1 D(K+1)^2} \tag{10-18}$$

$$C = \frac{\alpha_1\sigma_1}{\alpha_2\sigma_2}$$

以上各式中：P——作用在一个起落架上的总荷载（MN）；

$\quad\quad\quad\quad \sigma_1 、\sigma_2$——前后轮滚动时，土的承载力系数（MPa）；

$\quad\quad\quad\quad \alpha_1 、\alpha_2$——前后轮轮胎的变形系数，见图 10-2；

$\quad\quad\quad\quad K$——作用在前后轮上的荷载比值。

由试验得出的 σ_1/σ_2 值，如表 10-1 所示。

$\sigma_1 \ \sigma_2$ 值 表 表 10-1

序号	土的种类及状态	σ_1/σ_2	
		$\dfrac{P_K}{BD} < 0.2\text{MPa}$	$\dfrac{P_K}{BD} > 0.2\text{MPa}$
1	流态有草皮的粉砂质亚黏土	1.0	1.0
2	无草皮的松散干砂	1.0	1.0
3	塑态有草皮的粉砂质亚黏土	0.8	0.75
4	无草皮含水率小的密实砂土	0.8	0.75
5	干塑状态有草皮的粉砂质亚黏土	0.75	0.65
6	最佳含水率的有草皮亚砂土	0.75	0.65
7	含水率小的有草皮亚砂土	0.7	0.6

二、保证土道面通行性的条件

根据土道面通行性的定义,为了保证飞机正常使用土道面,必须满足下列条件:①能就地启动;②能在土跑道长度范围内达到离地速度;③在土表面留下的轮辙深度不致影响飞行安全。

(1)为了保证飞机能就地起动,必须使飞机起动时发动机的相对推力 $\overline{\Phi}$ 大于飞机起动时机轮的滚动摩擦系数 $f_{起动}$。试验表明,飞机起动时机轮的滚动摩擦系数 $f_{起动}$ 比飞机运动时的滚动摩擦系数 f 大得多,一般来说 $f_{起动}=(1.1\sim1.7)f$。如果取其平均值,则 $f_{起动}=1.4f$。因此,为了保证飞机就地起动,必须使

$$\overline{\Phi} > 1.4f \tag{10-19}$$

由此得出对最大轮辙深度及土的最小承载力系数的要求是:

$$H_{\max} = \frac{\alpha\,\overline{\Phi}^2 D}{1.4^2} = \frac{\alpha\,\overline{\Phi}^2 D}{1.96} \tag{10-20}$$

$$\sigma_{\min} = \frac{1.4P_K}{\alpha BD\,\overline{\Phi}} \tag{10-21}$$

(2)为了使飞机能在土跑道长度范围内达到离地速度,对飞机在土跑道上滑行时出现的最大轮辙深度及最小承载力系数的要求是(假定在飞机滑跑长度内平均滚动摩擦系数 $f_{起动}=0.5f$):

$$H_{\max} < \alpha D\left[2(0.9\,\overline{\Phi}\pm i) - \frac{v_0^2}{g(L-\Delta L)}\right]^2 \tag{10-22}$$

$$\sigma_{\min} > \frac{P_K}{\alpha BD\left[2(0.9\,\overline{\Phi}\pm i) - \dfrac{v_0^2}{g(L-\Delta L)}\right]} \tag{10-23}$$

式中:v_0——飞机的离地速度(m/s);

$\qquad g$——重力加速度(m/s^2);

$\qquad L$——土跑道长度(m);

$\qquad \Delta L$——飞机起动位置离跑道端部的距离(m);

$\qquad i$——土跑道的平均纵坡,顺坡起飞取"+"号,逆坡起飞取"−"号。

(3)为了保证飞机在土跑道上的滑行安全,通常限制最大轮辙深度:

$$H_{\max} < 0.07D \tag{10-24}$$

式中:D——机轮的直径。

由此得出对土壤的最小承载力系数的要求是:

$$\sigma_{\min} > \frac{P_K}{B\sqrt{\alpha H_{\max} D}} = \frac{P_K}{0.264BD\sqrt{\alpha}} \tag{10-25}$$

要保证飞机安全的使用土道面,上述三个条件必须同时满足。例如,设有一歼击机,单轮

质量 $P_K = 0.25t$；相对推力 $\overline{\Phi} = 0.5$；机轮尺寸 $B = 0.16m, D = 0.66m$；离陆速度 $v_0 = 80m/s$；土跑道长度 $L = 1800m$，$\Delta L = 200m$，$i = 0$，$\alpha = 1.1$。根据上述三个条件及相应的公式，对最大轮辙深度及土的最小承载力系数的要求列于表 10-2。

最大轮辙深度及土的最小承载力系数　　　　　　表 10-2

指标 ＼ 保证条件	就 地 起 动	在规定长度内起飞	安 全 滑 跑
H_{max}（cm）	10	17.5	5
σ_{min}（MPa）	0.60	0.43	0.80

由表 10-2 所列数据可知，该飞机只有在轮辙深度小于 5cm 及土的承载力系数大于 0.8MPa 时，才能在土道面上安全起飞和着陆。

在使用中的土道面上每天测定土的 σ 值，绘出 σ 值在一年中的变化曲线，根据保证某种飞机在土道面上安全起落时对 σ_{min} 的要求，就可以知道该种飞机在一年中不能使用土道面的日数和时间。图 10-4 即为某土道面使用时间与土的承载力系数 σ 的关系曲线。前述例题中，$\sigma_{min} = 0.8MPa$，由图 10-4 可知，在潮湿的地区该种飞机一年中不能飞行的时间约为 4 个月，在干燥的地区约为一个半月。由此可见，提高土道面的通行性，缩短土道面不能飞行的日数，具有重大意义。

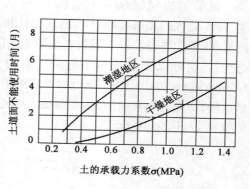

图 10-4　土道面使用时间与承载力系数关系

三、提高土道面通行性的措施

提高土道面的通行性，可以从两个方面入手，一是改善飞机的结构，二是采取适当的工程措施提高土壤的承载力。

1. 改善飞机结构

机轮荷载即机轮尺寸对轮辙深度影响很大，因此，改善飞机使用土道面的性能的方法之一，就是减小轮载 P_K。第二次世界大战中，德国的 C-5 飞机，总质量为 22.5t，在机身上有 11 对机轮，能在土道面上起落。

其次，增加机轮尺寸，减小轮胎内压力，也能改善飞机使用土道面的性能。法国认为，为保证飞机能在土道面上起落，要求轮胎压力不大于 0.25MPa。但是轮胎内压减小，机轮尺寸必然增大，这又会妨碍飞机其他性能的改善。美国于 1956 年设计出轮胎内压力为 0.025～0.056MPa 的飞机，其机轮宽度达 610mm，这种飞机可以在任何土道面上起落。

2. 提高土道面的通行性的工程措施

为了使雨水迅速排除，减少土跑道表面的过湿时间，提高飞机使用土道面的日数，土跑道横断面应设计成双坡，横坡应不小于 5‰，不大于 20‰。不易生长草皮的地区应不大于 15‰，以减小可能产生的冲刷。土跑道纵坡应不大于 20‰，变坡代差数应不大于 15‰。

对土跑道表面进行充分的碾压，提高土的密实度和承载力，从而减小飞机不能使用土道面的日数。为此,应定期对土跑道进行碾压。碾压应在土表面含水率接近最佳含水率的时候进行,以最大限度地提高土的密实度。

为了提高土道面的通行性,还可以在土跑道两端400～500m地段修筑加固土道面,而在中间地段采取较大的横坡,并压实至最大密实度,则飞机不能使用土道面的时间还可以缩短。

四、现代飞机使用土道面的可能性

永备机场目标大,在战争条件下为争夺制空权,永备机场是突袭的首要目标。因此,各国都很重视野战机场的规划和建设。为了摸清现代飞机使用土道面的可能性,各国都在进行歼击机、轻型运输机和轰炸机在土跑道上起落的试验。越南战争时期,美国在南越修建了200多个野战机场,除了部分为钢板和铝板道面外,绝大多数为土道面,供各种作战飞机和运输机使用。

我军在20世纪60年代曾在土、短、窄跑道上进行试飞,并取得了一些经验。通过试飞证明,歼5喷气式飞机和杜-4活塞式轰炸机,无论在南方或北方的土跑道上都能进行起降。20世纪70年代进行了歼6飞机在土跑道上的起降试验,试验表明,只要在歼6飞机上加装气幕防尘器,就可以在土道面上起降。在内蒙古某野战机场(土跑道长2600m,宽45m,高程1476m)进行的试飞表明,土道面着陆滑跑距离比在水泥混凝土道面上短约400m;土道面起飞增速慢,滑跑距离长,比在水泥混凝土跑道上长约600m。由于土道面扬尘大,影响视距,只能单机起飞,不能双机起飞。

第二节　机场土道面植草

土质道面的强度较低,在机轮荷载作用下,会形成许多高低不平的轮辙;土质道面的表层干燥时尘土飞扬,雨后场面泥泞;雨水的冲刷会使土道面表面形成沟槽等,所有这些都影响飞机正常地使用土道面,也不利于土道面的维护。

为了提高土质道面的强度,改善土质道面的使用性能,可以在土质道面上铺种草皮,使上述缺点得到消除或减轻。

一、机场草皮道面

机场道面的表层由经过压实的生草土、活的草本植物及其生长的土壤构成,供飞机起飞和着陆使用,称为机场草皮道面。

草皮道面分为自然生长的和人工培植的两种。这两种道面至今还被采用,是因为它具有下列优点:

(1)草皮道面的造价比其他人工道面便宜,容易维护。

(2)能为飞机在紧急情况下迫降提供必需的场地。

(3)同没有种草的土质道面相比,草皮道面提高了土道面的承载力,延长了土道面的使用期限。

(4)铺种草皮能防止或减轻土质道面的扬尘、泥泞和滑溜现象。

草皮道面的缺点也是明显的,如在草皮道面上起飞滑跑距离比人工道面长;在使用强度大的情况下,草皮很快被磨损,维修工作量大,以及在多雨季草皮道面常不能使用等。

对草皮道面的使用要求如下：

（1）草皮道面的表面应平坦，没有土坑、土丘、草丘等，地面上不应有影响滑行安全的障碍物。

（2）草皮道面的承载力应均匀一致，且不得小于 0.5～0.7MPa，表面轮辙深度不超过 3～5cm。

（3）草皮道面的草层要均匀、稠密，草高为 20～30cm，超过 30cm 要修剪，刈割后草高不应低于 10cm。草皮的质量取决于单位面积上牧草新茎数量，对其要求见表 10-3。

对草皮道面的质量要求　　　　表 10-3

草 皮 质 量	每 400cm² 上草皮嫩枝数量		
	灰壤和森林草原地区	黑土地区	干旱和半干旱草原
优良	>300	>200	>100
好的	200～300	100～200	50～100
中等	100～200	50～100	35～50
差的	<100	<50	<35

（4）当喷气式飞机使用时，草皮道面应洁净，不应有危及飞行安全的异物存在。

二、形成草皮道面的植物

形成草皮道面的植物，根据其生存期限分为多年生、两年生和一年生牧草。由多年生牧草形成的草皮道面质量最好。构成草皮道面的植物以禾本科为最多，其次为豆科植物。

（一）多年生禾本科牧草

多年生禾本科牧草，按其特性可分为三类：

1. 根茎型禾本科牧草

分蘖节位于土壤下面；由分蘖节处长出辐射状和垂直于主枝的 1～4 个地下侧枝，称为根茎。每隔 3～5 节根茎向上长出土壤表面，同时形成新根茎，到夏季可以形成相当大的根茎型植物网（图 10-5c）。地下茎的茎节发育出不定根，其上生有许多根毛。根茎型禾本科牧草适合于松软的通气良好的土壤，同时要求土壤中水分和养料分布均匀。

属于根茎型禾本科牧草的有无芒雀麦草、优枝冰草、看麦娘草、狗牙根草等。

2. 疏丛禾本科牧草

分蘖节生出之侧枝与主枝夹角呈锐角，分蘖节位于地下。由于分蘖节分出的侧枝只生长在一个节间，因此每个分蘖节长出地面后，都发育出自己独立的根来。

疏丛禾本科牧草构成一个非常稠密、分枝非常多的纤维根系。其埋没在土里的分蘖节，不易被机轮和喷气式发动机的短时温度作用所损坏，是构成机场牧草的主要成分。

猫尾草、鹅冠草、鸡脚草、芳香小惠、牛尾草和高燕麦草，均属于疏丛禾本科牧草（图 10-5a）。

3. 密丛禾本科牧草

这种草的分蘖节经常位于地上。由分蘖节分出的侧枝节间很短。密丛禾本科牧草的根，比疏丛禾本科牧草的根短而且粗，分蘖节生出的侧枝与主枝平行（图 10-5b）。

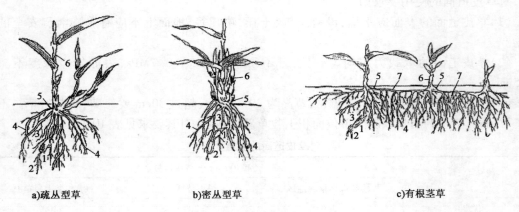

a)疏丛型草　　　　　　b)密丛型草　　　　　　　　c)有根茎草

图 10-5　机场草的基本类型
1-种子;2-胚根;3-胚枝;4-根;5-分蘖节;6-茎;7-主根(地下茎)

密丛禾本科牧草的分蘖节生长在地面上,能够形成草墩,影响机场草皮道面的平整度。这些牧草对土壤和生长条件的要求比较宽,在机场草皮道面中也很少种植。

(二)多年生豆科牧草

豆科牧草的多年生根系,是由主直根茎及其分枝——不定根组成的。因此,有时把它叫作直根性草。

图 10-6　豆科牧草

豆科牧草的根比禾本科牧草的根坚实得多。在根上形成许多固氮细菌根瘤,能促进土壤肥沃。因此,豆科牧草能够促进禾本科牧草的生长,它成为机场草皮道面中牧草必须具备的组成部分。最广泛应用的豆科牧草有:红三叶草、白三叶草、玫瑰色三叶草、黄苜蓿和紫苜蓿等(图 10-6)。

三、生草土的结构和性能

1. 生草土的结构

生草土由下列几个基本部分组成:草层、草毡层、生草土层和生草土基础,见图 10-7。

(1)草层:混合牧草形成的草层高度在 20～150cm 之间,机场草皮道面草层最适当的高度为 20～30cm。因此,必须用人工方法使草皮保持规定的高度。

(2)草毡层:草毡层的厚度为 8～10cm,由稠密的编织在一起的活的和枯死的草根、草茎和草叶的残余物组成。

(3)生草土层:土壤的腐殖层。其中绝大部分是活的草根和草根茎。草皮道面的强度主要由生草土层来决定。

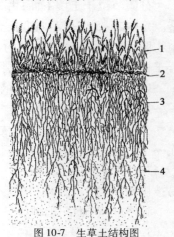

图 10-7　生草土结构图
1-混合牧草;2-草毡层;3-草土层;4-生草土基础

294

(4)生草土基础:生草土层以下的土壤层,其中活的草根很少,根茎一般达不到这样的深度,只有少量须根。在种草后的最初 1~2 年内,草土强度不大。随着草的生长,生草土层的强度逐渐增加,最后达到一稳定值。

在生长期内,活的草根和嫩枝的数量变化很大。一般在开花季节活草根的数量最大。在草结籽后,部分嫩枝和供给营养的草根一起死亡。因此,在春秋两季的泥泞时期,生草土中活的根茎数量一般较少,此时草皮道面的强度也较低。

2. 生草土的性能

草皮道面的使用性能取决于生草土的性能,即取决于生草土的承载力、抗拉强度、耐磨性和减低扬尘性能等。

(1)承载力:生草土承受荷载时,会产生弹性变形和永久变形,变形大小与荷载大小及生草土的湿度有很大关系。一般来说,当荷载一定时,生草土的湿度增加,其承载力降低。图 10-8 所示为黏土和砂土生草土在各种湿度下承载力变化的情况。由图可见,黏土类生草土的承载力在湿度增大时下降;砂土

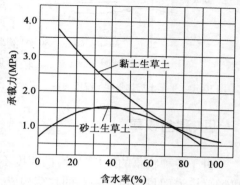

图 10-8　生草土承载力随湿度变化曲线

类生草土的承载力则随湿度的增大而增加,直到饱和毛细含水率为止。超过此含水率,砂土生草土的强度开始下降。砂土类生草土由于透水性好,甚至在泥泞时期也很少发生过湿现象。因此,有良好砂土类生草土的草皮道面比黏性土生草土道面更为适用。

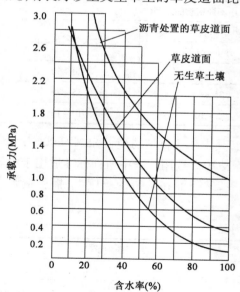

图 10-9　生草土及沥青处治生草土承载力
与湿度关系曲线

生草土的承载力超过无生草土。经有机结合料处置生草土强度增加,并可以提高草皮道面的作用年限,图 10-9 所示为生草土及同样土壤经沥青处治后承载力随湿度变化的情况。由图可见,经沥青处治的草皮道面承载力比未经处治的草皮道面提高 1 倍左右。

(2)抗拉强度:生草土的抗拉强度由土质部分和根系的强度构成。土质部分的强度与土壤级配和湿度有关。黏性大的生草土抗拉强度比黏性小的生草土大。黏土类生草土的根系部分,在湿度不大时承受总荷载的 40% 左右;在含水率超过 35% 时,荷载则全部由植物部分承担(图10-10)。

(3)抗磨损能力:生草土的使用性能也由草层的通行耐久性来决定。生长良好的草皮道面在一年中能保证飞机正常使用 8~10 个月而不产生严重磨损。生草土的磨损与季节有关,秋季生草土的磨损比夏季快,这是由于部分活的草根和枝叶开始干枯,磨损后生长缓慢。

通常,为保护草皮道面,土跑道应实行交替使用,即在一条起飞线上飞行 1 ~ 2 周后,转移到另一条起飞线上去。

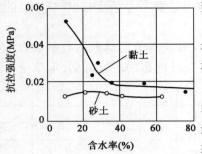

图 10-10　生草土抗拉强度与湿度关系

（4）耐冲刷作用:在草皮上的冲刷量比无草皮土壤小得多。例如,亚黏土草皮是亚黏土的 1/50;砂土草皮是无草砂土的 1/100。

这种作用可用以下理由解释:牧草的杆茎和枝叶吸收了雨水滴落的动力,延缓了径流速度;在土壤中紧密交织的牧草根系,对土壤起到"加筋作用",从而避免和减轻冲刷。

此外,草皮道面能有效地消除土道面的扬尘性。

四、混合牧草

由于各种牧草的生长、发育的速度不同,枯萎的时间不同,在刈割后恢复的快慢也不同,若机场草皮道面只由单一种类的牧草构成,则不能形成良好的飞行场地生草土层。有各种不同的牧草配合起来,才能使生草土的使用性能达到最佳。

混合牧草须包括疏丛牧草、密丛牧草、根茎牧草和直根豆科牧草,其比例见表 10-4。上述各种牧草的相互作用能使生草土具有优良的性能。

混合牧草组成比例　　　　　　　　　　表 10-4

草 的 种 类	混合牧草中不同植物的比例（%）		
	正常含水率和过湿地区		含水率不足地区
	黏土类土壤	砂土类土壤	
根茎型草	25 ~ 35	50 ~ 60	20 ~ 30
疏丛和密丛型草	50 ~ 65	35 ~ 45	55 ~ 70
豆科类草	10 ~ 15	5 ~ 10	10 ~ 15

通常,混合牧草的组成中,应当含有 3 ~ 7 种植物,其中禾本科植物应占 85% ~ 90%,豆科植物占 10% ~ 15%。机场草皮道面的播种量,可参考表 10-5 选用。表中所列标准适用于中等肥沃的土壤,在最肥沃的土壤上,播种量可减少 20% ~ 25%;而在贫瘠的土壤上,播种量则应适当增大。

机场混合牧草播种量　　　　　　　　　　表 10-5

草 的 种 类		播种量（kg/ha）
根茎型草	无芒雀麦草	100
	优枝冰草	80
	看麦娘草	60
	草原莓系草	25
	红狐茅草	70
	狗牙根（只栽狠茎）	2000

草 的 种 类		播种量（kg/ha）
疏丛和密丛型草	猫尾草	30
	鹅冠草	50
	鸡脚草、高燕麦草	100
	棱狐茅草	60
	红狐茅草	70
	多年生黑麦草	80
豆科类草	红三叶草	50
	白三叶草	25
	苜蓿	40

每一种牧草的播种量可按下式计算：

$$Z = \frac{N_0 n}{100} \qquad (10\text{-}26)$$

式中：Z——混合牧草中，该种牧草的播种量（kg/ha），1ha = 10000m²；

N_0——单纯播种该种草时的播种量（kg/ha），见表10-5；

n——该种牧草在混合牧草中的含量（%）。

机场各地区的设计播种量，可按下式计算：

$$N = ZK \qquad (10\text{-}27)$$

式中：N——设计使用播种量（kg/ha）；

K——使用定额变动系数，见表10-6。

使用定额变动系数值　　　　　　　　　　　表10-6

定额变动系数 K	使 用 地 区	定额变动系数 K	使 用 地 区
0.25	种子收获区	0.50 ~ 1.00	侧保险道地带
0.25 ~ 0.50	端保险道地带	1.50 ~ 3.00	草皮起落跑道

第三节　端保险道和土质刹车地带

一、端保险道

在跑道两端的外侧，为了保证飞机一旦冲出跑道时的安全，都设有端保险道。端保险道为土质道面，宽度为跑道宽、土跑道宽及平地区靠跑道一侧50m宽的总和。端保险道的长度根据机场等级确定，见表10-7。端保险道的压实要求：细粒土大于90%，粗粒土大于93%。

各机场端保险道长度 表 10-7

机场等级	一级	二级	三、四级
端保险道长度(m)	200	300 ~ 400	200 ~ 300

端保险道与跑道端的结合部应设置过渡段。过渡段宽度与跑道相同,长度为 50 ~ 60m。过渡段道面的面层通常采用沥青混凝土或水泥混凝土铺筑,也可采用结合料处治的石质材料铺筑。道面厚度采用结构层材料允许的最小厚度。

端保险道和过渡段的纵坡,向外升坡时应不大于 8‰;降坡时,在距跑道端 200m 内应不大于 8‰,其余部分应不大于 15‰。变坡代数差应不大于 12‰。过渡段的横坡为 8‰ ~ 12‰,端保险道的横坡应不小于 5‰,不大于 15‰。

二、土质刹车地带

在飞机着陆过程中,由于飞行员的操作误差或刹车机构失灵,或者由于道面表面非常光滑等原因,飞机可能在滑跑时冲出跑道头,或者在离跑道头不远的地方有河沟和其他危险的地物,为了防止万一飞机冲出跑道后发生严重事故,需要在端保险道上修筑土质刹车地带。刹车地带是由不同翻耕深度和长度的松软地带构成,离跑道端越远,其翻松深度和长度越大。

端保险道上的刹车地带如图 10-11 所示。

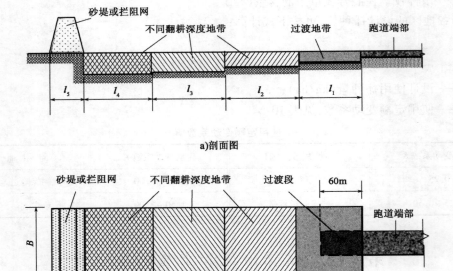

a)剖面图

b)平面图

图 10-11 端保险道和土质刹车地带

l-端保险道长;$l_1 \sim l_4$-各刹车段长;l_5-砂堤长;B-端保险道宽

思考题与习题

1. 什么是机场土道面的通行性问题？
2. 保证土机场通行的条件是什么？
3. 提高机场土道面的可行性的措施有哪些？
4. 对草皮道面的使用要求有哪些？
5. 禾本科牧草可以分为哪几类？有何特点？
6. 生草土的结构由哪几部分组成？其使用性能表现在哪几方面？

第十一章　机场道路设计

第一节　机场道路的技术要求

一、机场道路分级及技术指标

机场是一个综合性建筑群,它由飞行场地(跑道、滑行道、联络道、土跑道、端保险道、平地区、拖机道,各种用途的停机坪,相应的排水系统等)、飞行指挥调度系统、候机楼、各种库区(油料库、航材库、武器弹药库)、导航系统(远、近导航台、定向台、发信台、雷达站等)以及生活区等构成。这些建筑群之间都需要建造各种等级的道路,以保证正常的飞行和训练活动。

军用机场道路按使用特点分为甲、乙、丙、丁四级(表 11-1)。各级道路的技术指标见表11-2。

军用机场道路分级　　　　　　　　　　　　　　表 11-1

机场道路等级	道 路 名 称
甲	进场道路,平行道路,主要营区间与营区内干线道路,至消耗油库(无直线加油设施)的道路,停机坪至导弹工作房、水鱼雷库的道路
乙	机场至地面指挥所的道路,至消耗油库(有直线加油设施)的道路,通向基地油库、军械库、航材库,四站及铁路专用线站台的道路
丙	营区内支线道路,机场至地下指挥所的道路,通向基地油库(基地油库与消耗油库之间已有输油管线)的道路,甲、乙级道路引出的支线道路
丁	通向远、近距导航台、定向台、发信台、雷达站和各种车坪的道路以及巡场路

军用机场道路技术指标　　　　　　　　　　　　表 11-2

项　　目	机场道路等级			
	甲	乙	丙	丁
路面宽度(m)	7.0～9.0	6.0	3.5	3.5
路基宽度(m)	8.5～12.0	7.5	6.5	4.5
路面类型	水泥混凝土路面 沥青混凝土路面	水泥混凝土路面 沥青类路面	沥青类路面 碎(砾)石路面	碎(砾)石路面 粒料加固路面
桥面净宽(m)	净7(不设人行道)			净4.5
其他指标	参照执行现行《公路工程技术标准》(JTG B01)中的三级公路的要求		同左,参照执行四级公路的要求	

注:1.水泥混凝土路面主要用于进场道路、平行道路、停机坪至导弹工作房、水鱼雷库的道路和油库区内的部分道路等。
　　2.对于丁级道路,宜在适当位置设置错车道。

300

表 11-2 中最后一栏的其他指标,系指各级公路的计算行车速度、路肩宽度、最大纵坡、平曲线半径及平曲线的加宽等;在机场道路设计中有时会用到,这里在表 11-3 ~ 表 11-8 中列出。

各级公路路肩宽度 表 11-3

设计速度（km/h）		高速公路、一级公路				二、三、四级公路				
		120	100	80	60	80	60	40	30	20
右侧硬路肩宽度（m）	一般值	3.00 或 3.50	3.00	2.50	2.50	1.50	0.75	—	—	—
	最小值	3.00	2.50	1.50	1.50	0.75	0.25			
土路肩宽度（m）	一般值	0.75	0.75	0.75	0.50	0.75	0.75	0.75	0.50	0.25（双车道）0.50（单车道）
	最小值	0.75	0.75	0.75	0.50	0.5	0.5			

注:1.“一般值”为正常情况下的采用值;“最小值”为条件受限制时可采用的值。

　　2. 设计速度为 120km/h 的四车道高速公路,采用 3.50m 的右侧硬路肩;六车道、八车道高速公路采用 3.00m 的右侧硬路肩。

圆曲线最小半径 表 11-4

设计速度（km/h）		120	100	80	60	40	30	20
一般值（m）		1000	700	400	200	100	65	30
极限值（m）		650	400	250	125	60	30	15
不设超高最小半径（m）	路拱≤2.0%	5500	4000	2500	1500	600	350	150
	路拱>2.0%	7500	5250	3350	1900	800	450	200

各级公路最大纵坡 表 11-5

设计速度（km/h）	120	100	80	60	40	30	20
最大纵坡（%）	3	4	5	6	7	8	9

最小坡长 表 11-6

设计速度（km/h）	120	100	80	60	40	30	20
最小坡长（m）	300	250	200	150	120	100	60

纵坡长度限制 表 11-7

纵坡坡度（%） ＼ 设计时速（km/h）／ 最大坡长（m）	120	100	80	60	40	30	20
3	900	1000	1100	1200			
4	700	800	900	1000	1100	1100	1200
5		600	700	800	900	900	1000
6			500	600	700	700	800
7					500	500	600
8					300	300	400
9						200	300
10							200

竖曲线最小半径和最小长度　　　　　　　　表 11-8

设计速度（km/h）		120	100	80	60	40	30	20
凸形竖曲线半径 （m）	一般值	17000	10000	4500	2000	700	400	200
	极限值	11000	6500	3000	1400	450	250	100
凹形竖曲线半径 （m）	一般值	6000	4500	3000	1500	700	400	200
	极限值	4000	3000	2000	1000	450	250	100
竖曲线最小长度（m）		100	85	70	50	35	25	20

　　连续上坡（或下坡）时，应在不大于表 11-7 所规定的纵坡长度范围内设置缓和坡段。缓和坡段的纵坡应不大于 3%，其长度应符合纵坡长度的规定。

　　公路纵坡变更处应设竖曲线。竖曲线最小半径和最小长度应符合表 11-8 规定。

　　对机场道路路面的要求是：①路面平整，以减小行车冲击力，保证高速行车的舒适性；②路面抗滑性能符合要求，保证行车安全；③具有足够的强度和刚度，以支承行车荷载，并使路面变形量控制在容许范围内；④具有足够的气候稳定性，以保持路面的强度和刚度在使用期限内变化幅度最小；⑤经久耐用，具有较高的抗疲劳和抗变形的能力。

二、路面的构造

　　路面结构由图 11-1 中所示的各个部分组成。图中，左半侧为沥青路面，右半侧为水泥混凝土路面。

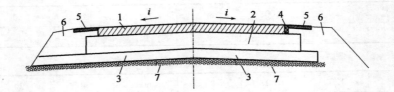

图 11-1　路面结构组成横断面

1-面层；2-基层（有时包括底基层）；3-垫层；4-路缘石；5-加固路肩；6-土路肩；7-路基；i-路拱横坡度

　　机场道路的路拱横坡度可参照表 11-9 采用。土路肩横坡度应较路面横坡度大 1% ~2% 。

不同类型路面的路拱横坡度　　　　　　　　表 11-9

路 面 类 型	路拱平均坡度（%）
水泥混凝土	1.0 ~2.0
沥青混凝土	1.0 ~2.0
热拌沥青碎石混合料	
沥青贯入式碎（砾）石	1.5 ~2.5
冷拌沥青碎（砾）石	
沥青碎（砾）石表面处治	
沥青灰土表面处治	
整齐、半整齐石块与条石	

续上表

路 面 类 型	路拱平均坡度（%）
不整齐石块	2.0～3.0
泥结、水结、干结及级配碎（砾）石等	2.5～3.5
砂、僵石、碎砖	2.5～3.5
粒料改善土	3.0～4.0
当地材料改善土	3.0～4.0

（一）面层

1. 水泥混凝土路面

水泥混凝土面板应满足设计要求的弯拉强度,表面平整、耐磨、抗滑。板的横断面一般采用等厚式。混凝土的平整度以3m直尺测试为准。直尺与路面之间的间隙,高速公路和一级公路应不大于3mm;其他各级公路应不大于5mm。混凝土路面抗滑标准不应低于表11-10的规定。

各级公路水泥混凝土面层的表面构造深度（mm）要求 表 11-10

公路等级	高速公路、一级公路	二、三、四级公路
一般路段	0.70～1.10	0.50～0.90
特殊路段	0.80～1.20	0.60～1.00

注:1.特殊路段——对于高速公路和一级公路系指立交、平交或变速车道等处,对于其他等级公路系指急弯、陡坡、交叉口或集镇附近。

2.年降雨量600mm以下的地区,表列数值可适当降低。

普通混凝土、钢筋混凝土、碾压混凝土或连续配筋混凝土面层所需厚度,可参考表11-11。

水泥混凝土面层厚度的参考范围 表 11-11

交通等级	特重			重			
公路等级	高速公路	一级公路	二级公路	高速公路	一级公路		二级公路
变异水平等级	低	中	低	中	低	中	低	中
面层厚度（mm）	≥260	≥250	≥240	270～240	260～230	250～220

交通等级	中等			轻	
公路等级	二级公路	三、四级公路	三、四级公路	三、四级公路	
变异水平等级	高	中	高	中	高	中
面层厚度（mm）	240～210	230～200	220～200	≤230	≤220

2. 沥青面层

沥青面层是由矿质集料、沥青结合料及其他外掺剂按要求比例拌和、摊铺而成的单层或多层式结构层,它通常由表面层（磨耗层）和联结层或整平层组成。采用三层铺筑的沥青面层,自上而下称为上面层（也称表面层）、中面层、下面层（也称底面层）。

沥青面层应具有抗车辙、抗低温开裂、抗疲劳（耐久）、抗剥落的品质,以及平整、抗滑、耐磨、低噪声的表面性能。

沥青面层按混合料组成方式的不同,可分为沥青混凝土、沥青碎石混合料、沥青玛蹄脂碎

303

石混合料、多孔隙沥青混合料、沥青贯入碎石或沥青表面处治等。

（1）沥青混凝土（AC）

沥青混合料按其集料最大粒径的不同,可分成粗粒式、中粒式和细粒式三类;按压实后空隙率的多少,可分为密级配沥青混合料和开级配沥青混合料两类。

密级配沥青混合料的集料级配连续,压实后的剩余空隙率小于10%。剩余空隙率为3%～6%时,称作Ⅰ型密实式沥青混凝土混合料;剩余空隙率为4%～10%的,称作Ⅱ型半密实式沥青混凝土混合料。

沥青混凝土面层宜采用双层或三层式结构,其中至少必须有一层是Ⅰ型密级配沥青混凝土混合料。当各层均采用沥青碎石混合料时,沥青面层下必须做下封层。三层式沥青面层的表面层采用抗滑表层时,中面层应用Ⅰ型密级配沥青混凝土,下面层宜根据当地气候和交通量,采用Ⅰ型或Ⅱ型沥青混凝土。双层式沥青面层的表面层采用抗滑层时,下面层应选用Ⅰ型密级配沥青混凝土。

开级配沥青混合料主要由粗集料组成,细集料较少,压实后的空隙率大于15%。

（2）热拌沥青碎石混合料（AM）

这是一种由适当比例的粗集料、细集料及少量填料（或不加填料）与沥青拌和而成,压实后剩余空隙率在10%以上的半开式沥青混合料。按集料最大粒径的不同,分为粗粒式、中粒式、细粒式等。它适用于二级及二级以下公路的面层、路面的上基层以及调平层。

（3）沥青玛蹄脂碎石混合料（SMA）

这是一种由沥青、细集料(2.36mm以下)、矿粉及纤维稳定剂组成的沥青玛蹄脂(沥青胶浆),填充于以开级配或断级配粗集料为骨架的空隙中而形成的沥青混合料。其特点是,粗集料多(4.75mm以上集料的比例高达70%～80%),交通荷载主要由粗集料骨架承受;细集料很少,小于4.75mm的占27%～33%,小于2.36mm的占15%～23%;矿粉用量多,小于0.075mm的高达8%～12%;沥青用量多(一般均为5.7%～6.2%);沥青胶浆填充了粗集料的绝大部分空隙,混合料的空隙率很小,仅3.5%～4%。

这种混合料多用作表面层,厚度3～4cm,具有抗车辙、抗低温开裂、耐久性(抗疲劳)和抗滑性能好的优点。

（4）多空隙沥青混合料

这种混合料由开级配集料与沥青拌和而成,压实后剩余空隙率通常在15%～25%之间。这种混合料多用于表面层,起排水、抗滑和降低噪声的作用。厚度视集料级配而异,一般为4.0cm左右。

（5）沥青贯入碎石

沥青贯入碎石是在经过初步碾压的碎石(或破碎砾石)上,浇灌沥青、撒布嵌缝料,经压实而成。用作沥青表面层时,在其表面可再铺筑热拌沥青混合料封层。

沥青贯入碎石面层适用于二级及二级以下公路的路面,也可用作沥青路面的基层。

沥青贯入式路面的厚度宜为4～8cm,但乳化沥青贯入式路面的厚度不宜超过5cm。当贯入层上部加铺拌和的沥青混合料面层时,总厚度宜为7～10cm,其中拌和层的厚度宜为3～4cm。

（6）乳化沥青碎石混合料

这种混合料采用乳化沥青与矿料在常温状态下拌和而成,压实后剩余空隙率在10%以上。它适用于三级以下公路的沥青面层、二级公路的罩面层以及各级公路沥青路面的联结层或整平层。

这种混合料用作面层时宜采用双层式,下层选用粗粒式沥青碎石混合料,上层选用中粒式或细粒式沥青碎石混合料。单层式只宜在少雨、干燥地区或半刚性基层上使用;在多雨、潮湿地区必须做上封层或下封层。

(7)沥青表面处治

沥青表面处治是集料和沥青按层铺或拌和方法施工的薄面层。它适用于三级及三级以下公路、各级公路施工便道以及在旧沥青面层上加铺罩面式磨耗层。

层铺法可分为单层、双层、三层,厚度宜为 1.0~3.0cm。单层表处厚度为 1.0~1.5cm;双层表处厚度为 1.5~2.5cm;三层表处厚度为 2.5~3.0cm。施工时宜采用沥青洒布车及集料撒布机联合作业。

拌和法沥青表面处治路面可采用热拌热铺或冷拌冷铺法施工,其厚度宜为 3~4cm。施工时基层顶面应洒透层沥青或黏层,或做下封层,使面层与基层之间结合紧密,防止雨雪下渗。

(二)基层

1. 水泥混凝土路面

基层是保证水泥混凝土路面整体强度,防止唧泥和错台,延长路面使用寿命的重要层次。基层应具有足够的强度和稳定性,整体性好,冰冻稳定性好。特重和重交通公路,基层宜采用水泥稳定砂砾、水硬性工业废渣稳定类或沥青混合料等;中等和轻交通的公路,除上述类型外,也可以采用石灰土、泥结碎石等。新建公路水泥混凝土路面的基层最小厚度一般为 15cm。基层宽度应比混凝土板每侧宽出 25~30cm。

在季节性冰冻地区,路面的总厚度不应小于表 11-12 规定的最小防冻厚度。

水泥混凝土路面最小防冻厚度 表 11-12

路基干湿类型	路基土类别	当地最大冰冻深度(m)			
		0.50~1.00	1.00~1.50	1.50~2.00	>2.00
中湿路基	易冻胀土	0.30~0.50	0.40~0.60	0.50~0.70	0.60~0.95
	很易冻胀土	0.40~0.60	0.50~0.70	0.60~0.85	0.70~1.10
潮湿路基	易冻胀土	0.40~0.60	0.50~0.70	0.60~0.90	0.75~1.20
	很易冻胀土	0.45~0.70	0.55~0.80	0.70~1.00	0.80~1.30

注:1. 易冻胀土——细粒土质砾(GM、GC)、除极细粉土质砂外的细粒土质砂(SM、SC)、塑性指数小于 12 的黏质土(CL、CH)。

2. 很易冻胀土——粉质土(ML、MH)、极细粉土质砂(SM)、塑性指数在 12~22 之间的黏质土(CL)。

3. 冻深小或填方路段,或基、垫层为隔温性能良好的材料,可采用低值;冻深大或挖方及地下水位高的路段,或基、垫层为隔温性能稍差的材料,应采用高值。

4. 冻深小于 0.50m 的地区,一般不考虑结构层防冻厚度。

2. 沥青路面

沥青路面的基层应具有足够的强度和稳定性,寒冷地区还应具有一定的抗冻性和较好的抗低温开裂的性能。

基层可分为有结合料稳定类(有机结合料、无机结合料)和无结合料的粒料类(嵌锁型配型）。底基层可分为无机结合料稳定类和无结合料的粒料类。

（1）有机结合料稳定类：包括热拌沥青碎石或乳化沥青碎石混合料、沥青贯入碎石。

（2）无机结合料稳定类（也称半刚性类型）：包括水泥稳定类、石灰稳定类、工业废渣稳定类。

①水泥稳定类：包括水泥稳定砂砾、砂砾土、碎石土，未筛分碎石、石屑、土等，以及水泥稳定经加工、性能稳定的钢渣、矿渣等，其技术要求见表11-13。

水泥稳定类材料的压实度及 7d 无侧限抗压强度 表 11-13

层位	稳定类型	特 重 交 通		重、中交通		轻 交 通	
		压实度（%）	抗压强度（MPa）	压实度（%）	抗压强度（MPa）	压实度（%）	抗压强度（MPa）
基层	集料	≥98	3.5～4.5	≥98	3～4	≥97	2.5～3.5
	细粒土	—	—	—	—	≥96	
底基层	集料	≥97	≥2.5	≥97	≥2.0	≥96	≥1.5
	细粒土	≥96		≥96		≥95	

②石灰稳定类：包括石灰稳定土（石灰土）、天然砂砾土（石灰砂砾土）、天然碎石土（石灰碎石土）以及用石灰土稳定级配砂砾（砂砾中无土）、级配碎石和矿渣等，其技术要求见表11-14。

石灰稳定类材料的压实度及 7d 无侧限抗压强度 表 11-14

层 位	类 别	重、中交通		轻 交 通	
		压实度（%）	抗压强度（MPa）	压实度（%）	抗压强度（MPa）
基层	集料	—		≥97	≥0.8①
	细粒土	—		≥95③	
底基层	集料	≥97	≥0.8	≥96	≥0.7②
	细粒土	≥95		≥95	

注：①在低塑性土（塑性指数小于 10）地区，石灰稳定砂砾土和碎石土的 7d 抗压强度应大于 0.5MPa。

②低限用于塑性指数小于 10 的土，高限用于塑性指数大于 10 的土。

③三、四级公路，压实机具有困难时压实度可降低 1%。

③工业废渣稳定类：包括石灰粉煤灰类和水泥粉煤灰类。

a. 石灰粉煤灰类：包括石灰粉煤灰土（二灰土）、石灰粉煤灰砂（二灰砂）、石灰粉煤灰砂砾（二灰砂砾）、石灰粉煤灰碎石（二灰碎石）、石灰粉煤灰矿渣（二灰矿渣）等，其技术要求见表11-15。

b. 水泥粉煤灰类：包括水泥粉煤灰稳定砂砾、碎石及砂等。

c. 石灰煤渣类：包括石灰煤渣土、石灰煤渣碎石、石灰煤渣砂砾、石灰煤渣矿渣、石灰煤渣碎石土等。

水泥稳定类、石灰粉煤灰稳定类材料适用于各级公路的基层和底基层，但是水泥或石灰、粉煤灰稳定细粒土不能用作高级路面的基层。

石灰稳定类材料适用于各级公路的底基层，石灰稳定细粒土不能用作高级路面的基层。

石灰粉煤灰稳定类材料的压实度及 7d 无侧限抗压强度　　　表 11-15

层　位	稳定类型	特重、重、中交通		轻　交　通	
		压实度(%)	抗压强度(MPa)	压实度(%)	抗压强度(MPa)
基层	集料	≥98	≥0.8	≥97	≥0.6
	细粒土	—	—	≥96	
底基层	集料	≥97	≥0.6	≥96	≥0.5
	细粒土	≥96		≥95	

（3）粒料类：

①嵌锁型——包括泥结碎石、泥灰结碎石、填隙碎石等。

②级配型——包括级配碎石、级配砾石、符合级配的天然砂砾，部分砾石经轧制掺配而成的级配砾、碎石等。

级配碎石适用于各级公路的基层和底基层。

级配砾石、级配碎石以及符合级配、塑性指数等技术要求的天然砂砾可用作二级和二级以下公路的基层，也可用作各级公路的底基层。

填隙碎石适用于各级公路的底基层和三、四级公路的基层。

在季节性冰冻地区的中湿、潮湿路段，路面设计时应进行防冻厚度检验。根据交通量计算的结构层总厚度应不小于表 8-20 中最小防冻厚度的规定。防冻厚度与路基潮湿类、路基土类、道路冻深以及路面结构层材料的热物理特性有关。若结构层总厚度小于防冻厚度时，应增加防冻垫层厚度使其满足最小防冻厚度的要求。

补强设计时，补强层加原有路面结构厚度之和应大于防冻厚度，否则应增加补强厚度使其满足最小防冻厚度的要求。

第二节　行车荷载

一、荷载作用图式

行车荷载通过车轮施加在路面上的作用力有竖向压力、水平力、冲击力和真空吸力等。由于汽车类型众多，车轴和车轮的组合形式也变化繁多，大致可分为三大类，即固定车身类、牵引车类和拖挂类。机场上行驶的汽车以固定车身类居多。固定车身类的车轴区分为前轴和后轴。绝大部分车辆的前轴为两个单轮组成的单轴，轴载约为汽车总重的三分之一。少数汽车的前轴由双轴单轮组成，双前轴的载重约为汽车总重的一半。汽车的后轴有单轴和双轴两种。绝大部分汽车的后轴由双轮组组成，少数载重量轻的汽车由单轮构成后轴。每一根后轴的轴载约为前轴轴载的 2 倍。目前，行驶在我国公路上的载重车的后轴轴载，一般在 30～130kN 范围内变动，而绝大部分在 100kN 以下。我国公路与城市道路路面设计规范中均以 100kN 作为设计标准轴重。

载重汽车轮胎的静内压力，大多数在 0.4～0.7MPa 范围内变化。一般情况下，轮胎与路面接触面上的压力小于内压力 p，为 $(0.8～0.9)p_i$。车轮在行驶过程中，内压力会因轮胎充气温度升高而增加，因此，滚动的车轮接触压力也有所增加，达到$(0.9 \sim 1.1)p_i$。

轮胎的刚度随轮胎的新旧程度而有不同，接触面的形状和轮胎的花纹也会影响接触压力的分布，一般情况下，接触面上的压力分布是不均匀的。不过在路面设计中，通常忽略上述因素的影响，而直接取内压力作为接触压力，并假定在接触面上压力是均匀分布的。

轮胎与路面的接触面形状如图11-2所示，它的轮廓近似于椭圆形，因其长轴与短轴的差别不大，在工程设计中以圆形接触面积来表示。将车轮荷载简化成当量的圆形均布荷载，并采用轮胎内压力作为轮胎接触压力p。当量圆的半径可以按式（11-1）确定。

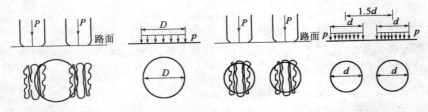

a)单圆荷载作用图式   b)双圆荷载作用图式

图11-2　车轮荷载计算图式

$$\delta = \sqrt{\frac{P}{\pi p}} \tag{11-1}$$

式中：P——作用在车轮上的荷载（kN）；

　　　p——轮胎接触压力（kPa）；

　　　δ——接触面当量圆半径（m）。

对于双轮组车轴，若每一侧的双轮用一个当量圆代替，称为单圆荷载图式。若两个单轮荷载用两个当量圆均布荷载代替，则称为双圆荷载图式，见图11-2。显然，双圆荷载图式比较符合实际情况。

当采用单圆荷载图式时，轮印当量圆直径D为：

$$D = \sqrt{\frac{8P}{\pi p}} \tag{11-2}$$

当采用双圆荷载图式时，每个轮印当量圆直径d为：

$$d = \sqrt{\frac{4P}{\pi p}} \tag{11-3}$$

我国现行路面设计规范中采用双轮组单轴（图11-2b）100kN作为标准轴载进行路面结构设计。标准轴载见表11-16。

标准轴载计算参数　　　　　　　　　　　　　　　　　　　表11-16

标准轴载	BZZ-100	标准轴载	BZZ-100
标准轴载 P（kN）	100	单轮传压面当量圆直径 d（cm）	21.30
轮胎接地压强 p（MPa）	0.70	两轮中心距（cm）	$1.5d$

二、动态影响

行驶状态的汽车除了施加给路面竖向静压力之外,还给路面施加水平力、振动力。此外,由于汽车以较快的速度通过,这些动力影响还有瞬时性的特征。

(一)水平力

汽车在道路上等速行驶,车轮受到路面给它的滚动摩阻力,路面也相应受到车轮施加于它的一个向后的水平力;汽车在上坡行驶,或者在加速行驶过程中,为了克服重力与惯性力,需要给路面施加向后的水平力,相应在下坡行驶或者在减速行驶过程中,为了克服重力与惯性力的作用,需要给路面施加向前的水平力。汽车在弯道上行驶,为了克服离心力,保持车身稳定不产生侧滑,需要给路面施加侧向水平力。特别是在汽车起动和制动过程中,施加于路面的水平力相当大。

车轮施加于路面的各种水平力 Q 值与车轮的竖向压力 P,以及路面与车轮之间的附着系数 φ 有关(图 11-3),其最大值 Q_{max} 不会超过 P 与 φ 的乘积,即:

$$Q_{max} \leqslant P\varphi \tag{11-4}$$

若以 q 和 p 分别表示接触面上的单位水平力和单位竖向接触压力,则单位面积上最大水平力 q_{max} 应满足:

$$q_{max} \leqslant p\varphi \tag{11-5}$$

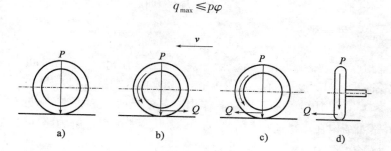

图 11-3　车轮作用于路面上的竖向压力与水平力

φ 值一般不超过 $0.7 \sim 0.8$,其大小与路面的类型、潮湿程度和行车速度有关,见表 11-17。

纵向滑移路面附着系数　　　　　　　　　　　　　　　表 11-17

路面状况	路面类型	行车速度(km/h)		
		12	32	64
干燥	碎石	—	0.60	—
	沥青混凝土	0.70 ~ 1.00	—	0.50 ~ 0.65
	水泥混凝土	0.70 ~ 0.85	—	0.60 ~ 0.80
潮湿	碎石	—	0.40	—
	沥青混凝土	0.40 ~ 0.65	—	0.10 ~ 0.50
	水泥混凝土	0.60 ~ 0.75	—	0.35 ~ 0.55

道路表面必须保证有足够的附着力,才能保证正常安全行车,但附着系数的大小又直接关系到路面结构所承受水平力的大小。在水平力的作用下,道路结构层特别是面层直接承受水平力的作用,若面层材料的抗剪强度不足,将产生推挤、波浪、车辙等破坏现象。

(二)动载特性

以一定速度行驶在路面上的车辆,由于自身的震动和路面的不平整,其车轮实际上是以一定的频率和振幅在路面上跳动着。作用在路面上的轮载时而大于静载,时而小于静载(图11-4)。轮载的这种动态变动,可近似地看作呈正态分布,其变差系数(标准离差与静轮载之比)主要随以下三方面因素变化:

(1)行车速率:车速越高,变差系数越大。

(2)路面的平整度:平整度越差,变差系数越大。

(3)车辆震动特性:轮胎越软,减震装置的效果越好,变差系数越小。

正常情况下,变差系数一般均小于0.3。

动轮载与静轮载之比,称作冲击系数。在较平整的路面上,车速低于50km/h时的冲击系数约在1.30以内。在车速高、平整度差的路面上,冲击系数可达1.5以上。在路面设计时,有时以冲击系数乘以静轮载作为设计轮载。

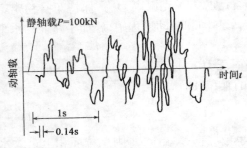

图11-4 轮载的动态分布

注:中等平整度路面,车速60km/h,轮胎着地长23cm,通过时间0.0138s

(三)瞬时性

车辆以一定的速率行经路面时,路面任一点所经受到的轮载作用时间实际上很短,只有0.01~0.1s。路面下不同深度处的应力作用的持续时间略大些,但也很短。在这样短暂的荷载(应力)作用下,路面结构的变形不像静载作用时那样充分。这相当于减少了车轮荷载的影响,从而减少了路面结构在车辆荷载作用下的总变形量,还可以理解为路面结构刚度和路面结构强度的相对提高。

三、交通分析

(一)交通量的统计与预测

道路上通行的车辆不仅具有不同的类型和不同的轴重,而且通行的车辆数目也是变化的。路面结构设计中,要考虑设计年限内,车辆对路面的综合累计损伤作用,必须对现有的交通量、轴载组成以及增长规律进行调查和预估,并通过适当的方式将它们换算成当量标准轴载的累计作用次数。

交通量通量是指一定时间间隔内各类车辆通过某一道路横断面的数量。可以通过现有的交通流量观测站的调查资料,得到该道路设计的初始年平均日交通量,也可以根据需要,临时设站观测。当然这种观测只是短期的,仅为若干天,而且每天也可能仅观测若干小时。对此,当地长期观测所得的时间分布规律,即月分布不均匀系数、日分布不均匀系数和小时分布系数,将临时观测结果按相应的换算系数换算成年平均日交通量。

对路面结构设计,不仅要收集交通总量,还必须区分不同的车型。目前各地观测站进行调查,将车辆分成11类:小型货车、中型货车、大型货车、小型客车、大型客车、拖挂车、小型拖拉机、大中型拖拉机、自行车、人力车、畜力车等。其中,小型客车、货车、小型拖拉机和非机动车等对路面的损坏作用可忽略不计,在路面设计时,可依据这些车辆的比例,从总量中扣除。

有的交通量观测站配置有自动化轴载仪,可自动记录通行车辆的轴数和轴载大小,然后按轴载大小分类统计累计当量轴载数,这种调查称为轴载谱调查。轴载谱调查可与交通量统计调查相互校核与补充。

从统计结果可以看出,道路交通量是逐年增长的,要确定路面设计年限内的总交通量还须预测该年限内交通的发展情况,通常可根据若干年内连续观测到的交通量资料,经回归整理后得出该期间内交通量年平均增长率的变化规律,并利用它推算所需年份的平均日交通量。

路面结构设计中,通过调查分析确定初始年平均日交通量 N_1,按式(11-6)进行计算:

$$N_1 = \frac{\sum_{i=1}^{365} N_i}{365} \tag{11-6}$$

式中:N_1——初始年平均日交通量;

$\quad$ N_i——每日实际交通量。

逐年增长的交通量大致符合几何级数增长规律,即在某段时间内,以固定的百分率 γ 逐年增加,γ 依地区、经济条件和时间而变。一般而言,发达国家、大城市附近,由于其经济基础已有相当规模,交通量基数较大,增长率 γ 较小;而相对于发展中国家、新开发的经济区,一般 γ 值都较大,若干年后,γ 将逐年下降,趋于稳定。

在路面结构设计时,设计年限内累计交通量 N_e,可由下式预估:

$$N_e = \frac{365 N_1}{\gamma} [(1 + \gamma)^t - 1]$$

或 $$N_e = \frac{365 N_t}{\gamma (1 + \gamma)^{t-1}} [(1 + \gamma)^t - 1] \tag{11-7}$$

式中:N_e——设计年限内累计交通量;

$\quad$ N_1——设计初始年平均日交通量;

$\quad$ N_t——设计末年年平均交通量;

$\quad$ γ——设计年限内交通量年平均增长率;

$\quad$ t——设计年限。

(二)轴载组成和轴载换算

不同重量的轴载给路面结构带来的损伤程度是不同的。对于路面结构设计而言,除了设计期限内的累计交通量外,设计人员普遍应该关注的另一个重要交通参数便是各级轴载。

根据实测的通过轴载次数和相应的轴载,整理成图11-5那样的直方图,作为该道路通行的各级轴载的典型轴载谱。由交通调查得到某类车辆每日通行的轴载数,乘以相应的轴载谱百分率,即可推算出所有车辆各级轴载的作用次数。

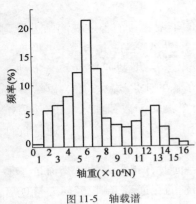

图 11-5　轴载谱

道路上行驶的汽车轴载与通行次数可以按照等效原则换算为某一标准轴载的当量通行次数,我国水泥混凝土路面设计规范和沥青路面设计规范均选用双轮组单轴轴载100kN 作为标准轴载。

各种轴载的作用次数进行等效换算的原则是,同一种路面结构在不同轴载作用下达到相同的损伤程度。通过室内或道路现场的重复作用试验,可以建立荷载不同量级达到相同程度损伤的作用次数之间的关系,依据这一关系,可以推算出不同轴载的作用次数等效换算成标准轴载当量作用次数的轴载换算系数公式,见式(11-8)。

$$\eta_i = \frac{N_s}{N_i} = \alpha \left(\frac{P_i}{P_s} \right)^n \tag{11-8}$$

式中：η_i——i 级轴载换算为标准轴载的换算系数；

P_s——标准轴载重(kN)；

N_s——标准轴载作用次数；

P_i——i 级轴载重(kN)；

N_i——i 级轴载作用次数；

α——反映轴型(单轴、双轴或三轴)和轮组轮胎数(单轮或双轮)影响的系数；

n——同路面结构特性有关的系数。

沥青路面、水泥混凝土路面和半刚性路面的结构特性不同,损伤的标准也不相同,因而系数 α 和 n 取值各不相同。

(三)轮迹横向分布

车辆在道路上行驶时,车轮的轨迹总是在横断面中心线附近一定范围内左右摆动,由于轮迹宽度远小于车道的宽度,因而总的轴载通行次数既不会集中在横断面上某一固定位置,也不可能平均分配到每一点上,而是按一定规律分布在车道横断面上,称为轮迹横向分布。图 11-6 为单向行驶时一个车道内的轮迹横向分布频率曲线;图 11-7 为混合行驶时双车道轮迹横向分布频率曲线。

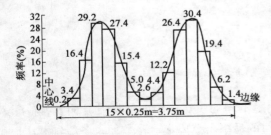

图 11-6　轮迹横向分布频率曲线(单向行驶一个车道)　　图 11-7　轮迹横向分布频率曲线(混合行驶双车道)

影响轮迹横向分布频率的因素很多,如道路横断面形式、车道宽度、车道数量、交通类型及交通组成情况等,需分别根据各种不同情况,经实地调查后确定。

在路面结构设计中,用横向分布系数 η 来表示轮迹横向分布频率的影响。轮迹覆盖带宽度通常为两个条带的宽度,即 50cm(双轮,每只轮胎宽20cm,轮隙10cm),这时的频率(图11-6中两条条带频率之和)即为轮迹横向分布系数 η。

第三节　沥青路面设计

我国新建公路沥青路面设计采用双圆竖向均布荷载作用下的多层弹性层状体系理论,设计弯沉值为路面整体刚度的设计指标。对沥青混凝土面层和半刚性材料的基层、底基层进行层底拉应力的验算。

一、计算图式

路面结构设计采用双圆均布竖向荷载作用下的弹性层状连续体系理论进行计算,荷载和计算点见图11-8。A 是路表弯沉的计算点,位于双圆均布荷载的轮隙中间,拉应力计算点为面层和基层底部,应力最大点在 B 和 C 两点之间。

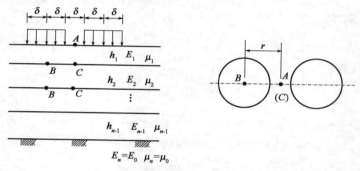

图11-8　路面荷载及计算点

二、设计标准

由于沥青路面损坏模式多种多样,各种损坏对路面使用性能有不同性质和程度的影响,沥青路面结构设计不能选用一种损坏模式作为临界状态并采用单一指标作为设计标准,而必须考虑多种临界状态和多项设计标准综合考虑。

路面结构层厚度的确定应满足结构整体刚度(即承载力)与沥青层或半刚性基层、底基层抗疲劳开裂的要求。

(1)轮隙中心处(A点)路表计算弯沉值 l_s 应小于或等于设计弯沉值 l_d,即:

$$l_s \leq l_d \tag{11-9}$$

(2)轮隙中心处(C点)或单圆荷载中心处(B点)的层底拉应力 σ_m 应小于或等于容许拉应力 σ_R,即:

$$\sigma_m \leq \sigma_R \tag{11-10}$$

高速公路、一级公路、二级公路的路面结构,以路表面回弹弯沉值、沥青混凝土层的层底拉应力及半刚性材料层的层底拉应力为设计指标。三级公路、四级公路的路面结构以路表面设计弯沉值为设计指标。有条件时,对重载交通路面宜检验沥青混合料的抗剪切强度。

三、设计弯沉

设计弯沉应根据公路等级、设计年限内累积标准当量轴次、面层和基层类型,按式(11-11)计算。

$$l_d = 600 N_e^{-0.2} A_c A_s A_b \qquad (11-11)$$

式中:l_d——路面设计弯沉值(0.01mm),该值是在标准温度,标准轴载作用下测定的路表面弯沉值,对半刚性基层用5.4m弯沉仪,对柔性基层用3.6m弯沉仪;若用弯沉车或落锤式弯沉仪测定时,应建立相应的换算关系进行换算;

N_e——设计年限内一个车道上累计当量轴次(次/车道);

A_c——公路等级系数,高速公路、一级公路为1.0,二级公路为1.1,三、四级公路为1.2;

A_s——面层类型系数,沥青混凝土面层为1.0;热拌和冷拌沥青碎石、沥青贯入式路面(含上拌下贯路面)、沥青表面处治为1.1;

A_b——基层类型系数,对半刚性基层沥青路面为1.0,柔性基层沥青路面为1.6。

四、容许拉应力

沥青混凝土层、半刚性材料基层和底基层以拉应力作为设计或验算指标时,材料的容许拉应力 σ_R 按下式计算:

$$\sigma_R = \frac{\sigma_s}{K_s} \qquad (11-12)$$

式中:σ_R——路面结构层材料的容许拉应力(MPa);

σ_s——结构层材料的极限劈裂强度(MPa);

K_s——抗拉强度结构系数。

结构层材料的极限抗拉强度一般用规定尺寸的梁式试件三分点加载测定,或者通过劈裂试验测定。我国现行规范规定用劈裂试验测定 σ_{sp}。沥青混凝土的劈裂强度与温度有关,规范规定以15℃作为测试温度。水泥稳定类材料的龄期规定为90d,二灰稳定类、石灰稳定类材料的龄期为180d。对水泥粉煤灰稳定类材料的龄期为120d。

对沥青混凝土面层

$$K_s = 0.09 \frac{N_e^{0.22}}{A_c} \qquad (11-13)$$

对无机结合料稳定集料类

$$K_s = 0.35 \frac{N_e^{0.11}}{A_c} \qquad (11-14)$$

对无机结合料稳定土类

$$K_s = 0.45 \frac{N_e^{0.11}}{A_c} \qquad (11-15)$$

五、路基回弹模量设计值

(1)路基回弹模量设计值宜按下列方法确定:

①新建公路初步设计时,可根据查表法(或现有公路调查法)、室内试验法、换算法等,经综合分析、论证,确定沿线不同路基状况的路基回弹模量设计值。

②通过现场测定路基回弹模量值与压实度 K、路基稠度 w_c,或室内试验测定路基土回弹模量值与室内路基土 CBR 值等资料,建立可靠的换算关系,利用换算关系计算现场路基回弹模量。

③当路基建成后,在不利季节实测各路段路基回弹模量代表值,以检验是否符合设计值的要求。现场实测方法宜采用承载板法,也可采用贝克曼梁弯沉仪法。若在非不利季节测试,则应进行修正。

④若现场实测路基回弹模量代表值小于设计值或弯沉值大于要求的检验值,应采取翻晒补压、掺灰处理或调整路面结构厚度等措施,以保证路基路面的强度和稳定性。

(2)室内试验法测定土的回弹模量应按以下要求进行:

①应选择土料场,取土样,宜采用 100mm 直径承载板,按照现行的《公路土工试验规程》(JTG E40—2007)中的小承载板法试验要求进行试验。回弹模量测试结果应采用式(11-16)修正:

$$E_{0S} = \lambda E \tag{11-16}$$

式中: E_{0S}——修正后的回弹模量(MPa);

  λ——试筒尺寸约束修正系数,50mm 直径承载板取 0.78,100mm 直径承载板取 0.59;

  E——室内试验法回弹模量实测值(MPa)。

②试件制备应根据重型击实标准确定的最佳含水率,采用三组试样,每组三个试件,每个试件分别按重锤三层 98 次、50 次、30 次击实制件,测得不同压实度与其相对应的回弹模量值,绘成压实度与回弹模量间的关系线,查图求得标准压实度条件下土的回弹模量值。

③路基回弹模量设计值,应考虑公路等级、不利季节和路基干湿类型的影响,采用下式计算:

$$E_{0D} = \frac{Z}{K} E_{0S} \tag{11-17}$$

式中: E_{0D}——路基回弹模量设计值(MPa);

  E_{0S}——室内承载板法考虑试筒尺寸约束修正后的回弹模量测试结果(MPa);

  Z——考虑保证率的折减系数,高速公路、一级公路为 0.66,二、三级公路为 0.59,四级公路为 0.52;

  K——考虑不利季节和路基干湿类型的综合影响系数,参考表 11-18 选取,或者根据室内承载板法回弹模量与稠度的关系分析确定,或者根据当地经验确定。

综合影响系数 K　　　　　　　　　　　　　　　　　　　　　　　表 11-18

土基稠度值	$w_c \geqslant w_{c1}$	$w_{c1} > w_c \geqslant w_{c2}$	$w_c < w_{c2}$
综合影响系数	1.3	1.6	1.9

(3)采用承载板法测定已建成的路基回弹模量,利用式(11-18)计算测点处路基回弹模量值 E_{0b}。

$$E_{0b} = \frac{\sum P_i}{D \sum l_i}(1 - \mu_0^2) \times 10^5 \tag{11-18}$$

式中: D——承载板直径(mm);

  P_i、l_i——第 i 级荷载(kN)及其检测的回弹变形(0.01mm);

μ_0——路基的泊松比,取 0.35。

某路段路基回弹模量设计值应按式(11-19)计算:

$$E_{0D} = \frac{\overline{E}_0 - Z_a S}{K_1} \tag{11-19}$$

式中:E_{0D}——某路段土基回弹模量设计值(MPa);

$\overline{E}_0$、S——实测土基回弹模量的平均值和均方差;

Z_a——保证率系数,高速公路、一级公路为 2,二、三级公路为 1.648,四级公路为 1.5;

K_1——不利季节影响系数,可根据当地经验确定。

六、路面材料设计参数

以路表弯沉值为设计或验算指标时,设计参数采用抗压回弹模量,对于沥青混凝土试验温度为 20℃;计算路表弯沉值时,抗压回弹模量设计值 E 应按式(11-20)计算:

$$E = \overline{E} - Z_a S \tag{11-20}$$

式中:$\overline{E}$——各试件模量的平均值(MPa);

S——各试件模量的标准差;

Z_a——保证率系数,按 95% 保证率取 2.0。

以沥青层或半刚性材料结构层层底拉应力为设计或验算指标时,应在 15℃条件下测试沥青混合料的抗压回弹模量;半刚性材料应在规定龄期(水泥稳定类材料龄期为 90d,二灰稳定类、石灰稳定类材料为 180d,水泥粉煤灰稳定类为 120d)测定抗压回弹模量。

计算层底应力时应考虑模量的最不利组合。在计算层底拉应力时,计算层以下各层的模量应采用式(11-20)计算其模量设计值;计算层及以上各层模量应采用式(11-21)计算其模量设计值 E。

$$E = \overline{E} + Z_a S \tag{11-21}$$

式中符号意义同式(11-20)。

七、轴载换算

路上行驶的车辆类型很多,所以必须选定一种标准轴载(表 11-16),把不同类型轴载的作用次数换算为这种标准轴载的作用次数。

当以设计弯沉值和沥青层层底拉应力作为设计指标时,各级轴载均按公式(11-22)换算成标准轴载 P(表 11-16)当量作用轴次 N。

$$N = \sum_{i=1}^{K} C_1 C_2 n_i \left(\frac{P_i}{P} \right)^{4.35} \tag{11-22}$$

式中:N——标准轴载的当量轴次(次/日);

n_i——被换算车辆的各级轴载作用次数(次/日);

P——标准轴载(kN);

P_i——被换算车辆的各级轴载(kN)。

C_1——被换算车型的轴载系数;$C_1 = 1 + 1.2(m - 1)$,m 是轴数;当轴间距大于 3m 时,按

单独的一个轴载计算,当轴间距小于 3m 时,应考虑轴数系数;

C_2——被换算车型的轮组系数,双轮组为 1.0,单轮组为 6.4,四轮组为 0.38;

K——被换算车型的轴载级别。

当进行半刚性基层层底拉应力验算时,各级轴载均按公式(11-23)换算成标准轴载 P 的当量作用次数 N'。

$$N' = \sum_{i=1}^{K} C'_1 C'_2 n_i \left(\frac{P_i}{P}\right)^8 \tag{11-23}$$

式中:C'_1——被换算车型的轴数系数,$C'_1 = 1 + 1.2(m-1)$,m 是轴数;

C'_2——被换算车型的轮组系数,双轮组为 1.0,单轮组为 1.85,四轮组为 0.09。

依照交通增长率、车道分配系数,按式(11-24)计算设计年限内一个车道的累计当量轴次 N_e。

$$N_e = \frac{365N_1}{\gamma} \left[(1+\gamma)^t - 1\right] \eta \tag{11-24}$$

或

$$N_e = \frac{365N_t}{\gamma(1+\gamma)^{t-1}} \left[(1+\gamma)^t - 1\right] \eta \tag{11-25}$$

式中:N_e——设计年限内一个车道的累计当量轴次(次/车道);

t——设计年限;

N_1——营运第一年双向日平均当量轴次(次/d);

γ——设计年限内交通量年平均增长率(%);

η——车道系数,根据调查结果进行分析,或按表 11-19 选用。

车 道 系 数 η 表 11-19

车 道 特 征	车道系数 η	车 道 特 征	车道系数 η
双向单车道	1.0	双向六车道	0.3 ~ 0.4
双向双车道	0.6 ~ 0.7	双向八车道	0.25 ~ 0.35
双向四车道	0.4 ~ 0.5		

八、弯沉和结构层底拉应力的计算

(一)路表面弯沉计算

路表弯沉值 l_s 按式(11-26)计算:

$$l_s = 1000 \times \frac{2p\delta}{E_1} \alpha_c F \tag{11-26}$$

其中:

$$\begin{cases} \alpha_c = f\left(\dfrac{h_1}{\delta}, \dfrac{h_2}{\delta}, \cdots, \dfrac{h_{n-1}}{\delta}; \dfrac{E_2}{E_1}, \dfrac{E_3}{E_2}, \cdots, \dfrac{E_0}{E_{n-1}}\right) \\ F = 1.63 \left(\dfrac{l_s}{2000\delta}\right)^{0.38} \left(\dfrac{E_0}{p}\right)^{0.36} \end{cases} \tag{11-27}$$

317

式中： l_s——路表计算弯沉值(0.01mm)；

            F——弯沉综合修正系数；

        p、δ——标准车型的轮胎压强(MPa)和当量圆半径(cm)；

        α_c——理论弯沉系数；

        E_0——土基抗压回弹模量(MPa)；

E_1、E_2、…、E_{n-1}——各层材料抗压回弹模量(MPa)；

h_1、h_2、…、h_{n-1}——各结构层厚度(cm)。

(二)层底拉应力计算

层底拉应力以单圆中心(B点)和双圆轮隙中心(C点)为计算点,并取较大值作为层底拉应力 σ_m,按式(11-28)计算。

验算层底拉应力时应根据多层弹性理论、层间接触条件为完全连续体系,在双圆均布荷载作用下按式(11-28)计算层底最大拉应力 σ_m。

$$\begin{cases} \sigma_m = p \cdot \overline{\sigma_m} \\ \overline{\sigma_m} = f\left(\dfrac{h_1}{\delta}, \dfrac{h_2}{\delta}, \cdots, \dfrac{h_{n-1}}{\delta}; \dfrac{E_2}{E_1}, \dfrac{E_3}{E_2}, \cdots, \dfrac{E_0}{E_{n-1}}\right) \end{cases} \tag{11-28}$$

式中：$\overline{\sigma_m}$——理论最大拉应力系数。

其他符号意义同式(11-26)和式(11-27)。

九、新建路面结构设计步骤

(1)根据设计要求,按弯沉或拉应力指标分别计算设计年限内一个车道的累计标准当量轴次,确定设计交通量与交通等级,拟定面层、基层类型,并计算设计弯沉值或容许拉应力。

(2)按路基土类与干湿类型及路基横断面形式,将路基划分为若干路段,确定各个路段土基回弹模量设计值。

(3)参考本地区的经验拟定几种可行的路面结构组合与厚度方案,根据工程选用的材料进行配合比试验,测定各结构层材料的抗压回弹模量、劈裂强度等,确定各结构层的设计参数。

(4)根据设计指标采用多层弹性体系理论设计程序计算或验算路面厚度。

(5)对于季节性冰冻地区应验算防冻厚度是否满足要求。

(6)进行技术经济比较确定路面结构方案。

十、沥青路面改建设计

沥青路面随着使用时间的延续,其使用性能和承载能力不断降低,超过设计使用年限后便不能满足正常行车交通的要求,而需补强或改建。路面补强设计工作包括现有路面结构状况调查、弯沉评定以及补强厚度计算。当原有路面需要提高等级时,对不符合技术标准的路段应先进行线型改善,改线路段应按新建路面设计。加宽路面、提高路基、调整纵坡的路段应视具体情况按新建或改建路面设计。在原有路面上补强时,按改建路面设计。路面补强设计工作包括现有路面结构状况调查、弯沉评定以及补强厚度计算。

（一）路面结构状况调查与评定

对使用中的路面进行结构状况的调查与评定,其目的的主要是了解路面现有结构状况和强度,据以判断是否需要加强或预估剩余使用寿命,分析路面损坏的原因及提出处理措施。

现有路面状况调查工作包括如下内容:

（1）交通调查。对于当前的交通量和车型组成进行实地观测。通过调查分析预估交通量增长趋势,确定年平均增长率。

（2）调查破损情况。包括裂缝率、车辙深度、修补面积等。

（3）评价原路面结构承载能力。

（4）路面状况调查。调查路面结构类型、组合和各层厚度,为此需分层钻芯或开挖试坑进行量测和取样试验,采集沥青混合料和基层、底基层、土基的样品试验,分析破坏原因,判断其破坏层位及是否可以利用。量测路基和路面宽度。详细记载路表状况及路拱大小。对路面的病害和破坏应详细记述并分析产生原因。

（5）取样调查路床范围内路基土的分层含水率、土质类型及承载力等,分析路基的稳定性、强度以及路基路面范围内排水状况等。

（二）路面计算弯沉确定

1.路段划分

设计应根据下列情况将全线划分为若干段。分段时,应考虑下列因素:

（1）将原路面的破损形态、弯沉值、破损原因相近的划分为一个路段。

（2）在同一路段内,若局部路段弯沉值很大,可先修补处理再进行补强。在计算该段代表弯沉值时,可不考虑个别弯沉值大的点。

（3）一般按1km为单位对路况进行评价,当路况评价指标基本接近时可将路段延长。在水文、土质条件复杂或需要特殊处理的路段,其分段最小长度可视实际情况确定。

2.各路段的计算弯沉值

各路段应采用 BZZ-100 标准轴载汽车,用贝克曼梁测定原有路面的弯沉值,每 20 ~ 50m 测一点,弯沉值变化较大处可加密测点,每车道、每路段的测点数不少于 20 点。若为非标准轴载应进行换算。各路段的计算弯沉值 l_0 按式（11-29）计算:

$$l_0 = (\bar{l}_0 + Z_a S) K_1 K_2 K_3 \tag{11-29}$$

式中:l_0——路段内实测路表弯沉代表值(0.01mm);

$\bar{l}_0$——路段内实测路表弯沉平均值(0.01mm);

　S——路段内实测路表弯沉标准差(0.01mm);

Z_a——与保证率有关的系数,高速公路、一级公路 $Z_a = 1.645$,其他等级公路 $Z_a = 1.5$;

K_1——季节影响系数,可根据当地经验选用;

K_2——湿度影响系数,可根据当地经验选用;

K_3——温度修正系数,温度修正方法,可按照《公路路基路面现场测试规程》(JTG E60) 中的规定进行或按式(11-32)的方法进行。

如用非标准轴载则按式(11-30)将用非标准轴载测得的弯沉值换算为标准轴载下的弯

沉值。

$$\frac{l_{100}}{l_i} = \left(\frac{P_{100}}{P_i}\right)^{0.87} \tag{11-30}$$

式中：P_{100}、l_{100}——标准轴载 100kN 的轴重和弯沉值；

　　　P_i、l_i——非标准轴载测定车的轴重和弯沉值。

路面弯沉值是以 20℃ 为测定沥青弯沉值的标准状态。当沥青面层厚度小于或等于 50mm 时不需温度修正；当路面温度在 20℃ ±2℃ 范围内时，不进行温度修正；其他情况下测定弯沉值均应进行温度修正。温度修正可参考式（11-33）或式（11-34）或其他资料进行。

（1）测定时的沥青面层平均温度 T 按式（11-31）计算：

$$T = a + bT_0 \tag{11-31}$$

式中：T——测定时的沥青面层平均温度（℃）；

　　　a——系数，$a = -2.65 + 0.52h$；

　　　b——系数，$b = 0.62 - 0.008h$；

　　　T_0——测定时路表温度与前 5h 平均气温之和（℃）；

　　　h——沥青面层厚度（cm）。

（2）沥青路面弯沉的温度修正系数 K_3 按式（11-32）计算：

$$K_3 = \frac{l_{20}}{l_T} \tag{11-32}$$

式中：l_{20}——换算为 20℃ 时沥青路面的弯沉值（0.01mm）；

　　　l_T——测定时沥青面层平均温度 T 时的弯沉值（0.01mm）。

当 $T \geq 20$℃ 时

$$K_3 = \exp\left[h\left(\frac{1}{T} - \frac{1}{20}\right)\right] \tag{11-33}$$

当 $T < 20$℃ 时

$$K_3 = \exp\left[0.02h(20 - T)\right] \tag{11-34}$$

（三）旧沥青路面处理

（1）沥青路面整体强度基本符合要求，车辙深度小于 10mm，轻度裂缝而平整度及抗滑性能较差时，可直接加铺罩面，恢复表面使用功能。

（2）对中度、重度裂缝段宜视具体情况铣刨路面，否则，应进行灌缝、修补坑槽等处理，必要时采取防裂措施后再加铺沥青层。对沥青层网裂、龟裂或沥青老化的路段应进行铣刨并清除干净，并设黏层沥青后，再加铺沥青层。

（3）对整体强度不足或破损严重的路段，视路面破损程度确定挖除深度、范围以及加铺补强层的结构与厚度。

（四）功能性恢复加铺面层

（1）可用沥青混凝土罩面、表面处治或其他预防性养护措施改善提高沥青表面层的服务功能。一般单层沥青混凝土罩面厚度可为 30~50mm；超薄层罩面厚度宜为 20~25mm。预防性养护可选用稀浆封层、微表处或养护剂等。

（2）超薄磨耗层结合料宜用改性沥青或掺入其他添加剂,提高超薄磨耗层的水稳性。

（五）原路面当量回弹模量的计算

确定原路面的当量回弹模量时,应根据路段的划分计算当量回弹模量。各路段的当量回弹模量应根据各路段的计算弯沉按下式计算:

$$E_z = 1000 \frac{2p\delta}{l_0} m_1 m_2 \tag{11-35}$$

式中:E_z——原路面当量回弹模量(MPa);

p、δ——标准车型的轮胎接地压强(MPa)和当量圆半径(cm);

l_0——原路面计算弯沉值(0.01mm);

m_1——用标准轴载的汽车在原有路面上测得的弯沉值与用承载板在相同压强条件下所测得的回弹变形值之比,即轮板对比值,$m_1 = L_{轮}/L_{板}$,一般情况下,应通过在旧路面上进行对比试验确定;20 世纪 80 年代中期,有关科研单位的试验结果表明,在相当大的范围内 m_1 均十分接近 1.1,故在没有对比资料的情况下,推荐 m_1 取值为 1.1;

m_2——原路面当量回弹模量扩大系数;计算与原有路面接触的补强层层底拉应力时,m_2按式(11-36)计算,计算其他补强层层底拉应力及弯沉值时,$m_2 = 1.0$。

引入修正系数的原因是按照拉应力验算的原则,在进行与旧路面接触的补强层层底弯拉应力验算时,与计算层的结构层(即旧路面面层)的材料参数应维持不变。但旧路面当量回弹模量相当于在弯沉等效的基础上将由数层不同材料组成的旧路面等效视作一均质弹性半空间体时所对应的等效模量。显然,该模量值不同于和计算层相邻的原路面面层的回弹模量。因此,在进行与旧路面接触的补强层层底拉应力验算时,应对旧路面当量回弹模量进行修正。

$$m_2 = e^{0.037 \frac{h'}{\delta}} \left(\frac{E_{n-1}}{p} \right)^{0.25} \tag{11-36}$$

式中:E_{n-1}——原路面接触层材料的抗压回弹模量(MPa);

h'——各补强层相当于原路面接触层的模量 E_{n-1} 的等效厚度(cm),h'按式(11-37)计算;

$$h' = \sum_{i=1}^{n-1} h_i \left(\frac{E_i}{E_{n-1}} \right)^{0.25} \tag{11-37}$$

h_i——第 i 层补强的厚度(cm);

E_i——第 i 层补强的材料的抗压回弹模量(MPa);

$n-1$——补强层层数。

（六）加铺补强层结构设计

（1）当强度不足时应进行补强设计,设计方法与新建路面相同。

（2）加铺补强层的结构设计应根据原路面综合评价,公路等级、交通量,考虑与周围环境相协调,结合纵、横断面调坡设计等因素:选用直接加铺,或开挖原路至某一结构层位。或采取加铺一层或多层沥青补强层,或加铺半刚性基层、贫混凝土基层等结构层设计方案。在确定设计弯沉值时,应根据加铺层的结构选用路面类型系数。

(3)原路面与补强层之间视加铺层的结构与厚度,宜洒布黏层沥青,或采取相应的减裂措施,或铺设调平层,或直接加铺结构层等。

(七)加铺补强层设计步骤

(1)计算原路面的当量回弹模量。

(2)拟定几种可行的结构组合与结构层厚度,并通过试验或参照当地成熟经验确定各补强层的材料参数。

(3)根据加铺层的类型确定设计指标,当以路表回弹弯沉为设计指标时,弯沉综合修正系数按式(11-38)计算。

$$F = 1.45\left(\frac{l_s}{2000\delta}\right)^{0.61}\left(\frac{E_1}{p}\right) \tag{11-38}$$

式中:E_1——原路面的当量回弹模量(MPa);

其他符号意义同式(11-27)。

(4)当以拉应力为控制指标时,确定了设计厚度后,宜按式(11-27)计算弯沉综合修正系数,最后计算路表回弹弯沉。

(5)采用弹性层状体系理论设计程序计算设计层的厚度或进行结构验算。对季节性冰冻地区的中、潮湿路段还应验算防冻厚度。

(6)进行技术经济比较,确定补强设计方案。

(八)水泥混凝土路面加铺沥青路面

1.水泥混凝土路面状况调查

(1)调查破碎板块、开裂板块、板边角的破损状况,并逐个记录破损板块的位置和数量或按车道绘出破损状况草图,计算每公里断板率。调查纵、横向接缝拉开宽度、错台位置与高度,计算错台段的平均错台高度;调查板底脱空位置等。

(2)用落锤式弯沉仪或贝克曼弯沉仪进行现场测定。

①视路况每块板或每2~4块板选1测点,在横向接缝板边距板角30~50cm处测定弯沉,全面了解水泥混凝土路面的承载能力情况。

②根据测定弯沉值或弯沉盆资料,选择典型路段测量横向接缝或裂缝两侧板边的弯沉值,以评价原混凝土板的承载能力、接缝传荷能力,并结合平均错台高度判断板底脱空情况。

(3)选择典型路面状况,分层钻芯取样,测定原混凝土强度、模量等,分析破坏原因。

2.加铺层设计

沥青加铺层可设单层或双层沥青面层,视具体情况增加调平层或补强层等。加铺层设计应根据公路等级和使用要求、交通量、环境条件和纵、横向调坡设计,在处理破损原水泥混凝土板使其稳定的基础上,综合考虑防止反射裂缝措施,结合已有经验确定。

（1）在稳定的原水泥混凝土板上加铺沥青层时，对高速公路、一级公路（或中等及中等以上交通）厚度不宜小于100mm，其他等级公路不宜小于70mm。

（2）在原水泥混凝上路面上加铺沥青层时宜用热沥青或改性乳化沥青、改性沥青做黏层。为防止渗水、减缓反射裂缝及加强层间结合，宜设置20～25mm厚的聚合物改性沥青应力吸收层、应力吸收膜，或铺设长纤维无纺聚酯类土工织物等。

（九）破碎板的沥青面层补强设计

（1）当原路面板接缝或裂缝处平均弯沉大于45（0.01mm）时，宜采取打裂措施，消除原水泥混凝土板脱空，使其与基层紧密结合、稳定后，再加铺结构层。

（2）当原路面板接缝或裂缝处平均弯沉大于70（0.01mm）或水泥混凝土板较破碎时，可将板破碎成小块或碎石，作为下基层或底基层用。采用贝克曼弯沉仪或落锤式弯沉仪测定其当量回弹模量，按本节规定设计补强层和沥青层。

第四节　水泥混凝土路面设计

目前，我国公路水泥混凝土路面的厚度计算方法是采用概率极限状态法，即在度量路面结构可靠性上由经验方法转变为运用统计数学的方法，从而使路面结构的设计更为符合实际情况。

一、设计参数

（一）目标可靠度与参数变异系数

路面结构的设计安全等级，系根据路面结构破坏可能产生的后果的严重程度划分。现行《公路工程结构可靠度设计统一标准》（GB/T 50283—1999）规定的公路工程结构的设计安全等级为三个等级，路面工程的安全等级仅考虑高速公路和一级公路、二级公路、三级和四级公路，相应的安全等级要求规定为一级、二级和三级。

各级公路水泥混凝土路面结构的设计安全等级及相应的设计基准期、目标可靠指标和目标可靠度，应符合表11-20的规定。

可靠度设计标准　　　　　　　　表11-20

公路等级	高速	一级	二级	三级	四级
安全等级	一级		二级	三级	
设计基准期（a）	30		20	15	10
目标可靠度（%）	95	90	85	80	75
目标可靠指标	1.64	1.28	1.04	0.84	0.52

各安全等级路面的材料性能和结构尺寸参数的变异可分为低、中和高三级，应按公路等级以及所采用的施工技术和所能达到的施工质量控制和管理水平，通过调研确定变异水平等级和相应的变异系数。高速公路和一级公路的变异水平宜为低级，二级公路的变异水平应不大于中级。有困难时可按表11-21选用。

变异系数 c_v 的变化范围 表 11-21

变异水平等级	低	中	高
水泥混凝土弯拉强度、弯拉弹性模量	$0.05 \leqslant c_v \leqslant 0.10$	$0.10 < c_v \leqslant 0.15$	$0.15 < c_v \leqslant 0.20$
基层顶面当量回弹模量	$0.15 \leqslant c_v \leqslant 0.25$	$0.2 < c_v \leqslant 50.35$	$0.35 < c_v \leqslant 0.55$
水泥混凝土面层厚度	$0.02 \leqslant c_v \leqslant 0.04$	$0.04 < c_v \leqslant 0.06$	$0.06 < c_v \leqslant 0.08$

路面结构可靠度可定义为,在规定的时间内,在规定的条件下,路面使用性能满足预定水平要求的概率。水泥混凝土路面结构设计以行车荷载和温度梯度综合作用产生的疲劳断裂作为设计的极限状态,其表达式见式(11-39)。

$$\gamma_r (\sigma_{pr} + \sigma_{tr}) \leqslant f_r \tag{11-39}$$

式中:γ_r——可靠度系数,依据所选目标可靠度、变异水平等级按表 11-22 确定;

σ_{pr}——面层板在临界荷位处产生的行车荷载疲劳应力(MPa);

σ_{tr}——面层板在临界荷位处产生的温度梯度疲劳应力(MPa);

f_r——水泥混凝土弯拉强度标准值(MPa),见表 11-23。

可 靠 度 系 数 表 11-22

变异水平等级	目标可靠度(%)			
	95	90	85	80
低	1.20 ~ 1.33	1.09 ~ 1.16	1.04 ~ 1.08	—
中	1.33 ~ 1.50	1.16 ~ 1.23	1.08 ~ 1.13	1.04 ~ 1.07
高		1.23 ~ 1.33	1.13 ~ 1.18	1.07 ~ 1.11

注:变异系数在表 11-22 所示范围的下限时,可靠度系数取低值;上限时,取高值。

混凝土弯拉强度标准值 表 11-23

交通等级	极重、特重、重	中等	轻
水泥混凝土的弯拉强度标准值(MPa)	≥5.0	4.5	4.5
钢纤维混凝土的弯拉强度标准值(MPa)	≥6.0	5.5	5.0

水泥混凝土弯拉弹性模量经验值可参考表 11-24。

水泥混凝土弯拉弹性模量经验值 表 11-24

弯拉强度(MPa)	1.0	1.5	2.0	2.5	3.0
抗压强度(MPa)	5.0	7.7	11.0	14.9	19.3
弯拉弹性模量(GPa)	10	15	18	21	23
弯拉强度(MPa)	3.5	4.0	4.5	5.0	5.5
抗压强度(MPa)	24.2	29.7	35.8	41.8	48.4
弯拉弹性模量(GPa)	25	27	29	31	33

(二)标准轴载与轴载换算

我国公路水泥混凝土路面设计规范规定以汽车车轴重为 100kN 的单轴—双轮荷载作为设计标准轴载。对于各种不同汽车轴载的作用次数,可按等效疲劳损伤原则换算成标准轴载的作用次数,并根据标准轴载的作用次数判断道路的交通繁重程度。水泥混凝土路面的轴载换算公式是在混凝土疲劳方程的基础上建立的。

$$N_s = \sum_{i=1}^{n} N_i \left(\frac{P_i}{P_s} \right)^{16}$$

(11-40)

式中：N_s——设计轴载的作用次数；

  P_i——第 i 级轴载重(kN)，联轴按每一根轴载单独计；

  P_s——设计轴载重(kN)；

  n——各种轴型和轴载级位数；

  N_i——i 级轴载的作用次数。

(三)交通量

水泥混凝土路面承受的交通,按设计基准期内设计车道所承受的标准轴载累计作用次数分为 4 级,分级范围见表 11-25。

交通荷载分级   表 11-25

交通荷载等级	极重	特重	重	中等	轻
设计基准期内设计车道标准随标准轴载累计作用次数 N_e($\times 10^4$)	$>1 \times 10^6$	$2000 \sim 1 \times 10^6$	$100 \sim 2000$	$3 \sim 100$	<3

利用当地交通量观测站的观测和统计资料,或者通过设立站点进行交通量观测,获取所设计公路的初期年平均日交通量(双向)和车辆组成数据,剔除 2 轴 4 轮以下的客、货车辆交通量,得到初期年平均日货车交通量(双向)。调查分析双向交通的分布情况,选取交通量方向分配系数,一般情况可采用 0.5。依据设计公路的车道数,参照表 11-26 确定交通量车道分配系数。

2 轴 6 轮及以上车辆交通量车道分配系数   表 11-26

单向车道数		1	2	3	≥4
车道分配系数	高速公路	—	0.70~0.85	0.45~0.60	0.40~0.50
	其他等级公路[①]	1.0	0.50~0.75	0.50~0.75	—

注:①交通受非机动车和行人影响较严重的取低限,反之取高限。

使用初期年平均日交通量(双向)乘以方向分配系数和车道分配系数,即为设计车道的年平均日货车交通量(ADTT)。

各类车辆按轴型称重和统计时,可采用以轴型为基础的轴载换算系数法进行计算,分析设计车道使用初期的设计轴载日作用次数。随机统计 3000 辆 2 轴 6 轮及以上的车辆中单轴、双轴和三联轴等不同轴型的单轴次数,并分别称取其单轴轴重。可按单轴重级位统计整理后得到轴载谱,并按下式计算确定不同轴重级位的设计轴载当量换算系数。

$$k_{p,i} = \left(\frac{P_i}{P_s} \right)^{16}$$

(11-41)

式中：$k_{p,i}$——不同单轴轴重级位 i 的设计轴载当量换算系数；

  P_i——单轴级位 i 的载重(kN)；

  P_s——设计轴载的轴重(kN)。

依据单轴轴载谱和相应的设计轴载当量换算系数,可按式(11-42)计算得到设计车道使用初期的设计轴载日作用次数。

$$N_s = \text{ADTT} \frac{n}{3000} \sum_i (k_{p,i} \times p_i) \tag{11-42}$$

式中：N_s——设计车道的设计轴载日作用次数[轴次/（车道·日）]；

ADTT——设计车道的年平均日货车交通量[辆/（车道·日）]；

n——随机统计 3000 辆 2 轴 6 轮及以上的车辆中出现的单轴总轴数；

p_i——单轴轴重级位 i 的频率（以分数计）。

依据调查所得的车辆类型组成数据，可按式（11-43）计算确定设计车道使用初期的设计轴载日作用次数。

$$N_s = \text{ADTT} \times \sum_k (k_{p,k} \times p_k) \tag{11-43}$$

式中：p_k——k 类车辆的组成比例（以分数计）；

$k_{p,k}$——k 类车辆的设计轴载当量换算系数，$k_{p,k} = \sum k_{p,i} \times p_i$，$p_i$ 为 k 类车辆单轴轴重级位 i 的频率（以分数计）。

设计使用年限内标准轴载的累计作用次数与第一年的交通量、轴载组成和交通量的预测增长情况等因素有关。同时应对上述交通参数进行详细调查、观测与预测。然后根据所得到的交通资料，确定交通量年平均增长率 g_r。设计基准期内水泥混凝土面层临界荷位处所承受的标准轴载累计作用次数，可按式（11-44）计算确定。

$$N_e = \frac{N_s \times [(1 + g_r)^t - 1] \times 365}{g_r} \eta \tag{11-44}$$

式中：N_e——设计基准期内设计车道所承受的设计轴载累计次数（轴次/车道）；

t——设计基准期（年）；

g_r——设计基准期内货车交通量年平均增长率（以分数计）；

η——临界荷位处的车辆轮迹横向分布系数，按表 11-27 选用。

车辆轮迹横向分布系数 　　　　　　　　　　　　　　　　表 11-27

公 路 等 级		纵缝边缘处
高速公路、一级公路、收费站		$0.17 \sim 0.22$
二级及二级以下公路	行车道宽 >7m	$0.34 \sim 0.39$
	行车道宽 ≤7m	$0.54 \sim 0.62$

注：车道、行车道较宽或者交通量较大时，取高值；反之取低值。

（四）基层顶面的当量回弹模量

混凝土面层板下的地基包括路基和根据需要设置的垫层与基层，其整体路面结构为弹性多层体系。分析板内荷载应力时，应将其多层体系换算为半无限体，以其顶面的当量回弹模量作为半无限地基的模量值。

1. 新建公路的基层顶面模量值

新建公路的板底地基当量回弹模量 E_t 可按下式计算：

$$E_t = E_0 \left(\frac{E_x}{E_0}\right)^\alpha \tag{11-45}$$

$$\alpha = 0.86 + 0.26\ln h_x \tag{11-46}$$

$$E_x = \frac{\sum\limits_{i=1}^{n}(h_i^2 E_i)}{\sum\limits_{i=1}^{n} h_i^2} \tag{11-47}$$

$$h_x = \sum\limits_{i=1}^{n} h_i \tag{11-48}$$

式中：E_t——新建公路的板底地基当量回弹模量（MPa）；

　　　E_0——路床顶面综合回弹模量（MPa）；

　　　α——与粒料层总厚度 h_x 有关的回归系数，按式（11-46）计算；

　　　E_x——粒料层的当量回弹模量（MPa），按式（11-47）计算；

　　　h_x——粒料层的总厚度（m），按式（11-48）计算；

　　　n——粒料层的层数；

　E_i、h_i——第 i 结构层的回弹模量（MPa）和厚度（m）。

2. 原有柔性路面的顶面当量回弹模量值

在旧沥青混凝土路面上铺筑水泥混凝土路面时，原沥青混凝土路面顶面的地基综合当量回弹模量 E_t 可根据落锤式弯沉仪（50kN、承载板半径 150mm）的中心点弯沉的测定结果按式（11-49），或根据贝克曼梁（后轴重 100kN）的弯沉测定结果，按式（11-50）计算确定。

$$E_t = \frac{18621}{w_0} \tag{11-49}$$

$$E_t = 13739 w_0^{-1.04} \tag{11-50}$$

$$w_0 = \bar{w} + 1.04 s_w \tag{11-51}$$

式中：w_0——路段代表弯沉值（0.01mm）；

　　　$\bar{w}$——路段弯沉平均值（0.01mm）；

　　　s_w——路段弯沉标准差（0.01mm）。

二、混凝土板应力计算

（一）力学模型

按基层和面层类型和组合不同，路面结构分析可分别采用以下力学模型：

（1）弹性地基单层板模型

适用于粒料基层上混凝土面层，旧沥青路面加铺混凝土面层；面层板底面以下部分按弹性地基处理。

（2）弹性地基双层板

适用于无机结合料基层或沥青类基层上混凝土面层，旧混凝土路面上加铺分离式混凝土面层；面层和基层或者新、旧面层作为双层板，基层底面以下或者旧面层底面以下部分按弹性地基处理。

（3）复合板模型

适用于两层不同性能材料组成的面层或基层复合板。旧混凝土路面上加铺结合式混凝土面层，两层不同性能材料的层间黏结的面层，作为弹性地基上的单层板或者弹性地基上双层板的上层板;无机结合料类基层或沥青基层与无机结合料类底基层组成的基层,作为弹性地基上双层的下层板。

(二)临界荷位

为了简化计算工作,通常选取使面层板内产生最大应力或最大疲劳损伤的一个荷载位置作为应力计算时的临界荷位。由于现行设计方法采用疲劳断裂作为设计标准,选择临界荷位时应以产生最大疲劳损伤的荷载位置为标准,不仅要考虑应力大小,还要考虑所承受的荷载作用次数。采用纵缝边缘中部作为应力计算时的临界荷位,如图 11-9 所示。

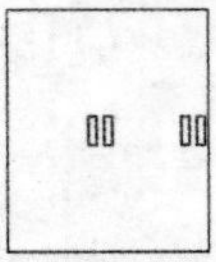

图 11-9 临界荷位

(三)弹性地基上单层板应力计算

1. 荷载应力计算

设计轴载在四边自由板临界荷位处产生的荷载应力 σ_{ps}(MPa)按式(11-52)计算:

$$\sigma_{ps} = 1.47 \times 10^{-3} r^{0.70} h_c^{-2} P_s^{0.94} \tag{11-52}$$

其中:

$$r = 1.21 \left(\frac{D_c}{E_t} \right)^{\frac{1}{3}} \tag{11-53}$$

$$D_c = \frac{E_c h_c^3}{12(1 - \mu_c^2)} \tag{11-54}$$

式中: P_s——设计轴载的单轴重(kN);

h_c、E_c、μ_c——混凝土面板厚度(m)、弯拉弹性模量(MPa)和泊松比;

r——混凝土板的相对刚度半径(m);

D_c——混凝土板截面弯曲刚度(MN·m);

E_t——板底地基当量回弹模量(MPa),新建公路按式(11-45)确定,旧柔性路面上加铺混凝土面层按式(11-49)确定。

2. 荷载疲劳应力计算

设计轴载 P_s 在面层板临界荷位处产生的荷载疲劳应力按式(11-55)确定:

$$\sigma_{pr} = k_r k_f k_c \sigma_{ps} \tag{11-55}$$

式中: σ_{pr}——设计轴载 P_s 在面层板临界荷位处产生的荷载疲劳应力(MPa);

k_r——考虑接缝传荷能力的应力折减系数,采用混凝土路肩时,$k_r = 0.87 \sim 0.92$(路肩面层与路面面层等厚时取低值,减薄时取高值);采用柔性路肩或土路肩时,$k_r = 1$;

k_f——考虑设计基准期内荷载应力累计疲劳作用的疲劳应力系数,按式(11-56)计算确定。

k_c——考虑设计理论与实际差异及动载等因素的综合系数,按公路等级查表 11-28 确定。

综 合 系 数 k_c 表 11-28

公路等级	高速公路	一级公路	二级公路	三、四级公路
k_c	1.15	1.10	1.05	1.00

$$k_{\mathrm{f}} = N_{\mathrm{e}}^{\nu} \tag{11-56}$$

式中:N_e——设计基准期内标准轴载累计作用次数;

ν——与混合料性质有关的指数,普通混凝土、钢筋混凝土、连续配筋混凝土,$\nu = 0.057$;碾压混凝土和贫混凝土,$\nu = 0.065$;钢纤维混凝土,ν按式(11-57)计算确定。

$$\nu = 0.053 - 0.017\rho_{\mathrm{f}}\frac{l_{\mathrm{f}}}{d_{\mathrm{f}}} \tag{11-57}$$

式中:ρ_{f}——钢纤维的体积率(%);

l_{f}——钢纤维的长度(mm);

d_{f}——钢纤维的直径(mm)。

3.温度疲劳应力计算

(1)最大温度翘曲应力计算

最大温度梯度时混凝土板的温度翘曲应力按式(11-58)计算:

$$\sigma_{t,\max} = \frac{\alpha_{\mathrm{c}}E_{\mathrm{c}}h_{\mathrm{c}}T_{\mathrm{g}}}{2}B_{\mathrm{L}} \tag{11-58}$$

式中:$\sigma_{t,\max}$——最大温度梯度时混凝土板的温度翘曲应力(MPa);

α_{c}——混凝土的线膨胀系数(1/℃),可按表11-29选用;

T_{g}——公路所在地50年一遇的最大温度梯度,查表3-1取用;

B_{L}——综合温度翘曲应力和内应力作用的温度应力系数,可按式(11-59)取值。

$$B_{\mathrm{L}} = 1.77\mathrm{e}^{-4.48h_{e}}C_{\mathrm{L}} - 0.131(1 - C_{\mathrm{L}}) \tag{11-59}$$

$$C_{\mathrm{L}} = 1 - \frac{\sinh t\cos t + \cosh t\sin t}{\cos t\sin t + \sinh t\cosh t} \tag{11-60}$$

$$t = \frac{L}{3r} \tag{11-61}$$

式中:C_{L}——混凝土面层板的温度翘曲应力系数;

L——板长,即横缝间距(m);

r——混凝土板的相对刚度半径(m)。

水泥混凝土线膨胀系数经验参考值 表11-29

粗集料类型	石英岩	砂岩	砾岩	花岗岩	玄武岩	石灰岩
水泥混凝土线膨胀系数(10^{-6}/℃)	12	12	11	10	9	7

(2)温度疲劳应力

在面层板临界荷位处的温度疲劳应力按式(11-62)确定:

$$\sigma_{\mathrm{tr}} = k_{\mathrm{t}}\sigma_{t,\max} \tag{11-62}$$

式中:σ_{tr}——在面层板临界荷位处的温度疲劳应力(MPa);

k_{t}——考虑温度应力累计疲劳作用的疲劳应力系数,按式(11-63)计算确定。

$$k_{\mathrm{t}} = \frac{f_{\mathrm{r}}}{\sigma_{t,\max}}\Big[a\Big(\frac{\sigma_{t,\max}}{f_{\mathrm{r}}}\Big)^{c} - b\Big] \tag{11-63}$$

式中:a、b、c——回归系数,按所在地区的公路自然区划查表8-13确定。

(四)弹性地基双层板应力

1. 荷载疲劳应力

面层板或上面层的荷载疲劳应力 σ_{pr}(MPa)按式(11-55)计算。其中,荷载疲劳应力系数 k_f、应力折减系数 k_r 和综合系数 k_c 的确定方法与单层板的相同;设计轴载 P_s 在上层板临界荷位处产生的荷载应力按式(11-64)计算。

$$\sigma_{ps} = \frac{1.45 \times 10^{-3}}{1 + \dfrac{D_b}{D_c}} r_g^{0.65} h_c^{-2} P_s^{0.94} \qquad (11\text{-}64)$$

其中:

$$D_b = \frac{E_b h_b^3}{12(1 - \mu_b^2)} \qquad (11\text{-}65)$$

$$r_g = 1.21 \left[\frac{(D_c + D_b)}{E_t} \right]^{1/3} \qquad (11\text{-}66)$$

式中:D_b——下层板的截面弯曲刚度(MN·m);

h_b、E_b、μ_b——下层板的厚度(m)、弯拉弹性模量(MPa)和泊松比;

r_g——双层板的总相对刚度半径(m);

h_c、D_c——上层板的厚度(m)和截面弯曲刚度(MN·m)。

贫混凝土或碾压混凝土基层板或者下面层板的荷载疲劳应力,应按式(11-67)计算。其中,荷载疲劳应力系数 k_f 和综合系数 k_c 的确定方法与单层板的相同;设计轴载 P_s 在下层板临界荷位处产生的荷载应力按式(11-68)计算:

$$\sigma_{bpr} = k_f k_c \sigma_{bps} \qquad (11\text{-}67)$$

$$\sigma_{bps} = \frac{1.41 \times 10^{-3}}{1 + \dfrac{D_c}{D_b}} r_g^{0.68} h_b^{-2} P_s^{0.94} \qquad (11\text{-}68)$$

式中:σ_{bpr}——下层板的荷载疲劳应力(MPa);

σ_{bps}——设计轴载 P_s 在下层板临界荷位处产生的荷载应力(MPa)。

2. 温度疲劳应力

上层板的温度疲劳应力 σ_{tr}、最大温度翘曲应力 $\sigma_{t,max}$、综合温度翘曲应力和内应力作用的温度系数 B_L 的计算式与单层板相同,应分别按式(11-62)、式(11-58)、式(11-59)计算,式(11-59)中的温度翘曲应力系数应按式(11-69)确定。下层板的温度疲劳应力不需要计算分析。

$$C_L = 1 - \left(\frac{1}{1 + \xi} \right) \frac{\sinh t \cos t + \cosh t \sin t}{\cos t \sin t + \sinh t \cosh t} \qquad (11\text{-}69)$$

$$t = \frac{L}{3r_g} \qquad (11\text{-}70)$$

$$\xi = -\frac{(k_n r_g^4 - D_c) r_\beta^3}{(k_n r_\beta^4 - D_c) r_g^3} \qquad (11\text{-}71)$$

$$r_\beta = \left[\frac{D_c D_b}{(D_c + D_b) k_n} \right]^{\frac{1}{4}} \qquad (11\text{-}72)$$

$$k_n = \frac{1}{2}\left(\frac{h_c}{E_c} + \frac{h_b}{E_b}\right)^{-1} \tag{11-73}$$

式中：ξ——与双层板结构有关的参数；

r_β——层间接触状况参数（m）；

k_n——面层与基层之间竖向接触刚度，上下层之间不设沥青混凝土土夹层或隔离层时按式（11-73）计算，设沥青混凝土土夹层或隔离层时，k_n 取 3000MPa/m。

（五）复合板计算

1. 荷载疲劳应力

面层复合板的荷载疲劳应力和最大荷载应力计算，与单层板或上层板完全相同，只需用面层复合板的截面弯曲刚度 $\widetilde{D}_c$ 和等效厚度 $\tilde{h}_c$ 替代单层板或上层板的截面弯曲刚 D_c 和厚度 h_c，板相对刚度半径 r 或 r_g 应根据面层复合弯曲刚度 $\widetilde{D}_c$ 重新计算。面层复合板的截面弯曲刚度 $\widetilde{D}_c$ 应按式（11-74）、等效厚度 $\tilde{h}_c$ 按（11-75）计算。

$$\widetilde{D}_c = \frac{E_{c1}h_{c1}^3 + E_{c2}h_{c2}^3}{12(1-\mu_{c2}^2)} + \frac{(h_{c1}+h_{c2})^2}{4(1-\mu_{c2}^2)}\left(\frac{1}{E_{c1}h_{c1}} + \frac{1}{E_{c2}h_{c2}}\right)^{-1} \tag{11-74}$$

$$\tilde{h}_c = 2.42\sqrt{\frac{\widetilde{D}_c}{E_{c2}d_x}} \tag{11-75}$$

$$d_x = \frac{1}{2}\left[h_{c2} + \frac{E_{c1}h_{c1}(h_{c1}+h_{c2})}{E_{c1}h_{c1} + E_{c2}h_{c2}}\right] \tag{11-76}$$

式中：E_{c1}、h_{c1}——面层复合板上层的弯拉弹性模量（MPa）和厚度（m）；

E_{c2}、h_{c2}、μ_{c2}——面层复合板下层的弯拉弹性模量（MPa）、厚度（m）和泊松比；

d_x——面层复合板中性轴距下层底部的距离（m）。

2. 温度疲劳应力

面层复合板的疲劳应力计算和疲劳温度应力系数与单层板相同。最大温度应力 $\sigma_{t,max}$ 按式（11-77）计算。

$$\sigma_{t,max} = \frac{\alpha_c T_g E_{c2}(h_{c1}+h_{c2})}{2}B_L\zeta \tag{11-77}$$

$$\zeta = 1.77 - 0.27\ln\left(\frac{h_{c1}E_{c1}}{h_{c2}E_{c2}} + 18\frac{E_{c1}}{E_{c2}} - 2\frac{h_{c1}}{h_{c2}}\right) \tag{11-78}$$

式中：B_L——面层复合板的温度应力系数，按式（11-59）计算，其中，面层板厚度 h_c 取面层复合板的总厚度（$h_{c1}+h_{c2}$），式（11-59）中的温度翘曲应力系数 C_L，单层板时按式（11-60）计算，双层板时按式（11-69）确定；

ζ——面层复合板的最大温度应力系数修正系数。

基层复合板的弯曲刚度应按式（11-79）计算。以此弯曲刚度替代式（11-64）、式（11-66）和式（11-71）、式（11-72）中的弯曲刚度，计算双层板的荷载应力和温度应力。

$$D_{b0} = D_{b1} + D_{b2} \tag{11-79}$$

式中：D_{b0}——基层复合板的截面弯曲刚度（MN·m）；

D_{b1}、D_{b2}——基层和底基层的弯曲刚度（MN·m），分别按基层和底基层的厚度 h_{b1} 和 h_{b2} 以及弹性模量 E_{b1} 和 E_{b2} 由式（11-65）计算得到。

基层为贫混凝土或碾压混凝土时，复合板中基层的荷载疲劳应力 σ_{bpr} 应按式（11-80）计算。其他类型基层不需要进行疲劳应力计算。

$$\sigma_{bpr} = \frac{\tilde{\sigma}_{bpr}}{1 + \dfrac{D_{b2}}{D_{b1}}} \tag{11-80}$$

式中：$\tilde{\sigma}_{bpr}$——按式（11-68）计算得到的基层复合板的名义荷载应力，其中，以基层厚度 h_{b1} 替代式中基层厚度 h_b，以复合板弯曲刚度 D_{b0} 替代式中弯曲刚度 D_b。

三、设计步骤

水泥混凝土路面的设计可按下列步骤进行：

（1）收集并分析交通参数——收集日交通量和轴载组成数据，确定轮迹分布系数，计算设计车道标准轴载日作用次数；由此确定道路的交通等级，进而选定设计基准期、选定交通量年平均增长率，计算使用年限内标准轴载的累计作用次数。

（2）初拟路面结构——初选路面结构层次、类型和材料组成；拟定各层的厚度、面层板平面尺寸和接缝构造。

（3）确定材料参数——试验确定混凝土的设计弯拉强度和弹性模量，基层、垫层和路基的回弹模量，基层顶面的当量回弹模量。

（4）分别计算混凝土面层板（单层板或双层板的面层板）的设计轴载产生的荷载疲劳应力、最大温度梯度产生的最大温度应力及温度疲劳应力。

（5）当荷载疲劳应力与温度疲劳应力之和与可靠度系数的乘积，小于且接近于混凝土弯拉强度标准值，即满足式（11-39），初选厚度可作为混凝土板的计算厚度。

（6）若不能满足式（11-39），则应改选混凝土面层板厚度或调整基层类型或（和）厚度，直到满足式（11-39）。

（7）计算厚度加 6mm 磨损厚度后，应按 10mm 向上取整，作为混凝土面层的设计厚度。

思考题与习题

1. 简述军用机场道路分级。
2. 标准轴载的计算参数有哪些？
3. 轴载的等效换算含义是什么？
4. 什么是轮迹横向分布？轮迹横向系数的含义是什么？
5. 什么是路面的容许回弹弯沉？如何进行确定？
6. 在路面设计中，面层和基层类型的选择主要考虑哪些因素？结构组合设计应考虑哪些要求？

7. 论述沥青路面的设计指标。

8. 沥青路面轴载换算是如何进行的?

9. 水泥混凝土路面轴载换算是如何进行的?

10. 简述新建沥青路面结构设计的步骤。

11. 简述新建水泥混凝土路面结构设计的步骤。

12. 公路自然区划Ⅳ区拟新建成一条二级公路,路面宽7m,路基为低液限黏土,路床顶距地下水位平均1.1m。经调查分析得知:设计轴载 $P_s = 100kN$,设计车道使用初期设计轴载的日作用次数为80次,交通量平均增长率为2%。试分别进行水泥混凝土道面结构设计和沥青道面结构设计。

附　　录

附录一　飞机计算参数

飞机计算参数　　　　　　　　　　　　　附表 1-1

机型	主起落架构型	最大起飞质量（kg）	主起落架荷载分配系数（%）	一个主轮上的静荷载（kN）	主轮轮胎压力（MPa）	跑道端部动载系数	一个主轮上动荷载	主起落架间距（m）	主轮的轮距（cm）	主轮的轴距（cm）	一个主轮的轮胎接地面积（cm²）
歼-6	SIN	8824	88.4	38.25	1.08	1.25	47.81	4.16			442.71
歼-7	SIN	8655	88.6	37.60	0.98	1.25	45.12	2.69			460.41
歼-7Ⅲ	SIN	9364	89.6	41.14	0.98	1.20	49.37	2.69			503.76
歼-8	SIN	16538	89.23	72.36	1.27	1.20	90.45	3.74			712.20
歼-8Ⅱ	SIN	19832	92.5	89.95	1.27	1.25	112.44	3.74			885.33
歼-10	SIN	18600	90.0	82.03	1.16	1.25	102.54	2.60			
强-5	SIN	11100	87.39	47.56	0.98	1.20	57.07	4.4			582.37
轰-6	DT	75800	92.5	85.95	0.88	1.20	103.14	9.78	59 65	117	1172.05
歼-7	D	28275	95.0	65.85	1.23	1.25	82.31	3.06	43		699.21
运-7-100	D	21800	95.0	50.77	0.59	1.20	60.92	4.92	50		1032.66
运-8	DT	62000	95.0	72.20	0.78	1.20	86.64	4.92	49	123	1110.77
安-12	DT	61500	95.0	71.62	0.74	1.20	85.94	4.92	49	123	1161.41
安-24	D	21000	95.0	48.91	0.49	1.20	58.69	7.89	50		1197.76
伊尔-76		191000	92.0	107.63	0.52	1.20	129.16	6.10	62	258	2483.85
苏-30	SIN	34500	93.0	157.22	1.53	1.25	196.52	4.34	82		1284.44
苏-27	SIN	33000	93.0	150.48	1.23	1.25	188.10		62		1529.27

注:SIN-单轮;D-双轮;DT-双轴双轮。

道面设计飞机的计算参数

附表 1-2

序号	机型	最大滑行重量 (kN)	最大起飞重量 (kN)	最大着陆重量 (kN)	最大无燃油重量 (kN)	空机重量 (kN)	主起落架荷载分配系数 p	主起落架间距 (m)	主起落架个数 n_c	主起落架轮距 (m) S_t	S_{L1}	S_{L2}	主起落架构型	主起落架轮胎压力 q (MPa)
1	B-737-200	567.00	564.72	485.34	430.91	289.51	0.935	5.23	2	0.78	—	—	双轮	1.26
2	B-737-300	566.99	564.72	517.09	476.27	326.02	0.950	5.23	2	0.78	—	—	双轮	1.40
3	B-737-400A	682.60	680.40	562.45	530.70	336.50	0.950	5.24	2	0.78	—	—	双轮	1.28
4	B-737-500	607.82	605.55	498.96	464.94	320.99	0.950	5.23	2	0.78	—	—	双轮	1.34
5	B-737-600	657.90	655.60	551.30	519.50	363.90	0.950	5.72	2	0.86	—	—	双轮	1.30
6	B-737-700	703.30	701.00	586.20	552.20	376.60	0.950	5.72	2	0.86	—	—	双轮	1.39
7	B-737-800	792.60	790.04	663.80	627.50	414.30	0.950	5.72	2	0.86	—	—	双轮	1.47
8	B-737-900	792.43	790.16	663.61	636.39	429.01	0.950	5.72	2	0.86	—	—	双轮	1.47
9	A318	684.00	680.00	575.00	545.00	388.18	0.950	7.60	2	0.93	—	—	双轮	0.89
10	A319	704.00	700.00	610.00	570.00	392.25	0.926	7.60	2	0.93	—	—	双轮	0.89
11	A320	774.00	770.00	645.00	605.00	405.29	0.950	7.60	2	0.78	1.01	—	双轴双轮	1.14
12	A321	834.00	830.00	735.00	695.00	476.03	0.956	7.60	2	0.93	—	—	双轮	1.36
13	MD-90	712.14	707.60	644.10	589.67	399.94	0.950	5.09	2	0.71	—	—	双轮	1.14
14	B-757-200	1161.00	1156.50	952.50	853.00	593.50	0.950	7.32	2	0.86	1.14	—	双轴双轮	1.21
15	B-757-200pf	1229.30	1224.70	1016.10	952.60	645.80	0.950	7.32	2	0.86	1.14	—	双轴双轮	1.24
16	B-767-200	1437.89	1428.82	1233.77	1133.98	801.27	0.950	9.30	2	1.14	1.42	—	双轴双轮	1.24
17	B-767-200ER	1796.23	1791.69	1360.78	1179.34	823.77	0.950	9.30	2	1.14	1.42	—	双轴双轮	1.31
18	B-767-300	1596.50	1587.50	1361.00	1261.00	860.50	0.950	9.30	2	1.14	1.42	—	双轴双轮	1.38
19	B-767-300er	1873.34	1868.80	1451.50	1338.10	900.11	0.950	9.30	2	1.14	1.42	—	双轴双轮	1.38
20	A-300	1659.00	1650.00	1340.00	1240.00	885.00	0.950	9.60	2	0.89	1.40	—	双轴双轮	1.16
21	A-310-200	1329.00	1320.00	1185.00	1085.00	768.69	0.932	9.60	2	0.93	1.40	—	双轴双轮	1.46
22	MD-11	2871.22	2859.88	1950.48	1814.40	1320.49	0.780	10.67	2	1.37	1.63	—	双轴双轮	1.38
23	B-747-200B	3791.00	3778.00	2857.00	2387.80	1706.00	0.952	11.00/3.84	4	1.12	1.47	—	双轴双轮	1.38
24	B-747-300	3791.00	3778.00	2603.20	2426.30	1748.20	0.952	11.00/3.84	4	1.12	1.47	—	双轴双轮	1.31
25	B-747-400	3978.00	3968.93	2857.63	2562.79	1827.21	0.952	11.00/3.84	4	1.12	1.47	—	双轴双轮	1.38
26	B-747-400F	3978.00	3968.93	3020.92	2880.31	1660.54	0.952	11.00/3.84	4	1.12	1.47	—	双轴双轮	1.38
27	B-747-400COMBI	3978.00	3968.93	2857.63	2562.79	1840.82	0.952	11.00/3.84	4	1.12	1.47	—	双轴双轮	1.38
28	B-747SP	3188.00	3156.00	2041.00	1859.40	1479.70	0.952	11.00/3.84	4	1.10	1.37	—	双轴双轮	1.26
29	B-777-200	3002.80	2993.70	2376.80	2245.30	1605.30	0.954	10.98	2	1.40	1.45	1.45	三轴双轮	1.28

续上表

序号	机　型	最大滑行重量 (kN)	最大起飞重量 (kN)	最大着陆重量 (kN)	最大无燃油重量 (kN)	空机重量 (kN)	主起落架荷载分配系数 p	主起落架间距 (m)	主起落架个数 n_c	主起落架轮距 (m)			主起落架构型	主起落架轮胎压力 q (MPa)
										S_t	S_{L1}	S_{L2}		
30	B777-200LR	3411.00	3401.90	2231.70	2068.40	1543.10	0.938	10.97	2	1.40	1.45	1.48	三轴双轮	1.50
31	B-777-300	3002.80	2993.70	2376.80	2245.30	1578.00	0.948	11.00	2	1.40	1.45	1.45	三轴双轮	1.48
32	B777-300ER	3411.00	3401.90	2512.90	2376.80	1688.30	0.936	10.97	2	1.40	1.45	1.48	三轴双轮	1.50
33	A330-200	2339.00	2330.00	1820.00	1700.00	1215.53	0.950	10.68	2	1.40	1.98	—	双轴双轮	1.42
34	A330-300	2339.00	2330.00	1870.00	1750.00	1294.64	0.958	10.68	2	1.40	1.98	—	双轴双轮	1.42
35	A340-200	2759.00	2750.00	1850.00	1730.00	1315.81	0.796	10.68	2	1.40	1.98	—	双轴双轮	1.42
36	A340-300	2759.00	2750.00	1920.00	1810.00	1369.29	0.802	10.68	2	1.40	1.98	—	双轴双轮	1.42
37	A340-500	3692.00	3680.00	2400.00	2250.00	1684.68	0.660	10.68	2	1.40	1.98	—	双轴双轮	1.42
38	A340-600	3692.00	3680.00	2590.00	2450.00	1748.67	0.660	10.68	2	1.40	1.98	—	双轴双轮	1.42
39	A380-800	5620.00	5600.00	3860.00	3610.00	2774.76	0.570	5.26	2	1.53	1.70	1.70	三轴双轮	1.47
40	B787-800	2283.84	2279.30	1723.65	1610.25	1177.07	0.913	9.8	2	1.3	1.46	—	双轴双轮	1.57
41	B787-900	2517.44	2279.30	1723.65	1610.25	1177.07	0.936	9.8	2	1.52	1.51	—	双轴双轮	1.54

注：1. 表中主起落架间距系指起落架系向中一中的距离，表中有两个数据时，前者为离飞机轮前轮较近的两个主起落架之间的横向中一中的距离。主起落架轮距 S_t 为主起落架轮子之间横向中一中距离，S_{L1}、S_{L2} 为纵向中一中距离（其中 S_{L1} 离飞机鼻轮较近），见附图 1-1。

2. 同一机型有多个最大重量时，表中选录的是各最大重量的最大值。机场道面厚度设计计算时，机场道面特定条件，选用设计机型向何种型向何种配置，并综合考虑各愿机场特定条件，选用设计算飞机重量。

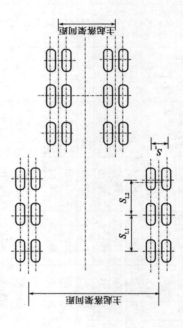

附图 1-1　起落架构型示意图

附录二　土基临界高度参考值

土基临界高度参考值　　　　　　　　　　　附表 2-1

土组 路床面到各水位 临界高度(m) 自然区划	砂　性　土								
	地下水			地表长期积水			地表临时积水		
	H_1	H_2	H_3	H_1	H_2	H_3	H_1	H_2	H_3
II$_1$									
II$_2$									
II$_3$	1.9~2.2	1.3~1.6							
II$_4$									
II$_5$	1.1~1.5	0.7~1.1							
III$_1$									
III$_2$	1.3~1.6	1.1~1.3	0.9~1.1	1.1~1.3	0.9~1.1	0.6~0.9	0.9~1.1	0.6~0.9	0.4~0.6
III$_3$	1.3~1.6	1.1~1.3	0.9~1.1	1.1~1.3	0.9~1.1	0.6~0.9	0.9~1.1	0.6~0.9	0.4~0.6
III$_4$									
III$_{1a}$									
III$_{2a}$	1.4~1.7	1.0~1.3							
IV$_1$、IV$_{1a}$									
IV$_2$									
IV$_3$									
IV$_4$	1.0~1.1	0.7~0.8							
IV$_5$									
IV$_6$	1.0~1.1	0.7~0.8							
IV$_{6a}$									
IV$_7$				0.9~1.0	0.7~0.8	0.6~0.7			
V$_1$	1.3~1.6	1.1~1.3	0.9~1.1	1.1~1.3	0.9~1.1	0.6~0.9	0.9~1.1	0.6~0.9	0.4~0.6
V$_2$、V$_{2a}$(紫色土)									
V$_3$									
V$_2$、V$_{2a}$									
(黄壤土,现代冲积土)									

续上表

自然区划　土组 路床面到各水位临界高度(m)	砂性土								
	地下水			地表长期积水			地表临时积水		
	H_1	H_2	H_3	H_1	H_2	H_3	H_1	H_2	H_3
V_4、V_5、V_{5a}									
VI_1	(2.1)	(1.7)	(1.3)	(1.8)	(1.4)	(1.0)	<u>0.7</u>	<u>0.3</u>	
VI_{1a}	(2.0)	(1.6)	(1.2)	(1.7)	(1.3)	(1.0)	(1.0)	(0.5)	
VI_2	1.4~1.7	1.1~1.4	0.9~1.1	1.1~1.4	0.9~1.1	0.6~0.9	0.9~1.1	0.76~0.9	0.4~0.6
VI_3	(2.1)	(1.7)	(1.3)	(1.9)	(1.5)	(1.1)			
VI_4	(2.2)	(1.8)	(1.4)	(1.9)	(1.5)	(1.2)	<u>0.8</u>		
VI_{4a}	(1.9)	(1.5)	(1.1)	(1.6)	(1.2)	(0.9)	(0.5)		
VI_{4b}	(2.0)	(1.6)	(1.2)	(1.7)	(1.3)	(1.0)			
VII_1	(2.2)	(1.9)	(1.6)	(2.1)	(1.6)	(1.3)	(0.8)	(0.4)	
VII_2									
VII_3	1.5~1.8	1.2~1.5	0.9~1.2	1.2~1.5	0.9~1.2	0.6~0.9	0.9~1.2	0.7~0.9	0.4~0.6
VII_4	(2.1)	(1.6)	1.3	(1.8)	(1.4)	1.0	(0.9)		
VII_5	(3.0)	(2.4)	1.9	(2.4)	(2.0)	1.6	(1.5)	(1.1)	(0.5)
VII_{6a}									

自然区划　土组 路床面到各水位临界高度(m)	黏性土								
	地下水			地表长期积水			地表临时积水		
	H_1	H_2	H_3	H_1	H_2	H_3	H_1	H_2	H_3
II_1	2.9	2.2							
II_2	2.7	2.0							
II_3	2.5	1.8							
II_4	2.4~2.6	1.9~2.1	1.2~1.4						
II_5	2.1~2.5	1.6~2.0							
III_1									
III_2	2.2~2.75	1.7~2.2	1.3~1.7	1.75~2.2	1.3~1.7	0.9~1.3	1.3~1.75	0.9~1.3	0.45~0.9
III_3	2.1~2.5	1.6~2.1	1.2~1.6	1.6~2.1	1.2~1.6	0.9~1.2	1.2~1.6	0.9~1.2	0.55~0.9
III_4									
III_{1a}									

续上表

自然区划 \ 路床面到各水位临界高度(m) \ 土组	黏性土								
	地下水			地表长期积水			地表临时积水		
	H_1	H_2	H_3	H_1	H_2	H_3	H_1	H_2	H_3
III$_{2a}$									
IV$_1$、IV$_{1a}$	1.7~1.9	1.2~1.3	0.8~0.9						
IV$_2$	1.6~1.7	1.1~1.2	0.8~0.9						
IV$_3$	1.5~1.7	1.1~1.2	0.8~0.9	0.8~0.9	0.5~0.6	0.3~0.4			
IV$_4$	1.7~1.8	1.0~1.2	0.8~1.0						
IV$_5$	1.7~1.9	1.3~1.4	0.9~1.0	1.0~1.1	0.6~0.7	0.3~0.4			
IV$_6$	1.8~2.0	1.3~1.5	1.0~1.2	0.9~1.0	0.5~0.6	0.3~0.4			
IV$_{6a}$	1.6~1.7	1.1~1.2	0.7~0.8						
IV$_7$	1.7~1.8	1.4~1.5	1.1~1.2	1.0~1.1	0.7~0.8	0.4~0.5			
V$_1$	2.0~2.4	1.6~2.0	1.2~1.6	1.6~2.0	1.2~1.6	0.8~1.2	1.2~1.6	0.8~1.2	0.45~0.8
V$_2$、V$_{2a}$(紫色土)	2.0~2.2	0.9~1.1	0.4~0.6						
V$_3$	1.7~1.9	0.8~1.0	0.4~0.6						
V$_2$、V$_{2a}$	1.7~1.9	0.7~0.9	0.3~0.5						
(黄壤土,现代冲积土)									
V$_4$、V$_5$、V$_{5a}$	1.7~1.9	0.9~1.1	0.4~0.6						
VI$_1$	(2.3)	(1.9)	(1.6)	(2.1)	(1.7)	(1.3)	0.9	0.5	
VI$_{1a}$	(2.2)	(1.9)	(1.5)	(2.0)	(1.6)	(1.2)	(0.9)	(0.5)	
VI$_2$	2.2~2.75	1.65~2.2	1.2~1.65	1.65~2.2	1.2~1.65	0.75~1.2	1.2~1.65	0.75~1.2	0.45~0.75
VI$_3$	(2.4)	(2.0)	(1.6)	(2.1)	(1.7)	(1.4)	(0.8)	(0.6)	
VI$_4$	2.4	2.0	1.6	(2.2)	(1.7)	(1.3)	<u>1.0</u>	<u>0.6</u>	
VI$_{4a}$	(2.2)	(1.7)	(1.4)	(1.9)	(1.4)	(1.1)	<u>0.7</u>		
VI$_{4b}$	(2.3)	(1.8)	(1.4)	(2.0)	(1.6)	(1.2)	(<u>0.8</u>)		
VII$_1$	2.2	(1.9)	(1.5)	(2.1)	(1.6)	(1.2)	(0.9)	(0.5)	
VII$_2$	(2.3)	(1.9)	(1.6)	1.8	1.4	1.1	0.8	0.4	
VII$_3$	2.3~2.85	1.75~2.3	1.3~1.75	1.75~2.3	1.3~1.75	0.75~1.3	1.3~1.75	0.75~1.3	0.45~0.75
VII$_4$	(2.1)	(1.6)	(1.3)	(1.8)	(1.4)	(1.1)	(0.7)		
VII$_5$	(3.3)	(<u>2.6</u>)	(2.1)	(2.4)	(2.0)	(1.6)	(1.5)	(1.1)	(0.5)
VII$_{6a}$	(2.8)	<u>2.4</u>	<u>1.9</u>	<u>2.5</u>	2.0	1.6	<u>1.4</u>	(0.8)	

续上表

自然区划 \ 路床面到各水位临界高度(m) \ 土组	粉 性 土								
	地下水			地表长期积水			地表临时积水		
	H_1	H_2	H_3	H_1	H_2	H_3	H_1	H_2	H_3
II₁	3.8	3.0	2.2						
II₂	3.4	2.6	1.9						
II₃	3.0	2.2	1.6						
II₄	2.6~2.8	2.1~2.3	1.4~1.6						
II₅	2.4~2.9	1.8~2.3							
III₁	2.4~3.0	1.7~2.4							
III₂	2.4~2.85	1.9~2.4	1.4~1.9	1.9~2.4	1.0~1.9	1.0~1.4	1.4~1.9	1.0~1.4	0.5~1.0
III₃	2.3~2.75	1.8~2.3	1.4~1.8	1.8~2.3	1.4~1.8	1.0~1.4	1.4~1.8	1.0~1.4	0.55~1.0
III₄	2.4~3.0	1.7~2.4							
III₁a	2.4~3.0	1.7~2.4							
III₂a	2.4~3.0	1.7~2.4							
IV₁、IV₁a	1.9~2.1	1.3~1.4	0.9~1.0						
IV₂	1.7~1.9	1.2~1.3	0.8~0.9						
IV₃	1.7~1.9	1.2~1.3	0.8~0.9	0.9~1.0	0.6~0.7	0.3~0.4			
IV₄									
IV₅	1.79~2.1	1.3~1.5	0.9~1.1						
IV₆	2.0~2.2	1.5~1.6	1.0~1.1						
IV₆a	1.8~2.0	1.3~1.4	0.9~1.1						
IV₇									
V₁	2.2~2.65	1.7~2.2	1.3~1.7	1.7~2.2	1.3~1.7	0.9~1.3	1.3~1.7	0.9~1.3	0.55~0.9
V₂、V₂a(紫色土)	2.3~2.5	1.4~1.6	0.5~0.7						
V₃	1.9~2.1	1.3~1.5	0.5~0.7						
V₂、V₂a	2.3~2.5	1.4~1.6	0.5~0.7						
(黄壤土,现代冲积土)									
V₄、V₅、V₅a	2.2~2.5	1.4~1.6	0.5~0.7						
VI₁	(2.5)	(2.0)	(1.6)	(2.3)	(1.8)	(1.3)	(1.2)	0.7	0.4
VI₁a	(2.5)	(2.0)	(1.5)	(2.2)	(1.7)	(1.2)	0.6		

续上表

自然区划 ＼ 路床面到各水位临界高度(m) ＼ 土组	粉 性 土								
	地下水			地表长期积水			地表临时积水		
	H_1	H_2	H_3	H_1	H_2	H_3	H_1	H_2	H_3
VI$_2$	2.3~2.15	1.85~2.3	1.4~1.85	1.85~2.3	1.4~1.85	0.9~1.4	1.4~1.85	0.9~1.4	0.5~0.9
VI$_3$	(2.6)	(2.1)	(1.6)	(2.4)	(1.8)	(1.4)	(1.3)	(0.7)	
VI$_4$	(2.6)	(2.2)	1.7	2.4	1.9	1.4	1.3	0.8	
VI$_{4a}$	(2.4)	(1.9)	1.4	2.1	1.6	1.1	1.0	0.5	
VI$_{4b}$	(2.5)	1.9	1.4	(2.2)	(1.7)	(1.2)	1.0	0.5	
VII$_1$	(2.5)	(2.0)	(1.5)	(2.4)	1.8	1.3	1.1	0.6	
VII$_2$	(2.5)	(2.1)	(1.6)	(2.2)	(1.6)	(1.1)	0.9	0.4	
VII$_3$	2.4~3.1	2.0~2.4	1.6~2.0	(2.0-2.4)	(1.6~2.0)	(1.0~1.6)	(1.6~2.0)	1.0~1.6	0.55~1.0
VII$_4$	(2.3)	(1.8)	(1.3)	(2.1)	(1.6)	(1.1)			
VII$_5$	(3.8)	(2.2)	(1.6)	(2.9)	(2.2)	(1.5)		(1.3)	(0.5)
VII$_{6a}$	(2.9)	(2.5)	1.8	(2.7)	2.1	1.5	1.6	1.1	

注:1. 表中 H_1、H_2、H_3 分别为土基干燥、中湿、潮湿状态的临界高度;道床面至地下水位高度小于 H_3 时为过湿土基,须经处治后方能铺筑路面。

2. VI、VII区有横线者,表示实测资料较少,有括号者表示没有实测资料,根据规律推算得。

3. III$_2$、III$_3$、VI$_1$、VI$_2$、VII$_3$ 资料系甘肃省1984年所提建议值,其他地区供参考。

4. 缺少资料的二级区可参考相邻二级区数值,并应积极调研积累本地区的资料。

附录三　二级自然区划各土组土基回弹模量参考值

二级自然区划各土组土基回弹模量参考值（MPa）　　　　　附表 3-1

区划	土组	稠度 w_c 0.80	0.90	1.00	1.05	1.10	1.15	1.20	1.30	1.40	1.70	2.00
II₁	黏质土	19.0	22.0	25.0	26.5	28.0	29.5	31.0				
	粉质土	18.5	22.5	27.0	29.0	31.5	33.5					
II₂	黏质土	19.5	22.5	26.0	28.0	29.5	31.5	33.5				
	粉质土	20.0	24.5	29.0	31.5	34.0	36.5					
II₂ₐ	粉质土	19.0	22.5	26.0	27.5	29.5	31.0					
II₃	土质砂	21.0	23.5	26.0	27.5	29.0	30.0	31.5	34.5	37.0	45.5	
	黏质土	23.5	27.5	32.0	34.5	36.5	39.0	41.5				
	粉质土	22.5	27.0	32.0	34.5	37.0	40.0					
II₄	黏质土	23.5	30.0	35.5	39.0	42.0	45.5	50.5	57.0	65.0		
	粉质土	24.5	31.5	39.0	43.0	47.0	51.5	56.0	66.0			
II₅	土质砂	29.0	32.5	36.0	37.5	39.0	41.0	42.5	46.0	49.5	59.0	69.0
	黏质土	26.5	32	38.5	41.5	45.0	48.5	52.0				
	粉质土	27.0	34.5	42.5	46.5	51.0	56.0					
II₅ₐ	粉质土	33.5	37.5	42.5	44.5	46.5	49.0					
III₁	粉质土	27.0	36.5	48.0	54.0	61.0	68.5	76.5				
III₂	土质砂	35.0	38.0	41.5	43.0	44.5	46.0	47.5	50.5	53.5	62.0	70.0
	黏质土	27.0	31.5	36.5	39.0	41.5	44.0	46.5	52.0	57.5		
	粉质土	27.0	32.5	38.5	42.0	45.0	48.5	51.5	59.0			
III₂ₐ	土质砂	37.0	40.0	43.0	44.5	46.0	47.5	49.0	52.0	54.5	62.5	70.0
III₃	土质砂	36.0	39.0	42.5	44.0	45.5	47.0	48.5	51.5	54.5	63.0	71.0
	黏质土	26.0	30.0	34.5	36.5	38.5	41.0	46.0	47.5	52.0		
	粉质土	26.5	32.0	37.0	40.0	43.0	46.0	49.0	55.0			
III₄	粉质土	25.0	34.0	45.0	51.5	58.5	66.0	74.0				
IV₁	黏质土	21.5	25.5	30.0	32.5	35.0	37.5	40.5				
IV₁ₐ	粉质土	22.0	26.5	32.0	35.0	37.5	40.5					
IV₂	黏质土	19.5	23.0	27.0	29.0	31.0	33.0	35.0				
	粉质土	31.0	36.5	42.5	45.5	48.5	51.5					
IV₃	黏质土	24.0	28.0	32.5	35.0	37.5	39.5	42.0				
	粉质土	24.0	29.5	36.0	39.0	42.5	46.0					

续上表

区划 土组		0.80	0.90	1.00	1.05	1.10	1.15	1.20	1.30	1.40	1.70	2.00
IV$_4$	土质砂	28.0	30.0	33.5	35.0	36.5	38.0	39.5	42.0	45.0	53.0	61.0
	黏质土	25.0	29.5	34.0	36.5	38.5	41.0	43.5				
	粉质土	23.0	28.0	33.5	36.0	39.0	42.0					
IV$_5$	土质砂	24.0	26.0	28.0	29.0	30.0	30.5	31.5	33.5	35.0	40.0	44.5 皖、浙、赣
	黏质土	22.0	27.0	32.5	33.5	38.5	41.5	44.5				
	黏质土	28.5	34.0	39.5	42.5	45.5	48.5	51.5				
	粉质土	26.5	31.0	36.5	39.0	42.0	45.0					
IV$_6$	土质砂	33.5	37.0	41.0	43.0	44.5	46.5	48.5	52.0	55.5	66.5	77.0
	黏质土	27.5	33.0	38.0	41.0	44.0	46.5	50.5				
	粉质土	26.5	31.5	36.5	39.0	42.0	45.0					
IV$_{6a}$	土质砂	31.5	35.0	38.5	40.0	42.0	43.5	45.0	48.5	52.0	62.0	72.0
	黏质土	26.0	31.0	35.5	38.0	40.5	43.5	46a				
	粉质土	28.0	34.5	41.0	44.5	48.5	52.0					
IV$_7$	土质砂	35.0	39.0	43.0	45.0	47.0	49.0	51.0	55.0	59.0	70.5	82.0
	黏质土	24.5	29.5	34.5	37.0	40.0	42.5	44.5				
	粉质土	27.5	33.5	40.0	43.5	47.5	51.0					
V$_7$	土质砂	27.5	31.5	35.5	37.5	39.5	41.5	43.5	58.0	52.0	65.0	78.5
	黏质土	27.0	32.0	37.0	39.0	42.5	45.5	48.0	54.0	60.0		
	粉质土	28.5	34.0	40.0	43.0	46.0	49.5	52.5	59.5			
V$_1$ V$_2$ V$_{2a}$	紫色黏质土	22.5	26.0	30.0	32.0	34.0	36.0	38.0				
	紫色粉质土	22.5	27.5	33.5	36.5	40.0	43.0					
	黄壤黏质土	25.0	29.0	33.0	35.5	37.5	40.0	42.0				
	黄壤粉质土	24.5	30.5	37.5	41.0	45.0	49.0					
V$_3$	黏质土	25.0	29.0	33.0	35.5	37.5	39.5	42.0				
	粉质土	24.5	30.5	37.5	41.0	45.0	48.5					
V$_4$ （四川）	红壤黏质土	27.0	32.0	38.0	41.0	44.0	47.0	50.5				
	红壤粉质土	22.0	27.0	32.5	35.5	38.5	41.5					
VI	土质砂	51.0	54.0	57.0	58.5	60.0	61.0	62.0	64.5	67.0	73.5	80.0
	黏质土	33.5	37.0	41.0	42.5	44.0	45.5	47.2	50.5			
	粉质土	34.0	38.0	42.0	44.0	46.0	48.0	50.0				

续上表

区划	稠度 w_c 土组	0.80	0.90	1.00	1.05	1.10	1.15	1.20	1.30	1.40	1.70	2.00
VI_{1a}	土质砂	52.5	55.0	58.0	59.0	60.5	61.5	62.5	65.0	67.0	73.0	79.0
	黏质土	27.0	31.0	34.5	36.0	38.0	40.0	42.0	45.5			
	粉质土	31.5	36.5	41.5	44.0	46.5	49.0	51.5				
VI_2	土质砂	42.0	45.5	49.0	50.5	52.0	53.5	55.5	58.5	61.5	69.0	78.0
	黏质土	27.0	30.5	33.5	35.0	37.0	38.0	40.0	43	46.5		
	粉质土	25.5	30.5	35.5	38.0	41.0	43.5	46.0	52.0			
VI_3	土质砂	46.0	50.0	53.5	55.0	56.5	58.5	60.0	63.0	66.0	75.0	83.0
	黏质土	29.5	33.5	37.5	39.5	44.0	44.0	46.8	50.0			
	粉质土	29.5	35.0	41.0	43.5	49.5	49.5	52.5				
VI_4	土质砂	51.0	53.5	56.5	57.5	59.0	60.0	61.0	63.5	65.5	72.0	77.5
	黏质土	28.5	32.0	36.0	37.5	39.5	41.5	43.5	47.5			
	粉质土	30.5	34.5	39.0	41.0	43.5	45.5	48.0				
VI_{4a}	土质砂	45.5	49.0	52.5	54.0	56.0	57.5	59.0	62.0	65.0	73.5	81.5
	黏质土	31.0	34.5	38.0	40.0	42.0	44.0	45.5	49.5			
	粉质土	33.0	38.5	44.0	47.0	50.0	52.0	56.0				
VI_{4b}	土质砂	49.5	52.5	55.5	57.0	58.5	59.5	61.0	63.5	65.5	72.5	78.5
	黏质土	30.0	33.0	36.5	38.0	39.5	41.0	42.5	45.5			
	粉质土	31.0	35.5	40.5	43.0	45.5	48.5	51.0				
VII_1	土质砂	52.0	55.0	58.0	59.5	61.0	62.0	63.5	66.0	69.0	76.0	82.5
	黏质土	26.5	31.5	36.5	39.5	42.0	45.0	48.0	54.0			
	粉质土	30.5	37.0	44.0	47.5	51.5	55.0	59.0				
VII_2	土质砂	48.0	51.0	54	55.0	56.5	58.0	59.0	61.5	64.0	71.0	77.0
	黏质土	25.5	29.5	33.0	35.0	37.0	39.0	41.5	45.5			
	粉质土	28.0	33.5	39.0	42.0	45.0	48.5	51.5				
VII_3	土质砂	42.5	45.5	49.0	50.5	52.5	53.5	55.0	58.0	60.5	68.5	76.5
	黏质土	20.5	24.5	28.5	30.5	32.5	35.0	37.0	41.5			
	粉质土	23.5	28.0	33.0	36.0	38.5	41.0	44.0				
VII_4	土质砂	47.0	50.0	53.0	54.5	56.0	57.0	58.5	61.0	63.5	70.5	77.0
VII_{6a}	黏质土	22.0	25.5	29.0	30.5	32.5	34.5	36.0	40.0			
	粉质土	27.5	32.5	37.5	40.5	43.0	46.0	49.0				
VII_5	土质砂	45.5	49.0	52.0	53.0	54.5	56.0	57.5	60.0	62.5	70.0	76.5
	黏质土	30.0	33.0	37.5	39.5	41.5	43.5	45.0	49.0			
	粉质土	32.5	38.0	43.5	46.0	49.0	51.5	54.5				

参 考 文 献

[1] 中华人民共和国国家军用标准.GJB 1278A—2009　军用机场水泥混凝土道面设计规范[S].2009.

[2] 中华人民共和国国家军用标准.GJB 1112A—2004　军用机场场道工程施工及验收规范[S].2004.

[3] 中华人民共和国国家军用标准.GJB 5766—2006　军用机场沥青混凝土道面技术规范[S].2006.

[4] 中华人民共和国行业标准.MH/T 5004—2010　民用机场水泥混凝土道面设计规范[S].2004.

[5] 中华人民共和国行业标准.MH/T 5010　民用机场沥青道面设计规范(送审稿)[S].

[6] 中华人民共和国行业标准.JTG B01—2014　公路工程技术标准[S].北京:人民交通出版社股份有限公司,2014.

[7] 中华人民共和国行业标准.JTG D40—2011　公路水泥混凝土路面设计规范[S].北京:人民交通出版社,2011.

[8] 中华人民共和国行业标准.JTG E40—2007　公路土工试验规程[S].北京:人民交通出版社,2007.

[9] 冷培义,翁兴中,蔡良才.机场道面设计[M].北京:人民交通出版社,1995.

[10] 翁兴中,蔡良才.机场道面设计[M].北京:人民交通出版社,2007.

[11] 邓学钧.路基路面工程[M].北京:人民交通出版社,2002.

[12] 资建民,龚文惠.路基路面工程[M].广州:华南理工大学出版社,2002.

[13] 黄仰贤.路面分析与设计[M].余定选,等,译.北京:人民交通出版社,1998.

[14] E. J. Yoder,等.路面设计原理[M].陈炳麟,等,译.北京:人民交通出版社,1983.

[15] 姚祖康.水泥混凝土路面设计[M].合肥:安徽科学技术出版社,1999.

[16] 交通部规划设计院、同济大学.水泥混凝土路面理论与参数研究报告集[R].1982.

[17] 国际民用航空组织.国际民用航空公约(附件十四).中国民航局,译.1989.

[18] 翁兴中,崔树业.机场道面荷载特性与结构分析方法[M].西安:陕西科学技术出版社,2014.

[19] 翁兴中,陈卫星,殷民动.机场规划建设与场道维修技术[M].西安:陕西科学技术出版社,2011.

[20] Federal Aviation Administration. Airport Pavement Design and Evaluation (150/5320-6E)[R]. 2009.

[21] Federal Aviation Administration. Standard Naming Convention for Aircraft Landing Gear Configurations[R]. 2005.